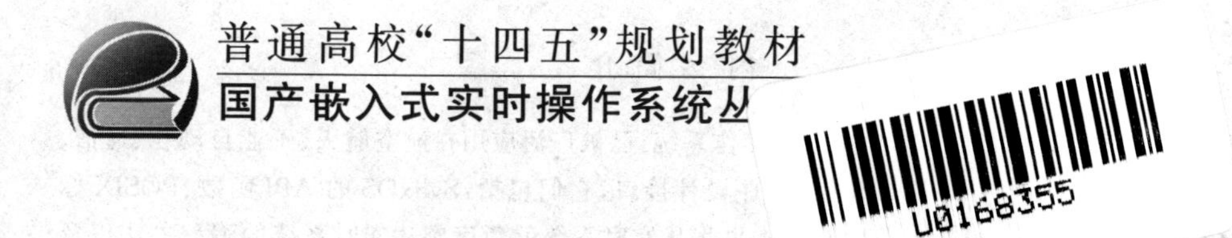

SylixOS 应用开发权威指南

韩　辉　焦进星　曾　波　弓羽箭　蒋太金　等编著

北京航空航天大学出版社

内容简介

SylixOS作为一款先进的实时嵌入式操作系统，已被广泛应用在航空航天、工业自动化、通信、新能源等领域。本书描述了SylixOS的程序设计接口，它们包括：SylixOS的API函数、POSIX标准API函数和标准C提供的众多函数。本书将从实时系统的角度阐述实时系统的编程方法以及编程过程中需要注意的地方。

本书适用于嵌入式系统开发者、高校教师、学生和科研机构的研究人员。

图书在版编目(CIP)数据

SylixOS应用开发权威指南 / 韩辉等编著. -- 北京 :
北京航空航天大学出版社，2021.10
ISBN 978-7-5124-3662-6

Ⅰ.①S… Ⅱ.①韩… Ⅲ.①实时操作系统 Ⅳ.
①TP316.2

中国版本图书馆CIP数据核字(2021)第255707号

SylixOS应用开发权威指南

韩 辉 焦进星 曾 波 弓羽箭 蒋太金 等编著

策划编辑 胡晓柏 责任编辑 王 瑛 苏永芝

*

北京航空航天大学出版社出版发行

北京市海淀区学院路37号(邮编100191) http://www.buaapress.com.cn

发行部电话：(010)82317024 传真：(010)82328026

读者信箱：emsbook@buaacm.com.cn 邮购电话：(010)82316936

涿州市新华印刷有限公司印装 各地书店经销

*

开本：710×1 000 1/16 印张：32.5 字数：693千字

2022年1月第1版 2022年1月第1次印刷 印数：3 000册

ISBN 978-7-5124-3662-6 定价：99.00元

序言一

习近平总书记指出："**关键核心技术是要不来、买不来、讨不来的。只有把关键核心技术掌握在自己手中，才能从根本上保障国家经济安全、国防安全和其他安全。**"在信息技术领域，计算机操作系统就是一项关键核心技术，而且是过去常被外国卡脖子的一个"命门"。近年来，在新一轮科技革命和产业变革风起云涌的背景下，通过国家部署的一系列发展科技和产业的重大举措，具有自主知识产权的操作系统取得了重大的进展，其中包括在大型嵌入式操作系统领域的国产翼辉操作系统 SylixOS。

"翼辉信息"在 2006 年进入该领域，用十余年时间打造了与全球该领域领先的美国风河公司（即 WRS 公司）VxWorks 可以同台竞争的、具有自主知识产权的大型嵌入式实时操作系统 SylixOS，经有关机构检测，其内核的代码自主率达到 90%以上。目前，它已被广泛应用在航空航天、工业自动化、通信、新能源等重要领域，为加强这些领域的网络安全做出了重要贡献。

SylixOS 的内核源代码开放，并创建了自己的开源社区，而开源正是开放科学的核心精神在信息领域的体现，在该领域具有强大的持续发展势头，SylixOS 拥抱开源符合当今开源的国际潮流和趋势。当今世界，"开源"已成为全球技术创新和协同发展的一种模式，已成为新一代信息技术发展的基础和动力。SylixOS 操作系统团队十年如一日，投身于原创操作系统内核研发，坚持开源开放、自主创新，掌握了开源主动权，为中国新一代信息技术发展提供了不可或缺的基础软件支撑。

全书内容包括 SylixOS 的内核及驱动框架原理，SylixOS 的应用编程方法及其应用程序接口的使用，知识丰富、分析深刻、图文并茂、深入浅出，同时密切结合 SylixOS 开源内核代码，无论是高校的师生，还是专业程序开发者，都能在学习过程中深入了解操作系统的工作流程。

希望更多的软件开发者与 SylixOS 操作系统团队一起努力，共同构建可持续发展的、自主原创的开源软件生态。

倪光南

2021 年 9 月 4 日

序言二

我早在2015年就接触到北京翼辉信息技术有限公司(以下简称"翼辉公司")的核心研发团队了,这些年来一直关注着翼辉公司的成长,其间也和翼辉公司有过一些合作。为了进一步促进我国广大嵌入式系统开发者对国产SylixOS的了解和使用,我一直希望翼辉公司能够出版SylixOS开发相关的书籍。经过两年的努力,翼辉公司终于完成了包括《SylixOS应用开发权威指南》和《SylixOS设备驱动程序开发》的系列丛书。因此,当翼辉公司邀请我为本系列丛书作序时,我欣然应允。

SylixOS作为国产大型实时嵌入式系统的"新星",在系统实时性、可靠性和安全性等方面对标VxWorks,相对Linux具有明显的优势,在电力电网、轨道交通、机器人、新能源等领域得到了初步应用验证,非常值得我们关注和期待。

SylixOS作为抢占式多任务硬实时操作系统,具有内核稳定、内核占用CPU率低、可移植性好、功能全面等优点。SylixOS在设计中借鉴了众多实时操作系统的设计思想,完全兼容POSIX接口,所以对于熟悉VxWorks等其他操作系统的用户来说,很容易上手使用。同时,SylixOS作为后起之秀,在一些功能和性能上超过了之前的许多实时操作系统的水平。

本书主要围绕SylixOS应用程序的开发方式和方法展开讲解,适用于各类嵌入式系统开发人员,同时也适用于嵌入式系统教学实践。对于熟悉Linux、VxWorks系统的读者,本书读起来比较容易理解。当然,本书对于系统的每个API及命令都有示例,所以即使读者没有其他系统的应用程序开发经验,也能够通过参考本书示例,很容易地实现SylixOS应用程序的编写。本书主要有以下几个方面的特点:

(1) 本书系统全面地介绍了SylixOS应用程序开发的方方面面。具体内容包括集成开发环境、Shell命令、I/O系统、线程管理、线程间通信、进程管理、进程间通信、信号系统、时间管理、内存管理、标准I/O设备、热插拔系统、网络I/O、文件系统、日志系统、多用户管理、动态装载、电源管理等方面。通过阅读本书,读者能够全面了解SylixOS应用程序的开发方法。

(2) 本书在讲解应用程序开发时能够理论实践相结合。对于SylixOS系统主要的API,本书都给出了使用示例,方便读者掌握API的使用方法。同时对于每一部分内容,本书也从理论的角度进行了分析,读者在使用每一个API的时候,可以通过理论部分的学习了解到在这个 API 背后操作系统都做了哪些工作。比如在第 3 章"I/O 系统"一章中，本书在介绍了文件类型之后，首先通过一个示例完成打印文件类型的功能，读者可以在了解了文件系统类型之后，立即通过实践的方式打印自己电脑中各种文件的类型。

(3) 本书也可以用作 SylixOS 系统应用程序开发的快速查询手册。本书对于 SylixOS 应用程序开发涉及到的每个 API 都做了详细的介绍，从调用接口所要包含的头文件，到接口功能，再到接口参数，每个参数的功能，取不同值时所代表的含义，最后到函数返回值，都做了详尽的介绍。

通过阅读本书，读者不仅能够理解和掌握 SylixOS 程序开发的基本流程和方法，同时也能够对操作系统底层架构和基本原理有更深入的理解。我相信，本书将为 SylixOS 系统的进一步推广应用提供重要的技术支撑。

牛建伟

2021 年 8 月 8 日

前　言

简　介

本书描述了 SylixOS 的程序设计接口，它们包括：SylixOS 的 API 函数、POSIX 标准 API 函数和标准 C 提供的众多函数。本书适用于嵌入式系统开发者、高校教师、学生和科研机构的研究人员。

SylixOS 作为一款先进的实时嵌入式操作系统，已被广泛应用在航空航天、工业自动化、通信、新能源等领域。SylixOS 与众多嵌入式操作系统类似（如 VxWorks 等），为程序运行提供了大量的服务，例如：打开文件、读写文件、关闭文件、动态装载程序、动态分配内存空间、动态创建任务以及获得系统时间等服务。通过 SylixOS Shell 下的命令可以方便地查看系统信息，例如：通过 *ts* 命令查看系统中运行的线程，通过 *ps* 命令查看系统中运行的进程，通过 *free* 命令查看内存使用情况等。本书将在第 2 章 Shell 简介部分重点介绍 SylixOS Shell 内建的命令使用方法。

SylixOS 是一款开源操作系统，因此可以方便地获取源码（可通过 www.sylixos.com 获取 SylixOS 源码）。读者既可以通过 SylixOS 源码学习本书的知识，也可以参照网络资料（通过扫描本书提供的二维码获取）中的例子一步一步地验证每一节的知识。

本书将从实时系统的角度阐述实时系统的编程方法以及编程过程中需要注意的地方。

本书总览

本书详细地讲述了 SylixOS 的应用编程方法及其应用程序接口的使用，本书的组织结构如下：

- 第 1 章讲述了 SylixOS 的历史及其在各领域的应用，同时讲述了 SylixOS 的 POSIX 标准；
- 第 2 章讲述了 SylixOS Shell 命令的使用；
- 第 3 章深入剖析了 SylixOS 的 I/O 系统，并详细介绍了 I/O 操作中常用的标准函数，这些函数包括不带缓冲的 I/O 函数、文件和目录操作函数、带缓冲的

I/O 函数以及 I/O 多路复用函数等；
- 第 4 章讲述了 SylixOS 的多线程编程方法及其线程调度原理；
- 第 5 章讲述了 SylixOS 的线程间通信机制以及线程中锁的使用方法；
- 第 6 章讲述了 SylixOS 的多进程编程方法及其进程原理；
- 第 7 章讲述了 SylixOS 的进程间通信机制；
- 第 8 章讲述了 SylixOS 的信号系统及在编程过程中如何正确地使用信号；
- 第 9 章讲述了 SylixOS 时间管理函数的使用方法；
- 第 10 章讲述了 SylixOS 的定长内存、变长内存、虚拟内存原理和如何正确地使用这些内存；
- 第 11 章讲述了 SylixOS 的标准 I/O 设备操作；
- 第 12 章讲述了热插拔系统的原理及 API 的使用方法；
- 第 13 章讲述了 SylixOS 网络编程方法及网络工具的使用方法；
- 第 14 章讲述了 SylixOS 的文件系统原理；
- 第 15 章讲述了 SylixOS 的日志系统；
- 第 16 章讲述了 SylixOS 的多用户管理；
- 第 17 章讲述了 SylixOS 的动态装载原理及其应用程序接口的使用方法；
- 第 18 章讲述了 SylixOS 电源管理函数的使用方法；
- 附录部分列出了 SylixOS 中的标准头文件以及 SylixOS 中出现的错误号及其含义。

如果读者有 Linux 或者 VxWorks 系统编程经验，将会很容易理解书中的知识；即使没有相关编程经验，也可以轻松地学习书中的知识，因为本书中包含了大量的实例，这些实例浅显易懂(需要具有 C 语言程序设计基础)。通过本书的学习，读者可以很快地了解 SylixOS，并能够着手开发自己的 SylixOS 应用程序。

获取本书源码

通过下方二维码可获取本书中实例源码(book_examples)。

获取源码

源码目录(book_examples)结构中 source 目录下以各章节号命名来区分不同章节涉及到的实例源码，各章节源码目录结构如下(例如：chapter03 对应“第 3 章 I/O 系统”中所有实例源码)：

chapter03	2021/3/22 18:44	文件夹
chapter04	2021/3/22 18:44	文件夹
chapter05	2021/3/22 18:44	文件夹
chapter06	2021/3/22 18:44	文件夹
chapter07	2021/3/22 18:44	文件夹
chapter08	2021/3/22 18:44	文件夹
chapter09	2021/3/22 18:44	文件夹
chapter10	2021/3/22 18:44	文件夹
chapter11	2021/3/22 18:44	文件夹
chapter12	2021/3/22 18:44	文件夹
chapter13	2021/3/22 18:44	文件夹
chapter15	2021/3/22 18:44	文件夹
chapter17	2021/3/22 18:44	文件夹

致　谢

本书由韩辉主编，并由 SylixOS 操作系统团队成员共同编写，参与编写的人员包括：焦进星、徐贵洲、曾波、弓羽箭、蒋太金、王东方、卢振平等。

特别感谢北京航空航天大学牛建伟老师、嵌入式系统专家何小庆老师在本书编写和审阅过程中给予的专业指导。

由于编写人员的水平有限及时间所限，书中难免会出现一些不足之处，欢迎广大读者提出批评和修改建议。

作　者

2021 年 3 月

名词解释与约定

本书力图以精简的语言和篇幅介绍 SylixOS 实时操作系统的应用开发技术。书中将会频繁使用以下计算机词汇，这里对使用的计算机专业词汇及其缩写作以下解释与约定。

- **CPU**：中央处理器（Central Processing Unit），是一台计算机的运算核心和控制核心，它与内部存储器和输入/输出设备合称为计算机三大核心部件。
- **RISC**：精简指令集计算机，采用超标量和超流水线结构；它们的指令数目只有几十条，却大大增强了并行处理能力。
- **SMP**：对称多处理（Symmetric Multi-Processing），是指在一个计算机上汇集了一组指令集相同的 CPU，各 CPU 之间共享内存子系统以及总线结构，通常称作多核 CPU 系统。
- **API**：应用编程接口（Application Programming Interface）。
- **AMP**：异步多处理（Asynchronous Multi-Processing），是指在一个计算机上汇集了一组指令集各异、功能各不相同的 CPU 集合，它们之间通常以松耦合的组织方式联系起来，各自负责处理不同的数据。
- **编译器**：英文名为 Compiler，是将高级计算机语言程序（C/C++等）翻译为机器语言（二进制代码）的程序。
- **汇编器**：英文名为 Assembler，是将汇编语言翻译为机器语言的程序。
- **链接器**：英文名为 Linker，是将一个或多个由编译器或汇编器生成的目标文件外加依赖库链接为一个可执行文件的程序。
- **GNU**：GNU 计划，有的译为"革奴计划"，它是由 Richard Stallman 在 1983 年 9 月 27 日公开发起的，旨在提供一套完全自由的操作系统。1985 年，Richard Stallman 又创立了自由软件基金会（Free Software Foundation）来为 GNU 计划提供技术、法律以及财政支持。Linux、GCC、Emacs 等软件皆出自或者进入了 GNU 计划。
- **GCC**：是 GNU 编译器集合（GNU Compiler Collection）的简称，以前 GCC 特指 GNU 发布的 C 编译器，由于 GCC 发展迅速，它已经不只是一款编译器，

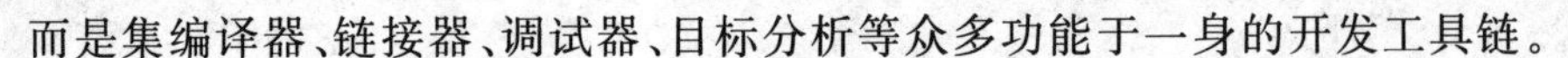

而是集编译器、链接器、调试器、目标分析等众多功能于一身的开发工具链。

- **多任务**:是指用户可以在同一时间内运行多个应用程序,每个应用程序被称作一个任务。单 CPU 体系结构中,多个任务交替地运行在一个 CPU 上;多 CPU 体系结构中,可以同时运行与之数量相等的任务。
- **调度器**:是操作系统的核心,它实际是一个常驻内存的程序,不断地对线程队列进行扫描,利用特定的算法找出比当前占有 CPU 的线程更需要运行的线程,并将 CPU 使用权从之前的线程剥夺和转交到更需要运行的线程中。
- **嵌入式系统**:狭义的嵌入式系统是指以计算机技术为基础,软硬件可裁剪,功能、可靠性、成本、体积、功耗要求严格的专用计算机系统。嵌入式系统是一种专用的计算机系统,作为装置或设备的一部分。广义的嵌入式系统是指除服务器与 PC 以外的一切计算机系统。
- **抢占式操作系统**:当有更重要的事件发生时,将立即放弃当前正在执行的任务,转而处理更重要事件的系统。
- **版本管理**:是软件配置管理的基础,它管理并保护开发者的软件资源。主要功能有:档案集中管理;软件版本升级管理;加锁功能;提供不同版本源程序的比较。
- **BUG 跟踪**:是软件缺陷管理的基础,它可以有效记录软件缺陷从发现到修正的一系列过程。主要功能有:记录和保存问题解决的过程;记录和保存某项设计决策的过程和依据。
- **BSP**:板级支持包(Board Support Packet),是操作系统运行在硬件平台的底层程序集合,一般包括:启动程序、驱动程序、中断服务程序等基础程序。
- **TCM**:紧耦合内存(Tightly Coupled Memories),是一个固定大小的 RAM,紧密地耦合至处理器内核,提供与 Cache 相当的性能,相比于 Cache 的优点是程序代码可以精确地控制函数或代码放置的位置(存储于 RAM 中)。
- **交叉编译**:是在一个宿主机平台上生成一个目标平台上的可执行代码,例如可以在 x86 平台上开发 ARM 平台上的可执行程序。
- **宿主机**:交叉编译时用于开发的计算机。
- **目标机**:有时又被称作目标系统或设备,是交叉编译的目标计算机,此计算机或设备用来运行交叉编译后的可执行程序。

目　录

第1章 SylixOS 系统绪论

1.1 操作系统简史

操作系统(Operating System,简称 OS),是管理和控制计算机硬件与软件资源的计算机程序,是直接运行在“裸机”上为应用程序提供服务的系统软件。

操作系统是用户和计算机的接口,同时也是计算机硬件和其他软件的接口。操作系统的功能包括管理计算机系统的硬件、软件及数据资源,控制程序运行,改善人机界面,为其他应用软件提供支持等。操作系统能够使计算机系统资源最大限度地发挥作用。

操作系统的种类众多,从简单到复杂,可分为智能卡操作系统、实时操作系统、传感器节点操作系统、嵌入式操作系统、个人计算机操作系统、多处理器操作系统、网络操作系统和大型机操作系统。按应用领域划分主要有三种:桌面操作系统、服务器操作系统和嵌入式操作系统。

20 世纪中期,随着计算机的诞生,人类进入了信息化时代,当时的第一代计算机并没有操作系统,这是由于早期计算机的建立方式(如同建造机械计算机)与效能不足以执行这样的程序。1947 年,由于晶体管的发明以及莫里斯·威尔克斯(Maurice Vincent Wilkes)发明的微程序方法,使得计算机不再是机械设备,而是电子产品。系统管理工具以及简化硬件操作流程的程序很快就出现了,这成为操作系统诞生的基础。

到了 20 世纪 50 年代中期,商用计算机制造商制造了批处理系统,此系统可将工作的建立、调度以及执行序列化。此时,计算机厂商为每一台不同型号的计算机编写不同的操作系统,因此,为某计算机而编写的程序无法移植到其他计算机上执行。

1963 年,奇异公司与贝尔实验室、麻省理工学院以及美国通用电气公司合作,以 PL/I 语言开发出 Multics 操作系统。它的出现是 20 世纪 70 年代众多操作系统建立的灵感来源，尤其是由 AT&T 贝尔实验室的丹尼斯·里奇与肯·汤普逊所建立的 UNIX 系统，为实现跨平台的移植能力做出了重要贡献。此操作系统在 1969 年用 C 语言重写。

用 C 语言编写的 UNIX 操作系统具有跨时代的意义，它是真正意义上的第一款现代操作系统，后期诞生的 Linux、BSD、Mactonish、Solaris 等系统在原理及其应用程序接口调用方面，皆来源于 UNIX 系统。UNIX 系统对操作系统的影响一直持续至今天。

1.2 操作系统功能

操作系统按功能层次可分成四大部分：

- **驱动层**：最底层的、直接控制和监视各类硬件资源的部分，它们的职责是隐藏硬件的具体细节，并向其他部分提供一个抽象的、通用的接口。
- **内核层**：操作系统内核部分，通常运行在最高特权级，负责提供基础性、结构性的功能。
- **接口库层**：是一系列特殊的程序库，它们的功能是将系统所提供的基本服务包装成应用程序能够使用的编程接口（API），是最靠近应用程序的部分。
- **外围服务层**：是指操作系统中除以上三类以外的所有其他部分，通常是用于提供特定高级服务的部件。例如，在微内核结构中，大部分系统服务以及 UNIX/Linux 中各种守护进程都通常被划归此列。

操作系统的主要功能是资源管理、程序控制和人机交互等。计算机系统的资源可分为设备资源和信息资源两大类。设备资源指的是组成计算机的硬件设备，如中央处理器、主存储器、磁盘存储器、打印机、磁带存储器、显示器、键盘、鼠标等设备。信息资源指的是存放于计算机内的各种数据，如文件、程序库、系统软件和应用软件等。

操作系统位于底层硬件与应用软件或用户之间，是两者沟通的桥梁。应用程序或者用户可以通过操作系统提供的各种接口来操作计算机。

一个标准的操作系统应该提供以下功能：

- 处理器管理（CPU Management）；
- 存储器管理（Memory Management）；
- 作业管理（Job Management）；
- 文件系统（File System）；
- 网络通信（Networking）；
- 安全机制（Security）；
- 用户界面（User Interface）；
- 驱动程序（Device Drivers）。

1.3 操作系统分类

由于特性与应用领域的不同，操作系统可以分为以下几种类型：

批处理操作系统(Batch Processing Operating System)：用户将作业交给系统操作员，系统操作员将多个用户的作业组成一批作业，之后输入到计算机中，在系统中形成一个自动转接的连续作业流，然后启动操作系统，系统自动、依次执行每个作业。批处理操作系统分为简单批处理系统和多道批处理系统。

分时操作系统(Time Sharing Operating System)：多个用户可以通过终端同时访问系统，由于多个用户分享处理器时间，因此该技术称作**分时**(Time Sharing)，用户交互式地向系统提出命令请求，系统接受每个用户的命令，并控制每个用户程序以很短的时间为单位(这种时间单位被称作**时间片**)交替执行。这种技术使得每个用户认为自己独享处理器。分时系统具有多路性、交互性、“独占”性和及时性的特征。

实时操作系统(Real Time Operating System)：是指使计算机能及时响应外部事件的请求并在规定的“严格时间”内完成对该事件的处理，控制所有实时设备和实时任务协调一致工作的操作系统。实时操作系统追求的目标是：对外部请求在“严格时间”范围内做出反应，具有高可靠性、完整性、资源分配、任务实时调度的特点。其中资源分配和任务实时调度是其主要特点。此外实时操作系统应有较强的容错能力。实时操作系统分为硬实时操作系统与软实时操作系统，其中硬实时操作系统能够保证所有的实时事件在确定的时间内都能得到正确的响应，而软实时操作系统只能够尽最大的努力来争取实时事件在确定的时间内得到响应。实时操作系统通常被应用于专用的嵌入式设备，SylixOS本身就属于实时操作系统。

分布式操作系统(Distributed Operating System)：是为分布计算系统配置的操作系统。大量的计算机通过网络被联结在一起，可以获得极高的运算能力及广泛的数据共享。这种系统被称作分布式系统(Distributed System)。它在资源管理、通信控制和操作系统的结构等方面都与其他操作系统有较大的区别。同时分布式操作系统还要支持并行处理，因此它提供的通信机制和网络操作系统提供的有所不同，它要求通信速度快。分布式操作系统的结构也不同于其他操作系统，它分布于系统的各台计算机上，能并行地处理用户的各种需求，有较强的容错能力。

1.4 POSIX 标准简介

从1970年第一款现代操作系统——UNIX诞生至今，出现了多款现代操作系统，例如：Windows、Linux、BSD、Solaris等，为了方便应用程序以及中间件的移植，大多数操作系统都采用与UNIX兼容的API(Windows除外)。为了保证操作系统API的相互兼容性，制定了POSIX标准。

POSIX 是 IEEE(Institue of Electrical and Electronics Engineers,电气和电子工程师学会)为了规范各种 UNIX 操作系统提供的 API 接口而定义的一系列互相关联标准的总称,其正式名称为 IEEE 1003,国际标准名称为 ISO/IEC 9945。此标准源于一个大约开始于 1985 年的项目。POSIX 这个名称是由理查德·斯托曼应 IEEE 的要求而提议的一个易于记忆的名称。它是 Portable Operating System Interface (可移植操作系统接口)的缩写,而 X 则表明其对 UNIX API 的传承。

其中 POSIX 标准对实时操作系统定义了一个称作 1003.1b 的子协议,该协议定义了标准实时操作系统的基本行为,SylixOS 符合此协议要求。

当前的 POSIX 主要分为四个部分:Base Definitions(基本功能定义)、System Interfaces(系统接口)、Shell and Utilities(Shell 与相关工具)和 Rationale(基本原理)。SylixOS 兼容这四部分的规范。

目前符合 POSIX 标准的操作系统有:UNIX、BSD、Linux、iOS、Android、SylixOS、VxWorks、RTEMS、LynxOS 等,由于 SylixOS 对 POSIX 的支持,其他兼容 POSIX 系统上的应用程序可以非常方便地移植到 SylixOS 系统上。

附录表 A.2 中列出了 SylixOS 支持的 POSIX 标准头文件。

1.5 POSIX 限制

POSIX.1 定义了很多涉及操作系统实现的限制和常量,通常这些限制和常量又成为了 POSIX.1 中最令人迷惑不解的部分之一。针对 POSIX.1 定义的限制和常量,本操作系统的实现只关心与基本 POSIX 接口有关的部分。这些限制和常量分成下列 7 类:

- 数值限制:LONG_BIT、SSIZE_MAX 和 WORD_BIT;
- 最小值:如表 1.1 所列;
- 最大值:_POSIX_CLOCKRES_MIN;
- 运行时可以增加的值:CHARCLASS_NAME_MAX、COLL_WEIGHTS_MAX、LINE_MAX、NGROUPS_MAX 和 RE_DUP_MAX;
- 运行时不变值;
- 其他不变值:NL_ARGMAX、NL_MSGMAX、NL_SETMAX 和 NL_TEXTMAX;
- 路径名可变值:FILESIZEBITS、LINK_MAX、MAX_CANON、MAX_INPUT、NAME_MAX、PATH_MAX、PIPE_BUF 和 SYMLINK_MAX。

在这些限制和常量中,某些可能定义在<limits.h>中,其余的则按具体条件可定义、可不定义。

这些最小值是不变的(它们并不随系统而改变)。它们指定了这些特征最具约束性的值。一个符合 POSIX 的实现应当提供至少这样大的值。这就是为什么将它们称为最小值，虽然它们的名字都包含了 MAX。另外，为了保证可移植性，一个严格符合 POSIX 标准的应用程序不应要求更大的值。

表 1.1 <limits.h>中的 POSIX 最小值

最小值名称	说 明
_POSIX_CHILD_MAX	每个实际用户 ID 的子进程数
_POSIX_DELAYTIMER_MAX	定时器最大超限运行次数
_POSIX_HOST_NAME_MAX	gethostname 函数返回的主机名长度
_POSIX_LINK_MAX	文件的链接数
_POSIX_LOGIN_NAME_MAX	登录名的长度
_POSIX _MAX_CANON	终端规范输入队列的字节数
_POSIX _MAX_INPUT	终端输入队列的可用空间
_POSIX_NAME_MAX	文件名中的字节数，不包括终止 null 字节
_POSIX_NGROUPS_MAX	每个进程同时添加的组 ID 数
_POSIX_OPEN_MAX	每个进程的打开文件数
_POSIX_PATH_MAX	路径名中的字节数，包括终止 null 字节
_POSIX_PIPE_BUF	可以单次写到一个管道中的字节数
_POSIX_RE_DUP_MAX	当使用间隔表示法\{m,n\}时，regexec 和 regcomp 函数允许的基本正则表达式重复发生的次数
_POSIX_RTSIG_MAX	为应用预留的实时信号编号个数
_POSIX_SEM_NSEMS_MAX	一个进程可以同时使用的信号量个数
_POSIX_SEM_VALUE_MAX	信号量可持有的值
_POSIX_SIGQUEUE_MAX	一个进程可发送和挂起的排队信号的个数
_POSIX_SSIZE_MAX	能存在 ssize_t 对象中的值
_POSIX_STREAM_MAX	一个进程能同时打开的标准 I/O 流数
_POSIX_SYMLINK_MAX	符号链接中的字节数
_POSIX_SYMLOOP_MAX	在解析路径名时，可遍历的符合链接数
_POSIX_TIMER_MAX	每个进程的定时器数目
_POSIX_TTY_NAME_MAX	终端设备名长度，包括终止 null 字节
_POSIX_TZNAME_MAX	时区名字节数

某些特定常量值可能不在此头文件中定义，其理由是：这些值可能依赖系统的存储总量。如果没有在头文件中定义它们，则不能在编译时使用它们作为数值边界。所以，POSIX 提供了 3 个运行时函数以供调用，它们是：sysconf、pathconf 和 fpathconf，使用这 3 个函数可以在运行时得到实际的实现值。

```
#include <unistd.h>
long  sysconf(int  name );
long  fpathconf(int  fd , int name );
long  pathconf(const char * path , int name );
```

函数 sysconf 原型分析：

- 此函数成功返回相应值，失败返回－1 并设置错误号；
- 参数*name* 是请求常量名，如表 1.2 所列。

函数 fpathconf 原型分析：

- 此函数成功返回相应值，失败返回－1 并设置错误号；
- 参数*fd* 是打开的文件描述符；
- 参数*name* 是请求常量名，如表 1.3 所列。

函数 pathconf 原型分析：

- 此函数成功返回相应值，失败返回－1 并设置错误号；
- 参数*path* 是文件路径名；
- 参数*name* 是请求常量名，如表 1.3 所列。

表 1.2　sysconf 调用（部分）*name* 参数

name 参数	返回值
_SC_ARG_MAX	ARG_MAX
_SC_CLK_TCK	LW_TICK_HZ
_SC_DELAYTIMER_MAX	_ARCH_INT_MAX
_SC_IOV_MAX	_ARCH_LONG_MAX
_SC_LINE_MAX	LINE_MAX
_SC_LOGIN_NAME_MAX	LOGIN_NAME_MAX
_SC_OPEN_MAX	LW_CFG_MAX_FILES
_SC_PAGESIZE	PAGESIZE
_SC_RTSIG_MAX	RTSIG_MAX
_SC_SEM_NSEMS_MAX	SEM_NSEMS_MAX
_SC_SEM_VALUE_MAX	_ARCH_UINT_MAX
_SC_SIGQUEUE_MAX	SIGQUEUE_MAX
_SC_TIMER_MAX	LW_CFG_MAX_TIMERS
_SC_TZNAME_MAX	TZNAME_MAX

表 1.3 pathconf 和 fpathconf 调用(部分)*name* 参数

name 参数	返回值
_PC_FILESIZEBITS	FILESIZEBITS
_PC_LINK_MAX	系统内部定义
_PC_MAX_CANON	MAX_CANON
_PC_MAX_INPUT	MAX_INPUT
_PC_NAME_MAX	NAME_MAX
_PC_PATH_MAX	PATH_MAX
_PC_PIPE_BUF	PIPE_BUF
_PC_SYMLINK_MAX	系统内部定义

后面两个函数的差别是：一个用文件描述符作为参数，另一个用路径名作为参数。

如果*name* 并不是一个正确的常量，这 3 个函数都返回－1，并置 errno 为 EINVAL，有些*name* 会返回一个变量值或者－1，－1 则代表是一个不确定的值，此时并不会改变 errno 的值。

1.6 SylixOS 概述

SylixOS 是一款大型嵌入式实时操作系统，诞生于 2006 年，起初它只是一个小型多任务调度器，经过多年开发，SylixOS 目前已经成为一个功能完善、性能卓越、可靠稳定的嵌入式系统软件开发平台。

与 SylixOS 类似的实时操作系统中，全球比较知名的有 VxWorks（主要应用于航空航天、军事与工业自动化领域）、RTEMS（起源于美国国防部导弹与火箭控制实时系统）等。

SylixOS 作为实时操作系统的后来者，在设计思路上借鉴了众多实时操作系统的设计思想，使得 SylixOS 在功能和具体性能上达到或超过了众多实时操作系统的水平，成为国内实时操作系统中最优秀的代表之一[①]。

SylixOS 作为抢占式多任务硬实时操作系统，具有如下功能与特点：

- 兼容 IEEE 1003（ISO/IEC 9945）操作系统接口规范；
- 兼容 POSIX 1003.1b（ISO/IEC 9945－1）实时编程的标准；
- 优秀的实时性能（任务调度与切换满足 O(1)时间复杂度算法）；
- 理论上支持无限多个任务；
- 抢占式调度支持 256 个优先级；

① 目前 SylixOS 以开源的形式对外发布。

- 支持协程(Windows 称为纤程);
- 支持虚拟进程;
- 支持优先级继承,防止优先级反转;
- 极其稳定的内核,很多基于 SylixOS 开发的产品都需要 7×24 小时不间断运行;
- 内核占用 CPU 率低;
- 柔性体系(Scalable);
- 核心代码使用 C 语言编写,可移植性好;
- 支持紧耦合同构多处理器(SMP),例如:ARM Cortex-A9 SMPCore;
- 独一无二的硬实时多核调度算法;
- 支持标准 I/O、多路 I/O 复用与异步 I/O 接口;
- 支持多种新兴异步事件同步化接口,例如:signalfd、timerfd、eventfd 等;
- 支持众多标准文件系统:TpsFS、FAT、YAFFS、RAMFS、NFS、ROMFS 等;
- 支持文件记录锁,可支持数据库;
- 支持统一的块设备 Cache 模型;
- 支持内存管理单元(MMU);
- 支持第三方 GUI 图形库,如:Qt、Microwindows、emWin 等;
- 支持动态装载应用程序、动态链接库以及模块;
- 支持扩展系统符号接口;
- 支持标准 TCP/IPv4/IPv6 双网络协议栈,提供标准的 socket 操作接口;
- 支持 AF_ROUTE、AF_UNIX、AF_PACKET、AF_INET、AF_INET6 协议域;
- 内部集成众多网络工具,例如:FTP、TFTP、NAT、PING、TELNET、NFS 等;
- 内部集成 Shell 接口、支持环境变量(与 Linux 操作习惯基本兼容);
- 内部集成可重入 ISO/ANSI C 库(支持 80%以上标准函数);
- 支持众多标准设备抽象,如:TTY、BLOCK、DMA、ATA、GRAPH、RTC、PIPE 等,同时支持多种工业设备或总线模型,如:PCI、USB、CAN、I^2C、SPI、SDIO 等;
- 提供高速定时器设备接口,可提供高于主时钟频率的定时服务;
- 支持热插拔设备;
- 支持设备功耗管理;
- 内核、驱动、应用程序支持 GDB 调试;
- 提供内核行为跟踪器,方便进行应用性能与故障分析。

第2章 Shell简介

2.1 什么是 Shell

Shell 是操作系统"外壳"程序,它向使用者提供了一个基于命令行类型的使用界面,也可称作命令解析器,系统开发人员通常使用此接口来操作计算机。几乎所有的操作系统都包含 Shell 程序,例如:Linux 系统中较为常见的 Shell 是 Bash 程序;Windows 系统中的 Shell 程序是 cmd. exe。SylixOS 也不例外,SylixOS 也包含自己的 Shell 程序:ttinyShell。

ttinyShell 程序是系统开发人员操作 SylixOS 最为简单与便捷的接口,它与 Linux 系统 Shell 功能相似,不同的是 ttinyShell 运行在内核空间,它不是一个应用程序①,所以 ttinyShell 不仅可以运行应用程序,而且内部内建了很多已经固化在 SylixOS 内核里的常用命令,ttinyShell 程序运行界面如图 2.1 所示。

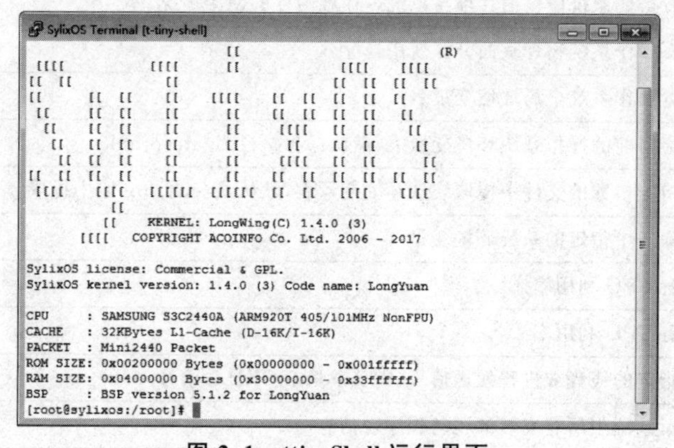

图 2.1 ttinyShell 运行界面

① 与其他类 UNIX 系统不同的是 ttinyShell 作为 SylixOS 的内核线程存在。

2.2 常用 Shell 命令说明

本节将简要介绍部分常用的 ttinyShell 内建命令，它们分为系统命令、文件命令、网络命令、时间命令、动态装载命令和其他命令，详细说明可使用*help* [keyword]命令在 SylixOS 设备上查看。

由于内核版本与裁剪配置不同，所以 ttinyShell 内建命令在不同版本和不同配置的 SylixOS 上会有所不同。

2.2.1 系统命令

ttinyShell 内建系统命令如表 2.1 所列。

表 2.1 SylixOS 常用 ttinyShell 内建系统命令

命令名	简要说明
help	显示 ttinyShell 所有内建命令列表
free	显示系统当前内存信息
echo	回显用户输入的参数
ts	查看系统中线程信息
tp	查看系统中被阻塞的线程信息
ss	查看系统中所有线程与中断系统栈的使用情况
ps	查看系统所有进程的信息
touch	创建一个普通文件
ints	查看系统中断向量表信息
mems	查看操作系统内核内存堆与系统内存堆内存的使用情况
zones	查看操作系统物理页面分区使用情况
env	查看操作系统全局环境变量表
varsave	保存当前的操作系统环境变量表，默认保存路径为/etc/profile
varload	从指定参数的文件中提取装载环境变量表，默认从/etc/profile 中提取
vardel	删除一个指定的系统环境变量
cpuus	查看 CPU 利用率
top	查看 CPU 利用率
kill	向指定的线程或进程发送信号，默认发送 SIGKILL 信号
drvlics	显示系统中所有安装的驱动程序表信息
devs	显示系统中挂载的所有设备
buss	显示系统中挂载的所有总线信息
tty	显示当前 Shell 终端对应的 tty 文件

续表 2.1

命令名	简要说明
clear	清除当前屏幕
aborts	显示当前操作系统异常处理统计信息
sprio	设置指定线程的优先级
renice	设置指定进程的优先级
hostname	显示或设置当前 SylixOS 镜像主机名
login	切换用户，重新登录
who	查看当前登录用户身份
shutdown	关闭或重启系统
monitor	启动、关闭或设置内核跟踪器
pcis	打印系统 PCI 总线与 PCI 设备相关信息
lsusb	打印系统 USB 总线与 USB 设备相关信息(依赖 USB 库)
which	检查参数指定的文件位置
exit	退出当前 Shell 终端

以下是几个常用且比较重要的命令。

2.2.1.1 命令 *ts*

ts 命令可以查看 SylixOS 当前运行的线程信息。

【命令格式】

```
ts [pid]
```

【常用选项】

```
无
```

【参数说明】

```
pid:进程 ID 号
```

下面是*ts* 命令输出信息的详细含义：

```
#ts①
thread show >>
NAME    TID     PID   PRI   STAT   LOCK   SAFE   DELAY   PAGEFAILS   FPU  CPU
---------------- ------- ----- --- ---- -------- -------- --------- --- ---
t_idle  4010000 0     255   RDY    0      YES    0       0           0
……
thread : 16
```

① #在 SylixOS 中代表管理员用户，这里和实际中相比少了用户名等信息([root@sylixos_station:/]#)，为了避免不同用户的差异性，本书中都用#来代表是在 ttinyShell 下操作，且忽略路径信息。

输出的各项含义如下：

- NAME：线程名字，如 t_idle 代表 SylixOS 的 IDLE 线程；
- TID：线程 ID（句柄），用十六进制表示，如 4 010 001；
- PID：线程所属进程的 ID，用十进制表示与 UNIX 系统表示方法相同（0 表示操作系统内核线程）；
- PRI：线程的优先级，用十进制表示（数值越小优先级越高），如 255；
- STAT：线程当前状态，RDY 代表就绪态（线程状态见 4.2 线程状态机）；
- LOCK：目标线程是否被调度锁锁定，0 表示没有被锁；
- SAFE：目标线程是否处在安全模式[①]，YES 表示在安全模式；
- DELAY：线程的延时大小；
- PAGEFAILS：缺页中断计数；
- FPU：是否使用了硬件浮点运算器（FPU）；
- CPU：此线程运行在哪一个 CPU 上（多核系统上可能有其他数值）；
- thread：当前正在运行的线程总数。

2.2.1.2 命令 *tp*

tp 命令可以查看 SylixOS 当前运行线程的阻塞信息。

【命令格式】

```
tp [pid]
```

【常用选项】

```
无
```

【参数说明】

```
pid:进程 ID 号
```

下面是*tp* 命令输出信息的详细含义：

```
# tp
thread pending show >>
NAME        TID        PID    STAT    DELAY    PEND        EVENT          OWNER
---------- -------- ----- ---- ---------- ---------------------- --------
t_except   4010002    0      SEM      0        10010003:job_sync
……
pending thread : 14
```

输出的各项含义如下：

---

① 安全模式是线程处于一种安全状态，处于这种状态的线程，在接收到删除指令时不会立即删除线程，而是会等到线程退出安全模式之后才删除。

- NAME：线程的名字；
- TID：线程 ID；
- PID：进程 ID；
- STAT：线程当前状态；
- DELAY：线程延时；
- PEND EVENT：线程当前阻塞在什么样的事件上，如信号量、消息队列等；
- OWNER：当线程发生阻塞时，占有阻塞对象的线程 ID（如发生死锁，此域将包含占有锁的线程 ID）；
- pending thread：在当前正在运行的线程中，阻塞在某事件上的数量。

2.2.1.3 命令 *ps*

ps 命令可以查看 SylixOS 当前运行的进程信息。

【命令格式】

```
ps
```

【常用选项】

```
无
```

【参数说明】

```
无
```

下面是*ps* 命令输出信息的详细含义：

```
# ps
      NAME      FATHER        STAT    PID    GRP    MEMORY    UID    GID    USER
--------------- ------------- ---- ----- ----- ---------- ----- ----- ------
kernel         <orphan>       R       0      0      56KB      0      0      root
app            <orphan>       R       2      2      196KB     0      0      root

total vprocess: 2
```

输出的各项含义如下：

- NAME：进程名字（程序名）；
- FATHER：父进程，orphan 代表是一个孤儿进程，即没有父进程；
- STAT：进程的状态，如表 2.2 所列；
- PID：进程的 ID；
- GRP：进程组 ID；
- MEMORY：本进程消耗的总内存（单位：字节）；

- UID:进程的用户 ID;
- GID:进程的用户组 ID;
- USER:进程所属用户名,如 root。

表 2.2 进程状态

状态标识	说明
I	进程初始态,进程还没有开始运行
R	进程运行态,进程正在运行
T	进程停止态,进程由于某种原因停止运行
Z	进程僵尸态,进程已经退出,等待资源被回收

2.2.1.4 命令 *ints*

ints 命令可以显示 SylixOS 的中断向量信息。

【命令格式】

```
ints [cpuid start] [cpuid end]
```

【常用选项】

```
无
```

【参数说明】

```
cpuid start:起始 CPU ID 号
cpuid end:结束 CPU ID 号
```

下面是*ints* 命令输出信息的详细含义:

```
# ints
interrupt vector show >>
IRQ        NAME           ENTRY    CLEAR    PARAM    ENABLE RND  PREEMPT      CPU 0
____ _______________ _________ _________ _________ ______ ___ _______ _____________

  7dm9000_isr      20013978   0        2c62fbe8  true                         4068
......
interrupt nesting show >>
CPU   MAX NESTING        IPI
_____ ___________ _____________

0          1          0
interrupt vector base : 0x2c7a96a8
```

输出的各项含义如下:

- IRQ:中断号;
- NAME:注册的中断名字;

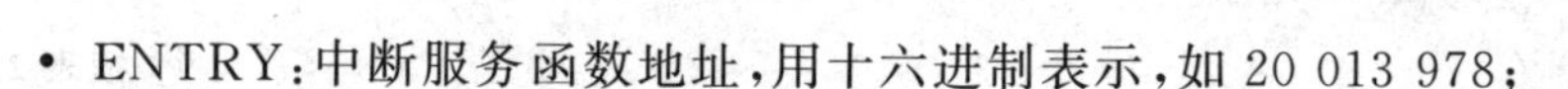

- ENTRY：中断服务函数地址，用十六进制表示，如 20 013 978；
- CLEAR：中断清理函数地址；
- PARAM：中断服务函数参数地址；
- ENABLE：中断是否使能；
- RND：是否可用作系统随机数种子；
- PREEMPT：是否允许抢占；
- CPU 0(0 代表 CPU 的编号)：在 CPU 核 0 上产生的中断数，如 dm9000_isr 在 CPU 核 0 上产生了 4 068 次中断。

2.2.2 文件命令

ttinyShell 内建文件命令如表 2.3 所列。

表 2.3　系统常用 ttinyShell 内建文件命令

命令名	简要说明
ls	列出指定目录下的文件，默认为当前目录
ll	列出指定目录下的文件详细信息，默认为当前目录
files	列出系统内核中打开的文件信息(不包含进程打开的文件)
fdentrys	列出操作系统所有正在操作的文件信息(包含进程打开的文件)
sync	将所有系统缓存的文件、设备、磁盘信息全部写入到相应的物理设备中
logfileadd	向内核日志打印函数加入指定的内核文件描述符
logfileclear	从内核日志打印文件表中清除指定的内核文件描述符
logfiles	显示内核日志打印文件列表
loglevel	显示或设置当前内核日志打印等级
cd	切换当前目录
pwd	查看当前工作目录
df	查看指定目录的文件系统信息
tmpname	获得一个可以创建的临时文件名
mkdir	创建一个目录
mkfifo	创建一个命名管道，注意：只能在根文件系统设备下创建
rmdir	删除一个目录
rm	删除一个文件
mv	移动或重命名一个文件
cat	查看一个文件的内容
cp	拷贝一个文件
cmp	比较两个文件内容
dsize	计算一个指定的目录包含的所有文件信息

续表 2.3

命令名	简要说明
chmod	设置文件或目录的权限位
mkfs	格式化指定的磁盘
shfile	执行指定的 Shell 脚本
mount	挂载一个卷
umount	卸载一个卷
showmount	查看系统中所有已经挂载的卷
ln	创建符号链接文件
dosfslabel	查看 fat 文件系统卷标
fatugid	设置 fat 文件系统用户与组 ID
mmaps	显示系统 mmap 信息
fdisk	磁盘分区

2.2.2.1 命令 *ll*

ll 命令可以显示指定目录下的文件详细信息。

【命令格式】

```
ll
ll [path name]
```

【常用选项】

无

【参数说明】

该命令用于显示指定目录下文件的详细信息。当不跟参数时，默认会显示当前目录下的文件信息；当跟上参数路径时，会显示相应目录下的文件信息。

下面是*ll* 命令的使用的打印：

```
[root@sylixos:/]# ll /apps
drwxr-xr--  root   root   Sat Jan 01 08:23:55 2000   hello_sum/
drwxr-xr-x  root   root   Sat Jan 01 08:02:38 2000   mousecalibration/
total items: 2
```

2.2.2.2 命令 *fdisk*

fdisk 命令可以显示磁盘分区或为磁盘设备创建分区表。

【命令格式】

```
fdisk [-f] [block I/O device]
```

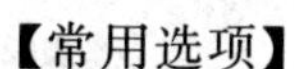

【常用选项】

```
-f:指定磁盘设备
```

【参数说明】

```
block I/O device:块设备,如/dev/blk/sdcard0
```

下面是*fdisk* 命令的使用方法:

- 显示 udisk0 分区表:

```
# fdisk /dev/blk/udisk0
```

- 创建分区表:

```
# fdisk -f /dev/blk/udisk0
```

fdisk 最多可创建 4 个分区(分区数:1~4),每个分区的大小需指出其百分比值(如 40%),可选择指定的分区是否为活动分区(包括:活动和非活动)。目前包括的文件系统类型包括:FAT、TPSFS(SylixOS 掉电安全文件系统)和 LINUX(暂时不支持)。

注:详细的分区方法见《RealEvo-IDE 使用手册》。

2.2.3 网络命令

ttinyShell 内建网络命令如表 2.4 所列。

表 2.4 系统常用 ttinyShell 内建网络命令

命令名	简要说明
route	添加、删除、修改或查看系统路由表
netstat	查看网络状态
ifconfig	配置网络接口信息
ifup	启用一个网络接口
ifdown	禁用一个网络接口
arp	添加、删除或查看 ARP 表
ping	ping 命令
ping6	IPv6 ping 命令
tftpdpath	查看或设置 tftp 服务器本地路径
tftp	使用 tftp 命令接收或者发送一个文件
ftpds	显示 ftp 服务器信息
ftpdpath	查看或设置 ftp 服务器初始化路径
nat	启动、关闭或设置 NAT 虚拟网络地址服务

续表 2.4

命令名	简要说明
nats	查看当前 NAT 虚拟地址服务状态
npfs	查看网络数据包过滤器状态
npfruleadd	添加一条网络数据包过滤器规则
npfruledel	删除一条网络数据包过滤器规则
flowctl	网络流量控制
iftcpwnd	动态设置 TCP 窗口大小
iftcpaf	动态设置/获得 TCP ACK 包的发送频率
ifmip	设置单网口启用多 IP 功能
vnd	设置 VPN 虚拟网络接口
netbr	设置网桥功能
natipfrag	设置 NAT 是否分片功能
ipqos	设置 QoS 功能
qoss	显示 QoS 规则列表
qosruleadd	增加一条 QoS 规则
qosruledel	删除一条 QoS 规则
ipforward	设置协议栈转发功能
rtmssadj	设置或者获取 TCP 转发 MSS 自动调整状态功能
sroute	设置源路由表
netbonding	创建 bond 功能网络接口

2.2.3.1 命令 *ifup* 和 *ifdown*

ifup 命令可以启用指定的网络接口，同时可以开启或者关闭 dhcp 租约；*ifdown* 命令可以停用指定的网络接口。

【命令格式】

```
ifup [netifname] [{-dhcp | -nodhcp}]
ifdown [netifname]
```

【常用选项】

```
-dhcp:开启 DHCP 租约
-nodhcp:关闭 DHCP 租约
```

【参数说明】

```
netifname:网络接口名(如:en1)
```

下面展示了 *ifup* 和 *ifdown* 命令的用法：

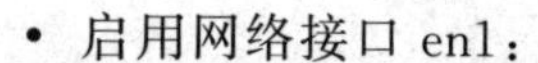

• 启用网络接口 en1：

```
ifup en1
```

• 启用网络接口 en1 且开启 dhcp 租约：

```
ifup en1 - dhcp
```

• 启用网络接口 en1 且停止 dhcp 模式：

```
ifup en1 - nodhcp
```

• 停用网络接口 en1：

```
ifdown en1
```

2.2.3.2 命令 *flowctl*

flowctl 命令用于启用流量控制功能，不仅可以对网络接口进行流量控制，而且可以对 IPv4、IPv6 进行流量控制。

【命令格式】

```
flowctl [cn] [type] ips ipe [proto] ps pe dev [ifname] [dl][ul] bufs
```

【常用选项】

```
cn :
    add :添加
    del :删除
    chg :修改
type:
    ip:对 IP 地址进行流量控制
    if:对网络接口进行流量控制
proto:
    tcp:TCP 协议
    udp:UDP 协议
    all:默认协议
```

【参数说明】

```
当 type 为 ip 时：
    ips:开始 IP 地址
    ipe:结束 IP 地址
    ps:开始端口号
    pe:结束端口号
当 type 为 if 时：
    不需要输入 ips、ipe、proto、ps 以及 pe
```

```
dev:用于指定后面的参数为网络设备接口
ifname:网络接口名(如:en1)
bufs:缓存区大小
dl:下行速度
ul:上行速度
```

下面展示了 *flowctl* 命令的用法：

- 添加网络接口流控信息：

```
flowctl if dev en1 50 100 64
```

- 添加 IPv4 流控信息：

```
flowctl add ip 192.168.1.1 192.168.1.10 tcp 20 80 dev en1 50 100 64
```

- 删除 IPv4 流控信息：

```
flowctl del ip 192.168.1.1 192.168.1.10 tcp 20 80 dev en1
```

- 修改 IPv4 流控信息：

```
flowctl chg ip 192.168.1.1 192.168.1.10 tcp 20 80 dev en1 100 200
```

修改流控信息只能修改上行速度和下行速度，IP 以及端口号修改无效。

SylixOS 流控操作可以使用 ioctl 命令的方法进行设置，如表 2.5 所列。

表 2.5 流控 ioctl 命令

命令名	简要说明
SIOCADDFC	增加一条流控规则
SIOCDELFC	删除一条流控规则
SIOCCHGFC	改变一条流控规则
SIOCGETFC	获得一条流控规则
SIOCLSTFC	获得所有流控规则

2.2.3.3 命令 *netbr*

netbr 命令用于设置网桥功能。网桥是在数据链路层进行数据转发的一种机制，由于网桥数据没有经过协议栈，所以比路由功能的效率更高。

下面展示了 *netbr* 命令的用法：

- 添加网桥接口 bridge0：

```
netbr addbr bridge0
```

- 向网桥接口 bridge0 中添加网络设备 ethdev0：

```
netbr adddev bridge0 ethdev0
```

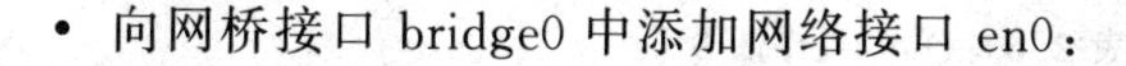

• 向网桥接口 bridge0 中添加网络接口 en0：

```
netbr addif bridge0 en0
```

• 删除网桥接口 bridge0：

```
netbr delbr bridge0
```

• 从网桥接口 bridge0 中删除网络设备 ethdev0：

```
netbr deldev bridge0 ethdev0
```

• 从网桥接口 bridge0 中删除网络接口 en0：

```
netbr delif bridge0 en0
```

• 刷新网桥接口 bridge0 的所有 MAC 缓存：

```
netbr flush bridge0
```

• 显示网桥接口 bridge0 信息：

```
netbr show bridge0
```

2.2.3.4 命令 *ipqos*、*qoss*、*qosruleadd*、*qosruledel*

ipqos 命令用于启用或停止 QoS(Quality of Service)功能，*qoss* 命令用于查看当前启用的 QoS 规则列表，*qosruleadd* 命令用于增加一条 QoS 规则，*qosruledel* 命令用于删除一条 QoS 规则。

下面展示命令 *ipqos*、*qoss*、*qosruleadd*、*qosruledel* 的用法：

• 开启或关闭 QoS 功能：

```
ipqos 1/0
```

• 查看 QoS 规则列表：

```
qoss
```

• 增加一条 QoS 规则(向网络接口 en0 增加 UDP 规则，IP 段为 192.168.0.5 到 192.168.0.10，端口范围为 8000 到 8001，比较规则为源地址(SRC)，优先级为 0，数据包不丢弃(yes))：

```
qosruleadd en0 udp 192.168.0.5 192.168.0.10 8000 8001 SRC  0 yes
```

• 删除一条 QoS 规则(删除接口 en0 上序号为 0 的 QoS 规则)：

```
qosruledel en0 0
```

SylixOS QoS 规则操作可以使用 ioctl 的方法进行设置，如表 2.6 所列。

表 2.6 QoS ioctl 命令

命令名	简要说明
SIOCSETIPQOS	设置 QoS 规则
SIOCGETIPQOS	获得 QoS 规则

2.2.3.5 命令 *sroute*

sroute 命令用于设置 SylixOS 源路由，功能包括源路由条目的增加、删除、修改等，SylixOS 的源路由规则包括两种优先级：HIGH 和 DEF，其中 HIGH 代表该路由条目优先被查找，DEF 则为没有其他路由条目时的默认路由。

下面展示*sroute* 命令的使用方法：

- 增加一条 INC 规则的源路由条目（该条目表示，源地址在 10.5.0.0～10.5.255.255 区间，且目的地址在 10.0.0.0 ～ 10.255.255.255 区间的地址从网络接口 pp7 发出，dev 用来指定后面的参数是网络设备接口，如 pp7）：

```
sroute add 10.5.0.0  10.5.255.255  10.0.0.0  10.255.255.255INC  DEF  dev pp7
```

- 增加一条 EXC 规则的源路由条目（该条目表示，源地址在 10.6.0.0～10.6.255.255 区间，且目的地址不在 10.6.0.0～10.6.255.255 区间的地址从网络接口 pp7 发出）：

```
sroute add 10.6.0.0  10.6.255.255  10.0.0.0  10.255.255.255  EXC  DEF  dev pp7
```

- 删除一条源路由规则：

```
sroute del 10.6.0.0 10.6.255.255 10.0.0.0 10.255.255.255
```

- 修改一条源路由规则（修改源地址区间为 192.168.1.1～192.168.1.10）：

```
sroute chg 192.168.1.1 192.168.1.10 0.0.0.0 0.0.0.0 EXC HIGH devpp7
```

SylixOS 源路由同样可以通过 ioctl 的形式进行设置，ioctl 命令如表 2.7 所列。

表 2.7 sroute ioctl 命令

命令名	简要说明
SIOCADDSRT	增加源路由条目
SIOCDELSRT	删除源路由条目
SIOCCHGSRT	修改源路由条目
SIOCGETSRT	获得源路由条目

2.2.3.6 命令 *netbonding*

netbonding 命令用于在 SylixOS 下创建具有 bond 功能的虚拟网卡，网卡 bond

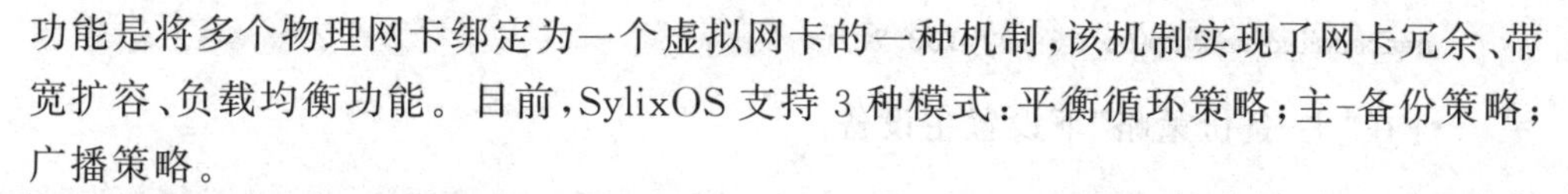

功能是将多个物理网卡绑定为一个虚拟网卡的一种机制，该机制实现了网卡冗余、带宽扩容、负载均衡功能。目前，SylixOS 支持 3 种模式：平衡循环策略；主-备份策略；广播策略。

netbonding 命令帮助如下：

```
add / delete / control net bonding.
eg. netbonding show bond0                 (Show all net device in 'bond0' net bonding)
    netbonding addbd bond0 [...]          (Add a net bonding named 'bond0')
    [...]: [ab|bl] [-t|-a] [interval] [time to alive]
    ab            : Active Backup mode
    bl            : Balance RR mode
    -t            : Traffic detect in 'Active Backup' mode
    -a            : ARP detect in 'Active Backup' mode
    interval      : ARP detect interval (milliseconds)
    time to alive: When detect OK how long does it take to active (milliseconds)
    netbonding delbd bond0               (Delete a net bonding named 'bond0')
    netbonding adddev bond0 ethdev0      (Add a net device in net bonding named 'bond0')
    netbonding deldev bond0 ethdev0(Delete a net device from net bonding named 'bond0')
    netbonding addif bond0 en1            (Same as 'adddev' but use interface name)
    netbonding delif bond0 en1            (Same as 'deldev' but use interface name)
    netbonding masterdev bond0 ethdev0 (Make net device 'ethdev0' as a master device in
                                        'bond0')
    netbonding masterif bond0 en1         (Same as 'masterdev' but use interface name)
    netbonding addarp bond0 10.0.0.1      (Add a ARP detect target to net bonding named
                                           'bond0')
    netbonding delarp bond0 10.0.0.1      (Delete a ARP detect target from net bonding
                                           named 'bond0')
netbonding [...]
```

netbonding 命令使用方法如下：

- 增加一个 bond 设备，设置模式为“平衡循环策略”（bd0 是 bond 网卡设备，-t 指定开启链路探测功能）：

```
netbonding addbd bond0 bl  -t 100 1000
```

- 向 bond 网卡设备中添加网络接口：

```
netbonding addif bond0 en1
```

- 查看 bond 网卡信息：

```
netbonding show bond0
```

- 添加 ARP 探测目标：

```
netbonding addarp bond0 192.168.7.2
```

- 在“主-备份策略”下设置主设备：

```
netbonding masterif bond0 en1
```

2.2.3.7 *npf* 命令集

在 SylixOS 中，网络包过滤命令包括：*npfs*、*npfruleadd*、*npfruledel*。命令说明如下：

npfruleadd 命令向系统添加一个新的网络过滤规则，SylixOS 目前支持的规则，如表 2.8 所列。

【命令格式】

```
npfruleadd [netifname] [rule][args...]
```

【常用选项】

```
无
```

【参数说明】

```
netifname：网络接口名
rule：规则名，目前包括：mac、ip、tcp、udp
args：根据规则的不同而不同
```

表 2.8　规则与参数

规　则	参　数
mac	MAC 地址，如 08:08:08:08:08:08
ip	起始 IP 地址和终止 IP 地址，如 192.168.1.1 和 192.168.1.100
tcp	起始 IP 地址、终止 IP 地址、起始端口号、终止端口号，如 192.168.1.1、192.168.1.100、20、30
udp	起始 IP 地址、终止 IP 地址、起始端口号、终止端口号

以下展示了*npfruleadd* 命令的使用方法：

```
# npfruleadd en1 ip 192.168.1.1 192.168.1.200
rule add ok
```

npfruledel 命令删除一个存在的规则。

【命令格式】

```
npfruledel [netifname] [rule sequence num]
```

【常用选项】

```
无
```

【参数说明】

```
netifname:网络接口名
rule sequence num:规则序列号
```

以下展示了*npfruledel* 命令的使用方法：

```
# npfruledel en1 0
delete
```

npfs 命令显示当前增加的过滤规则信息。

【命令格式】

```
npfs
```

【常用选项】

```
无
```

【参数说明】

```
无
```

以下是*npfs* 命令的打印信息：

```
# npfs
NETIF ATTACH SEQNUM RULE ALLOW MAC      IPs            IPe            PORTs   PORTe
en1    YES     0     IP    NO    N/A  192.168.1.1  192.168.1.200   N/A     N/A
drop:82   allow:1306
```

从*npfs* 命令显示的信息可以看出，目前在SylixOS中增加一个ip类型的过滤规则，网络接口为en1、序列号(SEQNUM)为0、过滤规则的起始IP地址为192.168.1.1、终止IP地址为192.168.1.200，因为过滤规则是ip类型，所以不存在起始端口号和终止端口号。

网络其他命令的详细信息见第13章。

2.2.4 时间命令

ttinyShell内建时间命令如表2.9所列。

表2.9 SylixOS常用ttinyShell内建时间命令

命令名	简要说明
date	显示或设置系统时间
times	显示系统当前时间
hwclock	显示或同步操作系统与硬件RTC时钟

2.2.4.1 命令 *date*

date 命令可以显示或者设置系统的时间。

【命令格式】

```
date [ - s {time | date}]
```

【常用选项】

```
- s:设置时间
```

【参数说明】

```
time:时、分、秒时间格式(如:23:28:25,代表 23 时 28 分 25 秒)
date:年、月、日时间格式(如:20110217,代表 2011 年 2 月 17 日)
```

下面展示了*date* 命令的用法:

- 显示系统时间:

```
date
```

- 设置系统 24 小时时间格式:

```
date - s 18:15:09
```

- 设置系统日期:

```
data - s 20150918
```

2.2.4.2 命令 *hwclock*

hwclock 命令可以显示或者同步硬件 RTC 时钟。

【命令格式】

```
hwclock [{ -- show | -- hctosys | -- systohc}]
```

【常用选项】

```
-- show:显示 RTC 时间
-- hctosys:将 RTC 时间同步到系统时间
-- systohc:将系统时间同步到 RTC 时间
```

【参数说明】

```
无
```

下面展示了*hwclock* 命令的用法:

- 显示硬件 RTC 时间:

```
hwclock - show
```

- 同步硬件 RTC 时间到系统时间：

```
hwclock --hctosys
```

- 同步系统时间到硬件 RTC 时间：

```
hwclock --systohc
```

2.2.5　动态装载命令

ttinyShell 内建动态装载命令如表 2.10 所列。

表 2.10　SylixOS 常用 ttinyShell 内建动态装载命令

命令名	简要说明
dlconfig	配置动态链接器工作参数
modulereg	注册一个内核模块(参数模块句柄)
moduleunreg	卸载一个内核模块(参数模块句柄)
modulestat	查看一个内核模块或动态链接库文件信息
insmod	注册一个内核模块(参数模块名)
rmmod	卸载一个内核模块(参数模块名)
lsmod	查看系统装载的所有内核模块信息
modules	查看系统装载的所有内核模块与进程动态链接库信息

2.2.5.1 命令 *insmod*

insmod 命令用来注册一个内核模块(参数模块名)。

【命令格式】

```
insmod [-x] kernel module file *.ko
```

【常用选项】

```
-x:不要导出全局符号
```

【参数说明】

```
kernel module file *.ko:内核模块文件
```

下面展示了*insmod* 命令的用法：

```
[root@sylixos:/lib/modules]# insmod xtimer.ko
module xtimer.ko register ok, handle: 0x1253d4c0
```

2.2.5.2 命令 *lsmod*

lsmod 命令用来查看系统装载的所有内核模块信息。

【命令格式】

```
lsmod
```

【常用选项】

```
无
```

【参数说明】

```
无
```

下面展示了*lsmod* 命令的用法：

```
[root@sylixos:/proc]# lsmod
      NAME                HANDLE     TYPE     GLB  BASE       SIZE     SYMCNT
------------------------- -------- ------ --- -------- -------- ------
VPROC: kernel             pid:   0 TOTAL    MEM: 1081344
 + xsiipc.ko              12531e10 KERNEL   YES  16608000   49a4     14
 + xinput.ko              12531f70 KERNEL   YES  16606000   18b4     1
 + linuxcompat.ko         12534b80 KERNEL   YES  1661c000   4daac    241
 + usb.ko                 125332f0 KERNEL   YES  1669a000   92da0    182
 + usbdrv_imx6.ko         125333f8 KERNEL   YES  1661a000   1360     1
total modules: 5
```

输出的各项含义如下：

- NAME：内核模块文件名称；
- HANDLE：内核模块系统句柄；
- TYPE：模块类型；
- GLB：是否为全局符号；
- BASE：内核模块分配的内存地址；
- SIZE：内核模块分配的内存长度；
- SYMCNT：内核模块导出的符号数目。

2.2.6 其他命令

ttinyShell 内建其他命令如表 2.11 所列。

表 2.11 SylixOS 常用 ttinyShell 内建其他命令

命令名	简要说明
shstack	显示或者设置 Shell 任务栈大小（单位：字节），设置仅对之后启动的 Shell 有效
leakchkstart	启动系统内存泄漏跟踪器
leakchkstop	关闭系统内存泄漏跟踪器

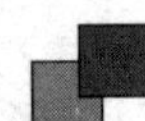

续表 2.11

命令名	简要说明
leakchk	内存泄漏检查
xmodems	使用 xmodem 协议发送一个文件
xmodemr	使用 xmodem 协议接收一个文件
untar	解包或解压缩一个 tar 或 tar. gz 文件包
gzip	压缩或解压缩一个文件
vi	启动 vi 编辑器
perfs	显示性能分析工具的运行数据(旗舰版系统提供)
perfrefresh	刷新性能分析工具的运行数据(旗舰版系统提供)
perfstop	停止性能分析工具(旗舰版系统提供)
perfstart	开始性能分析工具(旗舰版系统提供)
debug	调试一个进程

2.2.6.1 命令 *leakchkstart*、*leakchkstop* 和 *leakchk*

该组命令可以对系统内存泄漏进行检测。

【命令格式】

```
leakchkstart [max save node number] [pid]
leakchkstop
leakchk
```

【常用选项】

```
无
```

【参数说明】

```
max save node number:最大跟踪节点数
pid:进程 ID
```

下面展示了上述命令的用法:

启动内存泄漏跟踪器,第二个参数 2 048 是最大跟踪的节点数,第三个参数 0 是检测内核内存,此参数小于 0 时代表检测所有内存(内核和用户进程),此参数大于 0 代表检测指定进程的内存;

```
leakchkstart 2048 0
```

检测内存泄漏情况:

```
leakchk
```

停止内存泄漏跟踪器:

```
leakchkstop
```

注：第二个参数的节点数是定长内存中的内存块数，这些内存用于临时缓存的目的。定长内存的详细介绍见第 10 章。

2.2.6.2 非入侵式性能分析工具

SylixOS 旗舰版系统提供非入侵式性能分析工具，通过该工具可以方便地发现程序中哪些函数占有的 CPU 时间多，从而可以快速地定位程序中出现的问题。

【命令格式】

```
perfstart   [pipe buffer len] [performance save node] [refresh period]
perfs
perfrefresh
perfstop
```

【常用选项】

```
无
```

【参数说明】

```
pipe buffer len：显示数据的缓冲区长度
performance save node：性能分析保存的最大节点数
refresh period：性能分析的刷新间隔
```

下面展示了该命令的用法：

• 启动一个缓冲区长度为 1 024、保存的节点为 20，默认刷新周期(1 s)：

```
perfstart 1024 20
```

• 查看性能分析数据：

```
perfs
                         Performance Statistics
          Becasue 'static' function NOT in symbol table so if SAMPLE in 'static' func-
tion,'POSSIBLE FUNCTION' will the nearest symbol with address.
    NAME   TID PID  CPU   SYMBOL     SAMPLE      TIME CONSUME  POSSIBLE FUNCTION
  ----- ----- --- --- ---------- ---------- ------------ ------------------
  app  4010039  6  10x011c8cf0  0x011c8d70           6802     __kernelExit
  app  4010039  6  10x1dc1ab80  0x1dc1ac12           3370     svecd_add_i0_x
  app  4010039  6  10x011c8bd0  0x011c8c34           2534     __kernelEnter
  app  4010039  6  10x011c4b90  0x011c4bc1           1702     _CpuGetNesting
  ……
```

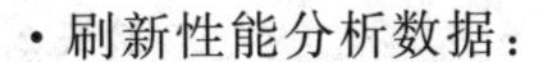

· 刷新性能分析数据：

```
perfrefresh
```

· 停止性能分析工具：

```
perfstop
```

2.3 环境变量

环境变量是操作系统中一个具有特定名字的对象，它包含了一个或者多个应用程序将使用到的信息，一般用来指定操作系统或者应用程序运行环境的一些参数，比如临时目录位置和应用程序搜索位置等。通常环境变量的配置信息保存在/etc/profile 文件中。

Shell 环境中保存了一份完整的环境变量定义表，系统启动时 BSP 会自动将此文件中对环境变量的定义导入到 Shell 环境中，用户可以使用 ***env*** 命令查看系统所有环境变量。当启动一个应用程序时，此份环境变量会导入到应用程序进程中(同时创建几个标示应用程序参数的环境变量，如 HOME 等)。

环境变量相当于给系统或用户应用程序设置的一些参数，具体起什么作用与具体的环境变量相关。SylixOS 常用的环境变量如表 2.12 所列。

表 2.12 SylixOS 环境变量说明

环境变量名	简要说明
XINPUT_PRIO	xinput 子系统优先级
TERM_PS_COLOR	终端颜色设置
SO_MEM_PAGES	应用程序初始堆内存空间页面数
SO_MEM_MBYTES	应用程序初始堆内存空间兆字节数(优先被使用)
SO_MEM_DIRECT	应用程序不允许使用缺页中断分配内存
SO_MEM_CONTIN	应用程序不允许使用缺页中断分配内存，且内存必须为物理空间连续
DEBUG_CRASHTRAP	Crash trap 调试
LANG	语言选择
LD_LIBRARY_PATH	动态装载器搜索路径
PATH	应用程序搜索路径
NFS_CLIENT_PROTO	NFS 客户端协议
NFS_CLIENT_AUTH	NFS 登录验证模式
SYSLOGD_HOST	syslogd 远程地址
KERN_FLOAT	内核是否支持浮点格式(1 支持，0 不支持)

续表 2.12

环境变量名	简要说明
TSLIB_CALIBFILE	触摸屏校准文件
TSLIB_TSDEVICE	触摸屏校准关联设备
MOUSE	xinput 子系统侦测鼠标设备集
KEYBOARD	xinput 子系统侦测键盘设备集
STARTUP_WAIT_SEC	执行 startup. sh 脚本前的等待时间
TZ	系统所在时区
TMPDIR	临时文件夹
HOME	HOME 目录
LUA_CPATH	LUAC 脚本路径
LUA_PATH	LUA 脚本路径
VPROC_MODULE_SHOW	是否启用进程加载模块显示功能
VPROC_EXIT_FORCE	主线程退出后是否自动删除子线程
LOGINBL_REP	网络登录黑名单的刷新时间
LOGINBL_TO	连续几次登陆将其加入黑名单

用户同样可以在命令行中引用环境变量的值，引用格式为 ${VAR_NAME}。遇到此参数时 ttinyShell 会自动使用环境变量的内容来替代 ${VAR_NAME}。例如：ttinyShell 执行 echo ${PATH}命令，系统将会回显 PATH 环境变量的内容。

用户可以添加自己的环境变量，格式为：

```
VAR = VALUE
```

使用命令 ***varsave*** 将 Shell 环境变量保存到默认的配置文件/etc/profile 中，一个环境变量可以有多个不同的值，不同的值之间用冒号进行分割，如下所示：

```
PATH            /usr/bin:/bin:/usr/local/bin:/home/user
```

2.4 根文件系统

SylixOS 启动后自动挂载的第一个文件系统称为根文件系统。不同于 Linux 系统的是，SylixOS 根文件系统是一个虚拟文件系统，掉电后不会保存对此文件系统的修改，所以 SylixOS 可以工作在没有非易失性存储器（通常为硬盘或其他磁盘存储器）的机器上。在此文件系统上，SylixOS 会自动建立 dev、media 与 mnt 目录，其他标准目录则需要 BSP 在初始化阶段做挂载或者符号链接。

SylixOS 使用的标准目录结构如表 2.13 所列。

表 2.13　SylixOS 根文件系统目录说明

目录名	简要说明
qt	Qt 图形系统动态链接库与其他 Qt 资源目录
tmp	临时目录
var	储存各种变化的文件目录，例如日志、缓冲文件等
root	root 用户主目录
home	其他用户主目录
apps	应用程序目录
sbin	系统程序目录
bin	普通 Shell 程序目录
usr	用户程序库与环境目录
lib	系统程序库与环境目录
etc	系统或其他应用程序配置文件目录
boot	操作系统启动镜像目录
media	文件系统设备自动挂载目录（如 USB、SD 卡等）
proc	系统内核信息文件目录
mnt	动态文件系统挂载目录
dev	系统设备文件目录

2.5　运行应用程序

ttinyShell 不仅可以执行内建的命令，还能执行用户应用程序。执行应用程序的方法与执行内建命令相同，当用户在 Shell 界面下键入命令名称与参数并按下 Enter 键后，ttinyShell 将首先检测此命令是否为用户应用程序，如果是则优先执行用户应用程序，如果不是则再检测命令是否为内建命令，如果均不是则 ttinyShell 打印错误信息。

ttinyShell 命令检测顺序如下所示：

① 检测命令是否为一个文件路径，如果文件存在，则执行指定的应用程序。

② 检测 PATH 环境变量指定的路径，如果文件存在，则执行指定的应用程序。

③ 检测命令是否为一个内建命令，如果是内建命令，则执行内建命令。

ttinyShell 执行内建命令或应用程序时有两种方式：同步方式和异步方式。

- **同步方式**：ttinyShell 执行内建命令时，命令代码默认在 ttinyShell 线程上下文中，执行应用程序时，ttinyShell 会创建一个进程并在此进程中装入应用程序代码，同时 ttinyShell 自行阻塞并等待进程结束后恢复执行；
- **异步方式**：当用户在键入的命令之后加入 & 符号，ttinyShell 将以异步方式执行命令，当 ttinyShell 执行内建命令时，会创建一个内核线程执行命令代码，执行应用程序时 ttinyShell 会创建一个进程并在此进程中装入应用程序代码，与同步方式不同的是，ttinyShell 并不等待命令执行完毕而是立即准备接收用户的下一条命令。

2.6 I/O 重定向

每一个应用程序都有三个标准文件描述符（详细介绍见第 3 章）：0、1、2。

- 0 代表标准输入，即 scanf、getc 等函数读取的文件；
- 1 代表标准输出，即 printf、putc 等函数写入的文件；
- 2 代表标准错误，即 perror 等函数写入的文件。

默认情况下，ttinyShell 将使用当前终端设备作为标准文件，ttinyShell 创建出的进程将继承 ttinyShell 标准文件设置。当然用户也可以自行设置命令的标准文件，当命令字符串后存在 I/O 重定向参数，则 ttinyShell 会分析重定向表达式，设置应用新的标准文件描述符。

设置方法如下：

- 将标准输出重定向到 file_path 文件；

```
echo "aaa" 1>file_path
```

- 如需追加写入某个文件，则可使用 1>>file_path，定义标准错误文件的方法与标准输出文件类似，例如 2>file_path[①]；
- 需要将标准输入定位到某文件，则命令最后可添加参数 0<file_path。

① 重定位符号“>”或“<”左右没有空格。

第3章 I/O系统

3.1 I/O系统概述

I/O 系统又称作输入/输出系统，SylixOS 兼容 POSIX 标准输入/输出系统，SylixOS 的 I/O 概念继承了 UNIX 操作系统的 I/O 概念，认为一切皆为文件。与 UNIX 操作系统相同，SylixOS 中的文件也分为不同的类型。

3.1.1 文件类型

SylixOS 最常见的文件是普通文件和目录文件，但也有另外一些特殊文件类型，这些文件类型包括以下几种：

- 普通文件，这是最常见的文件类型之一，这种文件中包含了字节数据。这种数据无论是普通文本还是二进制，对于 SylixOS 来说没什么区别。需要注意的是，一个二进制可执行文件，内核必须理解其格式。SylixOS 二进制可执行文件都遵循一种标准化的格式，这种格式使得 SylixOS 能够确定程序代码和数据加载的位置(详细介绍见第 17 章)。
- 目录文件，这种文件包含了其他文件的名字以及指向与这些文件有关信息的指针。
- 块设备文件，这种文件提供的 I/O 接口标准符合 SylixOS 对块设备的定义。
- 字符设备文件，这是一种标准的不带缓冲的设备文件，在系统中最为常见的设备文件就是字符设备文件。
- FIFO 文件，这种类型的文件用于进程间通信，有时也称为命名管道。
- 套接字(socket)文件，这种文件可以用于进程间的网络通信(详细介绍见第 13 章)。
- 符号链接文件，这种类型的文件指向另一个文件。

文件类型的信息包含在 stat 结构体的 st_mode 成员中(stat 结构体的定义见程序清单 3.1),可通过表 3.1 所列的宏来判断,这些宏的参数都是成员 st_mode 的类型值。

程序清单 3.1 stat 结构体

```
struct stat {
    dev_t          st_dev;          /* device                          */
    ino_t          st_ino;          /* inode                           */
    mode_t         st_mode;         /* protection                      */
    nlink_t        st_nlink;        /* number of hard links            */
    uid_t          st_uid;          /* user ID of owner                */
    gid_t          st_gid;          /* group ID of owner               */
    dev_t          st_rdev;         /* device type (if inode device)   */
    off_t          st_size;         /* total size, in bytes            */
    time_t         st_atime;        /* time of last access             */
    time_t         st_mtime;        /* time of last modification       */
    time_t         st_ctime;        /* time of last create             */
    blksize_t      st_blksize;      /* blocksize for filesystem I/O    */
    blkcnt_t       st_blocks;       /* number of blocks allocated      */
    ...
};
```

表 3.1 文件类型

宏 名	文件类型
S_ISDIR(mode)	目录文件
S_ISCHR(mode)	字符设备文件
S_ISBLK(mode)	块设备文件
S_ISREG(mode)	普通文件
S_ISLNK(mode)	符号链接文件
S_ISFIFO(mode)	管道或命名管道
S_ISSOCK(mode)	套接字文件

打印文件类型程序:chapter03/print_file_type_example。

在 SylixOS Shell 下运行程序:

```
#./print_file_type_example /dev/socket
file: /dev/socket is socket file.
#./print_file_type_example /dev/null
file: /dev/null is char file.
```

程序中用到了 stat 函数,该函数的详细信息将在 3.2.2 小节中介绍。从程序的

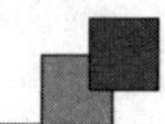

结果可以看出，文件的类型可通过表 3.1 中所列的宏进行判断，该段程序同时展示了表 3.1 中宏的使用方法。

3.1.2 文件描述符

对于内核而言，所有打开的文件都通过文件描述符引用。文件描述符是一个非负整数。当打开一个现有文件或创建一个新文件时，内核向进程返回一个文件描述符。当读、写一个文件时，使用 open 函数或者 creat 函数返回的文件描述符标识该文件，可将此文件描述符作为参数传递给 read 函数或 write 函数。

SylixOS 的文件描述符与 POSIX 定义兼容，它是从 0 开始一直到一个最大值的整型数字(_POSIX_OPEN_MAX)，每一个打开的文件都有一个或者多个(dup)文件描述符与之对应。SylixOS 和绝大多数操作系统相同，打开文件时总是使用一个最小的且未使用的文件描述符作为新分配的文件描述符。

根据习惯，0(STDIN_FILENO)号文件描述符代表标准输入，1(STDOUT_FILENO)号文件描述符为标准输出，2(STDERR_FILENO)号文件描述符为标准错误。这里需要说明的是，SylixOS 每个进程都拥有自己的文件描述符表，各个进程间互不冲突。如果子进程存在父进程，则继承父进程所有文件描述符；如果子进程是孤儿进程，则只继承系统的 3 个标准文件描述符。一个进程内的所有线程都共享进程文件描述符。内核中存在一个全局的文件描述符表，这个文件描述符表不包含 0、1、2 号标准文件描述符，这三个文件描述符在内核中为重映射标志，即 SylixOS 允许内核中每个内核任务都拥有自己的标准文件描述符。

在符合 POSIX.1 的应用程序中，0、1、2 虽然已被标准化，但应当把它们替换成符号常量 STDIN_FILENO、STDOUT_FILENO 和 STDERR_FILENO 以提高可读性，在 SylixOS 中可通过包含<unistd.h>头文件来使用这些常量。

3.1.3 I/O系统结构

SylixOS 的 I/O 系统结构，可分为 ORIG 型驱动结构和 NEW_1 型驱动结构。NEW_1 型驱动结构在 ORIG 型驱动结构的基础上增加了文件访问权限、文件记录锁等功能。

图 3.1 所示是 SylixOS ORIG 型驱动结构图。

SylixOS 中每一个文件描述符对应一个文件结构，不同的文件描述符可以对应同一个文件结构，当对应同一个文件结构的所有文件描述符被关闭时，操作系统会释放对应的文件结构，同时调用相应的驱动程序。不同的文件结构可以指向同一个逻辑设备，例如一个 FAT 文件系统设备就可以被打开多个文件结构。不同的逻辑设备也可以对应同一个驱动程序，例如物理结构相同的串口 0、串口 1 可以对应一组为其服务的驱动程序，每一组驱动程序具体服务的硬件设备则由底层 BSP 决定。

图 3.2 所示是 SylixOS NEW_1 型驱动结构图。

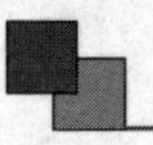

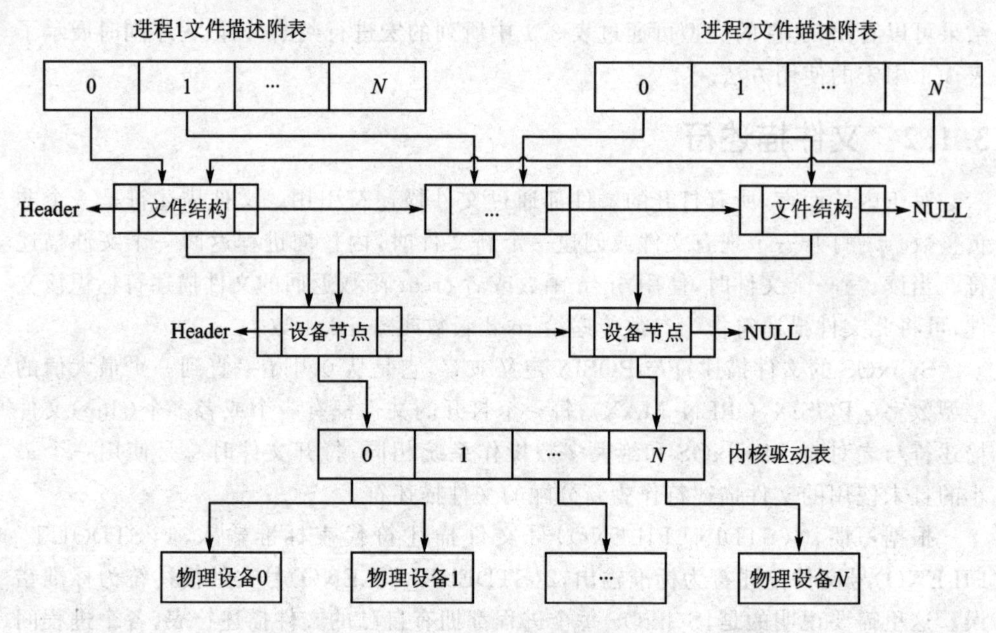

图 3.1 ORIG 型驱动结构

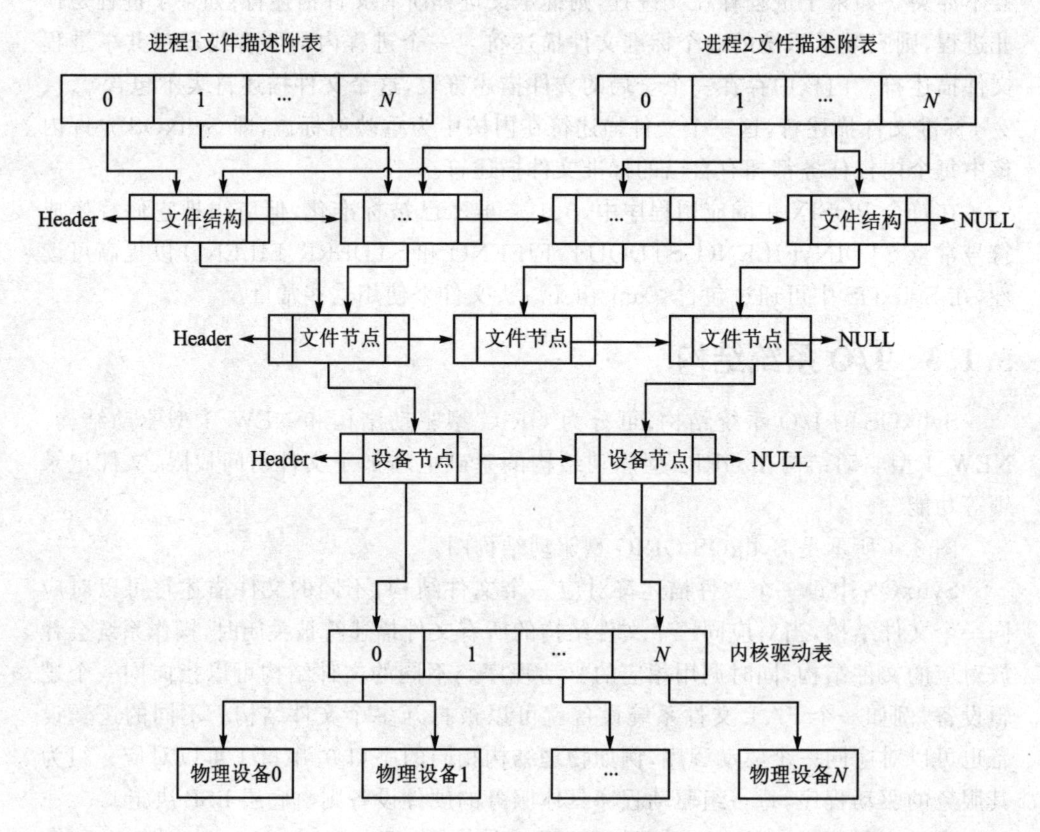

图 3.2 NEW_1 型驱动结构

NEW_1 型驱动结构在 ORIG 的基础上增加了文件节点，从而引入了文件访问权限、文件用户信息、文件记录锁（将在 3.4.4 小节作详细介绍）等内容。

图 3.3 所示是 NEL_1 型内核数据结构图。

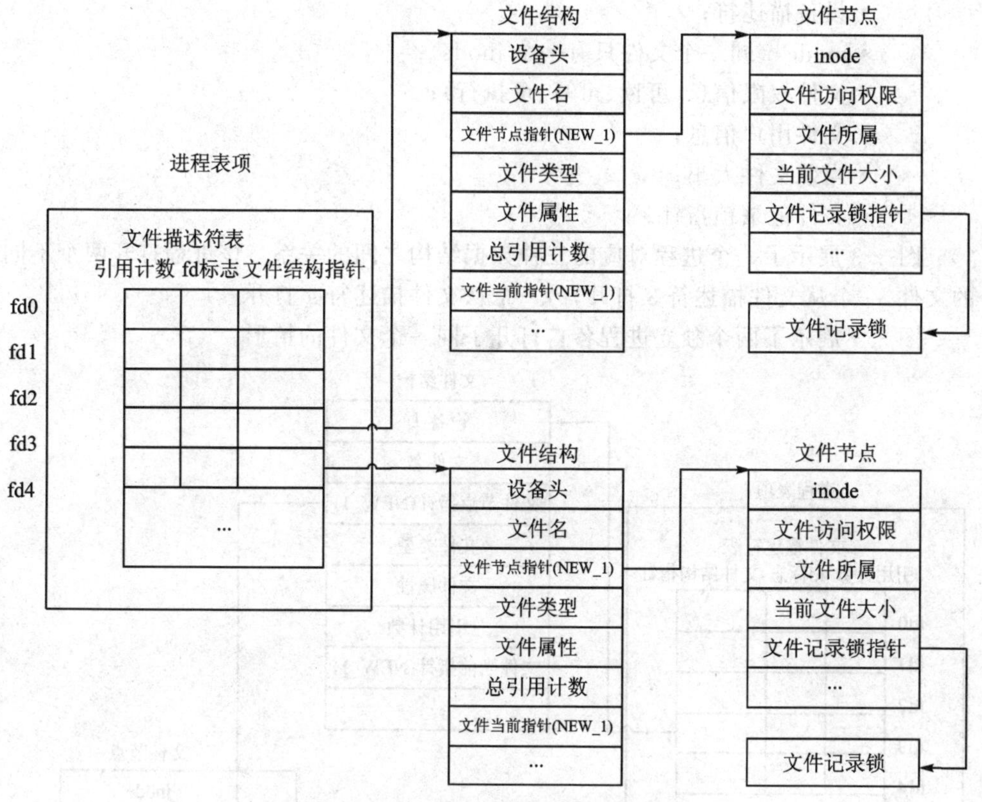

图 3.3　NEW_1 型内核数据结构

由图 3.2 可知，SylixOS 支持在不同进程间共享打开的文件；由图 3.3 可知，SylixOS 内核使用三种数据结构（文件描述符表项、文件结构、文件节点）来表示打开的文件，它们的关系决定了在文件共享方面，一个进程对另一个进程可能产生的影响。

- 文件描述符项：每个进程都维护着自己的一个文件描述符表，每个文件描述符占其中一项，与每个文件描述符相关联的是：
  - 指向文件结构的指针；
  - 文件引用计数；
  - 文件描述符标志（FD_CLOEXEC）。
- 文件结构：内核为所有打开的文件维护一个文件结构表，每一个文件结构表项包括（部分）：
  - 设备头指针（这个指针指向设备节点）；
  - 文件名；
  - 文件节点指针；

- 文件属性标志(读、写等,更多信息见表 3.2);
- 文件当前指针(指示文件偏移)。

- 文件节点:每个打开的文件都有一个文件节点,文件节点包括(部分):
  - 设备描述符;
  - inode[①](同一个文件只有一个 inode);
  - 文件权限信息(可读、可写、可执行);
  - 文件用户信息;
  - 当前文件大小;
  - 文件记录锁指针。

图 3.3 展示了一个进程对应的三种数据结构之间的关系。该进程打开两个不同的文件,一个从文件描述符 3 打开,另一个从文件描述符 4 打开。

图 3.4 展示了两个独立进程各自打开了同一个文件的情形。

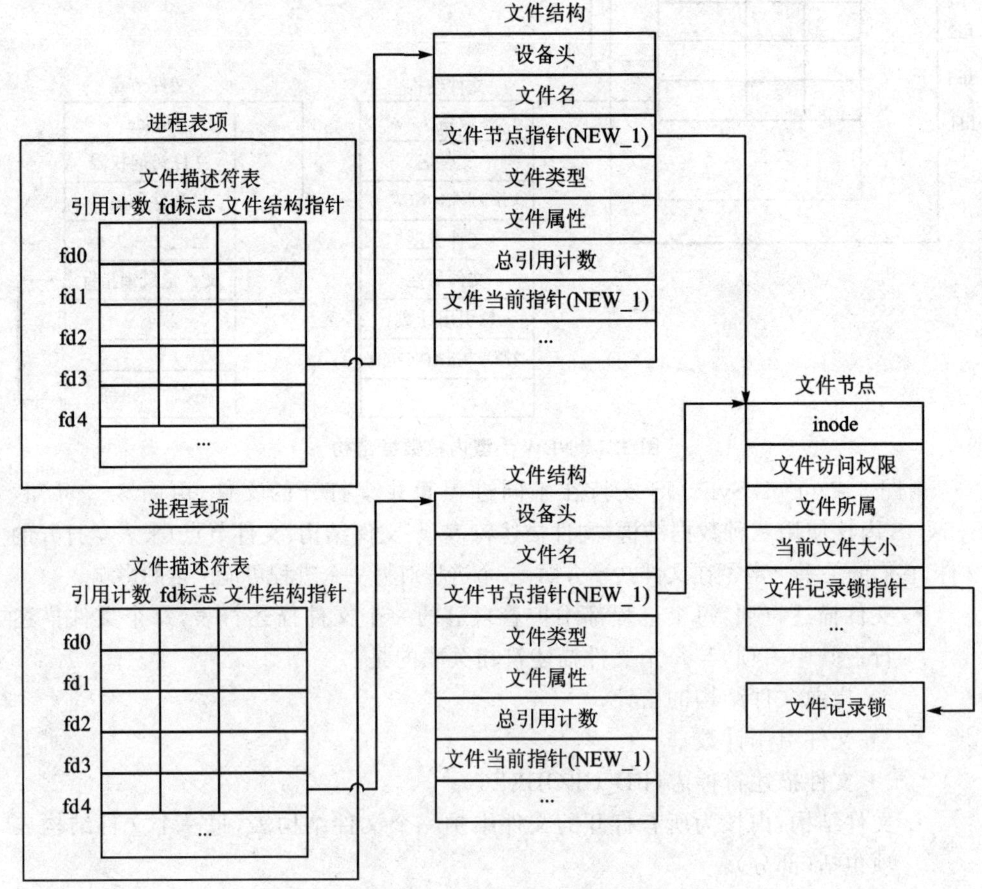

图 3.4 两个独立进程各自打开同一个文件

① SylixOS 中的 inode 和 Linux 中的 inode 不一样,SylixOS 中的 inode 可看作是一种文件识别码。

我们假定第一个进程在文件描述符 3 上打开该文件，而另一个进程在文件描述符 4 上打开相同文件。打开该文件的每个进程都获得各自的一个文件结构，但对于一个给定的文件只有一个文件节点。由于每个进程都获得自己的文件结构，所以这可以使每个进程都有它自己的对该文件的当前读写指针（文件操作偏移量）。

文件描述符标志和文件属性标志在作用范围方面是有区别的，前者只用于一个进程中的一个文件描述符，而后者则应用于指向该给定文件结构的任何进程中的所有文件描述符，在 3.2.1 小节中我们将介绍如何调用 fcntl 函数获得和修改文件描述符标志和文件属性标志。

3.2 标准 I/O 访问

标准 I/O 又被称作同步 I/O，即发起传输和对 I/O 的控制都是用户主动行为，文件或设备必须在用户干预下运行，目前绝大多数应用软件都使用这一类型的 I/O 操作。SylixOS 支持 POSIX 规定的绝大多数同步 I/O 操作，下面我们将对 SylixOS 中文件和目录的操作进行详细介绍。

3.2.1 文件 I/O

3.2.1.1 函数 open

```
#include <fcntl.h>
int open(const char * cpcName , int iFlag , ...);
```

函数 open 原型分析：

- 此函数成功返回文件描述符，失败返回－1 并设置错误号；
- 参数*cpcName* 是需要打开的文件名[①]；
- 参数*iFlag* 是打开文件标志；
- 参数...是可变参数。

调用 open 函数可以打开或者创建一个文件，open 函数的最后一个参数写为...，ISO C 用这种方法表示余下参数的数量及其类型是可变的，对于 open 函数而言，只有在创建新文件时才会用到此参数。

参数*iFlag* 包含多个选项，如表 3.2 所列，多个选项之间通常以“或”的方式来构成此参数。

---

① SylixOS 中定义了文件名的最大长度是 PATH_MAX(512)。

表 3.2 参数 *iFlag* 的选项

选项名	说　明
O_RDONLY	以只读的方式打开文件
O_WRONLY	以只写的方式打开文件
O_RDWR	以可读、可写的方式打开文件
O_CREAT	如果文件不存在，则创建文件，且 open 函数的第三个参数指定文件权限模式
O_TRUNC	如果文件存在，而且如果以只写或读写方式成功打开，则将其长度截断为 0
O_APPEND	将读写指针追加到文件的尾端
O_EXCL	如果指定了 O_CREAT，而文件存在，则出错；如果文件不存在，则创建
O_NONBLOCK	以非阻塞的方式打开文件
O_SYNC	使每次 write 等待物理 I/O 操作完成，包括由该 write 操作引起的文件属性更新
O_DSYNC	使每次 write 等待物理 I/O 操作完成，但是如果该写操作并不影响读取刚写入的数据，则不需等待文件属性被更新
O_NOCTTY	如果*cpcName* 引用的是终端设备，则不将该设备分配作为此进程的控制终端
O_NOFOLLOW	如果*cpcName* 引用的是符号链接，则出错
O_CLOEXEC	把 FD_CLOEXEC 标志设置为文件描述符标志
O_LARGEFILE	打开大文件标志
O_DIRECTORY	如果打开的文件是一个非目录文件，则返回错误并设置错误号为 ENOTDIR

open 函数返回的文件描述符一定是系统中最小的且未使用的描述符数值，这一点被某些应用程序用在标准输入、标准输出或者标准错误上打开新的文件。例如，一个应用程序可以先关闭标准输出（文件描述符 1），然后打开另一个文件，执行打开操作前就能了解到该文件一定会在文件描述符 1 上打开。在后续介绍函数 dup2 时，将了解到有更好的方法来保证在一个给定的文件描述符上打开另一个文件的方法。

SylixOS 的 I/O 系统最大可支持 2 TB 的文件，但是受限于某些文件系统设计，例如 FAT 文件系统最大只能支持 4 GB 大小的文件。在应用程序中，为了能够显式地指定打开超过 4 GB 大小的文件，在调用 open 函数的时候需要指定 O_LARGEFILE 标志。SylixOS 也提供了下列函数来打开大文件（超过 4 GB）。

```
#include <fcntl.h>
int  open64(const char * cpcName, int iFlag, ...);
```

函数 open64 原型分析：

- 此函数成功返回文件描述符，失败返回－1 并设置错误号；
- 参数*cpcName* 是要打开的文件名；
- 参数*iFlag* 是打开文件标志；
- 参数... 是可变参数。

3.2.1.2 函数 creat

```
#include <fcntl.h>
int  creat(const char  *cpcName , int  iMode );
```

函数 creat 原型分析：

- 此函数成功返回文件描述符，失败返回－1 并设置错误号；
- 参数*cpcName* 是要创建的文件名；
- 参数*iMode* 是创建文件的模式。

调用 creat 函数可以创建一个文件，此函数等效于下面函数调用：

```
open(cpcName , O_WRONLY | O_CREAT | O_TRUNC, iMode );
```

在 3.2.2 小节中将会详细介绍文件访问权限模式(*iMode*)。

creat 函数的一个不足之处是它以只写的方式打开所创建的文件。如果通过 creat 函数创建一个文件，然后读这个文件，则必须要先调用 creat 函数创建这个文件，再调用 close 关闭这个文件，再以读的方式打开这个文件才行，而这种方式可通过调用 open 函数直接实现：

```
open(cpcName , O_RDWR | O_CREAT | O_TRUNC, iMode );
```

3.2.1.3 函数 close

```
#include <unistd.h>
int  close(int iFd );
```

函数 close 原型分析：

- 此函数成功返回 0，失败返回－1 并设置错误号；
- 参数*iFd* 是文件描述符。

调用 close 函数会将文件描述符的引用计数和文件的总引用计数减 1，当文件描述符的引用计数为 0 时，则删除此文件描述符(介绍 dup 函数将看到这一点)，当总引用计数减为 0 时将关闭这个文件，并且会释放当前进程加在该文件上的所有记录锁(3.4.4 小节介绍记录锁)。

当一个进程终止时，内核自动关闭它打开的所有文件，许多程序都利用了这一功能不显式地调用 close 函数关闭打开的文件。

3.2.1.4 函数 read

```
#include <unistd.h>
ssize_t  read(int        iFd ,
              void       *pvBuffer ,
              size_t     stMaxBytes );
```

函数 read 原型分析：

- 此函数成功返回读取的字节数，失败返回－1 并设置错误号；
- 参数*iFd* 是文件描述符；
- 输出参数*pvBuffer* 是接收缓冲区；
- 参数*stMaxBytes* 是接收缓冲区大小。

调用 read 函数可以从打开的文件中读取数据，有很多情况实际读到的字节数小于要求读的字节数：

- 读普通文件时，在读到要求字节数之前已到达了文件尾端；
- 当从终端设备读时，通常一次最多读一行；
- 当从网络读时，网络中的缓冲机制可能造成返回值小于所要求读的字节数；
- 当被信号中断，而已经读了部分数据时。

通常情况下，我们需要通过 read 的返回值来判断读取数据的数量与正确性。

3.2.1.5 函数 write

```
#include <unistd.h>
ssize_t  write(int               iFd ,
               const void        * pvBuffer ,
               size_t            stNBytes );
```

函数 write 原型分析：

- 此函数成功返回写的字节数，失败返回－1 并设置错误号；
- 参数*iFd* 是文件描述符；
- 参数*pvBuffer* 是要写入文件的数据缓冲区地址；
- 参数*stNBytes* 是写入文件的字节数。

调用函数 write 向打开的文件中写入数据，其返回值通常与参数*stNBytes* 数值相同，否则表示出错。write 出错的一个常见原因是磁盘已满，或者超过一个进程的文件长度限制。

对于普通文件，写操作从文件的当前偏移量处开始，如果在打开文件时指定了 O_APPEND 标志，则在每次操作之前，将文件偏移量设置在文件的结尾处。在一次写成功之后，该文件偏移量在文件末尾增加实际写的字节数。

3.2.1.6 函数 lseek

每一个打开的文件都有一个与其相关联的当前文件偏移量，这通常是一个整数，用以度量从文件开始处计算的字节数。通常，读、写操作都从当前文件偏移量开始，并使偏移量增加所读写的字节数。SylixOS 默认的情况，当打开一个文件时，除非指定了 O_APPEND 标志，否则当前文件偏移量总是被设置为 0。

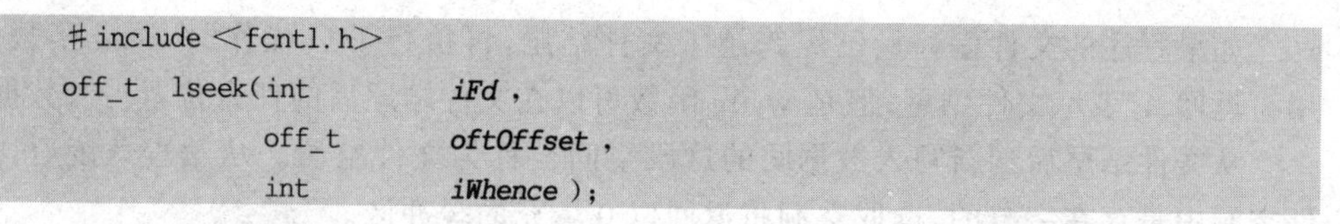

```
#include <fcntl.h>
off_t  lseek(int          iFd ,
             off_t        oftOffset ,
             int          iWhence );
```

函数 lseek 原型分析：

- 此函数成功返回新的文件偏移量，失败返回 −1 并设置错误号；
- 参数 *iFd* 是文件描述符；
- 参数 *oftOffset* 是偏移量；
- 参数 *iWhence* 是定位基准。

调用 lseek 函数可以显式地为一个已打开的文件设置偏移量，注意，lseek 调用只是调整内核中与文件描述符相关的文件偏移量记录，并没有引起对任何物理设备的访问。

参数 *oftOffset* 的意义根据参数 *iWhence* 的不同而不同，如表 3.3 所列。

表 3.3　*iWhence* 值相关

iWhence 值	*oftOffset* 说明
SEEK_SET	将文件的偏移量设置为距文件开始处 *oftOffset* 个字节
SEEK_CUR	将文件的偏移量设置为当前值加 *oftOffset* 个字节，*oftOffset* 可为负
SEEK_END	将文件的偏移量设置为文件长度加 *oftOffset* 个字节，*oftOffset* 可为负

图 3.5 所示为 *iWhence* 参数含义。

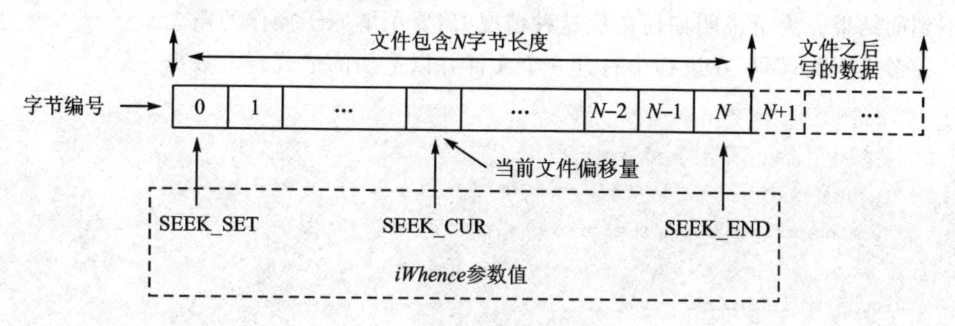

图 3.5　*iWhence* 参数含义

这里给出了函数 lseek 调用的一些例子，注释中说明了将当前文件指针移到的具体位置。

```
lseek(fd, 0, SEEK_SET);        /*  文件开始处                        */
lseek(fd, 0, SEEK_END);        /*  文件结尾处                        */
lseek(fd, -1, SEEK_END);       /*  文件倒数第一个字节处(N - 1)        */
lseek(fd, -20, SEEK_CUR);      /*  文件当前位置之前的 20 个字节处      */
lseek(fd, 100, SEEK_END);      /*  文件末尾处扩展 100 个字节(N + 100)  */
```

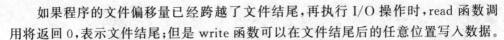

如果程序的文件偏移量已经跨越了文件结尾，再执行 I/O 操作时，read 函数调用将返回 0，表示文件结尾；但是 write 函数可以在文件结尾后的任意位置写入数据。

从文件结尾后到新写入数据间的这段空间被称为文件空洞。从编程角度看，文件空洞中是存在字节的，读取空洞将返回以 0 填充的缓冲区。

空洞的存在意味着一个文件名义上的大小可能要比其占用的磁盘存储总量要大（有时会大很多），当然，具体的处理方式与文件系统的实现有关（TpsFs 文件系统中空洞将使文件变大）。

实例程序**chapter03/lseek_example** 展示了 lseek 函数的使用。该程序创建一个新的文件，通过调用 lseek 函数使文件产生空洞，然后在文件尾处写入一些数据，这样程序可以读取文件空洞部分，且是不可见字符，程序打印"\0"代表不可见字符。在 SylixOS Shell 下运行这段程序，程序结果显示正确读取了写入的数据和文件空洞部分的内容。

```
#./lseek_example
sylixos
\0\0\0\0\0\0\0\0
```

3.2.1.7 函数 pread 和 pwrite

在 3.1.3 小节中介绍了 SylixOS 中多个进程可以读取同一个文件，每一个进程都有它自己的文件结构，其中也有它自己的当前文件偏移量。但是，在非 NEW_1 型文件系统中（没有唯一的文件节点存在），当多个进程写同一文件时，则可能产生预想不到的结果。为了说明如何避免这种情况，需要了解原子操作的概念。

考虑下面代码，在进程中打开一个文件并以追加的形式写入数据。

```
……
ret = lseek(fd, 0, SEEK_END);
if (ret < 0) {
    fprintf(stderr, "Lseek error.\n");
}
ret = write(fd, buf, 10);
if (ret ! = 10) {
    fprintf(stderr, "Write data error.\n")
}
……
```

这段代码在单进程的情况是没有问题的，事实也证明了这一点，但是如果有多个进程时，使用这种方法追加数据到文件将会产生问题。

假如有两个独立的进程 1 和进程 2 同时对一个文件进行追加写操作，每个进程打开文件时都没有使用 O_APPEND 标志，此时各数据结构的关系如图 3.4 所示，每个进程都有它自己的文件结构和文件当前偏移量，但是共享了一个文件节点。假如

进程 1 调用了 lseek 函数将文件当前偏移量设置到了文件尾，此时进程 2 运行，也调用了 lseek 函数，也将文件当前偏移量设置到了文件尾。接着进程 2 调用 write 函数将进程 2 的文件偏移量推后了 10 个字节，此时文件变长，内核将文件节点中的文件长度也增加了 10 个字节。而后，内核切换进程 1 运行，调用 write 函数，此时进程 1 就从自己的当前偏移量开始写，这样就覆盖了进程 2 刚才写入的数据。

从上面的过程可以看出，问题出在“先定位到文件尾，再写文件”上，这个过程使用了两个函数来完成，这样就造成了一个非原子性的操作，即在这两个函数之间可能造成了进程的切换，所以我们可以得出，如果这个过程是在一个函数中完成（形成一个原子性的操作），问题就可以解决。

SylixOS 为这样的操作提供了一个原子性的操作方法，即在打开文件时设置 O_APPEND 标志，这样内核在每次写操作时，都会将当前偏移量设置为文件尾，也就不用每次写之前再调用 lseek 函数。

SylixOS 提供了一种原子性的定位并执行 I/O 操作的函数：pread、pwrite[①]。

```
#include <unistd.h>
ssize_t  pread(int          iFd ,
               void         * pvBuffer ,
               size_t       stMaxBytes ,
               off_t        oftPos );
ssize_t  pwrite(int         iFd ,
               const void   * pvBuffer ,
               size_t       stNBytes ,
               off_t        oftPos );
```

函数 pread 原型分析：

- 此函数成功返回读的字节数，失败返回 −1 并设置错误号；
- 参数 *iFd* 是文件描述符；
- 输出参数 *pvBuffer* 是接收缓冲区；
- 参数 *stMaxBytes* 是缓冲区大小；
- 参数 *oftPos* 指定读的位置。

函数 pwrite 原型分析：

- 此函数成功返回写的字节数，失败返回 −1 并设置错误号；
- 参数 *iFd* 是文件描述符；
- 参数 *pvBuffer* 是数据缓冲区；
- 参数 *stNBytes* 是写的字节数；
- 参数 *oftPos* 指定写的位置。

---

① pread 和 pwrite 函数是 Single UNIX Specification 中 XSI 扩展部分。

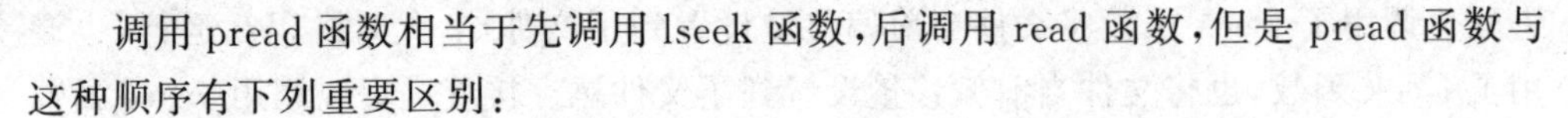

调用 pread 函数相当于先调用 lseek 函数，后调用 read 函数，但是 pread 函数与这种顺序有下列重要区别：

- 调用 pread 函数时，无法中断其定位和读操作(原子操作过程)；
- 不更新当前文件偏移量。

调用 pwrite 函数相当于先调用 lseek 函数，后调用 write 函数，但也与上述有类似的区别。

一般而言，原子操作是由多步组成的一个操作。如果该操作原子地执行，则要么执行完所有步骤，要么一步也不执行，不可能只执行所有步骤的一个子集。

为了能够读写更大(通常大于 4 GB)的文件，SylixOS 提供了下面一组函数。

```
#include <unistd.h>
ssize_t    pread64(INT          iFd ,
                   PVOID        pvBuffer ,
                   size_t       stMaxBytes ,
                   off64_t      oftPos );
ssize_t  pwrite64(INT           iFd ,
                   CPVOID       pvBuffer ,
                   size_t       stNBytes ,
                   off_t64      oftPos );
```

函数 pread64 原型分析：

- 此函数成功返回读的字节数，失败返回－1 并设置错误号；
- 参数*iFd* 是文件描述符；
- 输出参数*pvBuffer* 是接收缓冲区；
- 参数*stMaxBytes* 是缓冲区大小；
- 参数*oftPos* 指定读的位置。

函数 pwrite64 原型分析：

- 此函数成功返回写的字节数，失败返回－1 并设置错误号；
- 参数*iFd* 是文件描述符；
- 参数*pvBuffer* 是数据缓冲区；
- 参数*stNBytes* 是写的字节数；
- 参数*oftPos* 指定写的位置。

实例程序 chapter03/pwrite_pread_example 展示了 pwrite 和 pread 函数的使用。该程序创建一个新文件，通过调用 pwrite 函数向文件指定的偏移量处写入数据，然后调用 read 函数验证文件的当前偏移量，调用 pread 函数也验证文件产生了空洞。

在 SylixOS Shell 下运行这段程序：

```
# ./pwrite_pread_example
\0\0\0\0\0\0\0
sylixos
```

打印结果显示调用 pwrite 函数后文件产生了空洞,并且文件当前偏移量没有改变,这也证实了前面所说的 pwrite 函数相当于先调用函数 lseek 再调用函数 write,然而不同的是 pwrite 是一个原子操作。

3.2.1.8 函数 dup 和 dup2

```
#include <unistd.h>
int    dup(int    iFd );
int    dup2(int  iFd1, int  iFd2);
```

函数 dup 原型分析:

- 此函数成功返回新文件描述符,失败返回-1 并设置错误号;
- 参数*iFd* 是原始文件描述符。

函数 dup2 原型分析:

- 此函数成功返回*iFd2* 文件描述符,失败返回-1 并设置错误号;
- 参数*iFd1* 是文件描述符 1;
- 参数*iFd2* 是文件描述符 2。

调用 dup 函数和 dup2 函数可以复制一个现有的文件描述符,由 dup 函数返回的新文件描述符一定是当前可用文件描述符中的最小数值。对于 dup2 函数,可以用参数*iFd2* 指定新文件描述符的值。如果*iFd2* 已经打开,则先将其关闭,*iFd2* 的 FD_CLOEXEC 文件描述符标志将被清除,这样*iFd2* 在进程调用 exec 函数(见第 6 章)时将是打开的状态。注意,SylixOS 内核目前并不支持*iFd1* 等于*iFd2* 的情况。

dup 函数返回的文件描述符与参数*iFd* 共享同一个文件结构项(文件表项),相同地,dup2 函数的文件描述符*iFd1* 和*iFd2* 也共享同一个文件结构项,如图 3.6 所示(fd3 和 fd4 共享同一个文件结构项)。

图 3.6 中,进程中调用了:

```
fd = dup(3);
```

假设文件描述符 3 已被占用(这是很有可能的),此时我们调用 dup 函数将可能使用文件描述符 4,因为两个文件描述符指向同一个文件结构(文件表项),所以,它们共享同一文件属性标志(读、写、追加等)以及同一文件当前指针(文件偏移量)。

每个文件都有它自己的一套文件描述符标志,新的文件描述符标志(FD_CLOEXEC)总是由 dup 函数清除。

复制描述符的另一种方法是使用 fcntl 函数,之后的小节将介绍该函数,实际上,调用

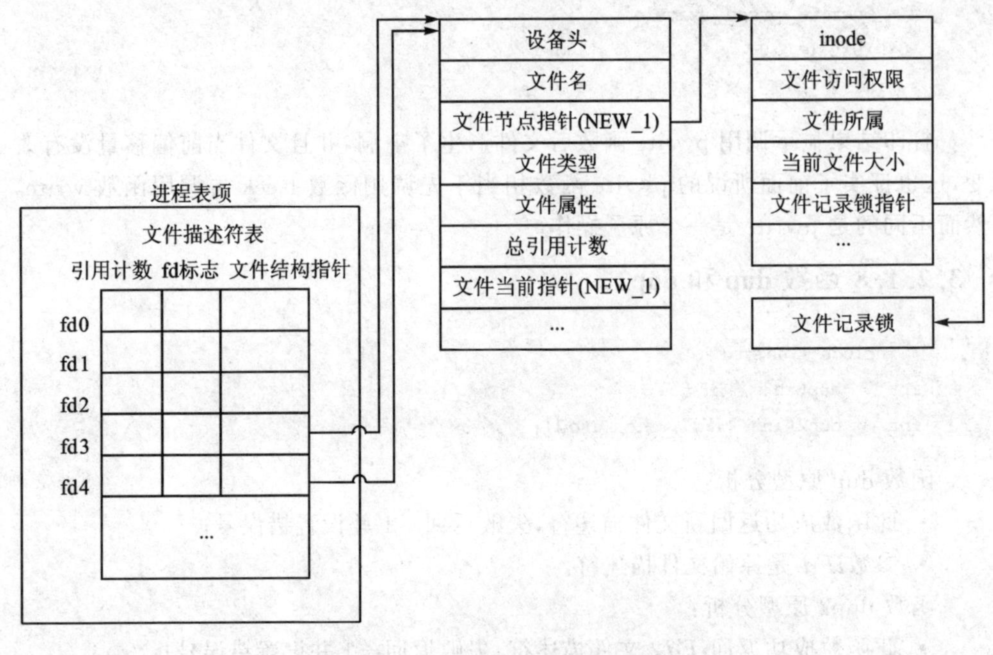

图 3.6　dup(3)后的内核数据结构

```
dup(fd);
```

等效于

```
fcntl(fd, F_DUPFD, 0);
```

而调用

```
dup2(fd, fd2);
```

等效于

```
fcntl(fd, F_DUP2FD①, fd2);
```

或者

```
close(fd2);
fcntl(fd, F_DUPFD, fd2);
```

前面介绍过 SylixOS 每个进程都有自己的一个文件描述符表，同时内核也存在一个全局的文件描述符表。如果在进程中打开一个文件，那么内核是看不到这个文件描述符的，但是有一些情况需要内核操作进程打开的文件描述符(例如：日志系统中向应用程序指定的文件中写入数据)。SylixOS 提供了下面函数以实现进程文

① POSIX.1—2008 加入。

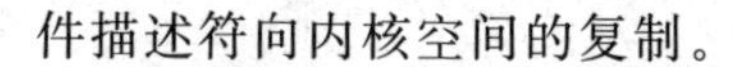

件描述符向内核空间的复制。

```
#include <unistd.h>
int  dup2kernel(intfd);
```

函数 dup2kernel 原型分析：

- 此函数成功返回内核文件描述符，失败返回－1 并设置错误号；
- 参数*fd* 是进程文件描述符。

实例程序chapter03/dup_example 展示了 dup 函数的使用。该程序创建新的文件，并调用 dup 函数复制一个新的文件描述符，然后在新的文件描述符上对创建的文件进行操作。

3.2.1.9 函数 sync、fsync 和 fdatasync

SylixOS 在内核中设有磁盘高速缓存，大多数磁盘 I/O 都通过缓冲区进行。当我们向文件中写入数据时，内核通常先将数据复制到缓冲区中，然后排入队列，恰当的时候再写入磁盘（由线程 t_diskcache 完成），这种方式被称为**延迟写**。

通常，当内核需要重用缓冲区来存放其他磁盘块数据时，它会把所有延迟写数据块写入磁盘。为了保证磁盘上实际文件系统与缓冲区中内容的一致性，SylixOS 提供了 sync、fsync、和 fdatasync 三个函数。

```
#include <fcntl.h>
void    sync(void);
int     fsync(int   iFd);
int     fdatasync(int   iFd);
```

函数 fsync 原型分析：

- 此函数成功返回 0，失败返回－1 并设置错误号；
- 参数*iFd* 是文件描述符。

函数 fdatasync 原型分析：

- 此函数成功返回 0，失败返回－1 并设置错误号；
- 参数*iFd* 是文件描述符。

sync 函数是将系统中所有修改过的磁盘高速缓冲排入写队列，然后等待实际写磁盘操作结束后返回。

fsync 函数只对由文件描述符*iFd* 指定的一个文件起作用。

fdatasync 函数类似于 fsync 函数，但它只影响文件的数据部分，除数据外，fsync 还会同步更新文件的属性。

3.2.1.10 函数 fcntl

```
#include <fcntl.h>
int  fcntl(int   iFd, int   iCmd, ...);
```

函数 fcntl 原型分析：

- 此函数成功则根据参数*iCmd* 的不同而返回不同的值，失败返回－1 并设置错误号；
- 参数*iFd* 是文件描述符；
- 参数*iCmd* 是命令；
- 参数...是命令参数。

调用 fcntl 函数可以改变已经打开文件的属性，在本节的实例中，第 3 个参数总是一个整数，但是在说明记录锁时，第 3 个参数则是指向一个结构的指针。

SylixOS fcntl 函数支持以下 4 种功能：

- 复制一个已有的文件描述符（*iCmd* ＝ F_DUPFD、F_DUPFD_CLOEXEC、F_DUP2FD、F_DUP2FD_CLOEXEC）；
- 获取/设置文件描述符标志（*iCmd* ＝ F_GETFD、F_SETFD）；
- 获取/设置文件属性标志（*iCmd* ＝ F_GETFL、F_SETFL）；
- 获取/设置文件记录锁（*iCmd* ＝ F_GETLK、F_SETLK、F_SETLKW）。

表 3.4 介绍了前 3 种功能，记录锁功能将在 3.4.4 小节作详细介绍。

表 3.4　fcntl 功能描述

命　令	说　明
F_DUPFD	复制文件描述符，等效于 dup 和 dup2 函数
F_DUPFD_CLOEXEC	复制文件描述符，且设置文件描述符标志
F_DUP2FD	复制文件描述符，等效于 dup2 函数
F_DUP2FD_CLOEXEC	复制文件描述符，且设置文件描述符标志
F_GETFD	获得文件描述符标志（FD_CLOEXEC），作为返回值返回
F_SETFD	设置文件描述符标志（FD_CLOEXEC）
F_GETFL	获得文件属性标志，作为返回值返回
F_SETFL	设置文件属性标志

fcntl 修改文件属性标志程序：chapter03/fcntl_example 。该程序通过调用 fcntl 函数来获得文件的属性标志，用户输入不同的文件打开属性标志来验证 fcntl 函数获得的属性标志也不同。

3.2.1.11 函数 ioctl

```
#include <fcntl.h>
int ioctl(int   iFd , int   iFunction , ...);
```

函数 ioctl 原型分析：

- 此函数成功返回 0，失败返回－1；
- 参数*iFd* 是文件描述符；

- 参数*iFunction* 是功能；
- 参数... 是功能参数。

对于I/O操作，ioctl函数可以看成一个“百宝箱”，一些I/O函数做不了的事情，可以用ioctl函数来完成，在终端I/O中用了大量的ioctl操作。

每个设备驱动程序都可以定义自身专用的一组ioctl命令，系统则为不同种类的设备提供了通用的ioctl命令。

3.2.2 文件和目录

在上一小节中我们讨论了文件的基本操作：打开文件、读文件、写文件等。这一小节我们来介绍文件的其他特性，以及这些特性的修改方法，最后介绍SylixOS中的符号链接。

3.2.2.1 函数 stat、lstat 和 fstat

```
#include <sys/stat.h>
int  stat(const char  * pcName , struct stat * pstat );
int  lstat(const char  * pcName , struct stat * pstat );
int  fstat(int  iFd , struct stat * pstat );
```

函数stat原型分析：

- 此函数成功返回0，失败返回－1并设置错误号；
- 参数*pcName* 是文件名；
- 输出参数*pstat* 返回文件状态信息。

函数lstat原型分析：

- 此函数成功返回0，失败返回－1并设置错误号；
- 参数*pcName* 是文件名；
- 输出参数*pstat* 返回文件状态信息。

函数fstat原型分析：

- 此函数成功返回0，失败返回－1并设置错误号；
- 参数*iFd* 是文件描述符；
- 输出参数*pstat* 返回文件状态信息。

调用stat函数将通过参数*pstat* 返回*pcName* 文件的状态信息；调用fstat函数将获得已在描述符*iFd* 上打开文件的有关信息；lstat函数类似stat函数，但是当传入的文件名是符号链接名字时，lstat函数将获得符号链接的相关信息，而不是符号链接所指实际文件的信息(之后的小节将详细说明符号链接)。

参数*pstat* 是需要用户提供的一个状态缓冲区，该指针指向stat结构体类型缓冲区，这个结构体如程序清单3.1所示。

在stat结构体中基本上都是系统的基本数据类型，SylixOS中stat函数用得最多的地方就是*ll* 命令，此命令可以获得以下一些文件信息：

```
# ll
-rw-r--r--  root    root    Tue Jul 07 10:22:28 2015    0 B, test.file
-rwxr-xr-x  root    root    Tue Jul 07 10:18:51 2015    233KB, app
```

接下来，我们重点介绍一下文件模式(st_mode 信息)，在 3.1.1 小节中介绍过文件类型，表 3.5 列出了这些类型在 st_mode 中对应的位信息。

表 3.5 文件类型位

st_mode 位	说　明
S_IFIFO	FIFO 文件
S_IFCHR	字符设备文件
S_IFDIR	目录文件
S_IFBLK	块设备文件
S_IFREG	普通文件
S_IFLNK	符号链接文件
S_IFSOCK	套接字文件

所有的这些文件类型都有访问权限，每个文件有 9 个访问权限位，正如*ll* 命令输出的第一列那样。可将这些访问权限位分成 3 类，如表 3.6 所列。

表 3.6 访问权限位

st_mode 位	说　明
S_IRUSR S_IWUSR S_IXUSR	用户读 用户写 用户执行
S_IRGRP S_IWGRP S_IXGRP	组读 组写 组执行
S_IROTH S_IWOTH S_IXOTH	其他读 其他写 其他执行

表 3.6 所列的各组中，术语“用户”指的是文件所有者(owner)，“组”指的是所有者所在组，“其他”指的是不属于这个组的其他用户，*chmod* 命令可以修改这 9 个权限位。需要注意的是，Linux 等系统中*chmod* 命令修改权限可用 u 表示用户，用 g 表示组，用 o 表示其他，SylixOS 则直接使用数字进行表示，例如：755 表示-rwxr-xr-x。

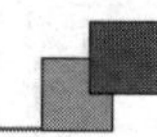

当我们用名字打开任一类型的文件时,对该名字中包含的每一个目录,包括它可能隐含的当前工作目录,应具有执行权限。例如,为了打开文件/apps/app/test.c,需要对目录/apps、/apps/app具有执行权限位。

一个文件的读权限位决定了我们是否能够打开现有文件进行读操作。这与open函数的O_RDONLY和O_RDWR标志有关,当然写的情况也类似。

3.2.2.2 函数 access

```
#include <unistd.h>
int  access(const char  *pcName, int  iMode);
```

函数access原型分析:

- 此函数成功返回0,失败返回-1并设置错误号;
- 参数*pcName*是文件名;
- 参数*iMode*是访问模式。

access函数按文件所有者对文件的访问权限进行测试,测试模式如表3.7所列。

表3.7 access函数的*iMode*位

*iMode*位	说　明
R_OK	文件可读
W_OK	文件可写
X_OK	文件可执行
F_OK	文件存在

access函数使用方法程序:chapter03/access_example。该程序展示了access函数的使用方法。

```
# mkdir test
# ll
drwxr-xr--  root    root    Tue Mar 02 15:21:10 2021          test/
# ./access_example
test can write.
open file success.
```

该程序从Shell接口读取用户提供的文件,判断此文件是否可写,并判断是否能够成功打开。从上面的例子可以看出,通过设置文件的访问权限后,open函数不能正常打开此文件。

3.2.2.3 函数 umask

```
#include <sys/stat.h>
mode_t  umask(mode_t  modeMask);
```

函数 umask 原型分析：

- 此函数返回之前的屏蔽字；
- 参数*modeMask* 是新的屏蔽字。

umask 函数为当前进程设置文件创建屏蔽字，并返回之前的值，这是一个没有错误值返回的函数。

其中，参数*modeMask* 是由表 3.6 列出的常量中的若干个按位“或”构成的。

在进程创建一个新文件或新目录时，就一定会使用文件模式创建屏蔽字（在介绍 open 函数、creat 函数时，这两个函数都有一个模式参数，它指定了新文件的访问权限），在文件屏蔽字中为 1 的位，文件中相应的访问权限位一定被关闭。需要注意的是，SylixOS 内核在创建新文件时所有者的读权限不会被屏蔽（这样保证了文件的所有者能够正常读文件）。

umask 函数使用方法程序：chapter03/umask_example 。该程序创建了两个文件：创建第一个时，umask 值为 0，也不屏蔽任何权限位，将按内核默认的权限模式创建文件；创建第二个时，umask 值禁止了组和其他的读、写权限。

3.2.2.4 函数 fchmod、chmod

```
#include <sys/stat.h>
int  fchmod(int  iFd , int  iMode );
int  chmod(const  char  * pcName , int  iMode );
```

函数 fchmod 原型分析：

- 此函数成功返回 0，失败返回 −1 并设置错误号；
- 参数*iFd* 是文件描述符；
- 参数*iMode* 是要设置的模式。

函数 chmod 原型分析：

- 此函数成功返回 0，失败返回 −1 并设置错误号；
- 参数*pcName* 是文件名；
- 参数*iMode* 是要设置的模式。

调用 chmod 函数和 fchmod 函数可以改变现有文件的访问权限。chmod 函数在指定的文件上进行操作，fchmod 函数对已打开的文件进行操作。

chmod 函数使用方法程序：chapter03/chmod_example 。该程序实现了两个操作：一个操作是在文件原来的访问权限基础上去掉某个权限，另一个操作是设定某些访问权限位。在 SylixOS Shell 下运行这段程序，从程序运行结果可以看出，chmod 函数正确地设置了相应的访问权限位。

```
#ll
-rw-rw-rw- root    root    Mon Dec 28 14:10:22 2020    0 B, a.c
-rw------- root    root    Mon Dec 28 14:10:22 2020    0 B, b.c
#./chmod_test
#ll
-rw--w-rw- root    root    Mon Dec 28 14:10:22 2020    0 B, a.c
-r---w---- root    root    Mon Dec 28 14:10:22 2020    0 B, b.c
```

3.2.2.5 函数 unlink、remove

```
#include <unistd.h>
int  unlink(const char  * pcName );
```

函数 unlink 原型分析：

- 此函数成功返回 0，失败返回 -1 并设置错误号；
- 参数 *pcName* 是要删除的文件名。

调用 unlink 函数可以删除一个文件。删除一个文件需要满足一定的条件，当文件引用计数达到 0 时，文件才可以被删除，当有进程打开了该文件，其不能被删除。删除一个文件时，内核首先检查打开该文件的进程个数，如果个数达到了 0，内核再去检查其引用计数，如果也是 0，那么就删除该文件。

如果参数 *pcName* 是一个符号链接的名字，此符号链接将被删除，而不是删除该符号链接所引用的文件。

也可以调用 ANSI C 中的 remove 函数删除一个文件。

```
#include <stdio.h>
int  remove(const char * file );
```

函数 remove 原型分析：

- 此函数成功返回 0，失败返回 -1 并设置错误号；
- 参数 *file* 是要删除的文件名。

3.2.2.6 函数 rename

```
#include <stdio.h>
int  rename(const char  * pcOldName , const char  * pcNewName );
```

函数 rename 原型分析：

- 此函数成功返回 0，失败返回 -1 并设置错误号；
- 参数 *pcOldName* 是旧文件名；
- 参数 *pcNewName* 是修改后的文件名。

文件或者目录可以用 rename 函数进行重命名。根据参数 *pcOldName* 的不同，有下列几种情况需要说明：

- 如果*pcOldName* 指向一个非目录文件，则有以下两种情况：
  - 如果*pcNewName* 已存在，则*pcNewName* 不能是一个目录文件；
  - 如果*pcNewName* 已存在，且不是目录文件，则先将其删除，然后重命名*pcOldName* 。
- 如果*pcOldName* 指向一个目录文件，则有以下两种情况：
  - 如果*pcNewName* 已存在，则*pcNewName* 必须是一个空目录；
  - 如果*pcNewName* 已存在，则先将其删除，然后重命名*pcOldName* 。
- 如果*pcOldName* 、*pcNewName* 是同一个文件，则函数返回，不做任何修改。

注：SylixOS 中，如果*pcOldName* 是一个符号链接名，调用 rename 函数将修改符号链接所指向的真正文件的名字，这一点需要特别注意。

3.2.2.7 函数 opendir、closedir

```
#include <dirent.h>
DIR * opendir(const char * pathname );
int   closedir(DIR * dir );
```

函数 opendir 原型分析：

- 此函数成功返回目录指针，失败返回 NULL 并设置错误号；
- 参数*pathname* 是目录名。

函数 closedir 原型分析：

- 此函数成功返回 0，失败返回－1 并设置错误号；
- 参数*dir* 是目录指针。

调用 opendir 函数将打开*pathname* 指向的目录并返回 DIR 类型的目录指针，这个目录指针指向目录的开始位置。需要注意的是，opendir 函数将以只读的方式打开目录，这意味着，打开的目录必须是存在的，否则将返回 NULL 并设置 errno 为 ENOENT。如果*pathname* 不是一个有效目录文件，则返回 NULL 并设置 errno 为 ENOTDIR。

调用 closedir 函数将关闭*dir* 指向的目录（*dir* 由 opendir 函数返回）。

3.2.2.8 函数 readdir、readdir_r

```
#include <dirent.h>
struct dirent * readdir(DIR           * dir );
int   readdir_r(DIR                   * pdir ,
struct dirent                         * pdirentEntry ,
struct dirent                         * * ppdirentResult );
```

函数 readdir 原型分析：

- 此函数成功返回目录信息指针，失败返回 NULL 并设置错误号；

- 参数*dir* 是已打开的目录指针。

函数 readdir_r 原型分析：

- 此函数成功返回 0，失败返回－1 并设置错误号；
- 参数*pdir* 是已打开的目录指针；
- 输出参数*pdirentEntry* 返回目录信息；
- 输出参数*ppdirentResult* 指向*pdirentEntry* 地址或 NULL。

调用 readdir 函数将返回指定目录的目录信息，readdir 函数是不可重入的。readdir_r 函数是 readdir 函数的可重入实现，*pdirentEntry* 指向用户缓冲区用于存放目录信息，如果读到目录末尾，则 * *ppdirentResult* 等于 NULL。

读取的目录信息存放在 dirent 结构体中，dirent 结构体的定义见程序清单 3.2。

程序清单 3.2 dirent 结构体

```
struct dirent {
    chard_name[NAME_MAX + 1];              /*  文件名                          */
    unsigned char    d_type;               /*  文件类型（可能为 DT_UNKNOWN）   */
    char             d_shortname[13];      /*  fat 短文件名（可能不存在）      */
……
};
```

d_name 成员保存了目录中文件的名字，d_type 指示了该文件的类型（见表 3.1），通过下面的宏可实现文件类型和文件类型模式位（见表 3.5）的互转。

```
#include <dirent.h>
unsigned char IFTODT①(mode_t mode);
mode_t   DTTOIF(unsigned char dtype);
```

IFTODT 宏将类型模式转换成文件类型，DTTOIF 宏将文件类型转换成类型模式。

显示目录信息程序：chapter03/dir_info_example。该程序打开一个指定的目录（如“/”）并读取目录信息，然后显示目录中文件的名字和类型。

3.2.2.9 函数 mkdir 和 rmdir

```
#include <sys/stat.h>
int  mkdir(const char  * dirname, mode_t  mode);
int  rmdir(const char  * pathname);
```

函数 mkdir 原型分析：

- 此函数成功返回 0，失败返回－1 并设置错误号；

① 这里是一种宏函数表示形式，隐藏了宏内部实现的细节问题。

- 参数*dirname* 是创建的目录名；
- 参数*mode* 是创建模式。

函数 rmdir 原型分析：

- 此函数成功返回 0，失败返回－1 并设置错误号；
- 参数*pathname* 是目录名。

调用 mkdir 函数可以创建一个空目录，所指定的目录访问权限由*mode* 指定，*mode* 会根据进程的文件模式屏蔽字修改。

调用函数 rmdir 可以删除一个空目录，底层通过调用 unlink 函数实现。

3.2.2.10 函数 chdir、fchdir 和 getcwd

每个进程都有一个当前工作目录，此目录是搜索所有相对路径名的起点（不以斜线开始的路径名为相对路径）。当用户登录到 SylixOS 时，其当前工作目录通常是口令文件/etc/passwd 中该用户登录项的第 6 个字段——用户的起始目录。

```
#include <unistd.h>
int   chdir(const char   * pcName );
int   fchdir(int iFd );
char   * getcwd(char   * pcBuffer , size_t   stByteSize );
```

函数 chdir 原型分析：

- 此函数成功返回 0，失败返回－1 并设置错误号；
- 参数*pcName* 是新的默认目录。

函数 fchdir 原型分析：

- 此函数成功返回 0，失败返回－1 并设置错误号；
- 参数*iFd* 是文件描述符。

函数 getcwd 原型分析：

- 此函数成功返回默认目录缓冲区首地址，失败返回 NULL；
- 输出参数*pcBuffer* 是默认目录缓冲区；
- 参数*stByteSize* 是缓冲区大小。

进程调用 chdir 函数或 fchdir 函数可以更改当前工作目录，chdir 函数用参数*pcName* 指定当前的工作目录，fchdir 函数用文件描述符*iFd* 来指定当前的工作目录。

因为当前工作目录是进程的一个属性，所以，修改本进程的工作目录并不会影响其他进程的工作目录，这一点值得注意。

调用 getcwd 函数可以获得当前默认的工作路径，此函数必须要有一个足够大的缓冲区来存放返回的绝对路径名再加上一个终止 null 字符，否则返回出错。

当一个应用程序需要在文件系统中返回到它工作的出发点时，getcwd 函数是很有用的。在更改工作目录前，先调用 getcwd 函数保存当前工作目录，在完成处理后，可以将之前保存的工作目录作为参数传递给 chdir 函数，返回到文件系统的出发

点处。

fchdir 函数提供了一个更为便捷的方法，在更换文件系统中的不同位置前，先调用 open 函数打开当前工作目录，然后保存返回的文件描述符，当希望返回原工作目录时，只需要将保存的文件描述符作为参数传递给 fchdir 函数即可。

3.2.2.11 符号链接

符号链接是对一个文件的间接指针，任何用户都可以创建指向目录的符号链接。符号链接一般用于将一个文件或整个目录结构定向到系统中另一个位置。

用 open 函数打开文件时，如果传递给 open 函数的文件名参数是一个符号链接，那么 open 将跟随符号链接打开指定的文件；但是，如果此文件不存在，则 open 函数将返回出错，表示文件不存在，这一点需要注意。

```
#include <unistd.h>
int symlink(const char   *pcActualPath , const char   *pcSymPath );
ssize_t  readlink(const char   *pcSymPath , char   *pcBuffer , size_t  iSize );
```

函数 symlink 原型分析：

- 此函数成功返回 0，失败返回 −1 并设置错误号；
- 参数 *pcActualPath* 是实际链接的目标文件；
- 参数 *pcSymPath* 是新创建的符号链接文件。

函数 readlink 原型分析：

- 此函数成功返回读取的符号链接内容长度，失败返回 −1 并设置错误号；
- 参数 *pcSymPath* 是要读取的符号链接名；
- 输出参数 *pcBuffer* 是内容缓冲区；
- 参数 *iSize* 是缓冲区长度。

SylixOS 可以调用 symlink 函数来创建符号链接，symlink 函数将创建一个指向 *pcActualPath* 的符号链接 *pcSymPath* ，并且 *pcActualPath* 和 *pcSymPath* 可以不在同一个文件系统中。上面提到 open 函数只能打开符号链接指向的文件，所以需要有一种方法打开该符号链接本身，并读取其中的内容，readlink 提供了这种功能。

注：SylixOS 当前不支持硬链接。

3.2.2.12 文件截断

有时我们需要在文件尾端截去一些数据以缩短文件，将一个文件的长度截断为 0 是一个特例，在打开文件时使用 O_TRUNC 标志可以做到这一点。

```
#include <unistd.h>
int   ftruncate(int   iFd , off_t   oftLength );
int   truncate(const char   *pcName , off_t   oftLength );
```

函数 ftruncate 原型分析：

- 此函数成功返回 0,失败返回－1 并设置错误号；
- 参数*iFd* 是文件描述符；
- 参数*oftLength* 是文件长度。

函数 truncate 原型分析：

- 此函数成功返回 0,失败返回－1 并设置错误号；
- 参数*pcName* 是文件名；
- 参数*oftLength* 是文件长度。

调用 truncate 函数和 ftruncate 函数可以缩减或者扩展文件长度,如果之前的文件长度比*oftLength* 长,额外的数据会丢失;如果之前的文件长度比指定的长度短,文件长度将扩展,也就是产生文件空洞。ftruncate 函数对用户已经打开的文件进行操作,传入的是文件描述符。

3.2.3 标准 I/O 库

3.2.3.1 标准输入、标准输出和标准出错

前面介绍的所有 I/O 函数都是围绕文件描述符的,当打开一个文件时,即返回一个文件描述符,该文件描述符用于后续的 I/O 操作。而对于标准 I/O 库,它们的操作是围绕流进行的,当用标准 I/O 库打开一个文件时,流和文件进行相应的关联,然后返回一个 FILE 类型的文件指针。

对一个进程预定义了 3 个流,并且这 3 个流可以自动地被进程使用,它们分别是:标准输入、标准输出、标准错误。这些流引用的文件与文件描述符 STDIN_FILENO、STDOUT_FILENO 和 STDERR_FILENO 所引用的文件相同。

这 3 个流预定义文件指针是:stdin、stdout、stderr,之前我们的打印函数就用到了这 3 个指针。

3.2.3.2 缓冲区

标准 I/O 库提供缓冲的目的是尽可能少地调用 read 函数和 write 函数,它也对每个 I/O 流自动地进行缓冲管理,从而避免应用程序需要考虑这一点所带来的麻烦。标准 I/O 库提供了 3 种类型的缓冲区。

- 全缓冲。在这种情况下,在填满标准 I/O 缓冲区后才进行实际 I/O 操作。对于驻留在磁盘上的文件通常是由标准 I/O 库进行全缓冲。
- 行缓冲。当输入和输出遇到换行符时才进行实际的 I/O 操作,标准输入和标准输出,通常使用行缓冲。
- 无缓冲。标准 I/O 库不对字符进行缓冲存储,标准错误通常是不带缓冲的,这样出错信息可以尽可能快地显示出来。

调用下面的函数可以修改缓冲区类型：

```
#include <stdio.h>
void  setbuf(FILE *fp, char *buf);
int   setvbuf(FILE *fp, char *buf, int mode, size_t size);
```

函数 setbuf 原型分析：

- 参数*fp* 是文件指针；
- 参数*buf* 是缓冲区。

函数 setvbuf 原型分析：

- 此函数成功返回 0，失败返回非 0 值并设置错误号；
- 参数*fp* 是文件指针；
- 参数*buf* 是缓冲区；
- 参数*mode* 是缓冲类型；
- 参数*size* 是缓冲区大小。

上面的函数要求指定的流已经打开，而且是在执行任何操作之前进行调用，可以使用 setbuf 函数打开或者关闭缓冲区。为了设置一个缓冲区，参数*buf* 指向缓冲区的首地址，BUFSIZ 定义了缓冲区的大小（定义在<stdio.h>中）。如果要关闭缓冲区，只需将参数*buf* 指向 NULL。调用 setvbuf 函数可以指定缓冲类型，如表 3.8 所列。

表 3.8　标准 I/O 缓冲类型

缓冲区类型	说　明
_IOFBF	全缓冲
_IOLBF	行缓冲
_IONBF	无缓冲

一般情况下，在关闭流的时候，标准 I/O 会自动释放缓冲区。当然调用 fflush 函数可以在任何时候冲洗一个流。

```
#include <stdio.h>
int  fflush(FILE *fp);
```

函数 fflush 原型分析：

- 此函数成功返回 0，失败返回 EOF[①]；
- 参数*fp* 是文件指针。

fflush 函数将指定的流上所有未写的数据传送到内核，SylixOS 目前不支持*fp* 为 NULL 的情况。

① EOF 表示到达了文件尾。

3.2.3.3 打开流

```
#include <stdio.h>
FILE  * fopen(const char * file , const char * mode );
FILE  * freopen(const char * file , const char * mode , FILE * fp );
FILE  * fdopen(intfd , const char  * mode );
```

函数 fopen 原型分析：

- 此函数成功返回文件指针，失败返回 NULL 并设置错误号；
- 参数*file* 是要打开的文件名；
- 参数*mode* 是打开模式，如表 3.9 所列。

函数 freopen 原型分析：

- 此函数成功返回文件指针，失败返回 NULL 并设置错误号；
- 参数*file* 是要打开的文件名；
- 参数*mode* 是打开模式，如表 3.9 所列；
- 参数*fp* 是文件指针。

函数 fdopen 原型分析：

- 此函数成功返回文件指针，失败返回 NULL 并设置错误号；
- 参数*fd* 是已经打开的文件描述符；
- 参数*mode* 是打开模式。

上述 3 个函数都可以打开一个标准 I/O 流，fopen 函数打开*file* 指定的文件。freopen 函数在一个指定的流上打开一个指定的文件，如果该流已经打开，则先关闭该流。如果该流已经定向，则会清除该定向。fdopen 函数取一个已有的文件描述符，并使一个标准的 I/O 流与该描述符相结合。

表 3.9　打开标准 I/O 流的*mode* 参数

操作类型	说　明	open 函数标志
r 或 rb	以读的方式打开	O_RDONLY
w 或 wb	把文件截断为 0 字节长度，或以写的方式创建	O_WRONLY | O_CREAT | O_TRUNC
a 或 ab	追加，在文件尾以写的方式打开，或以写的方式创建	O_WRONLY | O_CREAT | O_APPEND
r+或 r+b 或 rb+	以读和写的方式打开	O_RDWR
w+或 w+b 或 wb+	把文件截断为 0 字节长度，或以读和写的方式打开	O_RDWR | O_CREAT | O_TRUNC
a+或 a+b 或 ab+	从文件尾以读和写的方式打开或创建	O_RDWR | O_CREAT | O_APPEND

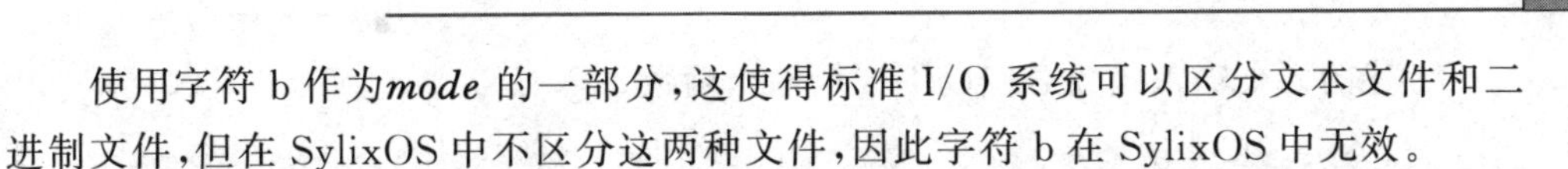

使用字符 b 作为*mode* 的一部分，这使得标准 I/O 系统可以区分文本文件和二进制文件，但在 SylixOS 中不区分这两种文件，因此字符 b 在 SylixOS 中无效。

对于 fdopen 函数，*mode* 参数的意义稍有区别。因为该文件描述符已被打开，所以 fdopen 函数为写而打开的文件并不被截断，另外，标准 I/O 追加写方式也不能用于创建该文件。

当用追加写打开一个文件后，每次写都将数据写到文件的尾端处，如果有多个进程用标准 I/O 追加写方式打开同一个文件，那么来自每个进程的数据都将正确地写到文件中。

调用 fclose 函数关闭一个打开的流。

```
#include <stdio.h>
int fclose(FILE * fp );
```

函数 fclose 原型分析：

- 此函数成功返回 0，失败返回 EOF 并设置错误号；
- 参数*fp* 是文件指针。

在该文件被关闭之前，首先冲洗缓冲区中的输出数据，缓冲区中的输入数据被丢弃。如果标准 I/O 库已经自动分配了缓冲区，则释放此缓冲区。

当一个进程正常终止时，所有带未写缓冲数据的标准 I/O 流都被冲洗，所有打开的标准 I/O 流都被关闭。

3.2.3.4 读写流

一旦流被打开，可对不同类型的 I/O 进行读、写操作，调用以下函数可一次读一个字符。

```
#include <stdio.h>
int   getc(FILE * fp );
int   fgetc(FILE * fp );
int   getchar(void);
```

函数 getc 原型分析：

- 此函数成功返回下一个字符，失败返回 EOF；
- 参数*fp* 是文件指针。

函数 fgetc 原型分析：

- 此函数成功返回下一个字符，失败返回 EOF；
- 参数*fp* 是文件指针。

函数 getchar 原型分析：

- 此函数成功返回下一个字符，失败返回 EOF。

getchar 函数等同于 getc(stdin)。fgetc 函数与 getc 函数的区别是，getc 函数可以被实现为宏，而 fgetc 函数不能被实现为宏。

上述的 3 个输入函数对应以下 3 个输出函数。

```
#include <stdio.h>
int putc(int   c , FILE * fp );
int fputc(int   c , FILE * fp );
int putchar(int   c );
```

函数 putc 原型分析：

- 此函数成功返回输入的字符，失败返回 EOF 并设置错误号；
- 参数*c* 是要输入的字符；
- 参数*fp* 是文件指针。

函数 fputc 原型分析：

- 此函数成功返回输入的字符，失败返回 EOF 并设置错误号；
- 参数*c* 是要输入的字符；
- 参数*fp* 是文件指针。

函数 putchar 原型分析：

- 此函数成功返回输入的字符，失败返回 EOF 并设置错误号；
- 参数*c* 是要输入的字符。

putchar(c)等同于 putc(c, stdout)，putc 函数和 fputc 函数都可以向指定的流输出一个字符；不同的是，putc 函数可被实现为宏，而 fputc 函数不能实现为宏。

下面函数可以从指定的流读取一行字符(行结束符用\n 表示)。

```
#include <stdio.h>
char   * fgets(char * buf , int n , FILE * fp );
char   * gets(char * buf );
```

函数 fgets 原型分析：

- 此函数成功返回*buf* 首地址，失败返回 NULL；
- 参数*buf* 是字符缓冲区；
- 参数*n* 是缓冲区长度；
- 参数*fp* 是文件指针。

函数 gets 原型分析：

- 此函数成功返回*buf* 首地址，失败返回 NULL；
- 参数*buf* 是字符缓冲区。

这两个函数都指定了缓冲区的地址，读入的行将送入其中。gets 函数从标准输入读，而 fgets 函数则从指定的流中读。

fgets 函数必须指定缓冲区的长度，此函数一直读到下一个换行符为止，但是不超过 $n-1$ 个字符，读入的字符被送到缓冲区，该缓冲区以 null 字符结尾。如若该行包括最后一个换行符的字符数超过 $n-1$，则 fgets 函数只返回一个不完整的行，缓冲

区总是以 null 字节结尾，对 fgets 函数的下一次调用会继续读该行。

gets 函数是不推荐使用的，因为调用者如果不指定缓冲区的长度，这样就可能造成缓冲区溢出[①]。

下面的函数可以向指定的流输出一行字符。

```
#include <stdio.h>
int  fputs(const char * str , FILE * fp );
int  puts(const char * str );
```

函数 fputs 原型分析：

- 此函数成功返回非负值，失败返回 EOF 并设置错误号；
- 参数*str* 是要写入的字符串；
- 参数*fp* 是文件指针。

函数 puts 原型分析：

- 此函数成功返回非负值，失败返回 EOF 并设置错误号；
- 参数*str* 是要写入的字符串。

fputs 函数将一个以 null 字节终止的字符串写到指定的流，尾端的终止符 null 不写出。puts 函数将一个以 null 字节终止的字符串写到标准输出，终止符 null 不写出。与 fputs 函数不同的是，puts 函数随后又将一个换行符写到标准输出。通常情况下，puts 函数也是不推荐使用的。

标准 I/O 读写函数使用方法程序：chapter03/stdio_example 。该程序将一个字符串写到打开的文件中，随后调用 rewind 函数（之后将介绍此函数的用法）将文件当前指针移到文件的开始处，调用 fgets 函数读取文件中的字符串并打印。

3.2.3.5 定位流

```
#include <stdio.h>
long  ftell(FILE * fp );
int   fseek(FILE * fp , long offset , int whence );
void  rewind(FILE * fp );
```

函数 ftell 原型分析：

- 此函数成功返回当前的文件偏移，失败返回－1 并设置错误号；
- 参数*fp* 是文件指针。

函数 fseek 原型分析：

- 此函数成功返回 0，失败返回－1 并设置错误号；
- 参数*fp* 是文件指针；
- 参数*offset* 是设定的偏移量；

① 缓冲区溢出是危险的，缓冲区溢出将破坏其他内存的数据。

• 参数*whence*，如表 3.3 所列。

函数 rewind 原型分析：

• 参数*fp* 是文件指针。

对于一个二进制文件，其文件位置指示器是从文件起始位置开始度量，并以字节为单位的。ftell 函数用于二进制文件时，其返回值就是这种字节位置。为了用 fseek 定位一个二进制文件，必须指定一个字节*offset*，以及*whence*。ISO C 并不要求一个实现对二进制文件支持 SEEK_END，其原因是某些系统要求二进制文件的长度是某个幻数的整数倍，但是在 SylixOS 中，是支持 SEEK_END 的。

对于文本文件，它们的文件当前位置可能不以简单的字节偏移量来度量。这主要也是在非 UNIX 系统中，它们可能以不同的格式存放文本文件。为了定位一个文本文件，*whence* 一定要是 SEEK_SET，而且*offset* 只能有两种值：0（后退到文件起始位置），或是对该文件的 ftell 函数所返回的值。使用 rewind 函数也可将一个流设置到文件的起始位置。

```
fgetpos 函数和 fsetpos 函数是 ISO C 标准引入的。
#include <stdio.h>
int  fgetpos(FILE * fp , fpos_t * pos );
int  fsetpos(FILE * fp , const fpos_t * pos );
```

函数 fgetpos 原型分析：

• 此函数成功返回 0，失败返回非 0 值并设置错误号；
• 参数*fp* 是文件指针；
• 输出参数*pos* 是文件偏移位置。

函数 fsetpos 原型分析：

• 此函数成功返回 0，失败返回－1 并设置错误号；
• 参数*fp* 是文件指针；
• 参数*pos* 是文件偏移。

fgetspos 函数将文件位置指示器的当前值存入由*pos* 指向的对象中，在以后调用 fsetpos 函数时，可以使用此值将流重新定位至该位置。

3.2.3.6 I/O 格式化

```
#include <stdio.h>
int  printf(const char * format , ...);
int  fprintf(FILE * fp , const char * format , ...);
int  fdprintf(int  fd , const char * format , ...);
int  sprintf(char * buf , const char * format , ...);
int  snprintf(char * buf , size_t n , const char * format , ...);
```

函数 printf 原型分析：

- 此函数成功返回输出字符数，失败返回负值；
- 参数*format* 是格式字符串；
- 参数... 是可变参数。

函数 fprintf 原型分析：

- 此函数成功返回输出字符数，失败返回负值；
- 参数*fp* 是文件指针；
- 参数*format* 是格式字符串；
- 参数... 是可变参数。

函数 fdprintf 原型分析：

- 此函数成功返回输出字符数，失败返回负值；
- 参数*fd* 是文件描述符；
- 参数*format* 是格式字符串；
- 参数... 是可变参数。

函数 sprintf 原型分析：

- 此函数成功返回输出字符数，失败返回负值；
- 参数*buf* 是字符缓冲区指针；
- 参数*format* 是格式字符串；
- 参数... 是可变参数。

函数 snprintf 原型分析：

- 此函数成功返回输出字符数，失败返回负值；
- 参数*buf* 是字符缓冲区指针；
- 参数*n* 是缓冲区长度；
- 参数*format* 是格式字符串；
- 参数... 是可变参数。

printf 函数将按*format* 规定的格式打印字符到标准输出流，fprintf 函数将按*format* 规定的格式打印字符到*fp* 指定的流，fdprintf 函数的参数*fd* 是已打开文件的描述符，此函数将格式字符打印到*fd* 指定的文件。sprintf 函数和 snprintf 函数将格式字符打印到*buf* 指定的缓冲区中，两个函数不同的是，snprintf 函数指定了缓冲区的长度，从而保证了内存的安全性，sprintf 函数不建议使用。

```
#include <stdio.h>
int  scanf(const char * format , ...);
int  fscanf(FILE * fp , const char * format , ...);
int  sscanf(const char * buf , const char * format , ...);
```

函数 scanf 原型分析：

- 此函数成功返回匹配的字符数量，否则返回 EOF；
- 参数*format* 是格式字符串；

• 参数...是可变参数。

函数 fscanf 原型分析：

• 此函数成功返回匹配的字符数量，否则返回 EOF；
• 参数*fp* 是文件指针；
• 参数*format* 是格式字符串；
• 参数...是可变参数。

函数 sscanf 原型分析：

• 此函数成功返回匹配的字符数量，否则返回 EOF；
• 参数*buf* 是缓冲区指针；
• 参数*format* 是格式字符串；
• 参数...是可变参数。

scanf 函数扫描标准输入并按*format* 格式保存值到相应的内存，内存地址将在可变参数中给出。fscanf 函数和 sscanf 函数功能类似，不同的是，fscanf 函数从*fp* 指定的流中扫描字符，而 sscanf 函数从*buf* 指定的缓冲区中扫描字符。

格式化函数使用方法程序：chapter03/format_example。该程序使用了 fdopen 函数从已打开的文件描述符获得文件指针。

3.3 异步 I/O 访问

3.3.1 异步 I/O 概述

异步 I/O 是针对同步 I/O 提出的概念，它不需要线程等待 I/O 结果，只需要请求进行传输，系统会自动完成 I/O 传输，结束或者出现错误时会产生相应的 I/O 信号，用户程序只需要设置好对应的信号处理函数，即可处理一个异步 I/O 事件。

信号机制(见第 8 章)提供了一种以异步方式通知某种事件已发生的方法，但是，这种异步 I/O 是有限制的，它们并不能用在所有的文件类型上，而且只能使用一个信号。如果要对一个以上的文件描述符进行异步 I/O，那么在进程收到该信号时并不知道这一信号对应哪一个文件描述符。

SylixOS 支持 POSIX1003.1b 实时扩展协议规定的标准异步 I/O 接口，即 aio_read 函数、aio_write 函数、aio_fsync 函数、aio_cancel 函数、aio_error 函数、aio_return 函数、aio_suspend 函数和 lio_listio 函数。这组 API 用来操作异步 I/O。

3.3.2 POSIX 异步 I/O

POSIX 异步 I/O 接口为不同类型的文件进行异步 I/O 提供了一套一致的方法。这些接口来自实时草案标准，这些异步 I/O 接口使用 AIO 控制块来描述 I/O 操作。

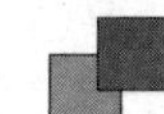

aiocb 结构体定义了 AIO 控制块，其定义见程序清单 3.3。

程序清单 3.3 aiocb 结构体

```
struct aiocb {
    int               aio_fildes;      /*  file descriptor             */
    off_t             aio_offset;      /*  file offset                 */
    volatile void     *aio_buf;        /*  Location of buffer.         */
    size_t            aio_nbytes;      /*  Length of transfer.         */
    int               aio_reqprio;     /*  Request priority offset.    */
    struct sigevent   aio_sigevent;    /*  Signal number and value.    */
    int               aio_lio_opcode;  /*  Operation to be performed.  */
    ……
};
```

下面对该结构的成员做详细说明：

- aio_fildes 是要操作的文件描述符，即 open 函数返回的文件描述符；
- aio_offset 是读、写开始的文件偏移量；
- aio_buf 是数据缓冲区指针，对于读，从该缓冲区读出数据。对于写，向该缓冲区中写入数据；
- aio_nbytes 是读、写的字节数；
- aio_reqprio 为异步 I/O 请求的优先级①，该优先级决定了读写的顺序，也就意味着优先级越高越先被读或者写；
- aio_sigevent 是要发送的信号，当一次读或者写完成后，会发送应用指定的信号；
- aio_lio_opcode 是异步 I/O 操作的类型，如表 3.10 所列。

表 3.10 异步 I/O 操作类型

操作类型	说　明
LIO_NOP	没有传输请求
LIO_READ	请求一个读操作
LIO_WRITE	请求一个写操作
LIO_SYNC	请求异步 I/O 同步

在异步 I/O 操作之前我们需要先初始化 AIO 控制块，然后通过调用 aio_read 函数请求异步读操作和调用 aio_write 函数请求异步写操作。

```
#include <aio.h>
int  aio_read(struct aiocb * paiocb );
int  aio_write(struct aiocb * paiocb );
```

① 该优先级的范围为 0 到整型最大值(2 147 483 647)，数值越大，优先级越高。

函数 aio_read 原型分析：

- 此函数成功返回 0，失败返回－1 并设置错误号；
- 参数 ***paiocb*** 是 AIO 控制块。

函数 aio_write 原型分析：

- 此函数成功返回 0，失败返回－1 并设置错误号；
- 参数 ***paiocb*** 是 AIO 控制块。

调用 aio_read 函数和 aio_write 函数成功之后，异步 I/O 请求便已经被操作系统放入等待处理的队列中了。这些返回值与实际 I/O 操作的结果没有任何关系，如果需要查看函数的返回状态，可调用 aio_error 函数。

如果想强制所有等待中的异步操作不等待而写入存储中，可以建立一个 AIO 控制块并调用 aio_fsync 函数。

```
#include <aio.h>
intaio_fsync(int op , struct aiocb * paiocb );
```

函数 aio_fsync 原型分析：

- 此函数成功返回 0，失败返回－1 并设置错误号；
- 参数 ***op*** 是操作选项；
- 参数 ***paiocb*** 是 AIO 控制块。

结构体 struct aiocb 中 aio_fildes 成员是要被同步的文件，如果 ***op*** 参数设定为 O_SYNC，aio_fsync 调用类似于 fsync，如果 ***op*** 参数设定为 O_DSYNC，aio_fsync 调用类似于 fdatasync（目前 SylixOS 没有对这两种情况做具体的区分）。

同 aio_read 函数和 aio_write 函数一样，查看 aio_fsync 函数处理的状态，可调用 aio_error 函数。

```
#include <aio.h>
int  aio_error(const struct aiocb * paiocb );
```

函数 aio_error 原型分析：

- 此函数成功返回 0，失败返回－1 并设置错误号；
- 参数 ***paiocb*** 是 AIO 控制块。

返回值应为下列 4 种情况之一：

- 0：异步操作成功完成，调用 aio_return 函数可获得返回码；
- －1：对 aio_error 调用失败；
- EINPROGRESS：异步操作等待中；
- 其他情况：其他任何返回值是相关异步操作失败返回的错误码。

如果异步操作成功，可以调用 aio_return 函数来获得异步操作的返回值。

```
#include <aio.h>
ssize_t  aio_return(struct aiocb * paiocb );
```

函数 aio_return 原型分析：

- 此函数成功返回异步操作完成的返回值，失败返回－1并设置错误号；
- 参数*paiocb* 是 AIO 控制块。

执行 I/O 操作时，如果还有其他事务要处理而不想被 I/O 操作阻塞，就可以使用异步 I/O。然而，如果在完成了所有事务时，还有异步操作未完成时，则可以调用 aio_suspend 函数来阻塞进程，直到操作完成。

```
#include <aio.h>
int  aio_suspend(const struct aiocb * const list[], int nent ,
                 const struct timespec * timeout );
```

函数 aio_suspend 原型分析：

- 此函数成功返回 0，失败返回－1并设置错误号；
- 参数*list* 是 AIO 控制块数组；
- 参数*nent* 是数组元素个数；
- 参数*timeout* 是设定的超时时间。

aio_suspend 可能会返回以下 3 种情况中的一种：

- 如果阻塞超时了，aio_suspend 函数将返回－1；
- 如果有任何 I/O 操作完成，aio_suspend 函数将返回 0；
- 如果在调用 aio_suspend 函数时，所有的异步 I/O 操作都已完成，aio_suspend 函数将在不阻塞的情况下直接返回。

参数*list* 会自动忽略空指针，非空元素是经过初始化的 AIO 控制块。

当还存在不需要再完成的等待中的异步 I/O 操作时，可以调用 aio_cancel 函数来取消。

```
#include <aio.h>
int  aio_cancel(int fildes , struct aiocb * paiocb );
```

函数 aio_cancel 原型分析：

- 此函数返回值，如表 3.11 所列；
- 参数*fildes* 是要操作的文件描述符；
- 参数*paiocb* 是 AIO 控制块。

表 3.11　aio_cancel 返回值类型

返回值类型	说　明
AIO_CANCELED	所有请求的操作已被取消
AIO_NOTCANCELED	至少有一个请求操作没被取消
AIO_ALLDONE	在请求取消之前已经完成
－1	aio_cancel 函数调用失败

如果*paiocb* 为 NULL,系统将会尝试取消所有该文件上未完成的异步 I/O 操作。其他情况下,系统将尝试取消由*paiocb* 指定的 AIO 控制块描述的单个异步 I/O 操作。

如果异步 I/O 操作被成功取消,那么相应的 AIO 控制块调用 aio_error 函数将会返回错误 ECANCELED。如果操作不能被取消,那么相应的 AIO 控制块不会因为对 aio_cancel 函数的调用而被修改。

异步 I/O 函数使用方法程序:chapter03/asyncio_example,该程序构造一个读操作的 AIO 控制块,然后调用 aio_read 请求读操作,操作完成后会通过信号(见信号章节)通知给 signal_handler 函数,以做进一步的处理。

调用 lio_listio 函数可以提交一系列由一个 AIO 控制块列表描述的 I/O 请求。

```
#include <aio.h>
int  lio_listio(int mode , struct aiocb * const list[], int nent ,
                struct sigevent * sig );
```

函数 lio_listio 原型分析:

- 此函数成功返回 0,失败返回-1 并设置错误号;
- 参数*mode* 是传输模式(LIO_WAIT、LIO_NOWAIT);
- 参数*list* 是请求 AIO 控制块数组;
- 参数*nent* 是 AIO 控制块数组;
- 参数*sig* 是所有 I/O 操作完成后产生的信号方法。

mode 参数决定了 I/O 是否真的是异步的。如果该参数被设定为 LIO_WAIT,lio_listio 函数将在所有由列表指定的 I/O 操作完成后返回,这种情况下,参数*sig* 将被忽略。如果*mode* 参数被设定为 LIO_NOWAIT,lio_listio 函数将在 I/O 请求入队后立即返回。进程将在所有 I/O 操作完成后,按照参数*sig* 指定的信号方法被异步通知。如果不想被通知,可以把参数*sig* 设置为 NULL。需要注意的是,每个异步 I/O 操作可以设定自己的通知方式,而参数*sig* 指定的通知方式,是额外的通知方式,并且只有所有操作都完成后才会通知。

在每一个 AIO 控制块中,aio_lio_opcode 字段指定了该操作是一个读操作(LIO_READ)、写操作(LIO_WRITE),还是将被忽略的空操作(LIO_NOP)。

lio_listio 函数的使用方法程序:chapter03/lio_listio_example,该程序从代码可以看出一次 lio_listio 函数调用发起了多个传输,从这一点可以得出 lio_listio 函数的性能方面得到了提高。

SylixOS 异步 I/O 的实现中,会通过一个额外的线程(代理线程)对 I/O 进行操作,为了能够设置或者获取代理线程的栈信息,SylixOS 增加了下面的一组函数,这组函数并非标准中定义。需要注意的是,设置的栈信息只对将来启动的线程有效(这

通常发生在将来的 I/O 请求)。

```
#include <aio.h>
int  aio_setstacksize(size_t  newsize );
size_t  aio_getstacksize(void);
```

函数 aio_setstacksize 原型分析:

- 此函数成功返回 0,失败返回-1 并设置错误号;
- 参数*newsize* 是新的栈大小。

函数 aio_getstacksize 原型分析:

- 此函数总是返回当前线程栈的大小。

调用 aio_setstacksize 函数可以设置将来启动线程(代理线程)的栈大小,调用 aio_getstacksize 函数可以获得当前线程(代理线程)栈的大小。

3.4 高级 I/O 访问

3.4.1 分散聚集操作

```
#include <sys/uio.h>
ssize_t  readv(int  iFd , struct iovec * piovec , int iIovcnt );
ssize_t  writev(int  iFd ,const struct iovec * piovec ,int iIovcnt );
```

函数 readv 原型分析:

- 此函数成功返回读取的字节数,失败返回-1 并设置错误号;
- 参数*iFd* 是文件描述符;
- 输出参数*piovec* 是分散缓冲区数组指针;
- 参数*iIovcnt* 是缓冲区个数。

函数 writev 原型分析:

- 此函数成功返回写的字节数,失败返回-1 并设置错误号;
- 参数*iFd* 是文件描述符;
- 参数*piovec* 是聚集缓冲区(要发送的数据)数组指针;
- 参数*iIovcnt* 是缓冲区个数。

readv 函数和 writev 函数用于在一次函数调用中读、写多个非连续缓冲区,有时也将这两个函数称为散布读(scatter read)和聚集写(gather write)。

这两个函数的第二个参数是指向 iovec 结构数组的指针,iovec 结构体的定义见程序清单 3.4。

程序清单 3.4　iovec 结构体

```
struct iovec {
    PVOID     iov_base;                    /*  基地址              */
    size_t    iov_len;                     /*  长度                */
};
```

结构中成员 iov_base 指向某一项缓冲区的首地址，成员 iov_len 是该缓冲区的长度。此两个函数的参数和 iovec 结构的关系如图 3.7 所示。

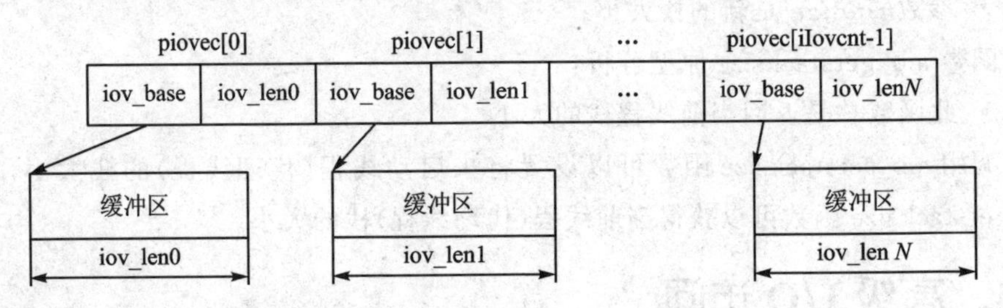

图 3.7　readv 和 writev 与 iovec 结构的关系

readv 函数从缓冲区读出的顺序是 piovec[0]、piovec[1]直到 piovec[iIovcnt－1]，成功返回读到的总字节数；writev 函数写入的顺序和 readv 函数顺序相同，成功返回写入的总字节数。readv 函数会依次读两个缓冲区，而 writev 函数会依次将两个缓冲区中的数据写到指定的文件中。

readv 和 writev 使用方法程序：chapter03/readv_writev_example 。该程序定义了两个 iovec 元素，两个不同长度的缓冲区，调用 readv 函数从文件 a. test 中读取数据，然后调用 writev 函数将数据写到文件 b. test 中。

3.4.2　非阻塞 I/O

有一些“低速”系统函数[①]可能会使进程永远阻塞，例如某些进程间通信函数、某些 ioctl 操作等。

非阻塞 I/O 使 open、read 和 write 这些操作不会永远阻塞(需要设备驱动程序提供支持)。如果这些操作不能完成，则调用立即出错返回，表示该操作如果继续执行将阻塞。

下述两种方法可以获得一个非阻塞的 I/O：

- 调用 open 函数获得一个文件描述符，可以指定 O_NONBLOCK 标志；
- 如果文件已经打开，则可以调用 ioctl 指定 FIONBIO 命令，或者调用 fcntl 指定 F_SETFL 选项。

① 可能使线程永远阻塞的一系列函数。

3.4.3　多路I/O复用

多路I/O复用技术，需要先构造一张我们感兴趣的文件描述符列表，然后调用一个函数，直到这些描述符中的一个或多个已准备好进行I/O时，该函数才返回。

select、pselect、poll、ppoll这4个函数可以实现多路I/O复用功能，从这些函数返回时，进程或者线程会被告知哪些文件描述符已准备好进行I/O操作。

下面详细介绍select函数、pselect函数、poll函数和ppoll函数的相关细节。

3.4.3.1 select函数组

```
#include <sys/select.h>
int  select(int                      iWidth ,
            fd_set                   * pfdsetRead ,
            fd_set                   * pfdsetWrite ,
            fd_set                   * pfdsetExcept ,
            struct timeval           * ptmvalTO );
int  pselect(int                     iWidth ,
             fd_set                  * pfdsetRead ,
             fd_set                  * pfdsetWrite ,
             fd_set                  * pfdsetExcept ,
             const struct timespec   * ptmspecTO ,
             const sigset_t          * sigsetMask );
```

函数select原型分析：

- 此函数成功返回等到的描述符数量，超时返回0，失败返回－1并设置错误号；
- 参数*iWidth*是文件描述符列表中最大描述符加1；
- 参数*pfdsetRead*是读描述符集；
- 参数*pfdsetWrite*是写描述符集；
- 参数*pfdsetExcept*是异常描述符集；
- 参数*ptmvalTo*是等待超时时间。

函数pselect原型分析：

- 此函数成功返回等到的描述符数量，超时返回0，失败返回－1并设置错误号；
- 参数*iWidth*是文件描述符列表中最大描述符加1；
- 参数*pfdsetRead*是读描述符集；
- 参数*pfdsetWrite*是写描述符集；
- 参数*pfdsetExcept*是异常描述符集；
- 参数*ptmspecTo*是等待超时时间；

• 参数*sigsetMask* 是等待时阻塞的信号。

对于 select 函数的参数，从传递给内核的参数可以看出下面这几点：

• 告诉内核使用者所关心的文件描述符；
• 对于每个文件描述符使用者所关心的条件(读、写、异常)；
• 愿意等待多长时间(可以永远等待、可以不等待、可以等待指定的时间)。

当 select 返回时，使用者可以得知多少文件描述符就绪了，以及哪些文件描述符就绪了，使用这些就绪的文件描述符可以进行 read、write 等操作。

参数*ptmvalTo* 可以分 3 种情况：

• 当*ptmvalTo* == NULL 时，表示永远等待；
• 当*ptmvalTo* ->tv_sec == 0 && *ptmvalTo* ->tv_usec == 0 时，表示不等待；
• 当*ptmvalTo* ->tv_sec != 0 || *ptmvalTo* ->tv_usec != 0 时，表示等待指定的秒和微秒数。

参数*pfdsetRead* 、*pfdsetWrite* 和*pfdsetExcept* 是指向文件描述符集的指针，每个文件描述符集存储在一个 fd_set 数据类型的变量中，这个类型，不同的系统可能有不同的实现，可以认为它是一个很大的字节数组，每一个文件描述符占据其中一位。在 SylixOS 中，对于 fd_set 类型的变量提供了下面一组宏进行操作，如表 3.12 所列。

表 3.12 fd_set 类型变量操作宏

宏 名	说 明
FD_SET(n, p)	将文件描述符 n 设置到文件描述符集 p 中
FD_CLR(n, p)	将文件描述符 n 从文件描述符集 p 中清除
FD_ISSET(n, p)	判断文件描述符 n 是否属于文件描述符集 p
FD_ZERO(p)	将文件描述符集 p 清空

在声明一个 fd_set 类型的文件描述符集后，首先需要使用 FD_ZERO 清除该文件描述符集，然后使用 FD_SET 将使用者关心的文件描述符放到该集中，当 select 成功返回后，使用 FD_ISSET 来判断是否是使用者关心的文件描述符。

select 函数有 3 种可能的返回值：

• 返回值-1 表示错误，例如，在所有指定的文件描述符都没有准备好时捕捉到一个信号，将返回-1；
• 返回值 0 表示没有文件描述符准备好，因为在指定的时间内，没有文件描述符准备好，也即调用超时；
• 返回值是一个大于 0 的整数，该值是 3 个文件描述符集中所有准备好的文件描述符数之和。

select 函数返回准备好的文件描述符之和，这里“准备好”具有下述意思：

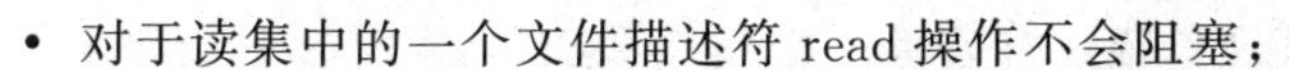

- 对于读集中的一个文件描述符 read 操作不会阻塞；
- 对于写集中的一个文件描述符 write 操作不会阻塞；
- 对于异常集中的一个文件描述符有一个未决异常条件。

需要注意的是，如果在一个文件描述符上碰到了文件尾端，则 select 函数会认为该文件描述符可读，然后调用 read 函数将返回 0。

从前面的定义中可以看出，pselect 函数除了最后两个参数和 select 函数不同外，其他参数是相同的，下面介绍一下这两个不同的参数。

select 函数超时值类型是 struct timeval，而 pselect 函数超时值类型是 struct timespec（见第 9 章），timespec 结构以秒和纳秒表示超时值；也就是说，pselect 函数提供了比 select 函数更精准的超时时间[①]。

pselect 函数可使用信号屏蔽字。如 sigmask 为 NULL，pselect 函数的运行状况和 select 函数相同；否则，sigmask 指向一信号屏蔽字，在调用 pselect 函数时，以原子操作的方式安装该信号屏蔽字。在返回时，恢复以前的信号屏蔽字。

select 函数使用方法程序：**chapter03/select_example**。该程序等待标准输入(STDIN_FILENO)描述符可读，如果在超时时间内 select 返回，则读取标准输入，并打印读到的字符。

3.4.3.2 poll 函数组

poll 函数功能类似于 select 函数，但是函数接口有所不同。

```
#include <poll.h>
int  poll(struct pollfd  fds[], nfds_t nfds , int timeout );
int  ppoll(struct pollfd                    fds[],
           nfds_t                           nfds ,
           const struct timespec            * timeout_ts ,
           const sigset_t                   * sigmask );
```

函数 poll 原型分析：

- 此函数成功返回等到的描述符数量，超时返回 0，失败返回 −1 并设置错误号；
- 参数 *fds* 是 poll 文件描述符数组；
- 参数 *nfds* 是 *fds* 数组的元素个数；
- 参数 *timeout* 是超时值。

函数 ppoll 原型分析：

- 此函数成功返回等到的描述符数量，超时返回 0，失败返回 −1 并设置错误号；

① 特殊地，如果 pselect 函数只设置了超时参数，则可以定义为一个纳秒级的睡眠函数。

- 参数*fds* 是 ppoll 文件描述符数组；
- 参数*nfds* 是*fds* 数组的元素个数；
- 参数*timeout_ts* 是超时值；
- 参数*sigmask* 是等待时阻塞的信号。

与 select 函数不同，poll 函数不是为每个条件构造一个文件描述符集，而是构造一个 pollfd 结构的数组，每个数组元素指定一个文件描述符编号以及使用者对该文件描述符感兴趣的条件。pollfd 结构体的定义见程序清单 3.5。

程序清单 3.5　pollfd 结构体

```
struct pollfd {
    int             fd;             /*  file descriptor being polled      */
    short int       events;         /*  the input event flags             */
    short int       revents;        /*  the output event flags            */
};
```

调用 poll 函数时，应将每个*fds* 元素中的 events 设置成表 3.13 中某个或某些值，通过这些值告诉内核使用者关心的是文件描述符的哪些事件。返回时，revents 成员由内核设置，用于说明文件描述符发生了哪些事件。

表 3.13　pollfd event 值

宏　名	说　明	事件类型
POLLIN	可以不阻塞地读高优先级以外的数据 (等效于 POLLRDNORM | POLLRDBAND)	可读
POLLRDNORM	可以不阻塞读普通数据	
POLLRDBAND	可以不阻塞读优先级数据	
POLLPRI	可以不阻塞读高优先级数据	
POLLOUT	可以不阻塞写普通数据	可写
POLLWRNORM	和 POLLOUT 相同	
POLLWRBAND	可以不阻塞写优先级数据	
POLLERR	已出错	异常
POLLHUP	已挂断	

poll 函数的超时等待参数和 select 函数类似，也分 3 种情况。需要注意的是，poll 函数和 select 函数不会因为一个文件描述符是否阻塞而影响其本身的阻塞情况。

ppoll 函数的行为类似于 poll，不同的是，ppoll 函数可以指定信号屏蔽字。

3.4.4　文件记录锁

当一个进程正在读取或者修改文件的某个部分时，使用文件记录锁可以阻止其

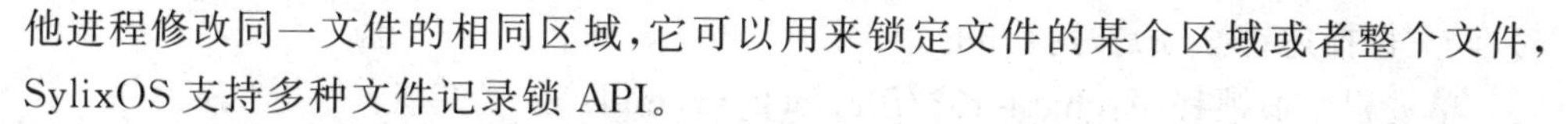

他进程修改同一文件的相同区域，它可以用来锁定文件的某个区域或者整个文件，SylixOS 支持多种文件记录锁 API。

SylixOS 支持多种设备驱动模型，但是目前只有 NEW_1 型设备驱动支持文件记录锁功能，此类驱动文件节点类似于 UNIX 系统的 vnode。

下面首先介绍功能灵活的 fcntl 锁，函数的原型可参见 3.2.1 小节 fcntl 部分。fcntl 函数包含了操作文件记录锁的功能，此功能包含 3 个命令：F_GETLK、F_SETLK 和 F_SETLKW，fcntl 记录锁的第 3 个参数是一个 flock 结构体指针，flock 结构体的定义见程序清单 3.6。

程序清单 3.6 flock 结构体

```
struct flock {
    short    l_type;       /* F_RDLCK, F_WRLCK, or F_UNLCK          */
    short    l_whence;     /* flag to choose startingoffset         */
    off_t    l_start;      /* relative offset, in bytes             */
    off_t    l_len;        /* length, in bytes; 0 means             */
                           /* lock to EOF                           */
    pid_t    l_pid;        /* returned with F_GETLK                 */
    ……
};
```

struct flock 结构成员含义：

- l_type 是锁类型，包括 F_RDLOCK（共享读锁）、F_WRLOCK（独占写锁）和 F_UNLCK（解锁）；
- l_whence 值，如表 3.3 所列的值；
- l_start 是相对 l_whence 偏移开始位置（注意不可以从文件开始的之前部分锁起）；
- l_len 是锁定区域长度，如果为 0，则锁定文件尾（EOF），如果向文件中追加数据，也将被锁；
- l_pid 是阻止当前进程加锁的进程 ID（由命令 F_GETLK 返回）。

共享读锁和独占写锁的基本规则是：任意多个进程在一个给定字节上可以有一把共享的读锁，但是在一个给定字节上只能有一个进程有一把独占的写锁。进一步而言，如果在一个给定字节上已经有一把或多把读锁，则不能在该字节上再加写锁；如果在一个字节上有一把写锁，则不能再加任何锁。

上面的规则适用于不同进程提出的锁请求，并不适用于单个进程提出的锁请求。也就是说，如果一个进程对一个文件区间已经有了一把锁，后来该进程又企图在同一个区间再加一把锁，那么也是可以的，这个时候新锁将替换已有锁。因此，如果一个进程将某个文件加了一把写锁后，又企图给文件加一把读锁，那么将会成功执行，原来的写锁会被替换为读锁。另外，加读锁时，该文件描述符必须是读打开的；加写锁时，该文件描述符必须是写打开的。

单进程中加锁程序：chapter03/file_lock_example 。

SylixOS 中支持传统的 BSD 函数 flock 来锁定整个文件，该函数是一个旧式的 API。

```
#include <sys/file.h>
int  flock(int  iFd , int iOperation );
```

函数 flock 原型分析：

- 此函数成功返回 0，失败返回 -1 并设置错误号；
- 参数 *iFd* 是文件描述符；
- 参数 *iOperation* 是锁类型。

调用 flock 函数可以锁定一个打开的文件，该函数支持的锁类型如表 3.14 所列。进程使用 flock 函数尝试锁文件时，如果文件已经被其他进程锁定，进程会被阻塞直到锁被释放，或者在调用 flock 函数的时候，采用 LOCK_NB 参数，在尝试锁住该文件时，发现已经被其他进程锁住，会返回错误。

flock 函数可以调用带 LOCK_UN 参数来释放文件锁，也可以通过关闭 fd 的方式来释放文件锁，这意味着 flock 锁会随着进程的退出而被释放。

表 3.14　flock 锁类型

flock 锁类型	说　明
LOCK_SH	共享锁，多个进程可以使用一把锁，常被用作读锁
LOCK_EX	排他锁，同时只允许一个进程占用，常被用作写锁
LOCK_NB	实现非阻塞，默认为阻塞
LOCK_UN	解锁

SylixOS 支持 lockf 函数，lockf 函数是一种 POSIX 锁，可以看成是 fcntl 接口的封装。

```
#include <unistd.h>
int  lockf(int  iFd , int iCmd , off_t oftLen );
```

函数 lockf 原型分析：

- 此函数成功返回 0，失败返回 -1；
- 参数 *iFd* 是文件描述符；
- 参数 *iCmd* 是锁命令；
- 参数 *oftLen* 是锁定的资源长度，从当前偏移量开始。

调用 lockf 函数表现的行为基本和 fcntl 函数相同，lockf 函数传入的是文件描述符，此函数支持的锁命令如表 3.15 所列。

表 3.15　lockf 锁命令

lockf 锁命令	说　明
F_ULOCK	解锁
F_LOCK	阻塞的方式请求排他锁，也即写锁
F_TLOCK	非阻塞的方式请求排他锁，也即写锁
F_TEST	获得指定文件区锁状态，测试是否加锁

3.4.5　文件内存映射

文件内存映射能将一个磁盘文件映射到内存空间中的一块内存区域上，当从缓冲区中取数据时，就相当于读文件中的相应字节。相应地，将数据存入缓冲区时，相应字节就自动写入文件。这样就可以在不使用 read 函数和 write 函数的情况下执行 I/O 操作。

为了使用这种功能，应首先告诉内核将一个给定的文件映射到一个内存区域中，这是由 mmap 函数实现的，这些技术细节将在第 10 章作详细介绍。

第4章 线程管理

4.1 线 程

线程又称为任务，是某个单一顺序的指令流，它是操作系统调度的最小单位。一个标准的线程由线程句柄(或 ID)、当前指令指针(PC)、CPU 寄存器集合和线程栈组成。每一个线程都是操作系统调度的单位。

线程本身只拥有有限的、在运行中必不可少的资源，例如 CPU 寄存器与栈等。内核线程共享内核所有资源，例如内核文件描述符表；而进程内线程则共享使用进程内所有资源，例如进程文件描述符表。

一个 CPU 在一个时刻只能运行一个线程(多 CPU 系统可同时运行多个线程)，如果系统中存在多个线程，则 CPU 需要在几个线程之间切换运行，从宏观上来看相当于多个线程并发执行。CPU 什么时刻运行哪一个线程是由操作系统调度算法决定的，例如分时操作系统将时间分成若干个小的片段称之为时间片，每个线程运行一段时间后操作系统将会命令 CPU 切换到另一个线程执行。实时操作系统则不然，实时操作系统中每一个线程都拥有自己的优先级，当优先级高的线程需要执行时，操作系统会立即切换当前 CPU 去执行更高优先级的线程，这样的调度算法满足系统对实时信号响应的需要。

4.2 线程状态机

同一进程或内核中的多个线程之间可以并发执行，但由于线程之间的相互制约，致使线程在运行中呈现出间断性。线程也有阻塞、就绪和运行三种基本状态，这三种状态的含义如下：

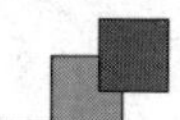

- **初始**:初始态是 SylixOS 中通过初始化线程接口创建线程时的一种状态,该状态下的线程并没有加入到系统就绪表,通常需要通过"启动"的方式将目标线程加入就绪表,从而进入就绪态;
- **阻塞**:线程缺少使其运行的条件或资源,必须等条件满足后方可进入就绪态;
- **就绪**:线程已经拥有使其运行的一切资源,等待操作系统调度;
- **运行**:线程已被操作系统调度(操作系统将一个 CPU 分配给线程用于执行线程代码)。

SylixOS 中被创建出来的线程总是处于这三种状态中的任意一种,其中阻塞态又因阻塞原因不同分为等待信号量、等待消息、睡眠等。线程之间的状态切换如图 4.1 所示。

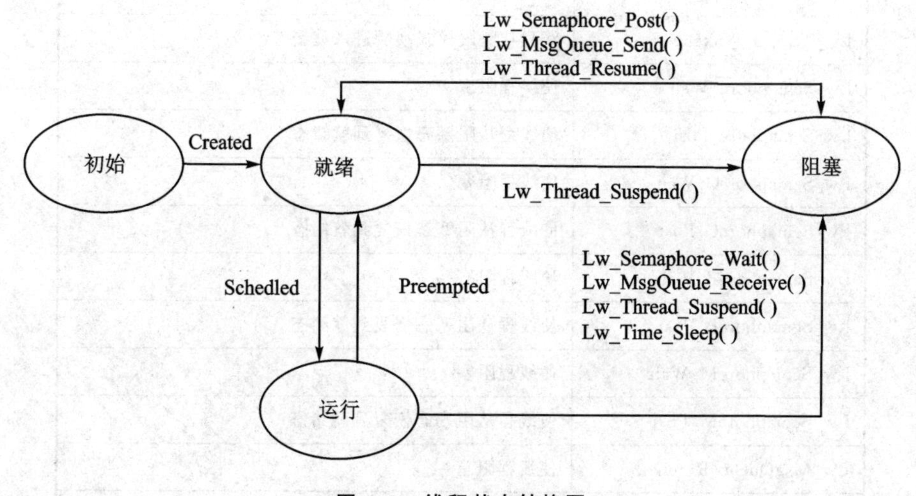

图 4.1　线程状态转换图

在图 4.1 中,初始态只是线程被创建前的一个状态,其他三种状态的切换关系如下:

- 就绪→运行:就绪态的线程开始被系统调度,获得了 CPU 的使用权;
- 运行→就绪:运行态线程被其他线程抢占或主动放弃了 CPU 的使用权;
- 就绪→阻塞:其他线程主动将其挂起(SylixOS 不推荐使用);
- 阻塞→就绪:等待的资源变得可用;
- 运行→阻塞:等待信号量、接收消息、睡眠等使其进入阻塞。

这里需要说明的是,SylixOS 不推荐使用线程 suspend 函数来使其他线程挂起(阻塞的一种),因为线程被挂起后没有超时机制,此时如果应用程序设计者没有在合适的位置唤醒该线程,将导致线程永远被挂起。

分析完这些状态转换关系后,我们来看一下 SylixOS 中引起这些状态变化的应用程序接口函数,具体函数如表 4.1 所列。

表 4.1 状态变化函数

函数名	状态变化
Lw_Thread_Create	创建一个线程,且线程会进入就绪态
Lw_Thread_Init	初始化一个线程,线程进入初始状态
Lw_Thread_Start	使一个处于初始状态的线程进入就绪态
Lw_Thread_Suspend	使线程挂起进入阻塞态(不推荐使用)
Lw_Thread_Resume	使线程从阻塞态进入就绪态(不推荐使用)
Lw_Thread_ForceResume	强制使线程进入就绪态(不推荐使用)
Lw_Thread_Yield	使线程主动放弃 CPU 进入就绪态
Lw_Thread_Wakeup	线程从睡眠模式唤醒进入就绪态
Lw_Semaphore_Wait	使线程阻塞
Lw_Semaphore_Post	使线程从阻塞态恢复到就绪态
Lw_SemaphoreC_Wait	使线程阻塞
Lw_SemaphoreC_Post	使线程从阻塞态恢复到就绪态
Lw_SemaphoreB_Wait	使线程阻塞
Lw_SemaphoreB_Post	使线程从阻塞态恢复到就绪态
Lw_SemaphoreM_Wait	使线程阻塞
Lw_SemaphoreM_Post	使线程从阻塞态恢复到就绪态
Lw_MsgQueue_Receive	使线程阻塞
Lw_MsgQueue_Send	使线程从阻塞态恢复到就绪态
Lw_Time_Sleep	线程睡眠进入阻塞态
Lw_Time_SSleep	线程睡眠进入阻塞态
Lw_Time_MSleep	线程睡眠进入阻塞态

4.3 SylixOS 线程

SylixOS 为多线程操作系统,系统能同时创建多个线程,最大线程数量取决于系统内存的大小以及编译 SylixOS 时的相关配置[①]。

① SylixOS 默认最大线程数量由宏 LW_CFG_MAX_THREADS 决定,该宏定义可以在文件<config/kernel/kernel_cfg.h>中发现。

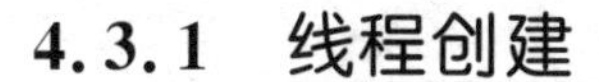

4.3.1 线程创建

4.3.1.1 线程属性创建

每一个 SylixOS 线程都有自己的属性，包括线程的优先级、栈信息、线程参数等。

```
#include <SylixOS.h>
ULONG Lw_ThreadAttr_Build(PLW_CLASS_THREADATTR  pthreadattr ,
                          size_t                stStackByteSize ,
                          UINT8                 ucPriority ,
                          ULONG                 ulOption ,
                          PVOID                 pvArg );
```

函数 Lw_ThreadAttr_Build 原型分析：

- 此函数成功返回 ERROR_NONE，失败返回错误号；
- 输出参数*pthreadattr* 返回生成的属性块。

每一个线程属性块都由结构体 LW_CLASS_THREADATTR 组成，该结构体的定义见程序清单 4.1。

程序清单 4.1　LW_CLASS_THREADATTR 结构体

```
typedef struct {
     PLW_STACK     THREADATTR_pstkLowAddr;        /*  全部栈区低内存起始地址      */
    size_t         THREADATTR_stGuardSize;        /*  栈警戒区大小                */
    size_t         THREADATTR_stStackByteSize ;   /*  全部栈区大小(字节)          */
    UINT8          THREADATTR_ucPriority ;        /*  线程优先级                  */
    ULONG          THREADATTR_ulOption ;          /*  任务选项                    */
    PVOID          THREADATTR_pvArg ;             /*  线程参数                    */
    PVOID          THREADATTR_pvExt;              /*  扩展数据段指针              */
} LW_CLASS_THREADATTR;
```

对于 SylixOS 应用开发的用户，通常只需要关心加粗部分，其他成员操作系统会默认地设置。

- 参数*stStackByteSize* 是栈的大小(字节)；
- 参数*ucPriority* 是线程优先级。

为了合理地使用线程优先级，SylixOS 设置了一些常用的优先级值[①](数值越小线程优先级越高，系统优先调度)，常见的 SylixOS 优先级宏如表 4.2 所列。

---

① SylixOS 启动时将为每个 CPU 核(如果是 SMP 系统)创建一个 IDLE 线程，当没有其他线程进入就绪态时，将运行 IDLE 线程，因此 IDLE 线程优先级最低(LW_PRIO_IDLE)。

表 4.2 线程优先级宏(部分)

宏 名	值
LW_PRIO_HIGHEST	0
LW_PRIO_LOWEST	255
LW_PRIO_EXTREME	LW_PRIO_HIGHEST
LW_PRIO_CRITICAL	50
LW_PRIO_REALTIME	100
LW_PRIO_HIGH	150
LW_PRIO_NORMAL	200
LW_PRIO_LOW	250
LW_PRIO_IDLE	LW_PRIO_LOWEST

在应用开发中,一般情况下任务的优先级应该在 LW_PRIO_ HIGH 与 LW_PRIO_LOW 之间,这样做的目的是尽可能地不对系统内核线程造成影响。

- 参数 ***ulOption*** 是线程选项,如表 4.3 所列;
- 参数 ***pvArg*** 是线程参数。

表 4.3 线程选项

宏 名	解 释
LW_OPTION_THREAD_STK_CHK	运行时对线程栈进行检查
LW_OPTION_THREAD_STK_CLR	在线程建立时栈数据清零
LW_OPTION_THREAD_USED_FP	保存浮点运算器
LW_OPTION_THREAD_SUSPEND	建立线程后阻塞
LW_OPTION_THREAD_INIT	初始化线程
LW_OPTION_THREAD_SAFE	建立的线程为安全模式
LW_OPTION_THREAD_DETACHED	线程不允许被合并
LW_OPTION_THREAD_UNSELECT	此线程不使用 select 功能
LW_OPTION_THREAD_NO_MONITOR	内核跟踪器对此线程不起效
LW_OPTION_THREAD_ UNPREEMPTIVE	任务不可抢占(当前不支持)
LW_OPTION_THREAD_SCOPE_PROCESS	进程内竞争(当前不支持)

注:SylixOS 提供了一个快速获得系统默认属性块的函数 Lw_ThreadAttr_GetDefault,此函数返回值是线程属性块,此属性块默认设置线程栈大小为 4 KB,优先级为 LW_PRIO_NORMAL,选项为 LW_OPTION_THREAD_STK_CHK,读者对返回的属性块可做适当修改,通常可对线程选项(选项之间以"或"的形式赋值)、线程参数做修改。

SylixOS 提供了下面一组函数来对线程的属性块进行修改:

```
#include <SylixOS.h>
ULONG  Lw_ThreadAttr_SetGuardSize(PLW_CLASS_THREADATTR  pthreadattr ,
                                  size_t                stGuardSize );
ULONG  Lw_ThreadAttr_SetStackSize(PLW_CLASS_THREADATTRpthreadattr ,
                                  size_t                stStackByteSize );
ULONG  Lw_ThreadAttr_SetArg(PLW_CLASS_THREADATTRpthreadattr ,
                            PVOID                   pvArg );
```

Lw_ThreadAttr_SetGuardSize 函数对线程属性块的栈警戒区大小进行修改,参数*stGuardSize* 指定新的栈警戒区大小;Lw_ThreadAttr_SetStackSize 函数对线程属性块的栈大小进行修改,参数*stStackByteSize* 指定新的栈大小;Lw_ThreadAttr_SetArg 函数可以设置线程的启动参数*pvArg* 。

4.3.1.2 线程栈

每个线程都有独立的栈区,这些区域用于线程的函数调用、分配自动变量、函数返回值等。每一个线程控制块都保存了栈区的起始位置、终止位置以及栈警戒点(用于栈溢出检查)。线程是 SylixOS 调度的基本单位,当发生任务调度时,线程栈区将保存线程的当前环境(用于上下文恢复)。因此线程栈的设置必须合理,太大将浪费内存空间,太小可能会引起栈溢出。SylixOS 中所有的线程都在同一地址空间运行,为了实时性要求线程之间没有地址保护机制,因此栈溢出将导致不可预知的错误。

栈大小的设置没有可以套用的公式,通常根据经验设置一个较大的值,以存储空间换取可靠性,可以在 Shell 环境下通过*ss* 命令查看系统每一个任务栈的使用情况。

4.3.1.3 线程创建

```
#include <SylixOS.h>
LW_HANDLE Lw_Thread_Create(CPCHAR                      pcName ,
                           PTHREAD_START_ROUTINE       pfuncThread ,
                           PLW_CLASS_THREADATTR        pthreadattr ,
                           LW_OBJECT_ID                * pulId );
```

函数 Lw_Thread_Create 原型分析:

- 此函数成功返回一个创建成功的线程 ID(LW_HANDLE 类型),失败返回错误号;
- 参数*pcName* 是线程的名字;
- 参数*pfuncThread* 是线程入口函数,即线程代码段起始地址;
- 参数*pthreadattr* 是线程的属性块指针(为 NULL 时将使用默认的属性块);
- 参数*pulId* 是线程 ID 指针,内容同返回值相同,可以为 NULL。

线程创建程序:chapter04/thread_create_example 。该程序通过此 Lw_Thread_Create 函数可以创建一个 SylixOS 线程。

4.3.1.4 线程初始化

```
#include <SylixOS.h>
LW_HANDLE Lw_Thread_Init(CPCHAR                    pcName,
                         PTHREAD_START_ROUTINE     pfuncThread,
                         PLW_CLASS_THREADATTR      pthreadattr,
                         LW_OBJECT_ID              *pulId);
ULONG Lw_Thread_Start(LW_OBJECT_HANDLEulId);
```

函数 Lw_Thread_Init 原型分析：

- 此函数成功时返回线程的 ID,失败时返回错误号；
- 参数*pcName* 是线程名字；
- 参数*pfuncThread* 是线程的入口函数；
- 参数*pthreadattr* 是线程属性(为 NULL 时将使用默认的属性块)；
- 参数*pulId* 是 ID 指针,可以为 NULL。

函数 Lw_Thread_Start 原型分析：

- 此函数成功时返回 ERROR_NONE,失败时返回错误号；
- 参数*ulId* 是线程的 ID。

Lw_Thread_Init 函数会像 Lw_Thread_Create 函数一样创建一个线程,但是两者有一个本质的区别,那就是 Lw_Thread_Init 函数创建的线程只是处于一个初始态,也就是线程并没有就绪,调度器并不会把 CPU 的使用权分配给此线程,只有当调用了 Lw_Thread_Start 函数之后线程才处于就绪态,才能被调度器进行调度。

线程初始化程序：chapter04/thread_init_example 。

4.3.2 线程控制

4.3.2.1 线程挂起和恢复

线程挂起是使指定的线程处于非就绪态,处于挂起状态的线程被调度器忽略,相对“静止”了下来,以便于调试等,直到挂起被解除。

```
#include <SylixOS.h>
ULONG Lw_Thread_Suspend(LW_OBJECT_HANDLEulId);
ULONG Lw_Thread_Resume(LW_OBJECT_HANDLEulId);
```

函数 Lw_Thread_Suspend 原型分析：

- 此函数成功返回 ERROR_NONE,失败返回错误号；
- 参数*ulId* 是线程 ID。

函数 Lw_Thread_Resume 原型分析。

- 此函数成功返回 ERROR_NONE,失败返回错误号：

• 参数***ulId*** 是线程 ID。

挂起是任务的一种二进制无记忆状态，任务被挂起以前不会检查之前是否被挂起或解除挂起，因此：

• 重复挂起某个任务和一次挂起的效果是一样的；

• 如果挂起和解除挂起由不同的任务完成，必须确保按照正确的顺序进行。

我们看下面的情形，线程 T1 挂起自身之前发送消息给某一线程 T2，T2 收到这个消息后去解除 T1 线程的挂起状态。

```
……
T1:发送消息给 T2 线程
T1:调用 Lw_Thread_Suspend 挂起自己
……
T2:收到 T1 的消息
T2:调用 Lw_Thread_Resume 解除 T1 挂起状态
……
```

上面的情形，我们仔细分析之后会发现存在着竞争风险，T1 刚好发送完消息，这时高优先级的 T2 收到消息进行线程挂起解除，这个时候的解除没有任何效果，而随后 T1 开始挂起便进入了无限的挂起状态，我们应该小心这种情况的出现。

另外，我们还要注意的是，在挂起时不要使系统陷入死锁，这通常需要防止线程在获得某个互斥访问的系统资源后被挂起，尤其在异步挂起的时候需要特别小心这种情况的发生。

为了避免竞争的风险，我们可以使挂起状态附加到延时状态与阻塞状态上，使线程进入“延时挂起”或者“阻塞挂起”状态，附加挂起的状态，与线程原来的延迟和阻塞相互没有影响，也就是说挂起状态与延时或者阻塞状态可以并存。

• 挂起期间延时线程仍然计算延时，如果延时到时，任务便进入只挂起状态；

• 阻塞线程在挂起期间如果等待条件满足，则解除阻塞，进入只挂起状态；

• 如果延时到时或者等待条件出现之时线程被解除挂起，则线程回到原来的延时阻塞状态。

注：Lw_Thread_Suspend 函数和 Lw_Thread_Resume 函数可以在中断中调用，线程挂起是无条件的。SylixOS 中查看线程此时所处的状态可通过 Shell 命令*ts* 查看 STAT 列，如下，线程 t_test 处于 SLP 状态。

```
# ts
thread show >>
      NAME            TID      PID   PRI STAT  ERRNO      DELAY    PAGEFAILS FPU CPU
---------------- ------- ----- --- ---- ------- ---------- --------- --- ---
……
t_test……                   SLP                    ……
……
```

4.3.2.2 线程延时

线程延时是让线程处于睡眠状态，从而调度器可以调度其他线程，当线程睡眠结束后，重新恢复运行。

```
#include<SylixOS.h>
VOID Lw_Time_Sleep(ULONG        ulTick );
VOID Lw_Time_SSleep(ULONG       ulSeconds );
VOID Lw_Time_MSleep(ULONG       ulMSeconds );
```

函数原型分析[①]：

- Lw_Time_Sleep 延时单位是 Tick[②]；
- Lw_Time_SSleep 延时单位是 s；
- Lw_Time_MSleep 延时单位是 ms。

在 SylixOS 中使用 Lw_Time_Sleep 系列函数可以获得默认的最小延时是 1Tick，如果指定 ***ulTick*** 是 0，则 SylixOS 不会进行延时，也不会影响当前线程的行为。如果想要一个更短的时间延时（例如：500 ns），可以调用 nanosleep 函数。

```
#include<time.h>
int nanosleep(const struct timespec  *rqtp ,
                     strutc timespec  *rmtp );
```

函数 nanosleep 原型分析：

- 此函数成功返回 0，失败返回 -1 并设置错误号；
- 参数 ***rqtp*** 是睡眠的时间；
- 参数 ***rmtp*** 保存剩余的时间。

此函数属于 POSIX 标准，要求等待的时间由结构体 timespec 的指针 ***rqtp*** 表示，结构体以 s 和 ns 为单位表示时间。与上面三个函数不同的是，如果 ***rmtp*** 不是 NULL，则通过其返回剩余的时间。需要注意的是，此函数可以被信号唤醒，如果被信号唤醒，错误号 errno 为 EINTR。关于信号的详细讲解见第 8 章。

注：如果 nanosleep 睡眠过程中没有被信号中断，则 rmtp 总返回 0，否则将返回被信号中断的时间点到延时完成的时间间隔。

4.3.2.3 线程互斥

互斥访问是操作系统中一个经典的理论问题，用于实现对共享资源的一致性访问，SylixOS 中实现了不同的函数来提供多种互斥机制。

- 线程锁：Lw_Thread_Lock；

---

① 这些函数都不可以在中断中调用，且不能被信号唤醒。

② Tick 是操作系统发生一次 timer 中断的时间。SylixOS 中，Tick = 1/LW_TICK_HZ s，LW_TICK_HZ 默认是 100（BSP 初始化阶段可设置），也即一次 timer 中断的时间是 10 ms。

- 中断锁：Lw_Interrupt_Lock；
- 信号量：Lw_Semaphore_Wait。

在 SylixOS 中允许调用线程锁函数来使调度器失效。当线程调用线程锁函数后，调度器暂时失效，即使有高优先级线程就绪，线程也不会被调出处理器，直到线程调用线程解除函数。这种互斥方案为系统引入了优先级延迟(调度延迟)；实时性要求高的高优先级线程必须等到线程解除锁定后才能被调度，这在一定程度上牺牲了 SylixOS 优越的实时性能。

锁中断会增加系统的中断响应延迟，仅用于内核线程，不建议在开发 SylixOS 应用程序时使用锁中断的接口。

当访问的共享资源时间很长时，信号量的方法很有效。例如，当一个线程想要申请使用被信号量锁定的一块共享区时，这个线程就会被阻塞，从而节约了 CPU 周期。关于信号量的详细使用见第 5 章。

基于多方面的考虑，SylixOS 的应用程序开发一般使用信号量的方法来实现互斥访问。

注：线程锁函数只是锁定当前 CPU 的调度，不会影响其他 CPU 的调度。在线程锁定期间不能使用阻塞函数，线程锁定不会锁定中断，中断发生时，中断服务程序照常调用。

4.3.3　线程结束

线程结束意味着线程生命周期终止。线程结束包括线程删除、线程退出和线程取消 3 种情况。

4.3.3.1 线程删除

线程删除是将线程的资源返还给操作系统，删除后的线程不能再被调度。

```
#include<SylixOS.h>
ULONG Lw_Thread_Delete(LW_OBJECT_HANDLE *pulId, PVOID pvRetVal);
ULONG Lw_Thread_ForceDelete(LW_OBJECT_HANDLE *pulId, PVOID pvRetVal);
```

函数原型分析：

- 两个函数成功返回 ERROR_NONE，失败返回错误号；
- 参数 *pulId* 是将要删除的线程的句柄；
- 参数 *pvRetVal* 是返回给 JOIN 函数的值。

调用上述两个函数可使线程结束，并释放线程资源。但在调用 Lw_Thread_Delete 函数进行删除线程时，函数会判断该线程是否处于安全模式，若在安全模式下，该函数会等待线程退出安全模式后再进行删除；而 Lw_Thread_ForceDelete 函数不对线程状态进行判断，将直接删除。由于 SylixOS 支持进程，所以删除线程只能是同一个进程中的线程，而且主线程只能由其自己来删除。

主动删除其他正在执行的线程,可能造成其加锁的资源得不到释放,或者原子操作被打断,所以除非确保安全,否则 SylixOS 以及任何其他操作系统都不推荐直接使用线程删除函数调用。在应用程序设计时,应考虑使用“请求”的删除方式,当线程自己发现无事可做或者被请求删除时,由线程自己删除自己(线程退出)。

4.3.3.2 线程退出

```
#include <SylixOS.h>
ULONG   Lw_Thread_Exit(PVOID   pvRetVal );
```

函数 Lw_Thread_Exit 原型分析:

- 此函数成功返回 ERROR_NONE,失败返回错误号;
- 参数 *pvRetVal* 是返回给 JOIN 函数的值。

4.3.3.3 线程取消

```
#include <SylixOS.h>
ULONG   Lw_Thread_Cancel(LW_OBJECT_HANDLE * pulId );
```

函数 Lw_Thread_Cancel 原型分析:

- 此函数成功返回 ERROR_NONE,失败返回错误号;
- 参数 *pulId* 是取消的线程 ID。

线程取消的方法是向目标线程发送 Cancel 信号,但如何处理 Cancel 信号则由目标线程自己决定。需要注意的是,线程取消是一个复杂的过程,需要考虑资源的一致性问题。线程取消的详细信息见 4.4.4 小节。

4.3.4 多线程安全

多线程模型与生俱来的优势使得 SMP 多核处理器实现真实的并发执行,但在多线程带来便利的同时也引入了一些问题,例如全局资源互斥访问的问题。为了能够安全地访问这些资源,需要在程序设计中考虑避免竞争条件和死锁。

多线程安全是在多线程并发执行的情况下,一种资源可以安全地被多个线程使用的一种机制。多线程安全包括代码临界区的保护和可重入性等。代码的临界区,指处理时不可分割的代码。一旦这部分代码开始执行,则不允许任何中断打入。为确保临界区代码的执行不被中断,在进入临界区之前必须关闭中断,而临界区代码执行完后,要立即开中断。

“可重入性”[①]是指函数可以被多个线程调用,而不会破坏数据。不管有多少个线程使用,可重入函数总是为每个线程得到预期结果。允许重入的函数称为“可重入函数”,否则为“不可重入函数”。

---

① 本质上讲“可重入性”是代码临界区的保护性访问。

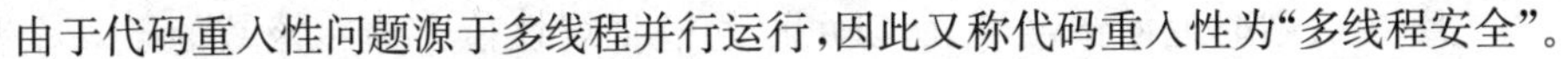

由于代码重入性问题源于多线程并行运行，因此又称代码重入性为“多线程安全”。

在 SylixOS 中，可能会引起代码重入的场合包括：多线程调度、中断服务程序调度、信号处理函数调度。

考虑下面两个函数：

```
char *ctime (const time_t *time)
{
    static char cTimeBuffer[sizeof(ASCBUF)];
    ……                                          /*  将字符串写入 buffer      */
    return (cTimeBuffer);
}
char *ctime_r (const time_t *time, char *buffer)
{
    ……                                          /*  将字符串写入 buffer 中   */
    return  (buffer);
}
```

两个函数都将参数 time 表示的时间转换成字符串返回。ctime 函数定义字符串为局部静态缓冲区，考虑多个线程“同时”调用 ctime，很显然，对于不同线程的调用都将使 ctime 函数修改同一字符串缓冲区，因此 ctime 函数是不可重入函数。相比之下，ctime_r 函数的字符串缓冲区由调用者分配，不同线程运行修改其各自的缓冲区，因此对于多线程调用是安全的。

有些函数不可避免地要使用全局的或者静态的变量，如 malloc 函数等，为了保护全局变量不被破坏，互斥锁是一种选择。

4.4　POSIX 线程

4.4.1　线程属性

所有 POSIX 线程属性都通过一个属性对象表示，该属性对象定义为结构体 pthread_attr_t。POSIX 定义了一系列函数设置和读取线程属性值，所以应用程序不需要知道 pthread_attr_t 定义的细节。

通常管理线程属性都遵循相同的模式：

- 每个对象与它自己类型的属性对象进行关联（线程与线程属性、互斥量与互斥属性等），一个属性对象包含了多个属性（pthread_attr_t）。因为属性对象的封装性使得应用程序更加容易移植。
- 属性对象有一个初始化函数，将属性设置为默认值。
- 与初始化对应的有一个销毁函数，进行反初始化。
- 每个属性对象都有一个从属性对象获得属性值的函数。由于函数成功时返回 0,失败时返回错误号,所以可以通过把属性值存储在函数的某一个参数指定的内存单元中返回给调用者。

• 每个属性对象都有一个设置属性值的函数,这样属性值通过参数进行传递。

调用 pthread_attr_init 函数可以初始化一个线程属性对象,调用 pthread_attr_destroy 函数可以销毁一个线程属性对象。

```
#include <pthread.h>
int  pthread_attr_init(pthread_attr_t *pattr);
int  pthread_attr_destroy(pthread_attr_t *pattr);
```

函数 pthread_attr_init 原型分析:

• 此函数成功返回 0,失败返回错误号;
• 参数 ***pattr*** 是需要初始化的线程属性对象指针。

函数 pthread_attr_destroy 原型分析:

• 此函数成功返回 0,失败返回错误号;
• 参数 ***pattr*** 是需要销毁的线程属性对象指针。

属性对象的初始化即为各个属性赋默认值,POSIX 未限制默认值。属性对象被初始化后,程序通常还需要为单个属性设置合适的值。

销毁属性是属性初始化的反过程,这通常会将属性值设置为无效值,如果初始化过程动态分配了一些系统资源,销毁过程将释放这些资源。SylixOS 中只是将线程选项值设为了无效值。属性对象被销毁后不能再用于线程创建,除非重新初始化。

为了获得一个指定线程的属性对象可以调用 pthread_getattr_np 函数,此函数不是 POSIX 标准的一部分,而是 Linux 和 SylixOS 的一种扩展。SylixOS 还支持 FreeBSD 扩展函数 pthread_attr_get_np。

```
#include <pthread.h>
int  pthread_attr_get_np(pthread_t  thread, pthread_attr_t *pattr);
int  pthread_getattr_np(pthread_t  thread, pthread_attr_t *pattr);
```

函数 pthread_attr_get_np 原型分析:

• 此函数成功返回 0,失败返回错误号;
• 参数 ***thread*** 是线程句柄;
• 输出参数 ***pattr*** 返回线程属性对象。

pthread_attr_get_np 函数和 pthread_getattr_np 函数功能相同,参数类型也相同,在底层实现上,pthread_getattr_np 函数调用了 pthread_attr_get_np 函数。

调用以下函数可以获得或设置 POSIX 线程的名字。

```
#include <pthread.h>
int  pthread_attr_setname(pthread_attr_t  *pattr, const char  *pcName);
int  pthread_attr_getname(const pthread_attr_t  *pattr, char  **ppcName);
```

函数 pthread_attr_setname 原型分析：

• 此函数成功返回 0,失败返回错误号；
• 参数*pattr* 是线程属性对象指针；
• 参数*pcName* 是要设置的线程名字。

函数 pthread_attr_getname 原型分析：

• 此函数成功返回 0,失败返回错误号；
• 参数*pattr* 是线程属性对象指针；
• 输出参数*ppcName* 返回线程的名字。

调用 pthread_attr_setname 函数可以设置线程的名字,调用 pthread_attr_getname 函数可以获得线程的名字。SylixOS 对线程属性对象初始化默认线程的名字是 pthread。

POSIX 规定的线程属性如下：

4.4.1.1 栈大小

```
#include <pthread.h>
int   pthread_attr_setstacksize(pthread_attr_t   *pattr , size_t   stSize );
int   pthread_attr_getstacksize(const pthread_attr_t   *pattr ,
                                 size_t   *pstSize );
```

函数 pthread_attr_setstacksize 原型分析：

• 此函数成功返回 0,失败返回错误号；
• 参数*pattr* 是线程属性对象指针；
• 参数*stSize* 是栈大小。

函数 pthread_attr_ getstacksize 原型分析：

• 此函数成功返回 0,失败返回错误号；
• 参数*pattr* 是线程属性对象指针；
• 输出参数*pstSize* 返回栈的大小。

调用 pthread_attr_setstacksize 函数可以设置线程的栈大小,调用 pthread_attr_getstacksize 函数将获得指定线程的栈大小。SylixOS 对线程属性对象初始化默认栈值为 0,这意味着,栈大小将继承创建者的栈大小。

注：设置的栈大小不应该小于 128 字[①],否则将返回 EINVAL 错误值。

4.4.1.2 栈地址

```
#include <pthread.h>
int   pthread_attr_setstackaddr(pthread_attr_t   *pattr , void   *pvStackAddr );
int   pthread_attr_getstackaddr(const pthread_attr_t   *pattr ,
                                 void          **ppvStackAddr );
```

① SylixOS 中定义字的大小为 sizeof(LW_STACK)。

函数 pthread_attr_setstackaddr 原型分析：

- 此函数成功返回 0,失败返回错误号；
- 参数*pattr* 是线程属性对象指针；
- 参数*pvStackAddr* 是栈地址。

函数 pthread_attr_getstackaddr 原型分析：

- 此函数成功返回 0,失败返回错误号；
- 参数*pattr* 是线程属性对象指针；
- 输出参数*ppvStackAddr* 返回栈地址。

调用 pthread_attr_setstackaddr 函数可以设置新的栈起始地址，调用 pthread_attr_getstackaddr 函数将获得栈的起始地址。SylixOS 对线程属性对象初始化默认栈地址为 LW_NULL,这意味着系统会自动分配栈空间。

```
#include <pthread.h>
int   pthread_attr_setstack(pthread_attr_t              *pattr,
                            void                        *pvStackAddr,
                            size_t                      stSize);
int   pthread_attr_getstack(const pthread_attr_t        *pattr,
                            void                        **ppvStackAddr,
                            size_t                      *pstSize);
```

函数 pthread_attr_setstack 原型分析：

- 此函数成功返回 0,失败返回错误号；
- 参数*pattr* 是线程属性指针；
- 参数*pvStackAddr* 是栈地址；
- 参数*stSize* 是栈大小。

函数 pthread_attr_getstack 原型分析：

- 此函数成功返回 0,失败返回错误号；
- 参数*pattr* 是线程属性指针；
- 输出参数*ppvStackAddr* 返回栈地址；
- 输出参数*pstSize* 返回栈大小。

调用 pthread_attr_setstack 函数可以同时设置栈的起始地址和大小，调用 pthread_attr_getstack 函数可以同时获得栈的起始地址和大小。

4.4.1.3 线程栈警戒区

```
#include <pthread.h>
int   pthread_attr_setguardsize(pthread_attr_t   *pattr, size_t  stGuard);
int   pthread_attr_getguardsize(constpthread_attr_t   *pattr, size_t *pstGuard);
```

函数 pthread_attr_setguradsize 原型分析：

- 此函数成功返回 0,失败返回错误号;
- 参数*pattr* 是线程属性指针;
- 参数*stGuard* 是栈警戒区大小。

函数 pthread_attr_getguradsize 原型分析:

- 此函数成功返回 0,失败返回错误号;
- 参数*pattr* 是线程属性指针;
- 输出参数*pstGuard* 返回栈警戒区大小。

调用 pthread_attr_setguradsize 函数可以设置栈警戒区大小,调用 pthread_attr_getguradsize 函数将获得栈警戒区大小。SylixOS 对线程属性对象初始化默认栈警戒区大小为 LW_CFG_THREAD_DEFAULT_GUARD_SIZE。

4.4.1.4 离合状态

```
#include <pthread.h>
int  pthread_attr_setdetachstate(pthread_attr_t  *pattr , int  iDetachState );
int  pthread_attr_getdetachstate(const pthread_attr_t  *pattr ,
                                 int                    *piDetachState );
int  pthread_detach(pthread_t thread );
```

函数 pthread_attr_setdetachstate 原型分析:

- 此函数成功返回 0,失败返回错误号;
- 参数*pattr* 是线程属性指针;
- 参数*iDetachState* 是离合状态值。

函数 pthread_attr_getdetachstate 原型分析:

- 此函数成功返回 0,失败返回错误号;
- 参数*pattr* 是线程属性指针;
- 输出参数*piDetachState* 返回离合状态值。

函数 pthread_detach 原型分析:

- 此函数成功返回 0,失败返回错误号;
- 参数*thread* 是需要分离的线程句柄。

线程离合状态分为合并态和分离态。为合并态时,线程创建新线程将使其自身被阻塞直到新线程退出。

调用 pthread_attr_setdetachstate 函数可以设置线程属性对象的离合状态,调用 pthread_attr_getdetachstate 函数将获得线程属性对象的离合状态。SylixOS 对线程属性对象初始化默认离合状态是合并态(PTHREAD_CREATE_JOINABLE)。

如果线程以合并态创建,则线程可以调用 pthread_detach 函数使其进入分离态,反之不行。

4.4.1.5 继承调度

```
#include <pthread.h>
int   pthread_attr_setinheritsched(pthread_attr_t   *pattr , int   iInherit );
int   pthread_attr_getinheritsched(const pthread_attr_t   *pattr ,
                                   int                     *piInherit );
```

函数 pthread_attr_setinheritsched 原型分析：

- 此函数成功返回 0，失败返回错误号；
- 参数*pattr* 是线程属性指针；
- 参数*iInherit* 是继承属性。

函数 pthread_attr_getinheritsched 原型分析：

- 此函数成功返回 0，失败返回错误号；
- 参数*pattr* 是线程属性指针；
- 参数*piInherit* 返回继承属性。

继承调度决定了创建线程时是从父线程继承调度参数（PTHREAD_INHERIT_SCHED）还是显式地指定（PTHREAD_EXPLICIT_SCHED）。

调用 pthread_attr_setinheritsched 函数可以设置线程属性对象的继承性，调用 pthread_attr_getinheritsched 函数将获得线程属性对象的调度策略（继承性）。SylixOS 对线程属性对象初始化默认调度策略是显式地指定。

4.4.1.6 调度策略

```
#include <pthread.h>
int   pthread_attr_setschedpolicy(pthread_attr_t   *pattr , int   iPolicy );
int   pthread_attr_getschedpolicy(const pthread_attr_t   *pattr ,
                                  int                     *piPolicy );
```

函数 pthread_attr_setschedpolicy 原型分析：

- 此函数成功返回 0，失败返回错误号；
- 参数*pattr* 是线程属性指针；
- 参数*iPolicy* 是调度策略。

函数 pthread_attr_getschedpolicy 原型分析：

- 此函数成功返回 0，失败返回错误号；
- 参数*pattr* 是线程属性指针；
- 输出参数*piPolicy* 返回调度策略。

该项指定了创建新线程的调度策略，调度策略有 SCHED_FIFO、SCHED_RR、SCHED_OTHER（SCHED_OTHER 是 POSIX 规定的自定义调度策略，在 SylixOS 中 SCHED_OTHER 等同于 SCHED_RR），这两种调度策略的详细内容见 4.6 节。

调用 pthread_attr_setschedpolicy 函数可以设置线程属性对象的调度策略，调用 pthread_attr_getschedpolicy 函数将获得线程属性对象的调度策略。SylixOS 对线程属性对象初始化默认的调度策略是 SCHED_RR。

4.4.1.7 调度参数

```
#include <pthread.h>
int  pthread_attr_setschedparam(pthread_attr_t           *pattr,
                                const struct sched_param *pschedparam);
int  pthread_attr_getschedparam(const pthread_attr_t     *pattr,
                                struct sched_param       *pschedparam);
```

函数 pthread_attr_setschedparam 原型分析：

- 此函数成功返回 0，失败返回错误号；
- 参数*pattr* 是线程属性指针；
- 参数*pschedparam* 是调度参数。

函数 pthread_attr_getschedparam 原型分析：

- 此函数成功返回 0，失败返回错误号；
- 参数*pattr* 是线程属性指针；
- 输出参数*pschedparam* 返回调度参数。

线程创建成功后，调度参数允许动态修改，调度参数详细内容见 4.7 节。

调用 pthread_attr_setschedparam 函数可以设置线程属性对象的调度参数，调用 pthread_attr_getschedparam 函数将获得线程属性对象的调度参数。SylixOS 对线程属性对象初始化默认的调度参数只设置线程优先级为 LW_PRIO_NORMAL。

4.4.2 线程创建

```
#include <pthread.h>
int  pthread_create(pthread_t *           pthread,
                    const pthread_attr_t  *pattr,
                    void                  *(*start_routine)(void *),
                    void                  *arg);
```

函数 pthread_create 原型分析：

- 此函数成功返回 0，失败返回错误号；
- 输出参数*pthread* 返回线程句柄；
- 参数*pattr* 是线程属性对象指针；
- 参数*start_routine* 是线程函数；
- 参数*arg* 是线程入口函数参数。

调用 pthread_create 函数可以创建一个 POSIX 线程，线程属性对象*pattr* 可以

通过 *pthread*_attr_ * 系列函数来建立或者动态设置，如果*pattr* 为 NULL，系统将会设置一个默认的线程属性对象，当*start_routine* 指定的线程函数返回时，新线程结束。需要注意的是，线程函数*start_routine* 只有一个指针参数*arg* ，这意味着，如果需要传递多个参数，则需要封装成一个结构体。

POSIX 线程句柄定义为 pthread_t 型变量。线程创建者在线程创建时得到所创建的线程句柄，线程可以通过调用 pthread_self 函数来获得自身的线程句柄，POSIX 还定义了 pthread_equal 函数用于比较两个线程是否相等。

```
#include <pthread.h>
pthread_tpthread_self(void);
int  pthread_equal(pthread_t  thread1, pthread_t  thread2);
```

函数 pthread_self 原型分析：

- 此函数成功返回当前线程的句柄，失败返回 0。

函数 pthread_equal 原型分析：

- 此函数返回比较结果；
- 参数*thread*1 是线程句柄；
- 参数*thread*2 是线程句柄。

POSIX 线程创建程序：chapter04/pthread_create_example 。该程序调用函数 pthread_attr_init 初始化线程属性对象，相应地调用函数 pthread_attr_destroy 进行属性对象的反初始化。实际上，在编程过程中我们习惯将 pthread_create 函数的第二个参数设置为 NULL 以告诉操作系统将线程的属性对象设置为默认值。该程序调用了函数 pthread_join 来合并线程，这将使主线程等待子线程直到退出（下一节将介绍 pthread_join 函数的具体用法）。

4.4.3 线程退出

```
#include <pthread.h>
void  pthread_exit(void * status );
```

函数 pthread_exit 原型分析：

- 此函数无返回值；
- 参数*status* 是线程退出状态码。

线程结束即线程显式或者隐式地调用 pthread_exit 函数，*status* 通常表示一个整数，也可以指向一个更复杂的数据结构体。线程结束码将被另一个与该线程进行合并的线程得到。

单个线程可以通过 3 种方式退出：

- 线程可以简单地从线程入口函数中返回，返回值是线程的退出码；
- 线程可以被同一进程中的其他线程取消（见 4.4.4 小节）；

• 线程显式地调用 pthread_exit 函数。

线程可以同步等待另一个线程退出，并获得其退出码。需要注意的是，同步等待的目标线程必须处于合并状态，如图 4.2 所示。

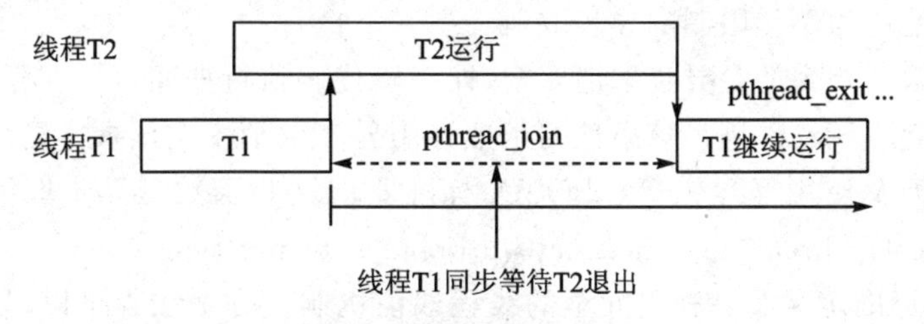

图 4.2　线程同步等待

```
#include <pthread.h>
int  pthread_join(pthread_t  thread , void  * * ppstatus );
```

函数 pthread_join 原型分析：

• 此函数成功返回 0，失败返回错误号；
• 参数*thread* 是需要 join 的线程句柄；
• 输出参数*ppstatus* 是线程退出状态。

调用 pthread_join 函数可以将指定的线程进行合并，调用线程将一直阻塞等待，直到此线程返回，当此线程返回后，pthread_join 函数将通过*ppstatus* 参数获得线程的退出码。

如果对线程的返回值并不感兴趣，可以把*ppstatus* 设置为 NULL，这种情况下，调用 pthread_join 函数的线程可以等待指定的线程终止，但并不获取线程的终止状态。

获取线程的退出码程序：chapter04/pthread_join_example 。该程序使用了两种线程退出的方法：线程返回和调用 pthread_exit 函数退出。

前面曾介绍过，pthread_create 函数和 pthread_exit 函数的无类型指针参数可以传递一个更复杂的结构体，但是需要注意，这个结构体所使用的内存在调用者完成调用以后必须仍然有效。例如，在调用线程的栈上分配了该结构，那么其他的线程在使用这个结构体时内存内容可能已经改变了。又如，线程在自己的栈上分配了一个结构体，再把指向这个结构体的指针传递给 pthread_exit 函数，那么调用 pthread_join 函数的线程试图使用该结构体时，这个栈有可能已经被撤销，这块内存也已另作他用。

4.4.4　线程取消

取消一个线程要确保该线程能够释放其所持有的任何锁、分配的内存，使整个系统保持一致性。在很多复杂情况下，要保证这种正确性是有一定困难的。

一种简单的线程取消：取消线程调用一个取消线程的函数，被取消线程死亡。在这种情况下，被取消线程所持有的资源得不到释放。取消线程负责保证被取消者处于可安全取消状态，在一个要求可靠性高的系统中，这种保证非常困难或者无法实现。这种取消称为不受限制的异步取消。

与异步取消相关的是异步取消安全，即一段代码执行期间可以在任意点上被取消而不会引起不一致。满足该条件的函数称为异步取消安全函数。显然，异步取消安全函数不涉及使用互斥锁等。POSIX 标准要求这些函数是异步取消安全函数：pthread_cancel、pthread_setcancelstate、pthread_setcanceltype。

POSIX 标准定义了一种更安全的线程取消机制。一个线程可以以可靠的受控制的方式向进程其他线程发出取消请求，目标线程可以挂起这一请求使实际的取消动作在此后安全的时候进行，称为**延迟取消**。目标线程还可以定义其被取消后自动被系统调用的线程清除函数。和延迟取消相关的一个概念是取消点。

POSIX 通过为线程定义可取消状态，取消点函数及一系列取消控制函数实现延迟取消。

线程可以调用 pthread_cancel 函数请求取消一个线程。

```
#include <pthread.h>
int pthread_cancel(pthread_t thread );
```

函数 pthread_cancel 原型分析：

- 此函数成功返回 0，失败返回错误号；
- 参数*thread* 是取消的线程句柄。

pthread_cancel 函数和目标线程的取消动作是异步的。根据目标线程的设置不同，取消请求可能被忽略、立即执行或者延迟处理。为了清楚这些动作，这里我们需要先了解线程的取消状态、取消类型和取消点的概念。

4.4.4.1 取消状态

线程取消状态决定了指定线程是否可以被取消，取消状态分为允许取消和禁止取消，如表 4.4 所列。一个线程设置为禁止取消意味着此线程只能从自己返回或者调用 pthread_exit 函数来退出。

```
#include <pthread.h>
int  pthread_setcancelstate(int  newstate , int  * poldstate );
```

函数 pthread_setcancelstate 原型分析：

- 此函数成功返回 0，失败返回错误号；
- 参数*newstate* 是新状态，如表 4.4 所列；
- 输出参数*poldstate* 返回之前的状态。

表 4.4 取消状态

取消状态	说 明
LW_THREAD_CANCEL_ENABLE	允许取消
LW_THREAD_CANCEL_DISABLE	禁止取消

调用 pthread_setcancelstate 函数指定***newstate*** 参数值为 LW_THREAD_CANCEL_ENABLE 来允许取消，值为 LW_THREAD_CANCEL_DISABLE 来禁止取消，如果参数***poldstate*** 非 NULL，则返回之前的取消状态。

4.4.4.2 取消类型

取消类型是线程取消的方式，分为异步取消和延迟取消，如表 4.5 所列。

```
#include <pthread.h>
int   pthread_setcanceltype(int   newtype , int   * poldtype );
```

函数 pthread_setcancelstate 原型分析：

- 此函数成功返回 0，失败返回非 0 值；
- 参数***newtype*** 是新类型，如表 4.5 所列；
- 输出参数***poldtype*** 返回之前的类型。

表 4.5 取消类型

取消类型	说 明
LW_THREAD_CANCEL_ASYNCHRONOUS	异步取消
LW_THREAD_CANCEL_DEFERRED	延迟取消

调用 pthread_setcanceltype 函数可以设置取消类型，当***poldtype*** 为非 NULL 时，则返回之前的取消类型。

当设置取消状态为禁止时，对该线程的取消请求将被忽略。当设置取消状态为允许时，如果收到取消请求，则系统的动作由所选择的取消类型决定。

- 异步取消，取消请求立即被执行；
- 延迟取消，取消请求被挂起，直到运行到下一个取消点才被执行。

4.4.4.3 取消点

在使用延迟取消机制时，一个线程在可以被取消的地方定义取消点，当收到取消请求时，被取消的线程执行到取消点时退出，或者在一个取消点调用被阻塞时退出。通过延迟取消，程序在进入临界区时不需要进行禁止/允许取消操作。

由于在延迟取消时必须在取消点才能被取消，这一限制可能使取消请求被挂起任意长时间。因此，如果某个调用可能使线程被阻塞或者进入某个较长时间的过程，POSIX 要求这些调用属于一个取消点，或者称这些调用为取消点调用，以防止取消请求陷入长时间等待。表 4.6 所列是 SylixOS 中拥有取消点的函数。

表 4.6　拥有取消点函数

函数名	函数名	函数名
Lw_Thread_Join	send	open
Lw_Thread_Start	sendmsg	close
sleep	aio_suspend	read
Lw_Thread_Cond_Wait	mq_send	pread
system	mq_timedsend	write
wait	mq_reltimedsend_np	pwrite
waitid	mq_receive	readv
waitpid	mq_timedreceive	writev
wait3	mq_reltimedreceive_np	lockf
wait4	pthread_barrier_wait	fsync
reclaimchild	sem_wait	fdatasync
accept4	sem_timedwait	pselect
connect	sem_reltimedwait_np	select
recv	tcdrain	pause
recvfrom	fcntl	sigsuspend
recvmsg	creat	sigwait
sigwaitinfo	sigtimedwait	msgrcv
msgsnd	pthread_join	pthread_testcancel

线程延时取消程序:chapter04/delay_cancel_example 。该程序创建线程 thread0,线程中设置取消类型为延时取消,因为 sleep 函数是一个拥有取消点的函数,所以程序每次运行到 sleep 函数都会检查线程是否有取消请求,当检查出有取消请求时,将在下一个取消点处取消线程。

表 4.6 中所列的函数都是直接或者间接调用 pthread_testcancel 函数实现的,因此目标线程也可以调用 pthread_testcancel 函数来检查取消请求。pthread_testcancel 和其他取消点调用的不同之处在于,该函数除了创建一个取消点以外什么也不做,即专门为响应取消请求服务。

```
#include <pthread.h>
void  pthread_testcancel(void);
```

如果 pthread_testcancel 函数没有检查到取消请求,则直接返回到调用者;当检查到有取消请求时,将线程删除不再返回到调用者。

线程可以安排其退出时需要调用的函数,这样的函数称为线程清理处理程序,一

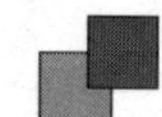

个线程可以建立多个清理处理程序。处理程序记录在栈中，也就是说，它们的执行顺序与它们注册时相反，如图 4.3 所示。

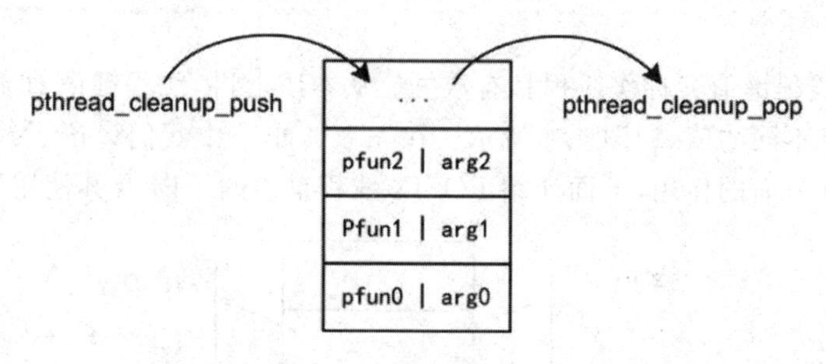

图 4.3　清理函数栈

```
#include <pthread.h>
void  pthread_cleanup_pop(int  iNeedRun );
void  pthread_cleanup_push(void ( * pfunc )(void * ), void * arg );
```

函数 pthread_cleanup_pop 原型分析：

- 参数*iNeedRun* 表示是否执行。

函数 pthread_cleanup_push 原型分析：

- 参数*pfunc* 是要执行的清理函数；
- 参数*arg* 是清理函数参数。

如果*iNeedRun* 是 0，那么清理函数将不被调用，pthread_cleanup_pop 函数将删除上次 pthread_cleanup_push 调用建立的清理处理程序。

这些函数必须在与线程相同的作用域中以配对的形式使用。

线程清理程序：chapter04/thread_cleanup_example 。在 SylixOS Shell 下运行程序：

```
#./thread_cleanup_example
thread 1 running...
thread 1 return code: 1
thread 2 running...
cleanup: thread2 second.
cleanup: thread2 first.
thread 2 exit code: 2
```

从程序的运行结果可以看出，两个线程都正常地运行和退出了。线程 1 并没有调用 cleanup 函数，这正如我们之前所说的 pthread_cleanup_pop 函数参数*iNeedRun* 为 0，则不会调用清理函数；然而，线程 2 的 pthread_cleanup_pop 函数参数*iNeedRun* 同样为 0，却调用了 cleanup 函数，这说明线程函数退出后调用了清理函数，且调用顺序和安装时的顺序相反。

4.5 POSIX 线程键值

POSIX 线程键值又称作线程私有数据。从本质上讲,线程键值对于多个线程具有相同的名字不同的值,如图 4.4 所示。在 4.3.4 小节中我们讨论了线程私有数据在多线程安全方面的作用,下面介绍 POSIX 线程键值的 API 及其使用方法。

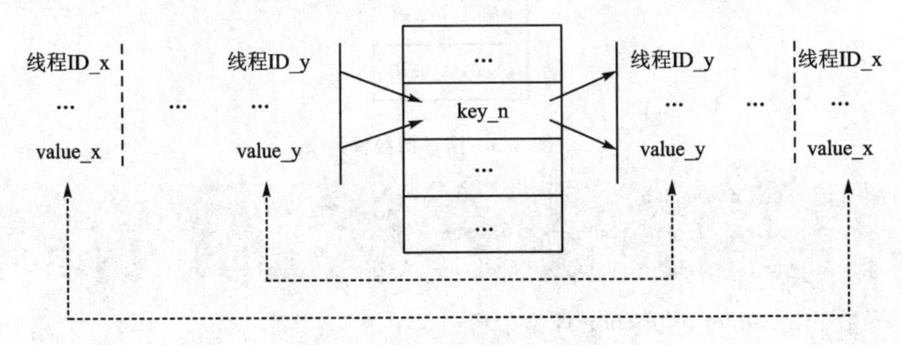

图 4.4 线程键值

注:SylixOS 中由全局的链表管理所有的键,因此 SylixOS 中的键是整个系统可见的。

```
#include <pthread.h>
int  pthread_key_create(pthread_key_t  *pkey, void (*destructor)(void *));
int  pthread_key_delete(pthread_key_t  key);
```

函数 pthread_key_create 原型分析:

- 此函数成功返回 0,失败返回错误号;
- 输出参数*pkey* 返回创建的线程键值;
- 参数*destructor* 是删除函数。

函数 pthread_key_delete 原型分析:

- 此函数成功返回 0,失败返回错误号;
- 参数*key* 是要删除的键。

调用 pthread_key_create 函数可以创建一个键,因为同一个进程中的所有线程都可以使用这个键,所以这个键通常定义为一个全局变量。如果参数*destructor* 不为 NULL,则在*key* 删除的时候自动被调用;如果无需释放任何内存,那么可将参数*destructor* 置为 NULL。调用 pthread_key_delete 函数将删除一个键。需要注意的是,参数*destructor* 函数中不能删除*key*,因为*key* 属于整个系统,也就是说所有线程是可见的,如果在*destructor* 函数中删除了*key*,那么其他线程可能再次访问,这将产生不可预知的错误。

一个*key* 对应唯一一个*destructor* 函数,该函数被所有线程共享。*destructor* 函

数必须在*key*创建时指定且不能更改。如果指定了*destructor*函数，当线程退出时SylixOS会自动调用该清除函数。

pthread_key_create函数返回的*key*是pthread_key_t类型，这一类型在不同系统实现中可能代表不同的类型。有些系统中*key*值只是数组的索引，然而在SylixOS中*key*值则代表一个地址值，因此，我们试图去打印一个*key*值，可能不会得到预期的结果。

调用pthread_setspecific函数可以将线程私有数据与*key*进行关联（*key*由之前的pthread_key_create调用返回），pthread_getspecific函数与pthread_setspecific函数的功能相反，返回本线程中与*key*相关联的私有数据（*pvalue*）。

```
#include <pthread.h>
int   pthread_setspecific(pthread_key_t  key, const void  *pvalue);
void  *pthread_getspecific(pthread_key_t  key);
```

函数pthread_setspecific原型分析：

- 此函数成功返回0，失败返回错误号；
- 参数*key*是键；
- 参数*pvalue*是要设置的值。

函数pthread_getspecific原型分析：

- 此函数成功返回0，失败返回错误号；
- 参数*key*是键。

pthread_setspecific函数中的参数*pvalue*是一个无类型指针，它可以指向任何数据类型，包括复杂的数据结构。当线程终止时，会将该指针作为参数传递给与*key*对应的*destructor*函数（pthread_key_create参数）。

实例程序**chapter04/pthread_key_example**展示了POSIX线程键的使用方法。

4.6 SylixOS线程调度

实时系统和分时系统的一个显著差异体现在调度策略上。实时系统调度关心的是对实时事件的响应延时，而传统的分时系统调度要考虑的目标是多方面的：公平、效率、利用率、吞吐量等。因此实时系统通常采用优先级调度，即操作系统总是从就绪任务队列中选择最高优先级运行。

4.6.1 优先级调度

一旦一个线程获得处理器，就独占处理器运行，除非它因某种原因决定放弃处理器，系统才会调度其他线程，这种调度方式称为“不可抢占式调度”，也就是说线程主动让出处理器后系统才能重新根据优先级调度选择线程。这种调度方式会造成就绪的高优先级线程不能及时地得到响应,因此也就降低了实时响应速度。当一个线程正在运行时,操作系统可以根据某种原则剥夺已分配给它的处理器转而分配给其他线程,这种调度方式称为“可抢占式调度”。这种调度的原则有:优先级原则、时间片原则等。SylixOS中不同优先级之间采用可抢占式的优先级调度原则。

根据上述可以看出,当注重实时响应时,应该采用“可抢占式调度”方式,只要有更高优先级线程就绪,系统立即中断当前线程来调度高优先级的线程,以确保任意时刻高优先级的线程都能得到处理器,这是实时系统的基本要求。

SylixOS内核支持256个优先级①:0～255。优先级0为最高优先级,优先级255为最低优先级。

在线程创建时确定优先级,并允许程序运行中动态修改。但是对于内核而言,从就绪队列中选择一个线程调度时优先级是确定的,也就是说内核不会动态计算每个线程的优先级,因此这种调度策略属于静态调度策略。相对于动态调度策略调度时需要根据某个目标动态确定线程优先级并调度,静态调度策略效率高于动态调度策略。

```
#include <SylixOS.h>
ULONG  Lw_Thread_SetPriority(LW_OBJECT_HANDLE  ulId, UINT8   ucPriority);
ULONG  Lw_Thread_GetPriority(LW_OBJECT_HANDLE  ulId, UINT8  *pucPriority);
```

函数Lw_Thread_SetPriority原型分析:

- 此函数成功返回0,失败返回错误号;
- 参数*ulId*是要设置的线程句柄;
- 参数*ucPriority*是新的优先级值。

函数Lw_Thread_GetPriority原型分析:

- 此函数成功返回0,失败返回错误号;
- 参数*ulId*是线程句柄;
- 输出参数*pucPriority*返回线程优先级。

调用Lw_Thread_SetPriority函数可以设置一个指定线程的优先级,调用Lw_Thread_GetPriority函数可以获得指定线程的优先级。

注:我们可以使用Shell命令*sprio*动态修改运行线程的优先级。

【命令格式】

```
sprio [priority thread_id]
```

【常用选项】

```
无
```

① 理论上可以支持1 024个优先级,但多数应用场景中,256个已经足够使用。

【参数说明】

```
priority:优先级值
thread_id:目的线程 ID
```

4.6.2 RR(Round-Robin)调度

前面所述的基于优先级的调度策略存在这样的问题:如果没有被更高优先级线程抢占,或者没有因阻塞等原因让出处理器,线程将一直运行下去,在此情况下,同优先级线程将得不到运行。RR 调度基于这样的哲学:在更高优先级线程调度依然优先运行的前提下,同优先级线程之间调度时追求一定意义上的公平。

RR 调度将线程运行划分为时间片,当线程运行一个时间片后,内核将其调出处理器并放在同优先级就绪线程队列尾部,重新选择下一个符合条件的线程运行。RR 调度的效果是将每个线程运行一个时间片后"让出"处理器给下一个线程,如轮转一样,所以也称轮转调度。可见,RR 调度并没有改变"基于优先级"和"可抢占"这两个实时调度的特征。

如果采用 RR 调度策略,一个值得考虑的问题是时间片大小的确定。如果时间片小,有利于同优先级线程公平共享处理器,但是增加了调度开销;如果增大时间片,调度开销降低,但调度效果将趋向于优先级调度。合理的时间片将是在公平和效率之间的折中。

调用下面的函数可以动态改变和获得线程的时间片。

```
#include <SylixOS.h>
ULONG  Lw_Thread_SetSlice(LW_OBJECT_HANDLE  ulId , UINT16  usSlice );
ULONG  Lw_Thread_GetSlice(LW_OBJECT_HANDLE  ulId , UINT16  * pusSliceTemp );
ULONG  Lw_Thread_GetSliceEx(LW_OBJECT_HANDLE  ulId , UINT16  * pusSliceTemp ,
                            UINT16  * pusCounter );
```

函数 Lw_Thread_SetSlice 原型分析:

- 此函数成功返回 0,失败返回错误号;
- 参数 ***ulId*** 是线程句柄;
- 参数 ***usSlice*** 是线程新的时间片。

函数 Lw_Thread_GetSlice 原型分析:

- 此函数成功返回 0,失败返回错误号;
- 参数 ***ulId*** 是线程句柄;
- 输出参数 ***pusSliceTemp*** 返回时间片。

函数 Lw_Thread_GetSliceEx 原型分析:

- 此函数成功返回 0,失败返回错误号;
- 参数 ***ulId*** 是线程句柄;

• 输出参数*pusSliceTemp* 返回时间片；
• 输出参数*pusCounter* 返回剩余的时间片。

调用 Lw_Thread_SetSlice 函数可以设置线程的运行时间片，调用 Lw_Thread_GetSlice 函数可以获得线程的时间片，调用 Lw_Thread_GetSliceEx 函数将同时获得线程所剩余的时间片。

SylixOS 中，调用下面的函数可以修改线程调度策略。

```
#include <SylixOS.h>
ULONG  Lw_Thread_SetSchedParam(LW_OBJECT_HANDLE  ulId,
                               UINT8   ucPolicy,
                               UINT8   ucActivatedMode);
ULONG  Lw_Thread_GetSchedParam(LW_OBJECT_HANDLEulId,
                               UINT8   *pucPolicy,
                               UINT8   *pucActivatedMode);
```

函数 Lw_Thread_SetSchedParam 原型分析：
• 此函数成功返回 0，失败返回非 0 值；
• 参数*ulId* 是线程句柄；
• 参数*ucPolicy* 是调度策略；
• 参数*ucActivatedMode* 是线程响应模式，如表 4.7 所列。

表 4.7　线程响应模式

响应模式	说　明
LW_OPTION_RESPOND_IMMIEDIA	高速响应线程(仅供测试)
LW_OPTION_RESPOND_STANDARD	普通响应线程
LW_OPTION_RESPOND_AUTO	自动响应线程

函数 Lw_Thread_GetSchedParam 原型分析：
• 此函数成功返回 0，失败返回非 0 值；
• 输出参数*pucPolicy* 返回调度策略；
• 输出参数*pucActivatedMode* 返回线程响应模式，如表 4.7 所列。

调用 Lw_Thread_SetSchedParam 函数可以设置线程的调度策略，调用 Lw_Thread_GetSchedParam 函数可以获得线程的调度策略。

4.7 POSIX 线程调度

调度行为受两个因素影响：调度策略和任务优先级。每个任务都有一个优先级，系统为每个允许的优先级维护一个就绪任务列表，列表具有某种顺序，表首任务和表尾任务，如果有新的任务就绪将被置于此列表的合适位置(这通常需要根据调度策略

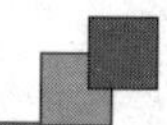

去选择)。

对于实时系统,响应速度是最重要的,因此,作为POSIX基本定义的实时扩展,POSIX 1003.1b定义的调度策略都是基于优先级的。其他评价指标,如公平、吞吐量等则是次要的。

POSIX标准规定,优先级高的线程优先级数字大。SylixOS中优先级与之相反,因此SylixOS进行了优先级转换,定义如下:

```
#include <posix/include/px_sched_param.h>
#define  PX_PRIORITY_CONVERT(prio)  (LW_PRIO_LOWEST - (prio))
```

此宏对于应用开发不需要关心,但是了解此宏可以清楚POSIX优先级和SylixOS优先级之间的关系。

POSIX定义结构体sched_param来表示调度相关参数,其定义见程序清单4.2。

程序清单4.2　sched_param结构体

```
struct sched_param {
    int sched_priority;                     /*  POSIX 调度优先级               */
    /*   SCHED_SPORADIC parameter     */
    int sched_ss_low_priority;              /*  Low scheduling priority for    */
    /*   sporadic server.             */
    struct timespecsched_ss_repl_period;    /*  Replenishment period for       */
    /*   sporadic server.             */
    struct timespecsched_ss_init_budget;    /*  Initial budget for sporadic    */
    /*   server.                      */
    int sched_ss_max_repl;                  /*  Max pending replenishments     */
    /*   for sporadic server.         */
......
};
```

注:目前SylixOS仅支持该结构体的优先级设置,其他为保留项。

POSIX定义了以下函数用来动态地选择线程的调度策略(SCHED_FIFO和SCHED_RR)。

```
#include <sched.h>
intsched_setscheduler(pid_tpid①,
                      int iPolicy ,
                      const struct sched_param   * pschedparam );
intsched_getscheduler(pid_t pid );
```

① 在SylixOS中,对进程的操作,通常是对进程的主线程进行操作,因此这里的进程调度策略,通常是指线程的调度策略。

函数 sched_setscheduler 原型分析：

- 此函数成功返回 0，失败返回 −1 并设置错误号；
- 参数*pid* 是进程 ID；
- 参数*iPolicy* 是调度策略；
- 参数*pschedparam* 是调度参数。

函数 sched_getscheduler 原型分析：

- 此函数成功返回调度策略(SCHED_FIFO、SCHED_RR)，失败返回 −1 并设置错误号；
- 参数*pid* 是进程 ID。

在 4.4.1 小节曾介绍过可以通过调用 pthread_attr_setschedpolicy 函数设置线程的调度策略，这种方法是在线程创建之前设置的，也就是说是一种静态改变的方法，而通过调用 sched_setscheduler 函数，则提供了一种动态改变线程优先级的方法。调用 sched_getscheduler 函数可以获得指定线程的调度策略。

需要注意的是，sched_setscheduler 函数在设置调度策略的同时会设置线程的优先级，稍后我们会介绍 POSIX 线程优先级应该满足什么样的范围值。

调用下面两个函数可以获得 POSIX 线程优先级的最大值和最小值，应用程序设置的优先级应该在这两个值的范围内且不应该包括这两个值。

```
#include <sched.h>
int   sched_get_priority_max(int   iPolicy );
int   sched_get_priority_min(int   iPolicy );
```

函数 sched_get_priority_max 原型分析：

- 此函数返回 POSIX 最大优先级值；
- 参数*iPolicy* 是调度策略。

函数 sched_get_priority_min 原型分析：

- 此函数返回 POSIX 最小优先级值；
- 参数*iPolicy* 是调度策略。

POSIX 允许采用不同的调度策略时定义不同的优先级范围，对于当前 SylixOS 的实现，所有的调度策略都具有相同的优先级范围。

调用 sched_setscheduler 函数在设置调度策略的同时也设置了进程优先级，实际上，也可以通过调用 sched_setparam 函数来设置进程的优先级，调用 sched_getparam 函数可以获得指定进程的优先级。

```
#include <sched.h>
int   sched_setparam(pid_t   pid , const struct sched_param   * pschedparam );
int   sched_getparam(pid_t   pid , struct sched_param   * pschedparam );
```

函数 sched_setparam 原型分析：

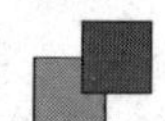

- 此函数成功返回 0,失败返回 -1 并设置错误号;
- 参数*pid* 是进程 ID;
- 参数*pschedparam* 是调度参数。

函数 sched_getparam 原型分析:

- 此函数成功返回 0,失败返回 -1 并设置错误号;
- 参数*pid* 是进程 ID;
- 输出参数*pschedparam* 返回调度参数。

如果*pid* 等于 0,则设置当前线程的优先级,需要注意的是,如果设置的优先级和指定线程的当前优先级相同,则什么也不做并返回 0。

```
#include <sched.h>
int   sched_rr_get_interval(pid_t   pid , struct timespec   * interval );
int   sched_yield(void);
```

函数 sched_rr_get_interval 原型分析:

- 此函数成功返回 0,失败返回 -1 并设置错误号;
- 参数*pid* 是进程 ID;
- 输出参数*interval* 返回进程或者线程剩余的时间。

调用 sched_rr_get_interval 函数将返回指定线程的时间片大小(timespec 类型时间值),该函数只有调度策略为 SCHED_RR 时有效,否则返回 -1 并置 errno 为 EINVAL。调用 sched_yield 函数将主动放弃一次处理器。

实例程序chapter04/pthread_sched_example 展示了 POSIX 线程调度函数使用方法。

4.8 SylixOS RMS 调度

为周期性任务解决多任务调度冲突的一种非常好的方法是速率单调调度(Rate Monotonic Scheduling,RMS),RMS 基于任务的周期指定优先级。

在 RMS 中,最短周期的任务具有最高优先级,次短周期的任务具有次高优先级,依次类推。当同时有多个任务可以被执行时,最短周期的任务被优先执行。如果将任务的优先级视为速率的函数,那么这就是一个单调递增函数。

```
#include <SylixOS.h>
LW_HANDLE   Lw_Rms_Create(CPCHAR              pcName ,
                          ULONG               ulOption ,
                          LW_OBJECT_ID        * pulId );
ULONG   Lw_Rms_Delete(LW_HANDLE               * pulId );
ULONG   Lw_Rms_DeleteEx(LW_HANDLE             * pulId ,
                        BOOL                  bForce );
ULONG   Lw_Rms_Cancel(LW_HANDLE               ulId );
```

函数 Lw_Rms_Create 原型分析：

- 此函数成功返回 RMS 句柄，失败返回 LW_HANDLE_INVALID 并设置错误号；
- 参数 *pcName* 是 RMS 名字；
- 参数 *ulOption* 是 RMS 选项；
- 输出参数 *pulId* 返回 RMS 句柄。

函数 Lw_Rms_Delete 原型分析：

- 此函数成功返回 0，失败返回错误号；
- 参数 *pulId* 是 RMS 句柄指针。

函数 Lw_Rms_DeleteEx 原型分析：

- 此函数成功返回 0，失败返回错误号；
- 参数 *pulId* 是 RMS 句柄指针；
- 参数 *bForce* 是删除类型。

函数 Lw_Rms_Cancel 原型分析：

- 此函数成功返回 0，失败返回错误号；
- 参数 *ulId* 是 RMS 句柄。

调用 Lw_Rms_Create 函数可以创建一个 RMS 调度器；调用 Lw_Rms_Delete 函数可以删除一个 RMS 调度器，需要注意的是，如果 RMS 调度器处于有任务阻塞状态，则不会删除 RMS 对象并置 errno 为 ERROR_RMS_STATUS；调用 Lw_Rms_DeleteEx 函数可以删除一个 RMS 调度器，与 Lw_Rms_Delete 函数不同的是，如果 *bForce* 为 true，则无论 RMS 调度器处于什么状态都会删除，否则，行为与 Lw_Rms_Delete 函数相同；调用 Lw_Rms_Cancel 函数将使指定的 RMS 调度器停止工作，但不会删除 RMS 对象。

```
#include <SylixOS.h>
ULONG  Lw_Rms_Period(LW_HANDLE          ulId ,
                     ULONG              ulPeriod );
ULONG  Lw_Rms_ExecTimeGet(LW_HANDLE     * pulId ,
                     ULONG              * pulExecTime );
```

函数 Lw_Rms_Period 原型分析：

- 此函数成功返回 0，失败返回错误号；
- 参数 *ulId* 是 RMS 句柄；
- 参数 *ulPeriod* 是程序执行周期。

函数 Lw_Rms_ExecTimeGet 原型分析：

- 此函数成功返回 0，失败返回错误号；
- 参数 *ulId* 是 RMS 句柄；
- 输出参数 *pulExecTime* 返回运行时间。

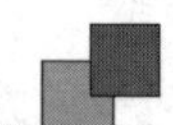

调用 Lw_Rms_Period 函数后 RMS 调度器将按照参数*ulPeriod* 指定的周期开始工作;调用 Lw_Rms_ExecTimeGet 函数将获得从 Lw_Rms_Period 函数调用开始到目前执行的时间(单位:Tick)。

```
#include <SylixOS.h>
ULONG  Lw_Rms_Status(LW_HANDLE   ulId,
                     UINT8       *pucStatus,
                     ULONG       *pulTimeLeft,
                     LW_HANDLE   *pulOwnerId);
ULONG  Lw_Rms_GetName(LW_HANDLE  ulId, PCHAR  pcName);
```

函数 Lw_Rms_Status 原型分析:

- 此函数成功返回 0,失败返回错误号;
- 参数*ulId* 是 RMS 句柄;
- 输出参数*pucStatus* 返回 RMS 状态;
- 输出参数*pulTimeLeft* 返回等待剩余时间;
- 输出参数*pulOwnerId* 返回所有者 ID。

函数 Lw_Rms_GetName 原型分析:

- 此函数成功返回 0,失败返回错误号;
- 参数*ulId* 是 RMS 句柄;
- 输出参数*pcName* 返回 RMS 名字。

调用 Lw_Rms_Status 函数将返回 RMS 调度器的状态。如果参数*pucStatus* 非 NULL,则返回如表 4.8 所列状态;如果参数*pulTimeLeft* 非 NULL,则返回调度剩余的时间;如果参数*pulOwnerId* 非 NULL,则返回 RMS 调度器所有者的线程句柄;调用 Lw_Rms_GetName 函数将返回 RMS 调度器的名字。

表 4.8 RMS 调度器状态

状态名	说　明
LW_RMS_INACTIVE	RMS 调度器刚创建
LW_RMS_ACTIVE	初始化了周期,测量执行时间
LW_RMS_EXPIRED	有任务阻塞

作为 POSIX 的扩展,SylixOS 提供了下面一组函数来实现 POSIX RMS 调度器,相比之前的 RMS 实现,下面的函数更加易用且时间精度更高(ns 级)。

```
#include <sched_rms.h>
int  sched_rms_init(sched_rms_t  *prms, pthread_t  thread);
int  sched_rms_destroy(sched_rms_t  *prms);
int  sched_rms_period(sched_rms_t  *prms, const struct timespec *period);
```

函数 sched_rms_init 原型分析:

• 此函数成功返回 0,失败返回－1 并设置错误号;
• 参数*prms* 是 RMS 调度器指针;
• 参数*thread* 是调用线程的句柄。

函数 sched_rms_destroy 原型分析:

• 此函数成功返回 0,失败返回－1 并设置错误号;
• 参数*prms* 是 RMS 调度器指针。

函数 sched_rms_period 原型分析:

• 此函数成功返回 0,失败返回－1 并设置错误号;
• 参数*prms* 是 RMS 调度器指针;
• 参数*period* 是程序执行周期。

调用 sched_rms_init 函数将初始化参数*prms* 指定的 RMS 调度器。与 Lw_Rms_Create 函数不同的是,前者由应用程序创建一个 sched_rms_t 类型的 RMS 调度器,然后调用 sched_rms_init 函数来初始化这个调度器,也就是说,此调度器将由应用程序创建和销毁;而后者创建的 RMS 调度器则由内核管理,也即应用程序不会直接管理所使用的调度器。

调用 sched_rms_destroy 函数将销毁由 sched_rms_init 函数初始化的调度器,被销毁的调度器不能再被使用,除非重新初始化。

调用 sched_rms_period 函数使 RMS 调度器开始工作。

实例程序**chapter04/rms_sched_example** 展示了 RMS 调度器的使用方法。

在 SylixOS Shell 下运行程序:

```
#./rms_sched_example
rms thread running...
rms thread running...
......
#ts
    NAME         TID     PID    PRI   STAT  LOCK SAFE    DELAY    PAGEFAILS  FPU  CPU
---------------- ------- ----- --- ---- ---- ---- ---------- --------- --- ---
RMS_Scheduler  4010033  17     200   JOIN  0          0          1          USE  0
pthread        4010034  17     200   SLP   0          475        0          0
```

程序设置 RMS 调度周期是 3 s,线程 rms_thread 的运行函数 process_func 的运行时间为大于 2 s 而小于 3 s,因此线程能够被正常地调度,程序的运行结果也说明了这一点。如果我们将 process_func 函数中的 i 值改为≥2 的值,线程将只被调度一次,因为此时的线程运行时间大于 RMS 调度器的周期值,这将导致调度器发生超时溢出错误(EOVERFLOW)。

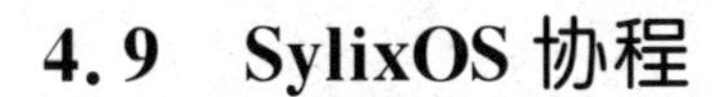

4.9 SylixOS 协程

协程,又称作协同程序,是比线程还小的可执行代码序。一个线程内可以拥有多个协程,这些协程共享线程除了栈之外的所有资源,例如优先级、内核对象等。由于线程内的所有协程共享线程本身的内核对象,所以调度器本身并不知道协程的存在,协程是靠所属线程被调度时执行的。一个线程内部的协程不可被抢占,只能轮转运行,只有当前正在运行的协程主动放弃处理器时,同线程内的其他协程才能获得处理器。当线程被删除时,线程内的所有协程也同时被删除。

SylixOS 内核支持协程,而不是使用第三方库模拟,这样使得 SylixOS 内部的协程管理更加便捷高效。

调用 Lw_Coroutine_Create 函数将在当前线程创建一个协程。需要注意的是,每一个线程的创建都会默认创建一个起始协程,因此线程总是从这个起始协程开始运行。

```
#include <SylixOS.h>
PVOID  Lw_Coroutine_Create(PCOROUTINE_START_ROUTINE    pCoroutineStartAddr,
                           size_t                      stStackByteSize,
                           PVOID                       pvArg);
```

函数 Lw_Coroutine_Create 原型分析:

- 此函数成功返回协程控制指针,失败返回 LW_NULL 并设置错误号;
- 参数 *pCoroutineStartAddr* 是协程启动地址;
- 参数 *stStackByteSize* 是协程栈大小[1];
- 参数 *pvArg* 是入口参数。

调用 Lw_Coroutine_Delete 函数将删除一个指定的协程,如果删除的是当前协程,系统将直接调用 Lw_Coroutine_Exit 函数退出。当线程中的最后一个协程退出时该线程将退出。

```
#include <SylixOS.h>
ULONG  Lw_Coroutine_Delete(PVOID  pvCrcb);
ULONG  Lw_Coroutine_Exit(VOID);
```

函数 Lw_Coroutine_Delete 原型分析:

- 此函数成功返回 0,失败返回错误号;
- 参数 *pvCrcb* 是协程控制指针。

---

① 协程栈区由内核从系统堆中分配而来,随着协程的删除而消失。

函数 Lw_Coroutine_Exit 原型分析：

- 此函数成功返回 0,失败返回错误号。

前面我们曾说过,调度器并不知道协程的存在,而协程之间则以轮转的方式运行,这决定了协程的调度必须由用户程序去管理。SylixOS 提供了以下函数来改变协程的调度顺序。

```
#include <SylixOS.h>
VOID   Lw_Coroutine_Yield(VOID);
ULONG  Lw_Coroutine_Resume(PVOID   pvCrcb );
```

函数 Lw_Coroutine_Resume 原型分析：

- 此函数成功返回 0,失败返回非 0 值；
- 参数 *pvCrcb* 是协程控制指针。

调用 Lw_Coroutine_Yield 函数可以主动放弃处理器,调用 Lw_Coroutine_Resume 函数使指定的协程恢复。

调用 Lw_Coroutine_StackCheck 函数可以对协程栈进行检查。

```
#include <SylixOS.h>
ULONG  Lw_Coroutine_StackCheck(PVOID   pvCrcb ,
                               size_t  * pstFreeByteSize ,
                               size_t  * pstUsedByteSize ,
                               size_t  * pstCrcbByteSize );
```

函数 Lw_Coroutine_StackCheck 原型分析：

- 此函数成功返回 0,失败返回错误号；
- 参数 *pvCrcb* 是协程控制指针；
- 输出参数 *pstFreeByteSize* 返回空闲栈大小；
- 输出参数 *pstUsedByteSize* 返回使用栈大小；
- 输出参数 *pstCrcbByteSize* 返回协程控制块大小。

参数 pstFreeByteSize、pstUsedByteSize、pstCrcbByteSize 可以为 NULL,如果相应的参数为 NULL,则不会关心指定类型的栈情况。

需要注意的是,如果检查协程栈的使用情况,则协程的父系线程必须使用栈检查选项,如表 4.3 所列。

实例程序chapter04/coroutine_example 展示了协程的使用方法。

注：使用 Lw_Coroutine_Create 函数创建协程时,需要根据不同平台的堆栈大小设置 size_t。

在 tTest 线程中,程序首先创建 coroutine0 协程,然后创建 coroutine1 协程。之前介绍了线程创建的时候都会默认创建一个起始协程,因此线程首先从起始协程开始运行，这里程序调用 Lw_Coroutine_Yield 函数来主动放弃处理器，此时 coroutine0 获得处理器开始运行，由于协程之间是轮转运行，所以在 coroutine0 完成运行之前并不会主动放弃处理器（程序并没有主动调用 Lw_Coroutine_Yield 函数，同时也证明一点，调度器感知不到协程的存在），当 coroutine0 运行完成后，自动切换到了 coroutine1 协程运行。这也说明先创建的协程会优先得到处理器，符合先进先出的原则。

第 5 章

线程间通信

5.1 共享资源

一个可供线程访问的变量、设备或内存块等类型的实体被称为**资源**。

可供多个线程访问的资源被称为**共享资源**；而同时访问共享资源的行为被称为**共享资源竞争**。

如果在访问共享资源时不独占该共享资源，可能会造成资源异常（如变量值混乱、设备出错或内存块内容不是期望值等），进而导致程序运行异常甚至崩溃。

现在有两个线程（线程 A 和线程 B）需要同时将同一个变量 V（初始值为 0）进行加一操作。

在 RISC 机器上，一般都是 load/store 体系结构，即访问内存只允许 load 和 store 操作；变量 V 自增操作的机器指令流程如下：

① 加载变量 V 的地址到 CPU 的工作寄存器 0；

② load 指令将工作寄存器 0 存储的地址里的内容加载到工作寄存器 1；

③ inc 指令将工作寄存器 1 的值加 1；

④ store 指令将工作寄存器 1 的值保存到工作寄存器 0 指向的地址。

由上看到，变量 V 的自增操作不是一步完成的，如果线程 A 和线程 B 依次完成以上四步，那么最后变量 V 的值将会是 2。

如果线程 A 完成了前面三步，这时线程 B 打断了线程 A 的工作，线程 B 将变量 V 改写为 1；随后线程 A 继续执行第 4 步，那么最后变量 V 的值仍然是 1，这显然不是我们期望的。

为了解决这种问题，我们需要对该过程进行互斥访问。**互斥**是一种排它性行为，也即同一时间只允许一个线程访问共享资源。实现互斥有多种方法：关中断、禁止任务调度、信号量等。

针对上面的过程，我们可以加入一把锁（信号量），在进行变量V的自增操作（见图5.1）前必须占有该锁，操作完成后释放该锁；假设锁已经被线程A占有，如果线程B也要申请该锁，因为锁具有排他性，线程B将被阻塞。这样，确保同一时间只有一个线程能访问该变量，变量V的值就不会有混乱的风险。

图5.1 变量V的自增操作

我们称被锁保护的区域为**临界区**。

如果临界区保护的代码不可被打断，那么过程是原子性的操作，不可打断意味着临界区内不存在阻塞和硬件中断发生，原子性操作屏蔽了当前CPU核心的硬件中断响应，所以原子性操作应该尽量简短。

在多线程环境下，每一个变量的操作都需要小心对待。多线程编程可以使我们的程序清晰和易于实现，但需要我们谨慎地设计。SylixOS为我们准备了大量解决多线程编程互斥问题的解决方案，例如信号量、互斥锁、消息队列等。

5.2 线程间通信类型

线程在执行的过程中免不了要与其他线程进行通信，如线程A处理完毕某个事件后通知线程B事件的处理结果，线程B得到事件的处理结果后继续运行。

线程间通信主要有以下几种类型：

- **互斥型通信**：共享资源需要独占访问，可以使用信号量、互斥量进行互斥型通信；
- **通知型通信**：上述的线程A通知线程B，可以用信号量、事件集、条件变量进行通知型通信；
- **消息型通信**：某线程或中断服务程序只负责采集数据，但并不直接加工数据，而是将数据传递给另一线程进行数据加工，可以使用消息队列进行消息型通信。

SylixOS提供了丰富的线程间通信手段，如表5.1所列。这些通信手段满足嵌入式系统软件开发的线程间通信需求。

表5.1 线程间通信手段

线程间通信手段	用 途
二进制型信号量	互斥型通信、通知型通信
记数型信号量	通知型通信

续表 5.1

线程间通信手段	用　途
互斥型信号量	互斥型通信
事件集	通知型通信
条件变量	通知型通信
消息队列	消息型通信

5.3 SylixOS 信号量

正如 5.1 节中所述,多个线程在读写某个共享数据(全局变量等)时必须通过某种方法实现共享数据的互斥访问或者同步访问(例如线程 B 等待线程 A 的结果以继续运行)。其中,信号量是一种最常见的方法。

实际上,信号量是一种约定机制:在共享资源的互斥访问中,它约定当一个线程获得信号量(Wait)后,其他线程不可以再次获得该信号量直到信号量被释放(Give);在同步机制中,它约定等待信号量(Take)的线程(或者说等待信号更确切)在收到信号量之前应该处于阻塞状态,直到其他线程发送该信号量(Post)。

通常情况下,对信号量只能实施三种操作:创建一个信号量(Create)、等待信号量(Wait)或者挂起(Pend)、给信号量(Give)或者发送(Post)。操作系统包含一个等待信号量线程队列(用于存放等待信号量的线程),当信号量可以被获得时,操作系统依据某种策略从队列中选择一个可以获得信号量的线程以继续运行。

SylixOS 信号量包括四种类型:二进制信号量、计数型信号量、互斥信号量(简称互斥量)和读写信号量。

二进制信号量的取值限定于 FALSE 和 TRUE;而计数型信号量的最小取值为 0,最大取值在创建计数型信号量时决定。

二进制信号量主要应用在以下场合:

- 有允许线程访问的一个资源,使用二进制信号量作为互斥手段,初始值为 TRUE;
- 线程或中断通知另一个线程某件事件发生,初始值为 FALSE。

计数型信号量主要应用在以下场合:

- 有允许线程访问的 n 个资源,使用计数型信号量作为资源剩余计数,初始值为 n;
- 线程或中断通知另一个线程某种事件发生,使用计数型信号量作为事件计数,初始值为 0。

5.3.1 二进制信号量

正如之前所述,信号量使用前必须要创建。SylixOS 提供下面的函数来创建一

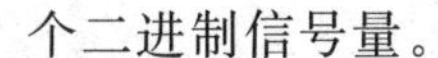

个二进制信号量。

```
#include <SylixOS.h>
LW_HANDLE Lw_SemaphoreB_Create(CPCHAR              pcName ,
                               BOOL                bInitValue ,
                               ULONG               ulOption ,
                               LW_OBJECT_ID       * pulId );
```

函数 Lw_SemaphoreB_Create 原型分析：

- 此函数返回二进制信号量的句柄，失败时为 NULL 并设置错误号；
- 参数*pcName* 是二进制信号量的名字；
- 参数***bInitValue*** 是二进制信号量的初始值(FALSE 或 TRUE)；
- 参数***ulOption*** 是二进制信号量的创建选项，如表 5.2 所列；
- 输出参数***pulId*** 用于返回二进制信号量的句柄(同返回值)，可以为 NULL。

表 5.2　二进制信号量的创建选项

宏　名	含　义
LW_OPTION_WAIT_PRIORITY	按优先级顺序等待
LW_OPTION_WAIT_FIFO	按先入先出顺序等待
LW_OPTION_OBJECT_GLOBAL	全局对象
LW_OPTION_OBJECT_LOCAL	本地对象

SylixOS 提供两种信号量等待队列：优先级(LW_OPTION_WAIT_PRIORITY)和 FIFO(LW_OPTION_WAIT_FIFO)。优先级方式根据线程的优先级从队列中取出符合条件的线程运行；FIFO 方式则根据先入先出的原则从队列中取出符合条件的线程运行。

需要注意的是，LW_OPTION_WAIT_PRIORITY 和 LW_OPTION_WAIT_FIFO 只能二选一，同样 LW_OPTION_OBJECT_GLOBAL 和 LW_OPTION_OBJECT_LOCAL① 也只能二选一。

参数***bInitValue*** 的不同决定了二进制信号量的用途不同，当***bInitValue*** 的值为 TRUE 时，可以用于共享资源的互斥访问，如图 5.2 所示；当***bInitValue*** 的值为 FALSE 时，可以用于多线程间的同步，如图 5.3 所示。

不再需要的二进制信号量可以调用以下函数将其删除，SylixOS 将回收其占用的内核资源(试图使用被删除的二进制信号量将出现未知的错误)。

```
#include <SylixOS.h>
ULONG    Lw_SemaphoreB_Delete(LW_HANDLE    * pulId );
```

① LW_OPTION_OBJECT_GLOBAL 代表一种全局对象，LW_OPTION_OBJECT_LOCAL 代表一种局部对象，当进程退出时不会释放全局对象资源(除非特殊，一般不使用 GLOBAL 对象)。

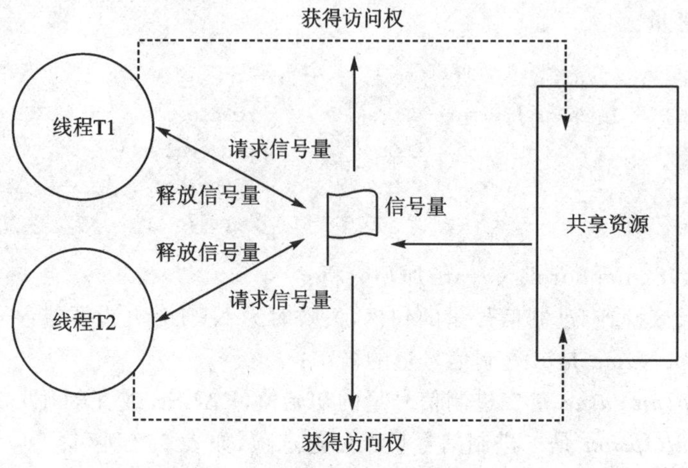

图 5.2 共享资源的互斥访问

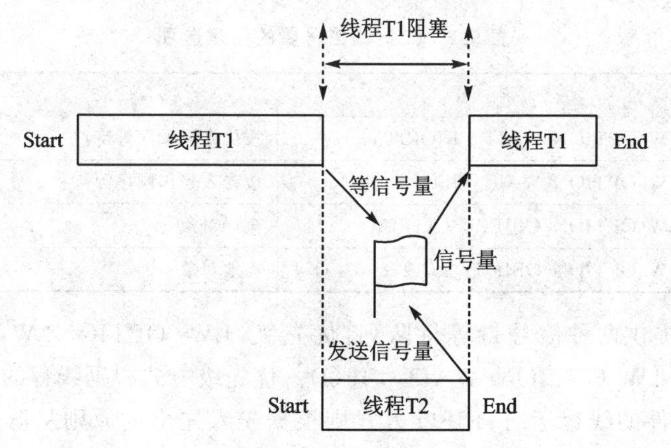

图 5.3 线程同步

函数 Lw_SemaphoreB_Delete 原型分析：

- 此函数成功返回 0，失败返回错误号；
- 参数 ***pulId*** 是二进制信号量的句柄。

一个线程如果需要等待一个二进制信号量，可以调用 Lw_SemaphoreB_Wait 函数。需要注意的是，中断服务程序不能调用 Lw_SemaphoreB_Wait 函数来等待一个二进制信号量，因为该函数在二进制信号量值为 FALSE 时会阻塞当前执行的任务，而中断服务程序用来处理最紧急的事情，因此是不允许被阻塞的，否则其他线程将得不到调度的机会。

```
#include <SylixOS.h>
ULONG   Lw_SemaphoreB_Wait(LW_HANDLE  ulId,
                           ULONG      ulTimeout);
ULONG   Lw_SemaphoreB_TryWait(LW_HANDLE  ulId);
```

以上两个函数原型分析：

- 函数成功返回 0,失败返回错误号;
- 参数***ulId*** 是二进制信号量的句柄;
- 参数***ulTimeout*** 是等待的超时时间,单位为时钟节拍 Tick。

参数***ulTimeout***[①] 除了可以使用数字外,还可以使用如表 5.3 所列的宏。

表 5.3 参数*ulTimeout* 可用宏

宏 名	含 义
LW_OPTION_NOT_WAIT	不等待立即退出
LW_OPTION_WAIT_INFINITE	永远等待
LW_OPTION_WAIT_A_TICK	等待一个时钟节拍
LW_OPTION_WAIT_A_SECOND	等待一秒

SylixOS 为二进制信号量等待提供了一种超时机制,当等待的时间超时时立即返回并设置 errno 为 ERROR_THREAD_WAIT_TIMEOUT。

Lw_SemaphoreB_TryWait 是一种无阻塞的信号量等待函数,该函数与 Lw_SemaphoreB_Wait 的区别在于,如果二进制信号量创建的初始值为 FALSE,Lw_SemaphoreB_TryWait 会立即退出并返回,而 Lw_SemaphoreB_Wait 则会阻塞直至被唤醒。

中断服务程序可以使用 Lw_SemaphoreB_TryWait 函数尝试等待二进制信号量,因为 Lw_SemaphoreB_TryWait 函数在二进制信号量的值为 FALSE 时会立即返回,不会阻塞当前线程。

释放一个二进制信号量可以调用 Lw_SemaphoreB_Post、Lw_SemaphoreB_Post2 或者 Lw_SemaphoreB_Release 函数。

Lw_SemaphoreB_Post2 函数返回时,可以通过参数***pulId*** 返回被激活的线程句柄;如果参数***pulId*** 被置为 NULL 时,行为与 Lw_SemaphoreB_Post 相同。

```
#include <SylixOS.h>
ULONG   Lw_SemaphoreB_Post(LW_HANDLE  ulId);
```

函数 Lw_SemaphoreB_Post 原型分析:

- 此函数成功返回 0,失败返回错误号;
- 参数***ulId*** 是二进制信号量的句柄。

```
#include <SylixOS.h>
ULONG   Lw_SemaphoreB_Post2(LW_HANDLE  ulId, LW_HANDLE  *pulId);
```

函数 Lw_SemaphoreB_Post2 原型分析:

- 此函数成功返回 0,失败返回错误号;

① 第 9 章将讲述如何将毫秒时间转换成时钟节拍数。

- 参数*ulId* 是二进制信号量的句柄；
- 参数*pulId* 返回被激活的线程 ID。

```
#include <SylixOS.h>
ULONG    Lw_SemaphoreB_Release(LW_HANDLE    ulId ,
                               ULONG        ulReleaseCounter ,
                               BOOL         * pbPreviousValue );
```

函数 Lw_SemaphoreB_Release 原型分析：

- 此函数成功返回 0，失败返回错误号；
- 参数*ulId* 是二进制信号量的句柄；
- 参数*ulReleaseCounter* 是释放二进制信号量的次数；
- 输出参数 *pbPreviousValue* 用于接收原来的二进制信号量状态，可以为 NULL。

Lw_SemaphoreB_Release 函数是一个高级 API，当有多个线程等待同一个信号量时，调用该函数可以一次性将它们释放（POSIX 线程屏障调用该函数来一次释放多个等待的线程，见 5.13 节）。

图 5.4 所示为二进制信号量的基本操作函数在线程与线程之间、中断与线程之间的操作过程。

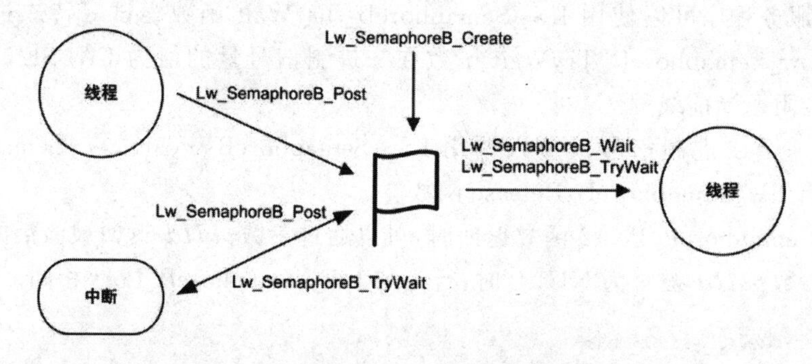

图 5.4 SylixOS 二进制信号量

调用 Lw_ SemaphoreB_Clear 函数将清除二进制信号量，这将使二进制信号量的初始值置为 FALSE。

```
#include <SylixOS.h>
ULONG    Lw_SemaphoreB_Clear(LW_HANDLE    ulId );
```

函数 Lw_SemaphoreB_Clear 原型分析：

- 此函数返回错误号；
- 参数*ulId* 是二进制信号量的句柄。

调用 Lw_ SemaphoreB_Flush 函数将释放等待在指定信号量上的所有线程。

```
#include <SylixOS.h>
ULONG    Lw_SemaphoreB_Flush(LW_HANDLE     ulId,
                             ULONG        *pulThreadUnblockNum);
```

函数 Lw_SemaphoreB_Flush 原型分析：

- 此函数返回错误号；
- 参数*ulId* 是二进制信号量的句柄；
- 输出参数*pulThreadUnblockNum* 用于接收被解除阻塞的线程数，可以为NULL。

Lw_SemaphoreB_Status 函数返回一个有效信号量的状态信息。

```
#include <SylixOS.h>
ULONG   Lw_SemaphoreB_Status(LW_HANDLE      ulId,
                             BOOL          *pbValue,
                             ULONG         *pulOption,
                             ULONG         *pulThreadBlockNum);
```

函数 Lw_SemaphoreB_Status 原型分析：

- 此函数返回错误号；
- 参数*ulId* 是二进制信号量的句柄；
- 输出参数*pbValue* 用于接收二进制信号量当前的值(FALSE 或 TRUE)；
- 输出参数*pulOption* 用于接收二进制信号量的创建选项；
- 输出参数*pulThreadBlockNum* 用于接收当前阻塞在该二进制信号量的线程数。

调用 Lw_SemaphoreB_GetName 函数可以获得指定信号量的名字。

```
#include <SylixOS.h>
ULONG  Lw_SemaphoreB_GetName(LW_HANDLE  ulId, PCHAR  pcName)
```

函数 Lw_SemaphoreB_GetName 原型分析：

- 此函数返回错误号；
- 参数*ulId* 是二进制信号量的句柄；
- 输出参数*pcName* 是二进制信号量的名字，pcName 应该指向一个大小为LW_CFG_OBJECT_NAME_SIZE 的字符数组。

```
#include <SylixOS.h>
ULONG  Lw_SemaphoreB_WaitEx(LW_HANDLE      ulId,
                            ULONG          ulTimeout,
                            PVOID         *ppvMsgPtr);
```

函数 Lw_SemaphoreB_WaitEx 原型分析：

- 此函数返回错误号；

- 参数***ulId*** 是二进制信号量的句柄；
- 参数***ulTimeout*** 是等待的超时时间，单位为时钟节拍 Tick；
- 输出参数***ppvMsgPtr***（一个空类型指针的指针）用于接收 Lw_SemaphoreB_PostEx 函数传递的消息。

```
#include <SylixOS.h>
ULONG    Lw_SemaphoreB_PostEx(LW_HANDLE      ulId,
                              PVOID          pvMsgPtr);
```

函数 Lw_SemaphoreB_PostEx 原型分析：

- 此函数返回错误号；
- 参数***ulId*** 是二进制信号量的句柄；
- 参数***pvMsgPtr*** 是消息指针（一个空类型的指针，可以指向任意类型的数据），该消息将被传递到 Lw_SemaphoreB_WaitEx 函数的输出参数 ppvMsgPtr。

Lw_SemaphoreB_WaitEx 和 Lw_SemaphoreB_PostEx 函数增加了消息传递功能，通过参数***pvMsgPtr*** 可以在信号量中传递额外消息。下面程序片段展示了该过程：

```
threadA ()
{
    PVOID  ppvMsgPtr;
    Lw_SemaphoreB_WaitEx(ulId, &ppvMsgPtr);
}
threadB ()
{
    Lw_SemaphoreB_PostEx(ulId, "msg");
}
```

注：threadA 和 threadB 分别是两个不同的线程，上面过程实现了一个简单的线程间同步的同时创建额外消息的过程。

由于 Lw_SemaphoreB_WaitEx 和 Lw_SemaphoreB_PostEx 函数组合已经起到传统 RTOS 的邮箱的作用，所以 SylixOS 没有提供邮箱的 API。

二进制信号量的使用程序：**chapter05/semaphoreB_example** 。该程序展示了 SylixOS 二进制信号量的使用。程序创建两个线程和一个 SylixOS 二进制信号量，两个线程分别都对变量_G_iCount 进行自增操作和打印，使用 SylixOS 二进制信号量作为访问变量_G_iCount 的互斥手段。

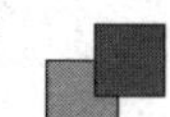

5.3.2　计数型信号量

如前所述，计数型信号量通常用于多个线程共享使用某资源。例如，用信号量管理某设备 ID 池（ID pool），假设该 ID 池可以同时申请 15 个设备 ID，这种情况我们使用计数型信号量对 ID 池进行互斥访问，每申请一个设备 ID 计数型信号量进行减 1 操作，当减为 0 时，再次申请 ID 的线程将被阻塞；如果设备 ID 被释放计数型信号量进行加 1 操作，此时新的线程可以再次申请，该过程如图 5.5 所示。

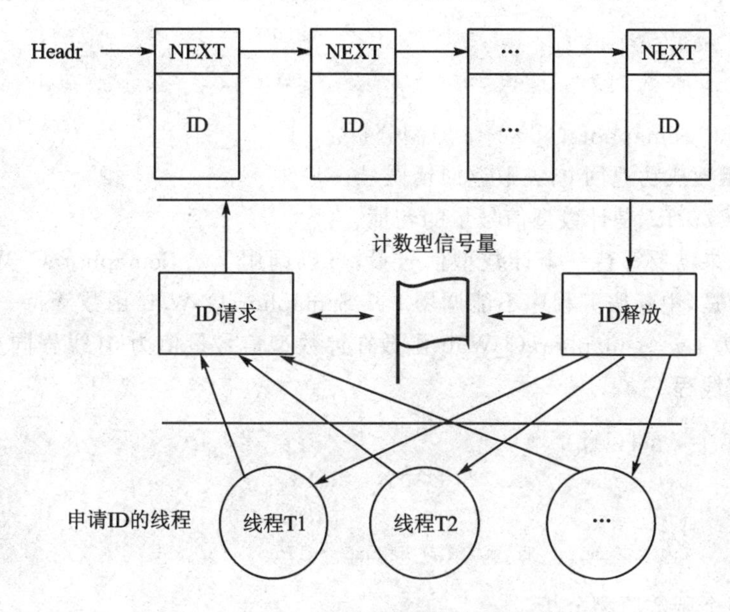

图 5.5　使用计数型信号量

一个 SylixOS 计数型信号量可以调用 Lw_SemaphoreC_Create 函数进行创建，如果创建成功，将返回一个计数型信号量的句柄。

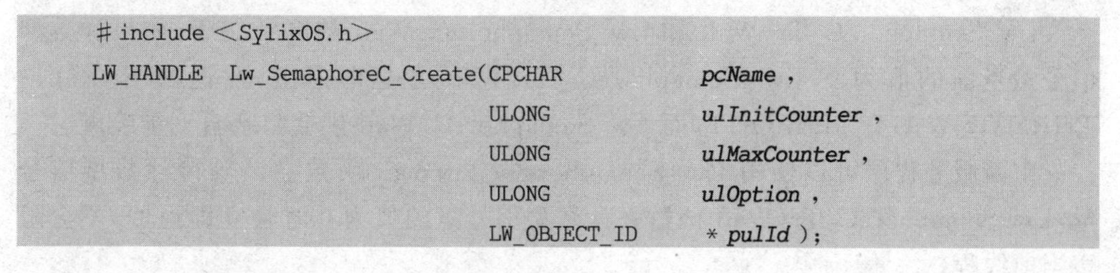

```
#include <SylixOS.h>
LW_HANDLE  Lw_SemaphoreC_Create(CPCHAR          pcName,
                                ULONG           ulInitCounter,
                                ULONG           ulMaxCounter,
                                ULONG           ulOption,
                                LW_OBJECT_ID   *pulId);
```

函数 Lw_SemaphoreC_Create 原型分析：

- 此函数成功时返回计数型信号量的句柄，失败时返回 NULL 并设置错误号；
- 参数 *pcName* 是计数型信号量的名字；
- 参数 *ulInitCounter* 是计数型信号量的初始值；

- 参数*ulMaxCounter* 是计数型信号量的最大值；
- 参数*ulOption* 是计数型信号量的创建选项，如表 5.2 所列；
- 输出参数***pulId*** 返回计数型信号量的 ID(同返回值)，可以为 NULL。

计数型信号量的取值范围为 0≤计数值(***ulInitCounter***)<ulMaxCounter[①]。特殊地，如果***ulInitCounter*** 的值为 0，则可以应用于多线程间的同步。

一个不再使用的计数型信号量，可以调用以下函数将其删除。删除后的信号量系统自动回收其占用的系统资源(试图使用被删除的计数型信号量将出现未知的错误)。

```
#include <SylixOS.h>
ULONG    Lw_SemaphoreC_Delete(LW_HANDLE   *pulId);
```

函数 Lw_SemaphoreC_Delete 原型分析：

- 此函数成功返回 0，失败返回错误号；
- 参数***pulId*** 是计数型信号量的句柄。

线程如果需要等待一个计数型信号量，可以调用 Lw_SemaphoreC_Wait 函数。需要注意的是，中断服务程序不能调用 Lw_SemaphoreC_Wait 函数等待一个计数型信号量，因为 Lw_SemaphoreC_Wait 函数在计数型信号量值为 0(线程同步功能)时会阻塞当前线程。

```
#include <SylixOS.h>
ULONG    Lw_SemaphoreC_Wait(LW_HANDLE    ulId,
                            ULONG        ulTimeout);
ULONG    Lw_SemaphoreC_TryWait(LW_HANDLE  ulId);
```

以上两个函数原型分析：

- 函数成功返回 0，失败返回错误号；
- 参数***ulId*** 是计数型信号量的句柄；
- 参数***ulTimeout*** 是等待的超时时间，单位为时钟节拍 Tick。

Lw_SemaphoreC_TryWait 和 Lw_SemaphoreC_Wait 的区别在于，如果计数型信号量当前的值为 0，Lw_SemaphoreC_TryWait 会立即退出，并返回 ERROR_THREAD_WAIT_TIMEOUT，而 Lw_SemaphoreC_Wait 则会阻塞直到被唤醒。

中断服务程序可以使用 Lw_SemaphoreC_TryWait 函数尝试等待计数型信号量，Lw_SemaphoreC_TryWait 函数在计数型信号量的值为 0 时会立即返回，不会阻塞当前线程。

释放一个计数型信号量可以调用 Lw_SemaphoreC_Post 函数。

---

① SylixOS 支持的最大计数型信号量值为 4 294 967 295。

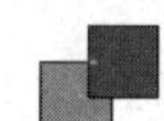

```
#include <SylixOS.h>
ULONG   Lw_SemaphoreC_Post(LW_HANDLE  ulId);
```

函数 Lw_SemaphoreC_Post 原型分析：

- 此函数成功返回 0，失败返回错误号；
- 参数***ulId*** 是计数型信号量的句柄。

一次释放多个计数型信号量，可以调用 Lw_SemaphoreC_Release 函数。

```
#include <SylixOS.h>
ULONG    Lw_SemaphoreC_Release(LW_HANDLE     ulId,
                               ULONG         ulReleaseCounter,
                               ULONG         *pulPreviousCounter);
```

函数 Lw_SemaphoreC_Release 原型分析：

- 此函数成功返回 0，失败返回错误号；
- 参数***ulId*** 是计数型信号量的句柄；
- 参数***ulReleaseCounter*** 是释放计数型信号量的次数；
- 输出参数***pulPreviousCounter*** 用于接收原来的信号量计数，可以为 NULL。

Lw_SemaphoreC_Release 是一个高级 API，POSIX 读写锁调用该函数来同时释放多个读写线程（POSIX 读写锁见 5.8 节）。

图 5.6 所示为计数型信号量的基本操作函数在线程与线程之间、中断与线程之间的操作过程。

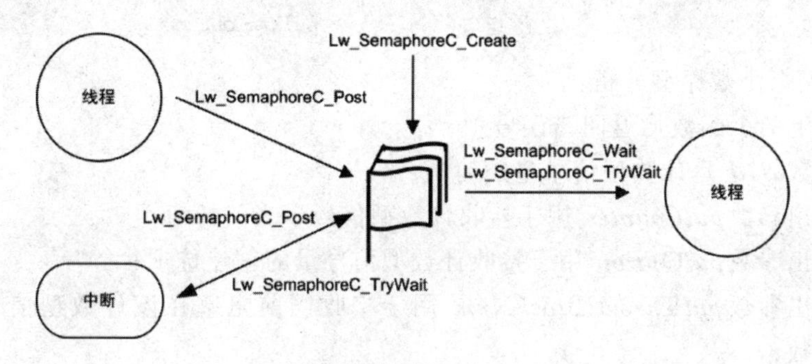

图 5.6　SylixOS 计数型信号量

调用 Lw_SemaphoreC_Clear 函数将清除计数型信号量，这将使计数型信号量的初始值置为 0。

```
#include <SylixOS.h>
ULONG     Lw_SemaphoreC_Clear(LW_HANDLE   ulId);
```

函数 Lw_SemaphoreC_Clear 原型分析：

- 此函数成功时返回 ERROR_NONE，失败时返回错误号；
- 参数***ulId*** 是计数型信号量的句柄。

调用 Lw_ SemaphoreC_Flush 函数将释放等待在指定计数型信号量上的所有线程。

```
#include <SylixOS.h>
ULONG    Lw_SemaphoreC_Flush(LW_HANDLE     ulId ,
                             ULONG         * pulThreadUnblockNum );
```

函数 Lw_SemaphoreC_Flush 原型分析：

- 此函数成功时返回 ERROR_NONE，失败时返回错误号；
- 参数 ***ulId*** 是计数型信号量的句柄；
- 输出参数 ***pulThreadUnblockNum*** 用于接收被解除阻塞的线程数，可以为 NULL。

以下两个函数可以获得指定计数型信号量的状态信息。

```
#include <SylixOS.h>
ULONG    Lw_SemaphoreC_Status(LW_HANDLE     ulId ,
                              ULONG         * pulCounter ,
                              ULONG         * pulOption ,
                              ULONG         * pulThreadBlockNum );
ULONG    Lw_SemaphoreC_StatusEx(LW_HANDLE   ulId ,
                              ULONG         * pulCounter ,
                              ULONG         * pulOption ,
                              ULONG         * pulThreadBlockNum ,
                              ULONG         * pulMaxCounter );
```

以上两个函数原型分析：

- 以上两个函数均返回错误号；
- 参数 ***ulId*** 是计数型信号量的句柄；
- 输出参数 ***pulCounter*** 用于接收计数型信号量当前的值；
- 输出参数 ***pulOption*** 用于接收计数型信号量的创建选项；
- 输出参数 ***pulThreadBlockNum*** 用于接收当前阻塞在该计数型信号量的线程数；
- 输出参数 ***pulMaxCounter*** 用于接收该计数型信号量的最大计数值。

Lw_SemaphoreC_GetName 函数可以获得指定计数型信号量的名字。

```
#include <SylixOS.h>
ULONG  Lw_SemaphoreC_GetName(LW_HANDLE  ulId , PCHAR  pcName );
```

函数 Lw_SemaphoreC_GetName 原型分析：

- 此函数返回错误号；
- 参数 ***ulId*** 是计数型信号量的句柄；
- 输出参数 ***pcName*** 是计数型信号量的名字，pcName 应该指向一个大小为

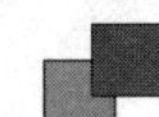

LW_CFG_OBJECT_NAME_SIZE 的字符数组。

SylixOS 计数型信号量的使用方法程序：chapter05/semaphoreC_example，该程序展示了 SylixOS 计数型信号量的使用。程序创建两个线程和一个 SylixOS 计数型信号量；计数型信号量作为资源剩余计数，资源的初始数目为 5，最大数目为 100；线程 A 是资源的消费者，线程 B 是资源的生产者。

5.3.3　互斥信号量

在介绍二进制信号量时，曾讨论到如果二进制信号量创建时设置参数*bInitValue* 为 TRUE，则可以用于互斥访问共享资源。实际上，SylixOS 的二进制信号量实现的互斥性是将一个变量初始化标记为 1，等待信号量（Wait）时将该变量减 1（此时等于 0），如果另一个线程再次等待该信号量将阻塞，直到该信号量被释放（变量加 1），这样就实现了共享资源的互斥访问。

如果系统中只有两个线程，上面的过程是没有问题的。但是一旦有多个线程介入，上面过程将出现以下问题：

一个高优先级的线程可能也要访问同一个共享资源（这是完全有可能的），此时只能阻塞等待，但是可能会有另一个中等优先级的线程将占有信号量的线程抢占。这个过程导致了高优先级线程很长时间得不到运行（这是 SylixOS 不允许出现的情况）。

以上过程出现的问题就是经典的优先级反转问题，我们将在 5.5 节继续讨论优先级反转问题。

互斥信号量用于共享资源需要互斥访问的场合，可以理解为初始值为 TRUE 的带优先级天花板和优先级继承机制（意在解决优先级反转问题）的二进制信号量，只有拥有互斥信号量的线程才有权释放互斥信号量。

注：因为互斥信号量需要记录拥有者线程和调整优先级，而中断的优先级不允许修改，因此中断服务程序不能对互斥信号量进行操作。

下面的伪代码片段展示了互斥信号量的使用过程。

```
定义全局共享资源 (_G_shared)

void   * thread  (void * )
{
等互斥信号量 (Wait)
操作共享资源 (_G_shared)
释放互斥信号量 (Post)
线程退出 (Exit)
}
void  main_func (void)
{
```

```
定义互斥信号量句柄（semM）
创建互斥信号量（Create）
创建线程（thread）
线程 JOIN  （join）
删除互斥信号量（Delete）
}
```

一个 SylixOS 互斥信号量必须要调用 Lw_SemaphoreM_Create 函数创建之后才能使用，如果创建成功，该函数将返回一个互斥信号量的句柄。

```
#include <SylixOS.h>
LW_HANDLE Lw_SemaphoreM_Create(CPCHAR          pcName,
                               UINT8           ucCeilingPriority,
                               ULONG           ulOption,
                               LW_OBJECT_ID   *pulId);
```

函数 Lw_SemaphoreM_Create 原型分析：

- 此函数成功返回互斥信号量的句柄，失败返回 NULL 并设置错误号；
- 参数 ***pcName*** 是互斥信号量的名字；
- 参数 ***ucCeilingPriority*** 在使用优先级天花板算法时有效，此参数为天花板优先级；
- 参数 ***ulOption*** 是互斥信号量的创建选项；
- 输出参数 ***pulId*** 返回互斥信号量的句柄（同返回值），可以为 NULL。

创建选项包含了二进制信号的创建选项，此外还可以使用如表 5.4 所列的互斥信号量特有的创建选项。

表 5.4　互斥信号量的创建选项

宏　名	含　义
LW_OPTION_INHERIT_PRIORITY	优先级继承算法
LW_OPTION_PRIORITY_CEILING	优先级天花板算法
LW_OPTION_NORMAL	递归加锁时不检查（不推荐）
LW_OPTION_ERRORCHECK	递归加锁时报错
LW_OPTION_RECURSIVE	支持递归加锁

需要注意，LW_OPTION_INHERIT_PRIORITY 和 LW_OPTION_PRIORITY_CEILING 只能二选一，LW_OPTION_NORMAL 和 LW_OPTION_ERRORCHECK 及 LW_OPTION_RECURSIVE 只能三选一。

一个不再使用的互斥信号量，可以调用以下函数将其删除。删除后的信号量系统自动回收其占用的系统资源（试图使用被删除的互斥信号量将出现未知的错误）。

```
#include <SylixOS.h>
ULONG    Lw_SemaphoreM_Delete(LW_HANDLE   *pulId);
```

函数 Lw_SemaphoreM_Delete 原型分析：

- 此函数返回错误号；
- 参数 ***pulId*** 是互斥信号量的句柄。

线程如果需要等待一个互斥信号量，可以调用 Lw_SemaphoreM_Wait 函数。释放一个互斥信号量使用 Lw_SemaphoreM_Post 函数。

```
#include <SylixOS.h>
ULONG    Lw_SemaphoreM_Wait(LW_HANDLE   ulId,
                            ULONG       ulTimeout);
```

函数 Lw_SemaphoreM_Wait 原型分析：

- 此函数成功返回 0，失败返回错误号；
- 参数 ***ulId*** 是互斥信号量的句柄；
- 参数 ***ulTimeout*** 是等待的超时时间，单位为时钟节拍 Tick。

```
#include <SylixOS.h>
ULONG    Lw_SemaphoreM_Post(LW_HANDLE   ulId);
```

函数 Lw_SemaphoreM_Post 原型分析：

- 此函数成功返回 0，失败返回错误号；
- 参数 ***ulId*** 是互斥信号量的句柄。

需要注意的是，只有互斥信号量的拥有者才能释放该互斥信号量。

图 5.7 所示为互斥信号量的基本操作函数在线程中的操作过程。

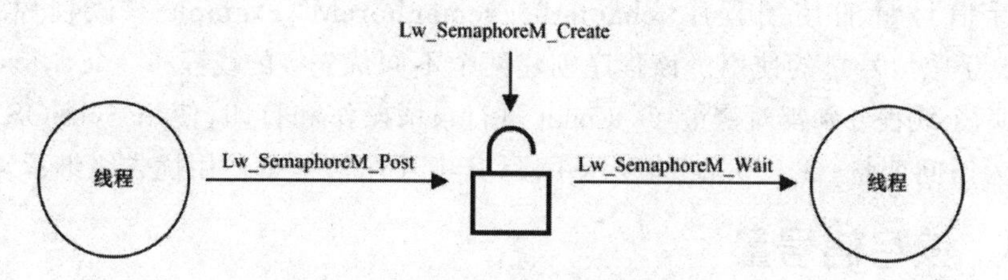

图 5.7　SylixOS 互斥信号量

下面的函数可以获得互斥信号量的状态信息。

```
#include <SylixOS.h>
ULONG    Lw_SemaphoreM_Status(LW_HANDLE              ulId,
                              BOOL                  *pbValue,
                              ULONG                 *pulOption,
                              ULONG                 *pulThreadBlockNum);
```

```
ULONG   Lw_SemaphoreM_StatusEx(LW_HANDLE      ulId ,
                               BOOL           * pbValue ,
                               ULONG          * pulOption ,
                               ULONG          * pulThreadBlockNum ,
                               LW_HANDLE      * pulOwnerId );
```

以上两个函数原型分析：

- 函数成功返回 0,失败返回错误号；
- 参数*ulId* 是互斥信号量的句柄；
- 输出参数*pbValue* 用于接收互斥信号量当前的状态；
- 输出参数*pulOption* 用于接收互斥信号量的创建选项；
- 输出参数 *pulThreadBlockNum* 用于接收当前阻塞在该互斥信号量的线程数；
- 输出参数*pulOwnerId* 用于接收当前拥有该互斥信号量的线程的句柄。

如果想获得一个互斥信号量的名字,可以调用以下函数。

```
#include <SylixOS.h>
ULONG    Lw_SemaphoreM_GetName(LW_HANDLE      ulId ,
                               PCHAR          pcName );
```

函数 Lw_SemaphoreM_GetName 原型分析：

- 此函数成功返回 0,失败返回错误号；
- 参数*ulId* 是互斥信号量的句柄；
- 输出参数*pcName* 是互斥信号量的名字,pcName 应该指向一个大小为LW_CFG_OBJECT_NAME_SIZE 的字符数组。

互斥信号量的使用程序：chapter05/semaphoreM_example 。该程序展示了 SylixOS 互斥信号量的使用。该程序创建两个不同优先级的线程和一个 SylixOS 互斥信号量,两个线程分别都对变量_G_iCount 进行自增操作和打印,使用 SylixOS 互斥信号量作为访问变量_G_iCount 的互斥手段,其中互斥信号量使用优先级继承算法。

5.3.4 读写信号量

当出现多个读者,单个写者的情况时,单纯地使用互斥信号量将极大地减弱多线程操作系统的处理性能。为了满足这种高并发的处理速度问题,SylixOS 引入读写信号量,它的应用场景类似于 POSIX 读写锁(见 5.8 节)。

SylixOS 读写信号量满足写优先的原则,也就是说,如果已经存在写信号量,则不能再申请读信号量,直到写信号量被释放。但是当已经存在读信号量时,可以再次请求读信号量。这种机制满足读的高并发性。

一个 SylixOS 读写信号量必须要调用 Lw_SemaphoreRW_Create 函数创建之后才能使用,如果创建成功,该函数将返回一个读写信号量的句柄。

```
#include <SylixOS.h>
LW_HANDLE Lw_SemaphoreRW_Create(CPCHAR          pcName ,
                                ULONG           ulOption ,
                                LW_OBJECT_ID    *pulId );
```

函数 Lw_SemaphoreRW_Create 原型分析：

- 此函数成功返回读写信号量的句柄，失败返回 NULL 并设置错误号；
- 参数*pcName* 是读写信号量的名字；
- 参数*ulOption* 是读写信号量的创建选项；
- 输出参数*pulId* 返回读写信号量的句柄(同返回值)，可以为 NULL。

一个不再使用的读写信号量，可以调用以下函数将其删除。删除后的信号量系统自动回收其占用的系统资源(试图使用被删除的读写信号量将出现未知的错误)。

```
#include <SylixOS.h>
ULONG   Lw_SemaphoreRW_Delete(LW_HANDLE   *pulId );
```

函数 Lw_SemaphoreRW_Delete 原型分析：

- 此函数成功返回 ERROR_NONE，失败返回错误号；
- 参数*pulId* 是读写信号量的句柄。

线程如果需要等待一个读信号量，可以调用 Lw_SemaphoreRW_RWait 函数；如果需要等待一个写信号量，可以调用 Lw_SemaphoreRW_WWait 函数。释放一个读写信号量，使用 Lw_SemaphoreRW_Post 函数。

```
#include <SylixOS.h>
ULONG    Lw_SemaphoreRW_RWait(LW_HANDLE  ulId ,
                              ULONG      ulTimeout );
```

函数 Lw_SemaphoreRW_RWait 原型分析：

- 此函数成功返回 ERROR_NONE，失败返回错误号；
- 参数*ulId* 是读信号量的句柄；
- 参数*ulTimeout* 是等待的超时时间，单位为时钟节拍 Tick。

```
#include <SylixOS.h>
ULONG    Lw_SemaphoreRW_WWait(LW_HANDLE  ulId ,
                              ULONG      ulTimeout );
```

函数 Lw_SemaphoreRW_WWait 原型分析：

- 此函数成功返回 ERROR_NONE，失败返回错误号；
- 参数*ulId* 是写信号量的句柄；
- 参数*ulTimeout* 是等待的超时时间，单位为时钟节拍 Tick。

```
#include <SylixOS.h>
ULONG    Lw_SemaphoreRW_Post(LW_HANDLE  ulId );
```

函数 Lw_SemaphoreRW_Post 原型分析：

- 此函数成功返回 ERROR_NONE，失败返回错误号；
- 参数 ***ulId*** 是读写信号量的句柄。

需要注意的是，只有读写信号量的拥有者才能释放该读写信号量。

调用以下函数可以获得读写信号量的详细信息：

```
#include <SylixOS.h>
ULONG  Lw_SemaphoreRW_Status(LW_OBJECT_HANDLE        ulId ,
                             ULONG                   * pulRWCount ,
                             ULONG                   * pulRPend ,
                             ULONG                   * pulWPend ,
                             ULONG                   * pulOption ,
                             LW_OBJECT_HANDLE        * pulOwnerId );
```

函数 Lw_SemaphoreRW_Status 原型分析：

- 此函数成功返回 ERROR_NONE，失败返回错误号；
- 参数 ***ulId*** 是读写信号量的句柄；
- 参数 ***pulRWCount*** 返回当前有多少线程正在并发操作读写信号量，此参数可以为 NULL；
- 参数 ***pulRPend*** 返回当前读操作阻塞的数量，此参数可以为 NULL；
- 参数 ***pulWPend*** 返回当前写操作阻塞的数量，此参数可以为 NULL；
- 参数 ***pulOption*** 返回当前读写信号量的选项信息，此参数可以为 NULL；
- 参数 ***pulOwnerId*** 返回当前写信号量的拥有者 ID，此参数可以为 NULL。

5.4 POSIX 信号量

5.4.1 POSIX 信号量概述

POSIX 信号量有两种类型：匿名信号量和命名信号量。匿名信号量只存在于内存中，这就要求使用信号量的线程必须可以访问内存，因此匿名信号量可以应用于同一进程中线程间的通信，不同的进程间需要映射这段内存到自己的地址空间。命名信号量可以通过名字访问，因此可以应用于进程间的通信（见第 7 章）。POSIX 信号量的本质是计数型信号量。

POSIX 信号量被定义为 sem_t 类型，使用前应该定义 sem_t 类型的变量，如：

```
sem_t sem;
```

5.4.2 POSIX 匿名信号量

一个 POSIX 匿名信号量必须要调用 sem_init 函数创建之后才能使用。

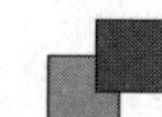

```
#include <semaphore.h>
int   sem_init(sem_t  *psem , int  pshared , unsigned int  value );
```

函数 sem_init 原型分析：

- 此函数成功返回 0,失败返回 −1 并设置错误号；
- 输出参数 ***psem*** 返回 POSIX 信号量的指针；
- 参数 ***pshared*** 标识了 POSIX 信号量是否进程共享(SylixOS 未用此项)；
- 参数 ***value*** 是 POSIX 信号量的初始值。

当一个 POSIX 匿名信号量使用完毕后(并确保以后也不再使用),应该调用 sem_destroy 函数删除它,SylixOS 会回收该信号量占用的内核资源。

```
#include <semaphore.h>
int    sem_destroy(sem_t  *psem );
```

函数 sem_destroy 原型分析：

- 此函数返回错误号；
- 参数 ***psem*** 是 POSIX 信号量的指针。

线程如果需要等待一个 POSIX 信号量,可以调用 sem_wait 函数。

释放一个信号量使用 sem_post 函数。

```
#include <semaphore.h>
int   sem_wait(sem_t  *psem );
int   sem_trywait(sem_t  *psem );
int   sem_timedwait(sem_t  *psem , const struct timespec *abs_timeout );
int   sem_reltimedwait_np(sem_t  *psem , const struct timespec *rel_timeout );
```

以上几个函数原型分析：

- 函数成功返回 0,失败返回 −1 并设置错误号；
- 参数 ***psem*** 是 POSIX 信号量的指针；
- 参数 ***timeout*** 是等待的绝对超时时间；
- 参数 ***rel_timeout*** 是等待的相对超时时间。

sem_trywait 是 sem_wait 的“尝试等待”版本,在 POSIX 信号量的值为 0 时,sem_wait 将阻塞直至被唤醒,而 sem_trywait 将立即返回。

sem_timedwait 是 sem_wait 的带等待超时时间的版本,timeout 为等待的绝对超时时间,使用时在当前时间的基础上再加上一个相对超时时间就能得到绝对超时时间 timeout,如：

```
struct timespec ts;
clock_gettime(CLOCK_REALTIME, &ts);
ts.tv_sec += 1;
sem_timedwait(&sem, &ts);
```

sem_reltimedwait_np 是 sem_timedwait 的非 POSIX 标准版本，参数 rel_timeout 为等待的相对超时时间，如：

```
struct timespec ts;
ts.tv_sec = 1;
ts.tv_nsec = 0;
sem_reltimedwait_np(&sem, &ts);
```

可以看出，在使用上，sem_reltimedwait_np 比 sem_timedwait 更方便。

```
#include <semaphore.h>
int   sem_post(sem_t   *psem );
```

函数 sem_post 原型分析：

- 此函数成功返回 0，失败返回－1 并设置错误号；
- 参数 *psem* 是 POSIX 信号量的指针。

图 5.8 所示为匿名信号量的基本操作函数在线程中的操作过程。

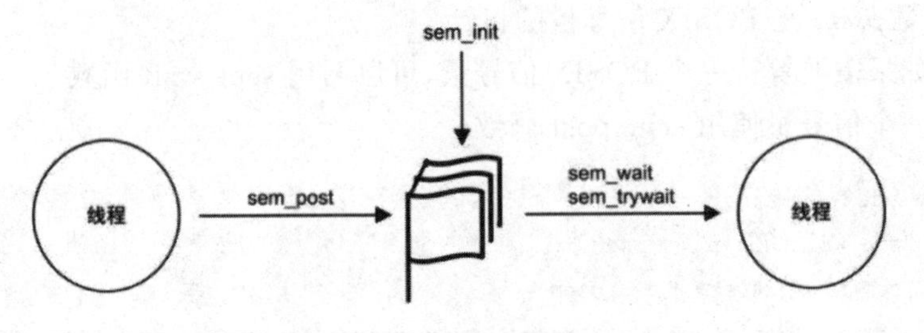

图 5.8　POSIX 匿名信号量

sem_getvalue 函数可以用来检索信号量值。需要注意的是，我们试图要使用刚读出来的值的时候，信号量值可能已经变化了。

```
#include <semaphore.h>
int   sem_getvalue(sem_t   *psem , int   *pivalue );
```

函数 sem_getvalue 原型分析：

- 此函数成功返回 0，失败返回－1 并设置错误号；
- 参数 *psem* 是 POSIX 信号量的指针；
- 输出参数 *pivalue* 用于接收 POSIX 信号量的当前计数值。

POSIX 信号量的使用程序：chapter05/sem_example 。该程序展示了 POSIX 信号量的使用。该程序创建两个线程和一个 POSIX 信号量，两个线程分别都对变量 count 进行自增操作和打印，使用 POSIX 信号量作为访问变量 count 的互斥手段。

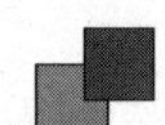

5.5　优先级反转

5.5.1　什么是优先级反转

在前面我们举了一个共享资源竞争的例子：两个线程需要同时将同一个变量 V（初始值为 0）进行自增操作。解决共享资源竞争的办法是加入一把锁，在访问变量 V 前占有该锁，在访问后释放该锁。一般情况下，我们可以使用初始值为 TRUE 的二进制信号量或初始值为 1 的计数型信号量作为锁。

现在我们把这个例子稍加改动，有三个线程（线程 A、线程 B、线程 C）和一个变量 V，线程 A 和线程 B 需要同时访问变量 V。很显然我们需要一把锁（即保护变量 V 的锁 L）。

线程 A 的优先级为 1，线程 B 的优先级为 3，线程 C 的优先级为 2；即优先级：线程 A>线程 C>线程 B。

我们假设现在线程 A 和线程 C 处于阻塞状态，线程 B 处于运行态。线程 B 占有了锁 L（图 5.9 中的 ♯1），这时线程 C 等待的事件到来进入就绪状态，由于线程 C 的优先级较线程 B 的高，线程 C 将抢占线程 B 的执行（图 5.9 中的 ♯2）；这时线程 A 等待的事件到来又进入就绪状态，由于线程 A 的优先级较线程 C 的高，线程 A 将抢占线程 C 并执行（图 5.9 中的 ♯3）；此时线程 A 也去申请锁 L，由于锁 L 已经被线程 B 占有，因此线程 A 必须阻塞等待锁 L 被线程 B 释放，而此时拥有中等优先级的线程 C 将继续运行（图 5.9 中的 ♯4），此时 3 个线程的运行现状为：线程 A 阻塞、线程 C 正常运行、线程 B 阻塞，这显然有违 RTOS 的实时性原则。

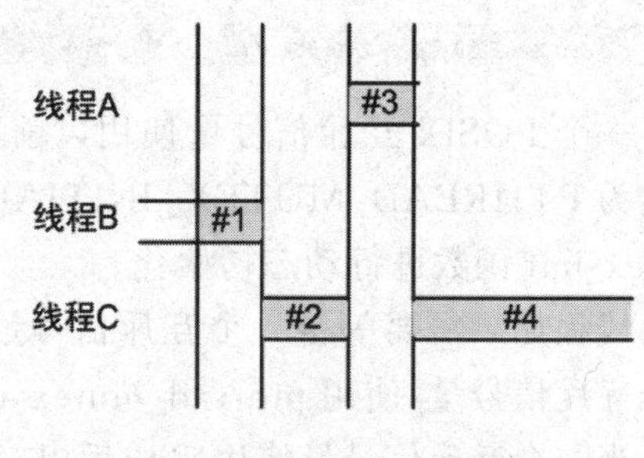

图 5.9　优化级反转

一个高优先级线程通过信号量机制访问共享资源时，该信号量已被一个低优先级线程占有，而这个低优先级线程在访问共享资源时可能又被其他的一些中等优先级线程抢占，因此造成高优先级线程被许多具有较低优先级的线程阻塞，我们称此现象为**优化级反转**。

5.5.2　解决优先级反转的办法

解决优先级反转问题有优先级天花板（priority ceiling）和优先级继承（priority inheritance）两种办法（SylixOS 互斥信号量同时支持）。

优先级天花板是当线程申请某共享资源时，将该线程的优先级提升到可访问这个资源的所有线程中的最高优先级，这个优先级称为该资源的天花板优先级。这种方法简单易行，不必进行复杂的判断，不管线程是否阻塞了高优先级线程的运行，只要线程访问共享资源都会提升线程的优先级。

优先级继承是当线程 A 申请共享资源 V 时，如果共享资源 V 正在被线程 B 使用，通过比较线程 B 与自身的优先级，若发现线程 B 的优先级小于自身的优先级，则将线程 B 的优先级提升到自身的优先级，线程 B 释放共享资源 V 后，再恢复线程 B 的原优先级。这种方法只在占有资源的低优先级线程阻塞了高优先级线程时才动态地改变线程的优先级。

二进制信号量和计数信号量均不支持优先级天花板和优先级继承，只有互斥信号量才支持优先级天花板和优先级继承。

5.6 POSIX 互斥信号量

POSIX 互斥信号量是对共享资源进行互斥访问的 POSIX 接口函数，实现的作用与 SylixOS 信号量相同。

POSIX 互斥信号量的类型为 pthread_mutex_t，使用时需要定义一个 pthread_mutex_t 类型的变量，如：

```
pthread_mutex_t mutex;
```

一个 POSIX 互斥信号量使用以前必须首先进行初始化，可以把 mutex 初始值设置为 PTHREAD_MUTEX_INITIALIZER（静态初始化），也可以调用 pthread_mutex_init 函数进行动态初始化。

线程如果需要等待一个互斥信号量，可以调用 pthread_mutex_lock 函数；释放一个互斥信号量，使用 pthread_mutex_unlock 函数，如图 5.10 所示。

当一个互斥信号量使用完毕后，应该调用 pthread_mutex_destroy 函数将其删除，SylixOS 会回收该互斥信号量占用的内核资源。需要注意的是，如果试图再次使用一个被删除的信号量，将出现未知的错误。

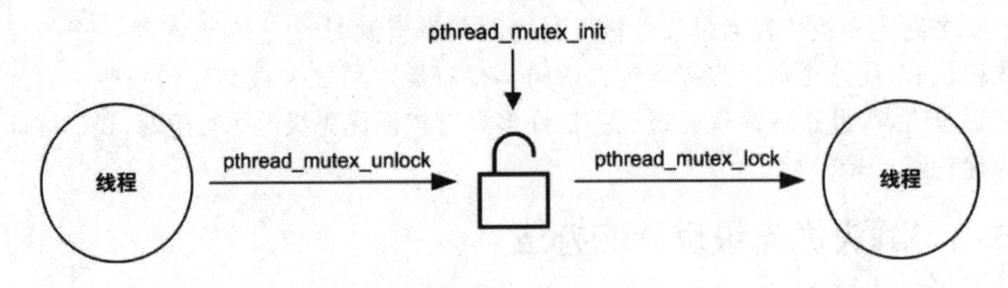

图 5.10 POSIX 互斥信号量

同线程具有属性对象一样，POSIX 互斥信号量也具有自己的属性对象，创建一

个 POSIX 互斥信号量需要使用 POSIX 互斥信号量属性块。POSIX 互斥信号量属性块的类型为 pthread_mutexattr_t。使用时需要定义一个 pthread_mutexattr_t 类型的变量，如：

```
pthread_mutexattr_t mutexattr;
```

5.6.1　互斥信号量属性块

5.6.1.1 互斥信号量属性块的初始化和删除

```
#include <pthread.h>
int   pthread_mutexattr_init(pthread_mutexattr_t * pmutexattr );
```

函数 pthread_mutexattr_init 原型分析：

- 此函数成功返回 0，失败返回错误号；
- 参数 *pmutexattr* 是 POSIX 互斥信号量属性块的指针。

```
#include <pthread.h>
int   pthread_mutexattr_destroy(pthread_mutexattr_t * pmutexattr );
```

函数 pthread_mutexattr_destroy 原型分析：

- 此函数成功返回 0，失败返回错误号；
- 参数 *pmutexattr* 是 POSIX 互斥信号量属性块的指针。

5.6.1.2 设置和获取互斥信号量属性块的类型

```
#include <pthread.h>
int    pthread_mutexattr_settype(pthread_mutexattr_t * pmutexattr ,
                                 int   type );
```

函数 pthread_mutexattr_settype 原型分析：

- 此函数成功返回 0，失败返回错误号；
- 参数 *pmutexattr* 是 POSIX 互斥信号量属性块的指针；
- 参数 *type* 是 POSIX 互斥信号量属性块的类型。

互斥信号量属性块的类型可以使用如表 5.5 所列的宏。

表 5.5　互斥信号量属性块的类型

宏　名	含　义
PTHREAD_MUTEX_NORMAL	递归加锁时产生死锁
PTHREAD_MUTEX_ERRORCHECK	递归加锁时返回错误
PTHREAD_MUTEX_RECURSIVE	支持递归加锁
PTHREAD_MUTEX_FAST_NP	等同 PTHREAD_MUTEX_NORMAL

续表 5.5

宏　名	含　义
PTHREAD_MUTEX_ERRORCHECK_NP	等同 PTHREAD_MUTEX_ERRORCHECK
PTHREAD_MUTEX_RECURSIVE_NP	等同 PTHREAD_MUTEX_RECURSIVE
PTHREAD_MUTEX_DEFAULT	等同 PTHREAD_MUTEX_RECURSIVE

```
#include <pthread.h>
int   pthread_mutexattr_gettype(const  pthread_mutexattr_t  *pmutexattr,
                                   int  *type);
```

函数 pthread_mutexattr_gettype 原型分析：

- 此函数成功返回 0，失败返回错误号；
- 参数*pmutexattr* 是 POSIX 互斥信号量属性块的指针；
- 输出参数*type* 是 POSIX 互斥信号量属性块的类型。

5.6.1.3 设置和获取互斥信号量属性块的算法类型

```
#include <pthread.h>
int   pthread_mutexattr_setprotocol(pthread_mutexattr_t  *pmutexattr,
                                       int  protocol);
```

函数 pthread_mutexattr_setprotocol 原型分析：

- 此函数成功返回 0，失败返回错误号；
- 参数*pmutexattr* 是 POSIX 互斥信号量属性块的指针；
- 参数*protocol* 是 POSIX 互斥信号量属性块的算法类型。

互斥信号量属性块的算法类型可以使用如表 5.6 所列的宏。

表 5.6　互斥信号量属性块的算法类型

宏　名	含　义
PTHREAD_PRIO_NONE	优先级继承算法，按先入先出顺序等待
PTHREAD_PRIO_INHERIT	优先级继承算法，按优先级顺序等待
PTHREAD_PRIO_PROTECT	优先级天花板

```
#include <pthread.h>
int    pthread_mutexattr_getprotocol(const pthread_mutexattr_t *pmutexattr,
                                        intprotocol);
```

函数 pthread_mutexattr_getprotocol 原型分析：

- 此函数成功返回 0，失败返回错误号；

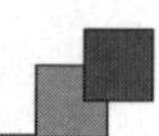

- 参数*pmutexattr* 是 POSIX 互斥信号量属性块的指针；
- 参数*protocol* 是 POSIX 互斥信号量属性块的算法类型。

5.6.1.4 设置和获取互斥信号量属性块的天花板优先级

```
#include <pthread.h>
int   pthread_mutexattr_setprioceiling(pthread_mutexattr_t   *pmutexattr,
                                       int   prioceiling);
```

函数 pthread_mutexattr_setprioceiling 原型分析：

- 此函数成功返回 0,失败返回错误号；
- 参数*pmutexattr* 是 POSIX 互斥信号量属性块的指针；
- 参数*prioceiling* 是 POSIX 互斥信号量属性块的天花板优先级。

```
#include <pthread.h>
int   pthread_mutexattr_getprioceiling(const pthread_mutexattr_t   *pmutexattr,
                                       int   *prioceiling);
```

函数 pthread_mutexattr_getprioceiling 原型分析：

- 此函数成功返回 0,失败返回错误号；
- 参数*pmutexattr* 是 POSIX 互斥信号量属性块的指针；
- 输出参数*prioceiling* 是 POSIX 互斥信号量属性块的天花板优先级。

5.6.1.5 设置和获取互斥信号量属性块的进程共享属性

```
#include <pthread.h>
int   pthread_mutexattr_setpshared(pthread_mutexattr_t   *pmutexattr,
                                   int   pshared);
```

函数 pthread_mutexattr_setpshared[①] 原型分析：

- 此函数返回 0；
- 参数*pmutexattr* 是 POSIX 互斥信号量属性块的指针；
- 参数*pshared* 标识了 POSIX 互斥信号量属性块是否进程共享。

进程共享参数可以使用如表 5.7 所列的宏。

表 5.7 进程共享参数

宏 名	含 义
PTHREAD_PROCESS_SHARED	进程共享
PTHREAD_PROCESS_PRIVATE	进程私有

① SylixOS 中调用该函数没有任何作用。

```
#include <pthread.h>
int     pthread_mutexattr_getpshared(const pthread_mutexattr_t   *pmutexattr,
                                     int   *pshared);
```

函数 pthread_mutexattr_getpshared 原型分析：

- 此函数返回 0；
- 参数 *pmutexattr* 是 POSIX 互斥信号量属性块的指针；
- 输出参数 *pshared* 标识了 POSIX 互斥信号量属性块是否进程共享。

需要注意的是，SylixOS 总是进程私有的(PTHREAD_PROCESS_PRIVATE)。

5.6.2 互斥信号量

5.6.2.1 互斥信号量的初始化和删除

```
#include <pthread.h>
int     pthread_mutex_init(pthread_mutex_t   *pmutex,
                           const pthread_mutexattr_t *pmutexattr);
```

函数 pthread_mutex_init 原型分析：

- 此函数成功返回 0，失败返回错误号；
- 参数 *pmutex* 是 POSIX 互斥信号量的指针；
- 参数 *pmutexattr* 是 POSIX 互斥信号量属性块的指针，可以为 NULL。

```
#include <pthread.h>
int     pthread_mutex_destroy(pthread_mutex_t   *pmutex);
```

函数 pthread_mutex_destroy 原型分析：

- 此函数成功返回 0，失败返回错误号；
- 参数 *pmutex* 是 POSIX 互斥信号量的指针。

5.6.2.2 互斥信号量的等待

```
#include <pthread.h>
int     pthread_mutex_lock(pthread_mutex_t   *pmutex);
int     pthread_mutex_trylock(pthread_mutex_t   *pmutex);
int     pthread_mutex_timedlock(pthread_mutex_t   *pmutex,
                                const struct timespec   *abs_timeout);
int     pthread_mutex_reltimedlock_np(pthread_mutex_t   *pmutex,
                                      const struct timespec   *rel_timeout);
```

以上四个函数原型分析：

- 函数成功返回 0，失败返回错误号；
- 参数 *pmutex* 是 POSIX 互斥信号量的指针；

- 参数***abs_timeout*** 是等待的绝对超时时间；
- 参数***rel_timeout*** 是等待的相对超时时间。

pthread_mutex_trylock 是 pthread_mutex_lock 的“尝试等待”版本，在 POSIX 互斥信号量已经被占有时，pthread_mutex_lock 将阻塞直至被唤醒，而 pthread_mutex_trylock 将立即返回。

pthread_mutex_timedlock 是 pthread_mutex_lock 的带等待超时时间的版本，abs_timeout 为等待的绝对超时时间，使用时在当前时间的基础上再加上一个相对超时时间就能得到绝对超时时间 abs_timeout。

pthread_mutex_reltimedlock_np 是 pthread_mutex_timedlock 的非 POSIX 标准版本，参数 rel_timeout 为等待的相对超时时间。

5.6.2.3 互斥信号量的释放

```
#include <pthread.h>
int    pthread_mutex_unlock(pthread_mutex_t  *pmutex);
```

函数 pthread_mutex_unlock 原型分析：

- 此函数成功返回 0，失败返回错误号；
- 参数***pmutex*** 是 POSIX 互斥信号量的指针。

5.6.2.4 设置和获取互斥信号量的天花板优先级

```
#include <pthread.h>
int    pthread_mutex_setprioceiling(pthread_mutex_t  *pmutex,
                                    int   prioceiling);
```

函数 pthread_mutex_setprioceiling 原型分析：

- 此函数成功返回 0，失败返回错误号；
- 参数***pmutex*** 是 POSIX 互斥信号量的指针；
- 参数***prioceiling*** 是 POSIX 互斥信号量的天花板优先级。

```
#include <pthread.h>
int    pthread_mutex_getprioceiling(pthread_mutex_t  *pmutex,
                                    int  *prioceiling);
```

函数 pthread_mutex_getprioceiling 原型分析：

- 此函数成功返回 0，失败返回错误号；
- 参数***pmutex*** 是 POSIX 互斥信号量的指针；
- 输出参数***prioceiling*** 是 POSIX 互斥信号量的天花板优先级。

POSIX 互斥信号量的使用程序：**chapter05/posix_mutex_example** 。该程序展示了 POSIX 互斥信号量的使用。该程序创建两个线程和一个 POSIX 互斥信号量，两个线程分别对变量 count 进行自增操作并打印，使用 POSIX 互斥信号量作为访问变量 count 的互斥手段，其中互斥信号量使用优先级继承算法，并按优先级顺序等待。

POSIX 互斥信号量的使用程序设置了互斥量属性的类型为 PTHREAD_MUTEX_NORMAL，该类型不会进行递归加锁的检查，如果出现如图 5.11 所示的锁递归情况，程序将发生死锁（死锁概念将在 5.7 节中详细讨论）。因此在实际的应用中这种类型的锁不建议使用，SylixOS 建议应该设置锁的类型为 PTHREAD_MUTEX_ERRORCHECK，该类型的锁在加锁时会自动检查锁的递归情况，如果出现锁递归将返回错误 EDEADLK。

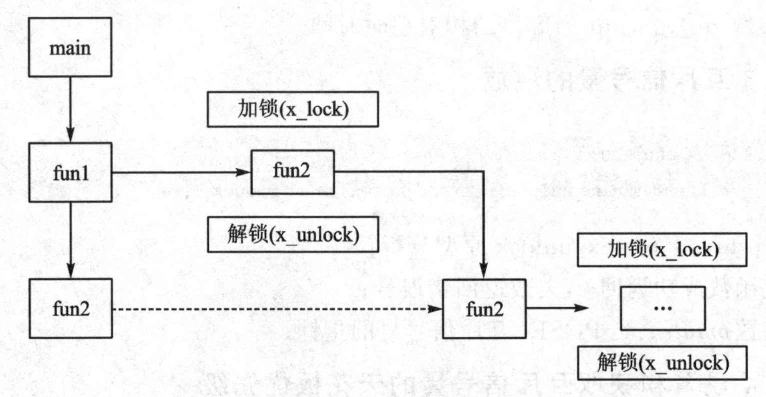

图 5.11　递归加锁

POSIX 互斥信号量的使用程序可以简化为以下伪代码：

```
thread_a ()
{
加锁(lock)
    count ++
解锁(lock)
}
thread_b ()
{
加锁(lock)
    count + +
解锁(lock)
}
main ()
{
创建锁(lock)
创建线程 thread_a thread_b
}
```

这段代码在不同的线程上下文对共享资源进行加锁操作，很好地避免了递归锁的出现。

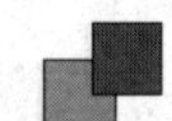

5.7 死 锁

5.7.1 什么是死锁

所谓死锁,是指多个线程循环等待他方占有的资源而无限期地僵持下去的局面。很显然,如果没有外力的作用,那么死锁涉及到的各个线程都将永远处于阻塞状态。

就如同两个人过独木桥,如果两个人都要先过,在独木桥上僵持不肯后退,必然会因竞争资源产生死锁,如图 5.12 所示;但是,如果两个人上桥前先看一看对面有无人在桥上,当对面无人在桥上时自己才上桥,那么问题就解决了。

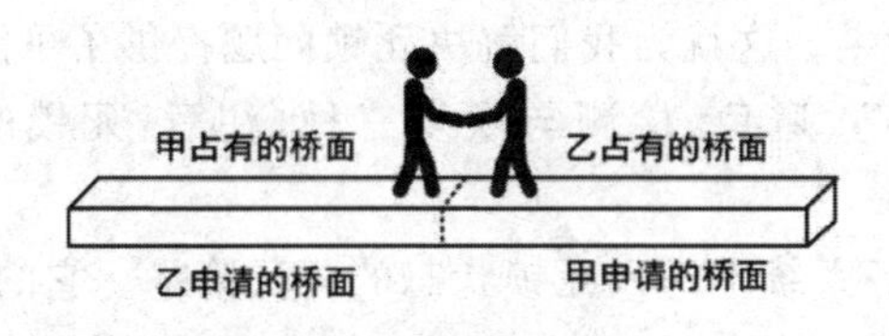

图 5.12 死 锁

5.7.2 死锁的产生条件

如果在计算机系统中同时具备下面四个条件,那么将会发生死锁。换句话说,只要下面四个条件有一个不具备,那么系统就不会发生死锁。

• 互斥条件

即某个资源在一段时间内只能由一个线程占有,不能同时被两个或两个以上的线程占有。这种独占资源如 CD－ROM 驱动器、打印机等,必须在占有该资源的线程主动释放它之后,其他线程才能占有该资源。这是由资源本身的属性所决定的。如独木桥就是一种独占资源,两面的人不能同时过桥。

• 不可抢占条件

线程所获得的资源在未使用完毕之前,资源申请者不能强行地从资源占有者手中夺取资源,而只能由该资源的占有者线程自行释放。如过独木桥的人不能强迫对方后退,也不能非法地将对方推下桥,必须是桥上的人自己过桥后空出桥面(即主动释放占有资源),对面的人才能过桥。

• 占有且申请条件

线程至少已经占有一个资源,但又申请新的资源;由于该资源已被另外线程占有,此时该线程阻塞;但是,它在等待新资源之时,仍继续占用已占有的资源。还以过独木桥为例,甲乙两人在桥上相遇。甲走过一段桥面(即占有了一些资源),还需要走其余的桥面(申请新的资源),但那部分桥面已经被乙占有(乙走过一段桥面)。甲不能前进,又不后退;乙也处于同样的状况。

• 循环等待条件

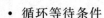

存在一个线程等待序列{P1,P2,…,P_n},其中 P1 等待 P2 所占有的某一资源,P2 等待 P3 所占有的某一资源,……,而 P_n 等待 P1 所占有的某一资源,形成一个线程循环等待环。就像前面的过独木桥问题,甲等待乙占有的桥面,而乙又等待甲占有的桥面,从而彼此循环等待。

上述四个条件在死锁时会同时发生。也就是说,只要有一个条件不满足,死锁就不会发生。

5.7.3 死锁的预防

前面介绍了死锁发生时的四个必要条件,只要破坏这四个必要条件中的任意一个条件,死锁就不会发生。这就为我们解决死锁问题提供了可能。一般地,解决死锁的方法分为死锁的预防、避免、检测与恢复三种(注意:死锁的检测与恢复是一个方法)。

死锁的预防是保证系统不进入死锁状态的一种策略。它的基本思想是要求线程申请资源时遵循某种协议,从而打破产生死锁的四个必要条件中的一个或几个,保证系统不会进入死锁状态。

• 打破互斥条件

即允许线程同时访问某些资源。但有的资源是不允许被同时访问的,像打印机等,这是由资源本身的属性所决定的。所以,这种办法并无实用价值。

• 打破不可抢占条件

即允许线程强行从占有者那里夺取某些资源。当一个线程已占有了某些资源,它又申请新的资源,但不能立即被满足时,它必须释放所占有的全部资源,以后再重新申请。它所释放的资源可以分配给其他线程。这就相当于该线程占有的资源被隐蔽地抢占了。这种预防死锁的方法实现起来困难,会降低系统性能。

• 打破占有且申请条件

可以实行资源预先分配策略。即线程在运行前一次性地向系统申请它所需要的全部资源。如果某个线程所需的全部资源得不到满足,则不分配任何资源,此线程暂不运行。只有系统能够满足当前线程的全部资源需求时,才能一次性地将所申请的资源全部分配给该线程。由于运行的线程已占有了它所需的全部资源,所以不会发生占有资源又申请资源的现象,因此不会发生死锁。但是,这种策略也有以下缺点:

- 在许多情况下,一个线程在执行之前不可能知道它所需要的全部资源。这是由于线程在执行时是动态的,不可预测的。
- 资源利用率低。无论所分资源何时用到,一个线程只有在占有所需的全部资源后才能执行。即使有些资源最后才被该线程用到一次,但该线程在生存期间却一直占有它们,造成长期占着不用的状况。这显然是一种极大的资源浪费。

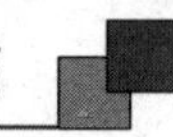

- 降低线程的并发性。因为资源有限，又加上存在浪费，能分配到所需全部资源的线程个数就必然少了。

• 打破循环等待条件

实行资源有序分配策略。采用这种策略，即把资源事先分类编号，按号分配，使线程在申请、占用资源时不会形成环路。所有线程对资源的请求必须严格按资源序号递增的顺序提出。线程占用了小号资源，才能申请大号资源，就不会产生环路，从而预防了死锁。这种策略与前面的策略相比，资源的利用率和系统吞吐量都有很大提高，但是也存在以下缺点：

- 限制了线程对资源的请求，同时对系统中所有资源进行合理编号增加了困难，并增加了系统开销；
- 为了遵循按编号申请的次序，暂不使用的资源也需要提前申请，从而增加了线程对资源的占用时间。

SylixOS 不支持死锁的避免、检测与恢复，所以要解决死锁只能预防，一般情况下我们使用打破循环等待条件来预防死锁，同时使用超时等待化解死锁，但要求应用程序有完善的超时出错处理机制。

注：有帮助的是，SylixOS 提供了命令 *tp* 用来查看哪些线程可能发生了死锁（见 2.2.1.2 小节）。

5.8 POSIX 读写锁

在前面我们举了一个共享资源竞争的例子：两个线程需要同时将同一个变量 V（初始值为 0）进行自增操作。解决共享资源竞争的办法是加入一把锁，在访问变量 V 前占有该锁，在访问后释放该锁。一般情况下，我们可以使用初始值为 TRUE 的二进制信号量或初始值为 1 的计数信号量或互斥信号量作为锁。

现在我们把这个例子稍加改动，有十个线程（线程 A、线程 1～线程 9）和一个变量 V，线程 A 需要写变量 V，线程 1～线程 9 需要读变量 V。显然变量 V 的读者线程多于写者线程。在这种情况下，如果我们继续使用初始值为 TRUE 的二进制信号量或初始值为 1 的计数信号量或互斥信号量作为锁，那么当有一个读者线程占有该锁时，则其他的读者线程都会阻塞在该锁上，这显然降低了读取共享资源时的并发效率，但即使多个线程同时直接对变量 V 进行读操作，也不会使变量 V 的值混乱。

为了解决普通锁机制在对共享资源"读多写少"情况下读并发效率低下的问题，POSIX 标准定义了读写锁及其操作，读写锁具有三种状态：读状态、写状态、解锁状态。读写锁规定：处于读状态的读写锁可以再次锁定任意读锁，而请求的写锁将在读锁解锁之后首先被响应（SylixOS 支持写锁优先原则）；处于写状态的读写锁不会响应任何锁，即任何加锁请求都将失败。

POSIX 读写锁的类型为 pthread_rwlock_t。使用时定义一个 pthread_rwlock_t

类型的变量，如：

```
pthread_rwlock_t  rwlock;
```

一个 POSIX 读写锁必须要调用 pthread_rwlock_init 函数初始化之后才能使用。

线程如果需要等待一个读写锁，根据其对共享资源的使用(读取还是写入)，分别调用 pthread_rwlock_rdlock 或 pthread_rwlock_wrlock 函数，中断服务程序不能调用任何 POSIX 读写锁函数。调用 pthread_rwlock_unlock 函数可以解锁一个读写锁，如图 5.13 所示。

当一个读写锁使用完毕后(并确保以后也不再使用)，应该调用 pthread_rwlock_destroy 函数删除它，SylixOS 会回收该读写锁占用的内核资源。

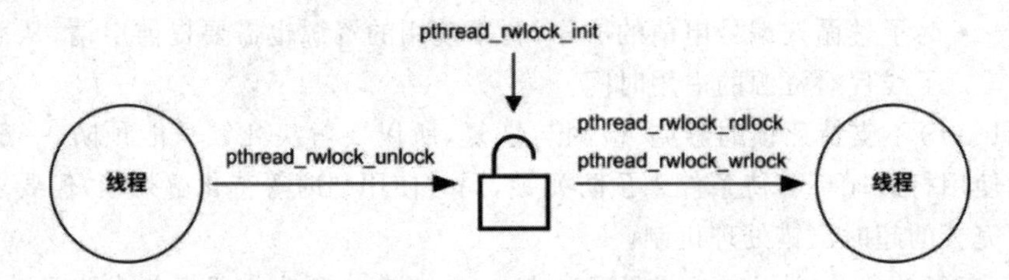

图 5.13　POSIX 读写锁

创建一个 POSIX 读写锁需要使用一个 POSIX 读写锁属性块作为参数。POSIX 读写锁属性块的类型为 pthread_rwlockattr_t。使用时定义一个 pthread_rwlockattr_t 类型的变量，如：

```
pthread_rwlockattr_t  rwlockattr;
```

5.8.1　读写锁属性块[①]

5.8.1.1 读写锁属性块的初始化和删除

```
#include <pthread.h>
int  pthread_rwlockattr_init(pthread_rwlockattr_t  *prwlockattr );
```

函数 pthread_rwlockattr_init 原型分析：

- 此函数成功返回 0，失败返回错误号；
- 参数 ***prwlockattr*** 是 POSIX 读写锁属性块的指针。

```
#include <pthread.h>
int    pthread_rwlockattr_destroy(pthread_rwlockattr_t  *prwlockattr );
```

函数 pthread_rwlockattr_destroy 原型分析：

① 目前 SylixOS 的读写锁函数并没有操作读写锁属性对象，这部分内容为了兼容 POSIX 标准。

- 此函数成功返回0,失败返回错误号；
- 参数*prwlockattr* 是 POSIX 读写锁属性块的指针。

5.8.1.2 设置和获取读写锁属性块的进程共享属性

```
#include <pthread.h>
int     pthread_rwlockattr_setpshared(pthread_rwlockattr_t * prwlockattr ,
                                       int   pshared );
```

函数 pthread_rwlockattr_setpshared 原型分析：

- 此函数成功返回0,失败返回错误号；
- 参数*prwlockattr* 是 POSIX 读写锁属性块的指针；
- 参数*pshared* 标识了 POSIX 读写锁属性块是否进程共享。

```
#include <pthread.h>
int     pthread_rwlockattr_getpshared(const pthread_rwlockattr_t * prwlockattr ,
                                       int  * pshared );
```

函数 pthread_rwlockattr_getpshared 原型分析：

- 此函数成功返回0,失败返回错误号；
- 参数*prwlockattr* 是 POSIX 读写锁属性块的指针；
- 输出参数*pshared* 标识了 POSIX 读写锁属性块是否进程共享。

5.8.2　读写锁

5.8.2.1 读写锁的初始化和删除

```
#include <pthread.h>
int     pthread_rwlock_init(pthread_rwlock_t   * prwlock ,
                            const pthread_rwlockattr_t   * prwlockattr );
```

函数 pthread_rwlock_init 原型分析：

- 此函数成功返回0,失败返回错误号；
- 参数*prwlock* 是 POSIX 读写锁的指针；
- 参数*prwlockattr* 是 POSIX 读写锁属性对象的指针,可以为 NULL。

```
#include <pthread.h>
int   pthread_rwlock_destroy(pthread_rwlock_t   * prwlock );
```

函数 pthread_rwlock_destroy 原型分析：

- 此函数成功返回0,失败返回错误号；
- 参数*prwlock* 是 POSIX 读写锁的指针。

5.8.2.2 读写锁的读等待

```
#include <pthread.h>
int     pthread_rwlock_rdlock(pthread_rwlock_t   *prwlock );
int     pthread_rwlock_tryrdlock(pthread_rwlock_t     *prwlock );
int     pthread_rwlock_timedrdlock(pthread_rwlock_t        *prwlock ,
const    struct timespec   *abs_timeout );
```

以上三个函数原型分析：

- 函数成功返回 0,失败返回错误号；
- 参数*prwlock* 是 POSIX 读写锁的指针；
- 参数*abs_timeout* 是等待的绝对超时时间。

pthread_rwlock_timedrdlock 是 pthread_rwlock_rdlock 的带等待超时时间的版本,abs_timeout 为等待的绝对超时时间(见第 9 章)。

pthread_rwlock_tryrdlock 是 pthread_rwlock_rdlock 的“尝试等待”版本,在读写锁已经被写锁占有时,pthread_rwlock_rdlock 将阻塞直至被唤醒,而 pthread_rwlock_tryrdlock 将立即返回,并返回错误号 EBUSY。

5.8.2.3 读写锁的写等待

```
#include <pthread.h>
int      pthread_rwlock_wrlock(pthread_rwlock_t   *prwlock );
int      pthread_rwlock_trywrlock(pthread_rwlock_t   *prwlock );
int      pthread_rwlock_timedwrlock(pthread_rwlock_t       *prwlock ,
                                    const struct timespec   *abs_timeout );
```

以上三个函数原型分析：

- 函数成功返回 0,失败返回错误号；
- 参数*prwlock* 是 POSIX 读写锁的指针；
- 参数*abs_timeout* 是等待的绝对超时时间。

pthread_rwlock_timedwrlock 是 pthread_rwlock_wrlock 的带等待超时时间的版本,abs_timeout 为等待的绝对超时时间。

pthread_rwlock_trywrlock 是 pthread_rwlock_wrlock 的“尝试等待”版本,在读写锁已经被读锁占有时,pthread_rwlock_wrlock 将阻塞直至被唤醒,而 pthread_rwlock_trywrlock 将立即返回,并返回错误号 EBUSY。

5.8.2.4 读写锁的解锁

```
#include <pthread.h>
int    pthread_rwlock_unlock(pthread_rwlock_t   *prwlock );
```

函数 pthread_rwlock_unlock 原型分析：

- 此函数成功返回 0，失败返回错误号；
- 参数*prwlock* 是 POSIX 读写锁的指针。

POSIX 读写锁的使用程序：**chapter05/posix_rwlock_example**。该程序展示了 POSIX 读写锁的使用。程序创建四个读者线程和一个写者线程及一个 POSIX 读写锁，写者线程对变量 count 进行自增操作，四个读者线程变量 count 进行打印，使用 POSIX 读写锁作为访问变量 count 的互斥手段。

5.9　SylixOS 条件变量

继续使用 5.8 节的例子：有十个线程(线程 A、线程 1～线程 9)和一个变量 V，线程 A 需要写变量 V，线程 1～线程 9 需要读变量 V。我们假设只有在变量 V 的值改变时，读者线程才需要读变量 V，在变量 V 的值不变时，读者线程需要阻塞。

读者线程阻塞前可能需要一种“判断”操作，判断变量 V 当前的值是否与上一次读到的值不一致；“判断”操作前需要加锁，如果一致那么读者线程需要阻塞，真正进入阻塞状态前读者线程又需要释放该锁，释放锁与阻塞需要是一个不可打断的原子操作。

我们可以想象一下释放锁与阻塞不是一个原子操作的情形，如果读者线程在释放锁与阻塞之间被线程 A 抢占了，毫无疑问，线程 A 可以成功获锁，线程 A 写变量 V，变量 V 的值改变了，但读者线程却阻塞了，显然读者线程丢失了一次对变量 V 值改变的响应！

同时在线程 A 写变量 V 后以广播的方式“通知”多个读者线程去读该变量。

我们需要一种新的线程间通信手段——**条件变量**来解决以上问题——释放锁与阻塞是一个原子操作和能以广播的方式“通知”多个读者线程。

条件变量是多线程间的一种同步机制，条件变量与互斥锁一起使用时，允许线程以无竞争的形式等待条件的发生。条件本身由互斥量保护，因此线程在改变条件之前必须首先锁住互斥量，其他线程在获得互斥量之前不会察觉到条件的改变。下面的伪代码过程是使用条件变量的一种可能方法：

```
定义全局条件变量          (global_cond)
定义全局互斥锁            (global_lock)
全局变量                  (global_value)
t1 ()
{
获得互斥锁                (加锁 global_lock)
等待条件                  (Wait)
释放互斥锁                (解锁 global_lock)
```

```
}
t2 ()
{
获得互斥锁              (加锁 global_lock)
全局变量操作
通知条件满足            (Signal)
释放互斥锁              (解锁 global_lock)
}
main ()
{
初始化条件变量          (global_cond)
创建互斥锁              (global_lock)
创建线程                (t1 t2)
线程 JOIN               (join t1 t2)
销毁条件变量            (global_cond)
删除互斥锁              (global_lock)
}
```

SylixOS 条件变量的类型为 LW_THREAD_COND。

使用时需要定义一个 LW_THREAD_COND 型的变量，如：

```
LW_THREAD_COND tcd;
```

一个 SylixOS 条件变量必须要调用 Lw_Thread_Cond_Init 函数初始化之后才能使用。

如果需要等待一个条件变量，可以调用 Lw_Thread_Cond_Wait 函数，中断服务程序不能调用 Lw_Thread_Cond_Wait 函数等待一个条件变量，因为 Lw_Thread_Cond_Wait 函数会阻塞当前线程。

发送一个条件变量可以使用 Lw_Thread_Cond_Signal 或 Lw_Thread_Cond_Broadcast 函数，中断服务程序也可以发送一个条件变量，如图 5.14 所示。

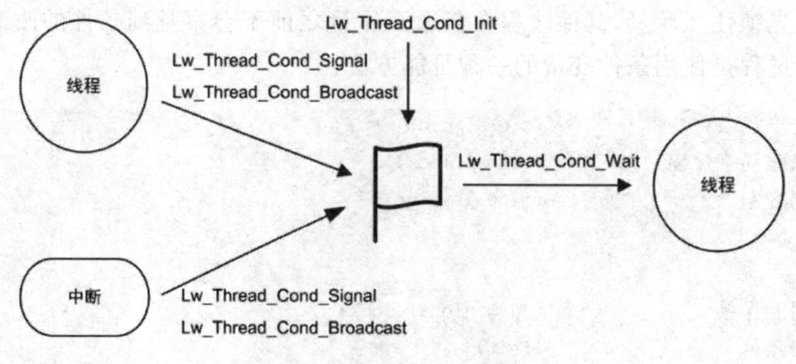

图 5.14 SylixOS 条件变量

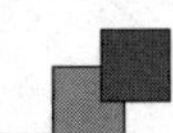

当一个条件变量使用完毕后，应该调用 Lw_Thread_Cond_Destroy 函数删除，SylixOS 会回收该条件变量占用的内核资源。需要注意的是，尝试再次使用一个已被删除的条件变量将会产生未知错误。

创建一个 SylixOS 条件变量需要使用 SylixOS 条件变量属性块。SylixOS 条件变量属性块的类型为 ULONG。

使用时定义一个 ULONG 类型的变量，如：

```
ULON  GulCondAttr;
```

5.9.1 条件变量属性块

5.9.1.1 条件变量属性块的初始化和删除

```
#include <SylixOS.h>
ULONG  Lw_Thread_Condattr_Init(ULONG  *pulAttr);
```

函数 Lw_Thread_Condattr_Init 原型分析：

- 此函数成功返回 0，失败返回错误号；
- 参数 ***pulAttr*** 是 SylixOS 条件变量属性块的指针。

```
#include <SylixOS.h>
ULONG  Lw_Thread_Condattr_Destroy(ULONG  *pulAttr);
```

函数 Lw_Thread_Condattr_Destroy 原型分析：

- 此函数成功返回 0，失败返回错误号；
- 参数 ***pulAttr*** 是 SylixOS 条件变量属性块的指针。

5.9.1.2 设置和获取条件变量属性块的进程共享属性

```
#include <SylixOS.h>
ULONG  Lw_Thread_Condattr_Setpshared(ULONG  *pulAttr, INT  iShared);
```

函数 Lw_Thread_Condattr_Setpshared 原型分析：

- 此函数成功返回 0，失败返回错误号；
- 参数 ***pulAttr*** 是 SylixOS 条件变量属性块的指针；
- 参数 ***iShared*** 标识了 SylixOS 条件变量属性块是否进程共享。

```
#include <SylixOS.h>
ULONG  Lw_Thread_Condattr_Getpshared(const ULONG  *pulAttr, INT  *piShared);
```

函数 Lw_Thread_Condattr_Getpshared 原型分析：

- 此函数成功返回 0，失败返回错误号；
- 参数 ***pulAttr*** 是 SylixOS 条件变量属性块的指针；

• 输出参数 *piShared* 标识了 SylixOS 条件变量属性块是否进程共享。

5.9.2 条件变量

5.9.2.1 条件变量的初始化和删除

```
#include <SylixOS.h>
ULONG    Lw_Thread_Cond_Init(PLW_THREAD_COND  ptcd, ULONG  ulAttr);
```

函数 Lw_Thread_Cond_Init 原型分析：

• 此函数成功返回 0，失败返回错误号；
• 参数 *ptcd* 是 SylixOS 条件变量的指针；
• 参数 *ulAttr* 是 SylixOS 条件变量属性块。

```
#include <SylixOS.h>
ULONG    Lw_Thread_Cond_Destroy(PLW_THREAD_COND  ptcd);
```

函数 Lw_Thread_Cond_Destroy 原型分析：

• 此函数成功返回 0，失败返回错误号；
• 参数 *ptcd* 是 SylixOS 条件变量的指针。

5.9.2.2 条件变量的等待

```
#include <SylixOS.h>
ULONG    Lw_Thread_Cond_Wait(PLW_THREAD_COND  ptcd,
                             LW_HANDLE  ulMutex,
                             ULONG  ulTimeout);
```

函数 Lw_Thread_Cond_Wait 原型分析：

• 此函数成功返回 0，失败返回错误号；
• 参数 *ptcd* 是 SylixOS 条件变量的指针；
• 参数 *ulMutex* 是 SylixOS 互斥信号量的句柄；
• 参数 *ulTimeout* 是等待的超时时间，单位为时钟节拍 Tick。

5.9.2.3 条件变量的发送

```
#include <SylixOS.h>
ULONG    Lw_Thread_Cond_Signal(PLW_THREAD_COND  ptcd);
ULONG    Lw_Thread_Cond_Broadcast(PLW_THREAD_COND  ptcd);
```

以上两个函数原型分析：

• 函数成功返回 0，失败返回错误号；
• 参数 *ptcd* 是 SylixOS 条件变量的指针。

Lw_Thread_Cond_Broadcast 与 Lw_Thread_Cond_Signal 函数的区别在于：Lw_Thread_Cond_Broadcast 将以广播的方式唤醒阻塞在该条件变量的所有线程，而 Lw_Thread_Cond_Signal 将根据线程创建时选择的队列方式(FIFO 或者线程优先级)唤醒(首个或者高优先级)一个线程。

SylixOS 条件变量的使用程序：**chapter05/sylixos_condvar_example**。该程序展示了 SylixOS 条件变量的使用。程序创建两个线程和一个 SylixOS 互斥信号量及一个 SylixOS 条件变量；线程 tTestA 等待条件满足并打印变量_G_iCount 的值，线程 tTestB 对变量_G_iCount 进行自增操作并以广播的形式发送条件满足信号。使用 SylixOS 互斥信号量作为访问变量_G_iCount 的互斥手段，使用 SylixOS 条件变量作为变量_G_iCount 值改变的通知手段。

5.10　POSIX 条件变量

POSIX 条件变量的类型为 pthread_cond_t。使用时需要定义一个 pthread_cond_t 类型的变量，如：

```
pthread_cond_t cond;
```

POSIX 条件变量需要与 POSIX 互斥信号量结合使用，使用 POSIX 条件变量前，我们需要先创建一个用于共享资源锁用途的 POSIX 互斥信号量。

一个 POSIX 条件变量必须要调用 pthread_cond_init 函数初始化之后才能使用。

线程如果需要等待一个条件变量，可以调用 pthread_cond_wait 函数，中断服务程序不可以调用 pthread_cond_wait 函数等待一个条件变量，因为 pthread_cond_wait 函数会阻塞当前线程。

发送一个条件变量可以使用 pthread_cond_signal 或 pthread_cond_broadcast 函数，中断服务程序不可以发送一个 POSIX 条件变量，如图 5.15 所示。

当一个条件变量使用完毕后(并确保以后也不再使用)，应该调用 pthread_cond_destroy 函数删除它，SylixOS 会回收该条件变量占用的内核资源。

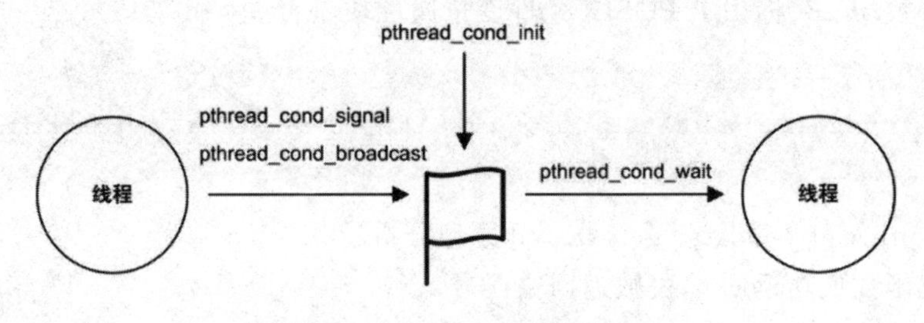

图 5.15　POSIX 条件变量

创建一个 POSIX 条件变量需要使用 POSIX 条件变量属性块。POSIX 条件变量属性块的类型为 pthread_condattr_t。使用时需要定义一个 pthread_condattr_t 类型的变量,如:

```
pthread_condattr_t condattr;
```

5.10.1 条件变量属性块

5.10.1.1 条件变量属性块的初始化和删除

```
#include <pthread.h>
int   pthread_condattr_init(pthread_condattr_t   *pcondattr );
```

函数 pthread_condattr_init 原型分析:

- 此函数成功返回 0,失败返回错误号;
- 参数*pcondattr* 是 POSIX 条件变量属性块的指针。

```
#include <pthread.h>
int     pthread_condattr_destroy(pthread_condattr_t   *pcondattr );
```

函数 pthread_condattr_destroy 原型分析:

- 此函数成功返回 0,失败返回错误号;
- 参数*pcondattr* 是 POSIX 条件变量属性块的指针。

5.10.1.2 设置和获取条件变量属性块的进程共享属性

```
#include <pthread.h>
int     pthread_condattr_setpshared(pthread_condattr_t   *pcondattr ,
                                    int   ishare );
```

函数 pthread_condattr_setpshared 原型分析:

- 此函数成功返回 0,失败返回错误号;
- 参数*pcondattr* 是 POSIX 条件变量属性块的指针;
- 参数*ishare* 标识了 POSIX 条件变量属性块是否进程共享。

```
#include <pthread.h>
int     pthread_condattr_getpshared(const pthread_condattr_t   *pcondattr ,
                                    int   *pishare );
```

函数 pthread_condattr_getpshared 原型分析:

- 此函数成功返回 0,失败返回错误号;
- 参数*pcondattr* 是 POSIX 条件变量属性块的指针;
- 输出参数*pishare* 标识了 POSIX 条件变量属性块是否进程共享。

5.10.1.3 设置和获取条件变量属性块的时钟类型

```
#include <pthread.h>
int     pthread_condattr_setclock(pthread_condattr_t  * pcondattr ,
                                  clockid_t  clock_id );
```

函数 pthread_condattr_setclock 原型分析：

- 此函数成功返回 0,失败返回错误号；
- 参数*pcondattr* 是 POSIX 条件变量属性块的指针；
- 参数*clock_id* 是时钟类型。

注：当前参数 clock_id 只能用宏 CLOCK_REALTIME(见第 9 章)。

```
#include <pthread.h>
int     pthread_condattr_getclock(const pthread_condattr_t  * pcondattr ,
                                  clockid_t  * pclock_id );
```

函数 pthread_condattr_getclock 原型分析：

- 此函数成功返回 0,失败返回错误号；
- 参数*pcondattr* 是 POSIX 条件变量属性块的指针；
- 输出参数*clock_id* 是时钟类型。

5.10.2 条件变量

5.10.2.1 条件变量的初始化和删除

```
#include <pthread.h>
int     pthread_cond_init(pthread_cond_t * pcond ,
                          const pthread_condattr_t  * pcondattr );
```

函数 pthread_cond_init 原型分析：

- 此函数成功返回 0,失败返回错误号；
- 参数*pcond* 是 POSIX 条件变量的指针；
- 参数*pcondattr* 是 POSIX 条件变量属性块的指针,可以为 NULL。

```
#include <pthread.h>
int     pthread_cond_destroy(pthread_cond_t  * pcond );
```

函数 pthread_cond_destroy 原型分析：

- 此函数成功返回 0,失败返回错误号；
- 参数*pcond* 是 POSIX 条件变量的指针。

5.10.2.2 条件变量的发送

```
#include <pthread.h>
int     pthread_cond_signal(pthread_cond_t   *pcond );
int     pthread_cond_broadcast(pthread_cond_t   *pcond );
```

以上两个函数原型分析：

- 函数成功返回 0,失败返回错误号；
- 参数*pcond* 是 POSIX 条件变量的指针。

pthread_cond_broadcast 与 pthread_cond_signal 函数的区别在于：pthread_cond_broadcast 会以广播的方式唤醒阻塞在该条件变量的所有线程，而 pthread_cond_signal 只会唤醒一个线程。

5.10.2.3 条件变量的等待

```
#include <pthread.h>
int     pthread_cond_wait(pthread_cond_t          *pcond ,
                          pthread_mutex_t         *pmutex );
int     pthread_cond_timedwait(pthread_cond_t          *pcond ,
                               pthread_mutex_t         *pmutex ,
                               const struct timespec   *abs_timeout );
int     pthread_cond_reltimedwait_np(pthread_cond_t          *pcond ,
                                     pthread_mutex_t         *pmutex ,
                                     const struct timespec   *rel_timeout );
```

以上三个函数原型分析：

- 函数成功返回 0,失败返回错误号；
- 参数*pcond* 是 POSIX 条件变量的指针；
- 参数*pmutex* 是 POSIX 互斥信号量的指针；
- 参数*abs_timeout* 是等待的绝对超时时间；
- 参数*rel_timeout* 是等待的相对超时时间。

pthread_cond_timedwait 是 pthread_cond_wait 的带等待超时时间的版本，参数 *abs_timeout* 为等待的绝对超时时间。

pthread_cond_reltimedwait_np 是 pthread_cond_timedwait 的非 POSIX 标准版本，参数*rel_timeout* 为等待的相对超时时间。

POSIX 条件变量的使用程序：**chapter05/posix_condvar_example**。该程序展示了 POSIX 条件变量的使用。程序创建两个线程和一个 POSIX 互斥信号量及一个 POSIX 条件变量；线程 thread_a 对变量 count 打印，线程 thread_b 对变量 count 进行自增操作，使用 POSIX 互斥信号量作为访问变量 count 的互斥手段，使用 POSIX 条件变量作为变量 count 值改变的通知手段。

5.11　SylixOS 消息队列

5.11.1　消息队列

在说明什么是消息队列前，我们先看一下例子：有两个线程（线程 A、线程 B，线程 A 的优先级较线程 B 的高）和一个变量 V，线程 A 需要写变量 V，线程 B 需要读变量 V。我们假设只有在变量 V 的值改变时，线程 B 才需要读变量 V，在变量 V 的值不变时，线程 B 需要阻塞。

如果我们继续使用条件变量进行线程间通信，在线程 A 快速频繁地修改变量 V 的值时，可能会造成线程 B 丢失一部分对变量 V 值改变的响应——应该被读出的旧值已经被新值所覆盖。

消息队列是一个可以存放多则消息的 FIFO（先入先出）队列。如果我们改用消息队列作为线程 A、B 间的通信手段，线程 A 将变量 V 修改后的值作为一则消息存入消息队列，线程 B 只需要从消息队列读出消息（即变量 V 修改后的值），那么在消息队列满前就不会出现线程 B 丢失一部分对变量 V 值改变的响应。

消息队列使得我们的软件更容易按功能模块划分和实现，不同功能模块使用不同线程实现，功能模块之间使用消息队列进行通信解耦合而不是定义调用接口。

比如 ADC① 线程读取 ADC 转换后的结果，将结果存入消息队列，UI 线程从消息队列取出结果将其显示到屏幕上；按键线程读取用户按下的按键，将键值存入消息队列，UI 线程取出键值切换显示页面……，这样只有 UI 线程能操作显示界面，避免了显示错误的发生。

SylixOS 消息队列还支持紧急消息的发送，紧急消息直接插入到消息队列的首部，紧急消息将最先被处理，保证了某些异常情况下的安全。

一个 SylixOS 消息队列必须要调用 Lw_MsgQueue_Create 函数创建之后才能使用，如果创建成功，Lw_MsgQueue_Create 函数将返回一个消息队列的句柄。

线程如果需要接收消息，可以调用 Lw_MsgQueue_Receive 函数，中断服务程序不能调用 Lw_MsgQueue_Receive 函数接收消息，因为 Lw_MsgQueue_Receive 函数在消息队列为空时会阻塞当前线程。

中断服务程序可以使用 Lw_MsgQueue_TryReceive 函数尝试接收消息，Lw_MsgQueue_TryReceive 函数在消息队列为空队列时将立即返回，不会阻塞当前线程，如图 5.16 所示。

发送消息可以调用 Lw_MsgQueue_Send 函数。当一个消息队列使用完毕后（并确保以后也不再使用），应该调用 Lw_MsgQueue_Delete 函数将其删除，SylixOS 会

① ADC 是一个将模拟信号转变为数字信号的电子元件。

回收该消息队列占用的内核资源。

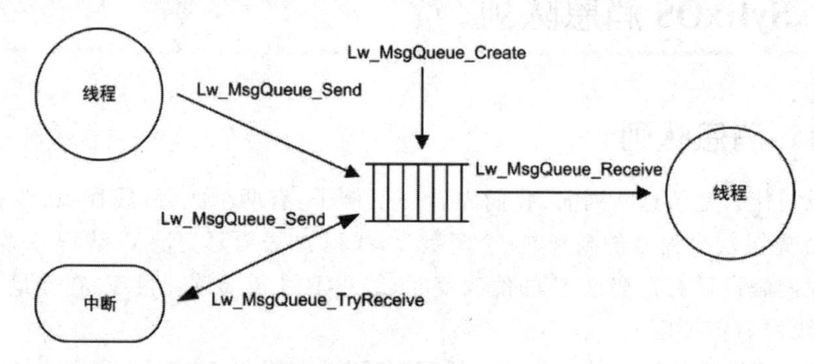

图 5.16 SylixOS 消息队列

5.11.2 消息队列操作函数

5.11.2.1 消息队列的创建和删除

```
#include <SylixOS.h>
LW_HANDLE Lw_MsgQueue_Create(CPCHAR          pcName,
                             ULONG           ulMaxMsgCounter,
                             size_t          stMaxMsgByteSize,
                             ULONG           ulOption,
                             LW_OBJECT_ID    *pulId);
```

函数 Lw_MsgQueue_Create 原型分析：

- 此函数成功返回消息队列的句柄,失败时返回 LW_HANDLE_INVALID 并设置错误号；
- 参数 *pcName* 是消息队列的名字；
- 参数 *ulMaxMsgCounter* 是消息队列可容纳的最大消息个数；
- 参数 *stMaxMsgByteSize* 是消息队列的单则消息的最大长度；
- 参数 *ulOption* 是消息队列的创建选项,如表 5.2 所列；
- 输出参数 *pulId* 用于接收消息队列的 ID。

需要注意的是,消息队列中最大消息队列的最小值为 sizeof(size_t),也就是说,创建消息队列的最小容量为 sizeof(size_t)个字节大小。

```
#include <SylixOS.h>
ULONG    Lw_MsgQueue_Delete(LW_HANDLE   *pulId);
```

函数 Lw_MsgQueue_Create 原型分析：

- 此函数成功返回 ERROR_NONE,失败返回错误号；
- 参数 *pulId* 是消息队列的句柄。

5.11.2.2 接收消息

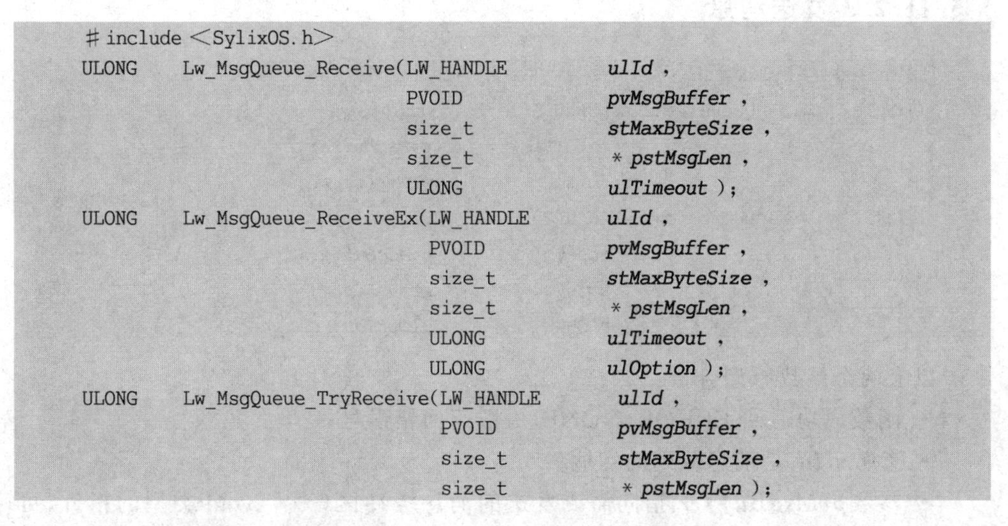

```
#include <SylixOS.h>
ULONG    Lw_MsgQueue_Receive(LW_HANDLE        ulId ,
                             PVOID            pvMsgBuffer ,
                             size_t           stMaxByteSize ,
                             size_t           *pstMsgLen ,
                             ULONG            ulTimeout );
ULONG    Lw_MsgQueue_ReceiveEx(LW_HANDLE      ulId ,
                               PVOID          pvMsgBuffer ,
                               size_t         stMaxByteSize ,
                               size_t         *pstMsgLen ,
                               ULONG          ulTimeout ,
                               ULONG          ulOption );
ULONG    Lw_MsgQueue_TryReceive(LW_HANDLE     ulId ,
                                PVOID         pvMsgBuffer ,
                                size_t        stMaxByteSize ,
                                size_t        *pstMsgLen );
```

以上三个函数原型分析：

- 函数成功返回 ERROR_NONE，失败返回错误号；
- 参数*ulId* 是消息队列的句柄；
- 参数*pvMsgBuffer* 指向用于接收消息的消息缓冲区（一个 void 类型的指针，可以指向任意类型）；
- 参数*stMaxByteSize* 是消息缓冲区的长度；
- 输出参数*pstMsgLen* 用于接收消息的长度；
- 参数*ulTimeout* 是等待的超时时间，单位为时钟节拍 Tick。
- 参数*ulOption* 是消息队列的接收选项，如表 5.8 所列。

表 5.8 消息队列的接收选项

宏 名	含 义
LW_OPTION_NOERROR	大于缓冲区的消息自动截断（默认为此选项）

调用 Lw_MsgQueue_Receive 函数将从*ulId* 代表的消息队列中获得消息：

- 当队列中存在消息时，该函数将消息复制到参数*pvMsgBuffer* 的消息缓冲区，如果缓冲区长度大于消息长度，缓冲区剩余部分不做修改；如果缓冲区长度小于消息长度，消息将被截断并且没有任何错误返回。Lw_MsgQueue_ReceiveEx 函数提供了消息错误检查机制，当消息被截断时，该函数将返回错误号 E2BIG。
- 当队列中不存在消息时，线程将被阻塞，如果设置了*ulTimeout* 的超时值为 LW_OPTION_WAIT_INFINITE，线程将永远阻塞直到消息到来；如果*ulTimeout* 的超时值不为 LW_OPTION_WAIT_INFINITE，线程将在指定的时间超时后自动唤醒线程。

5.11.2.3 发送消息

```
#include <SylixOS.h>
ULONG    Lw_MsgQueue_Send(LW_HANDLE          ulId ,
                          const PVOID        pvMsgBuffer ,
                          size_t             stMsgLen );
ULONG    Lw_MsgQueue_SendEx(LW_HANDLE        ulId ,
                            const PVOID      pvMsgBuffer ,
                            size_t           stMsgLen ,
                            ULONG            ulOption );
```

以上两个函数原型分析：

- 函数成功返回 ERROR_NONE，失败返回错误号；
- 参数*ulId* 是消息队列的句柄；
- 参数*pvMsgBuffer* 指向需要发送的消息缓冲区（一个 void 类型的指针，可以指向任意类型）；
- 参数*stMsgLen* 是需要发送的消息的长度；
- 参数*ulOption* 是消息的发送选项，如表 5.9 所列。

表 5.9 消息队列的发送选项

宏 名	含 义
LW_OPTION_DEFAULT	默认的选项
LW_OPTION_URGENT	紧急消息发送
LW_OPTION_BROADCAST	广播发送

如果使用 LW_OPTION_URGENT 选项，该消息将被插入到消息队列的首部；如果使用 LW_OPTION_BROADCAST 选项，该消息将被传递到每一个等待该消息队列的线程。

5.11.2.4 带延时的发送消息

```
#include <SylixOS.h>
ULONG    Lw_MsgQueue_Send2(LW_HANDLE         ulId ,
                           const PVOID       pvMsgBuffer ,
                           size_t            stMsgLen
                           ULONG             ulTimeout );
ULONG    Lw_MsgQueue_SendEx2(LW_HANDLE       ulId ,
                             const PVOID     pvMsgBuffer ,
                             size_t          stMsgLen ,
                             ULONG           ulTimeout
                             ULONG           ulOption );
```

以上两个函数原型分析：

- 函数成功返回 ERROR_NONE,失败返回错误号；
- 参数*ulId* 是消息队列的句柄；
- 参数*pvMsgBuffer* 指向需要发送的消息缓冲区（一个 void 类型的指针，可以指向任意类型）；
- 参数*stMsgLen* 是需要发送的消息的长度；
- 参数*ulTimeout* 是发送消息的延时等待时间；
- 参数*ulOption* 是消息的发送选项，如表 5.9 所列。

以上两个函数与 Lw_MsgQueue_Send 函数不同之处在于参数中增加了*ulTimeout*，该参数表示发送消息带延时等待功能，这意味着，当发送的消息队列满时，发送消息将等待*ulTimeout* 时间，如果超时时间到时消息队列仍然处于满状态消息将被丢弃，否则消息被成功发送。

5.11.2.5 消息队列的清除

```
#include <SylixOS.h>
ULONG    Lw_MsgQueue_Clear(LW_HANDLE   ulId );
```

函数 Lw_MsgQueue_Clear 原型分析：

- 此函数成功返回 ERROR_NONE,失败返回错误号；
- 参数*ulId* 是消息队列的句柄。

消息队列的清除意味着队列中的所有消息将被删除（消息丢弃，队列仍然有效），企图从中接收消息不会得到预期的结果。

5.11.2.6 释放等待消息队列的所有线程

```
#include <SylixOS.h>
ULONG    Lw_MsgQueue_Flush(LW_HANDLE      ulId ,
                           ULONG          * pulThreadUnblockNum );
```

函数 Lw_MsgQueue_Flush 原型分析：

- 此函数成功返回 ERROR_NONE,失败返回错误号；
- 参数*ulId* 是消息队列的句柄；
- 输出参数*pulThreadUnblockNum* 返回被解除阻塞的线程数，可以为 NULL。

调用 Lw_MsgQueue_Flush 函数将使所有阻塞在指定消息队列上的线程（包括发送和接收线程）就绪，这样避免了线程长时间阻塞的状态。

```
#include <SylixOS.h>
ULONG    Lw_MsgQueue_FlushSend(LW_HANDLE  ulId ,
                               ULONG   * pulThreadUnblockNum );
```

函数 Lw_MsgQueue_FlushSend 原型分析：

- 此函数成功返回 ERROR_NONE,失败返回错误号；
- 参数*ulId* 是消息队列的句柄；
- 输出参数*pulThreadUnblockNum* 返回被解除阻塞的线程数,可以为 NULL。

调用 Lw_MsgQueue_FlushSend 函数将使所有阻塞在指定消息队列上的发送线程就绪,这样避免了发送线程因为长时间发送不出去消息而长时间阻塞的状态。

```
#include <SylixOS.h>
ULONG    Lw_MsgQueue_FlushReceive(LW_HANDLE  ulId,
                                  ULONG     *pulThreadUnblockNum);
```

函数 Lw_MsgQueue_FlushReceive 原型分析：

- 此函数成功返回 ERROR_NONE,失败返回错误号；
- 参数*ulId* 是消息队列的句柄；
- 输出参数*pulThreadUnblockNum* 返回被解除阻塞的线程数,可以为 NULL。

调用 Lw_MsgQueue_FlushReceive 函数将使所有阻塞在指定消息队列上的接收线程就绪,这样避免了接收线程因为长时间接收不到消息而长时间阻塞的状态。

5.11.2.7 获得消息队列的状态

```
#include <SylixOS.h>
ULONG    Lw_MsgQueue_Status(LW_HANDLE    ulId,
                            ULONG       *pulMaxMsgNum,
                            ULONG       *pulCounter,
                            size_t      *pstMsgLen,
                            ULONG       *pulOption,
                            ULONG       *pulThreadBlockNum);
ULONG    Lw_MsgQueue_StatusEx(LW_HANDLE  ulId,
                              ULONG     *pulMaxMsgNum,
                              ULONG     *pulCounter,
                              size_t    *pstMsgLen,
                              ULONG     *pulOption,
                              ULONG     *pulThreadBlockNum,
                              size_t    *pstMaxMsgLen);
```

以上两个函数原型分析：

- 函数成功返回 ERROR_NONE,失败返回错误号；
- 参数*ulId* 是消息队列的句柄；
- 输出参数*pulMaxMsgNum* 用于接收消息队列可容纳的最大消息个数；
- 输出参数*pulCounter* 用于接收消息队列当前消息的数目；
- 输出参数*pstMsgLen* 用于接收消息队列最近一则消息的长度；

- 输出参数*pulOption* 用于接收消息队列的创建选项；
- 输出参数*pulThreadBlockNum* 用于接收当前阻塞在该消息队列的线程数；
- 输出参数*pstMaxMsgLen* 用于接收消息队列的单则消息的最大长度。

5.11.2.8 获得消息队列的名字

```
#include <SylixOS.h>
ULONG    Lw_MsgQueue_GetName(LW_HANDLE    ulId,
                             PCHAR        pcName);
```

函数 Lw_MsgQueue_GetName 原型分析：

- 此函数成功返回 ERROR_NONE，失败返回错误号；
- 参数*ulId* 是消息队列的句柄；
- 输出参数*pcName* 是计数型信号量的名字，pcName 应该指向一个大小为 LW_CFG_OBJECT_NAME_SIZE 的字符数组。

SylixOS 消息队列的使用程序：**chapter05/sylixos_mqueue_example**，该程序展示了 SylixOS 消息队列的使用。程序创建两个线程和一个 SylixOS 消息队列；线程 tTestB 将字符串作为消息发送到消息队列中，线程 tTestA 从消息队列中读取消息并打印。

5.12　SylixOS 事件集

使用 P2P 软件(如 BT、电骡等)下载电影时，P2P 软件将需要下载的文件划分为许多个小片段，它从多个文件源下载这些不同的文件片段，当所有的文件片段下载完毕后，P2P 软件再将它们组装成一个文件。P2P 软件需要记录这些文件片段的下载情况和实现在线播放的功能，SylixOS 提供的事件集这一线程间通信手段很好地解决了这些问题。

事件集被定义为 ULONG 型，每一位代表一个事件，对于上面的例子，每一位代表一个文件片段，这样就很好地解决了文件片段下载情况记录的问题。

而在线播放功能依赖于当前需要播放的文件片段，如果当前需要播放的文件片段未下载完，那么只能暂停播放了。下载和播放使用不同线程实现。下载线程不能简单地下载一个文件片段就唤醒播放线程进行播放，因为能下载到哪些文件片段是不确定的，当前下载到的文件片段不一定是播放线程当前需要的。事件集提供了发送和等待事件的 API，很好地解决了下载和播放线程同步的问题。

这里举了 P2P 软件的例子来说明事件集的用途，实际上事件集的功能不限于此。

一个 SylixOS 事件集必须要调用 Lw_Event_Create 函数创建之后才能使用，如果创建成功，Lw_Event_Create 函数会返回一个事件集的句柄。

线程如果需要等待事件，可以调用 Lw_Event_Wait 函数，中断服务程序不能调用 Lw_Event_Wait 函数等待事件，因为 Lw_Event_Wait 函数在事件无效时会阻塞当前线程。

中断服务程序可以使用 Lw_Event_TryWait 函数尝试等待事件，Lw_Event_TryWait 函数在事件无效时会立即返回，不会阻塞当前线程。

发送事件可以调用 Lw_Event_Send 函数，如图 5.17 所示。

当一个事件集使用完毕后（并确保以后也不再使用），应该调用 Lw_Event_Delete 函数删除它，SylixOS 会回收该事件集占用的内核资源。

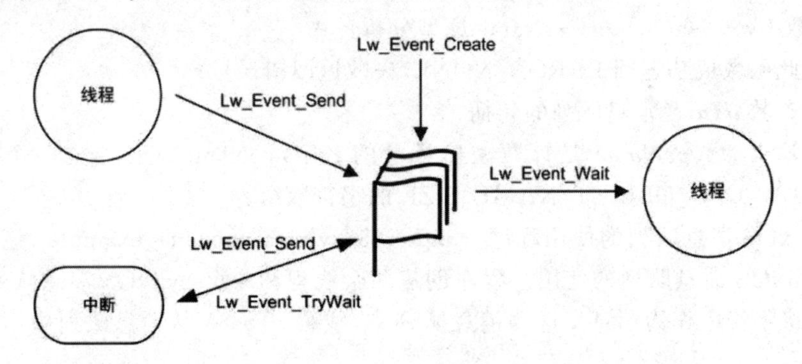

图 5.17　SylixOS 事件集

5.12.1　事件集

事件集用一个整型变量来表示，变量中的一个位代表一个事件，线程通过“逻辑与”或“逻辑或”与一个或多个事件建立关联形成一个事件组合。

5.12.2　事件集操作函数

5.12.2.1 事件集的创建和删除

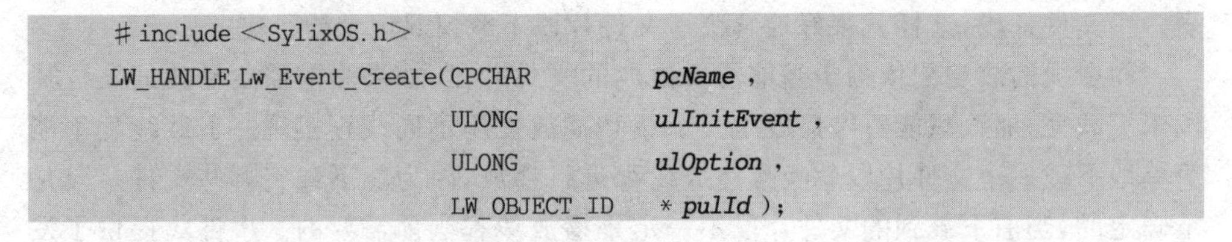

```
#include <SylixOS.h>
LW_HANDLE Lw_Event_Create(CPCHAR          pcName,
                          ULONG           ulInitEvent,
                          ULONG           ulOption,
                          LW_OBJECT_ID   *pulId);
```

函数 Lw_Event_Create 原型分析：

- 此函数成功时返回事件集的句柄，失败时返回 LW_HANDLE_INVALID 并设置错误号；
- 参数 *pcName* 是事件集的名字；
- 参数 *ulInitEvent* 是事件集的初始值；

- 参数*ulOption* 是事件集的创建选项；
- 输出参数*pulId* 用于接收事件集的 ID。

事件可以用宏 LW_OPTION_EVENT_n(n 范围从 0～31)的组合，如果是所有事件，可以用宏 LW_OPTION_EVENT_ALL。

```
#include <SylixOS.h>
ULONG   Lw_Event_Delete(LW_HANDLE   *pulId);
```

函数 Lw_Event_Delete 原型分析：

- 此函数成功时返回 ERROR_NONE，失败时返回错误号；
- 参数*pulId* 是接收事件集的句柄。

5.12.2.2 事件集的发送

```
#include <SylixOS.h>
ULONG    Lw_Event_Send(LW_HANDLE       ulId,
                       ULONG           ulEvent,
                       ULONG           ulOption);
```

函数 Lw_Event_Send 原型分析：

- 此函数成功时返回 ERROR_NONE，失败时返回错误号；
- 参数*ulId* 是事件集的句柄；
- 参数*ulEvent* 是需要发送的事件；
- 参数*ulOption* 是事件发送的选项，如表 5.10 所列。

表 5.10　事件集的发送选项

宏　名	含　义
LW_OPTION_EVENTSET_SET	将指定事件设为 1
LW_OPTION_EVENTSET_CLR	将指定事件设为 0

5.12.2.3 事件集的等待

```
#include <SylixOS.h>
ULONG    Lw_Event_Wait(LW_HANDLE       ulId,
                       ULONG           ulEvent,
                       ULONG           ulOption,
                       ULONG           ulTimeout);
ULONG    Lw_Event_WaitEx(LW_HANDLE       ulId,
                         ULONG           ulEvent,
                         ULONG           ulOption,
                         ULONG           ulTimeout,
                         ULONG          *pulEvent);
```

```
ULONG    Lw_Event_TryWait(LW_HANDLE      ulId ,
                          ULONG          ulEvent ,
                          ULONG          ulOption );
ULONG    Lw_Event_TryWaitEx(LW_HANDLE      ulId ,
                            ULONG          ulEvent ,
                            ULONG          ulOption ,
                            ULONG         * pulEvent );
```

以上四个函数原型分析：

- 函数成功时返回 ERROR_NONE,失败时返回错误号；
- 参数*ulId* 是事件集的句柄；
- 参数*ulEvent* 是需要等待的事件；
- 参数*ulOption* 是等待事件的选项,如表 5.11 所列；
- 参数*ulTimeout* 是等待的超时时间,单位为时钟节拍 Tick；
- 输出参数*pulEvent* 标识了接收到的事件。

Lw_Event_TryWait 和 Lw_Event_Wait 的区别在于,如果当前需要等待的事件无效,Lw_Event_TryWait 会立即退出,并返回 ERROR_THREAD_WAIT_TIMEOUT,而 Lw_Event_Wait 则会阻塞直至被唤醒。

表 5.11 事件集的等待选项

宏 名	含 义
LW_OPTION_EVENTSET_WAIT_CLR_ALL	指定事件都为 0 时激活
LW_OPTION_EVENTSET_WAIT_CLR_ANY	指定事件中任何一位为 0 时激活
LW_OPTION_EVENTSET_WAIT_SET_ALL	指定事件都为 1 时激活
LW_OPTION_EVENTSET_WAIT_SET_ANY	指定事件中任何一位为 1 时激活
LW_OPTION_EVENTSET_RETURN_ALL	获得事件后返回所有有效的事件
LW_OPTION_EVENTSET_RESET	获得事件后自动清除事件
LW_OPTION_EVENTSET_RESET_ALL	获得事件后清除所有事件

5.12.2.4 获得事件集的状态

```
#include <SylixOS.h>
ULONG    Lw_Event_Status(LW_HANDLE      ulId ,
                         ULONG         * pulEvent ,
                         ULONG         * pulOption );
```

函数 Lw_Event_Status 原型分析：

- 此函数成功时返回 ERROR_NONE,失败时返回错误号；
- 参数*ulId* 是事件集的句柄；

- 输出参数 ***pulEvent*** 标识了当前置位的事件；
- 输出参数 ***pulOption*** 是事件集的创建选项。

5.12.2.5 获得事件集的名字

```
#include <SylixOS.h>
ULONG    Lw_Event_GetName(LW_HANDLE      ulId,
                          PCHAR          pcName);
```

函数 Lw_Event_GetName 原型分析：

- 此函数成功时返回 ERROR_NONE，失败时返回错误号；
- 参数 ***ulId*** 是事件集的句柄；
- 输出参数 *pcName* 是事件集的名字，*pcName* 应该指向一个大小为 LW_CFG_OBJECT_NAME_SIZE 的字符数组。

SylixOS 事件集的使用程序：**chapter05/sylixos_eset_example**。该程序展示了 SylixOS 事件集的使用。程序创建两个线程和一个 SylixOS 事件集；线程 tTestB 不断地发送 0～31 号事件，线程 tTestA 等待事件并打印事件编号。

5.13　POSIX 线程屏障

我们一定有组团外出参观旅游景点的经历，假设我们有五个同伴，其中一个同伴 A 去售票处购买团体票，其余四个同伴只能在验票处等待（因为还没买到票），待同伴 A 买到团体票并到入口验票处集合时，我们才可以通过验票处进入旅游景点。

在计算机领域，存在着许多相似的应用场景：对超大数组进行排序，为了发挥多核处理器的并发性能，可以使用 10 个线程分别对这个超大数组的 10 个部分进行排序。必须要等这 10 个线程都完成了各自的排序后，才能进行后续的归并操作。先完成的线程会挂起等待，直到所有线程都完成后，才唤醒所有等待的线程。

以上应用场景我们可以使用信号量、条件变量等线程间通信方法完成，但为了更为优雅简洁地实现，POSIX 标准定义了线程屏障及其操作。

线程屏障 Barrier 又名线程栅栏，它主要用于协调多个线程并行共同完成某项任务。一个线程屏障对象可以使得每个线程阻塞，直到所有协同（合作完成某项任务）的线程执行到某个指定的点，才让这些线程继续执行（这犹如储存水的大坝）。

POSIX 线程屏障的类型为 pthread_barrier_t。使用时需要定义一个 pthread_barrier_t 类型的变量，如：

```
pthread_barrier_tbarrier;
```

一个 POSIX 线程屏障必须要调用 pthread_barrier_init 函数初始化之后才可以使用。

如果需要等待一个线程屏障,可以调用 pthread_barrier_wait 函数,中断服务程序不可以调用任何 POSIX 线程屏障 API,如图 5.18 所示。

当一个线程屏障使用完毕后(并确保以后也不再使用),应该调用 pthread_barrier_destroy 函数将其删除,SylixOS 会回收该线程屏障占用的内核资源。

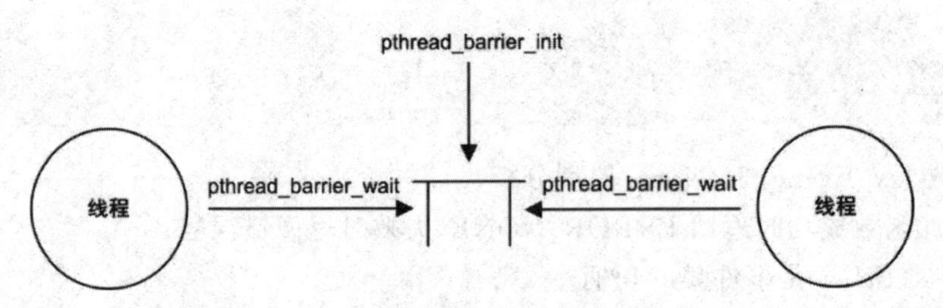

图 5.18 POSIX 线程屏障

创建一个 POSIX 线程屏障需要使用 POSIX 线程屏障属性块。POSIX 线程屏障属性块的类型为 pthread_barrierattr_t。使用时需要定义一个 pthread_barrierattr_t 类型的变量,如:

```
pthread_barrierattr_t  barrierattr;
```

5.13.1 线程屏障属性块

5.13.1.1 线程屏障属性块的初始化和删除

```
#include <pthread.h>
int  pthread_barrierattr_init(pthread_barrierattr_t  *pbarrierattr );
int  pthread_barrierattr_destroy(pthread_barrierattr_t  *pbarrierattr );
```

以上两个函数原型分析:

- 函数成功时返回 0,失败时返回错误号;
- 参数*pbarrierattr* 是 POSIX 线程屏障属性块的指针。

5.13.1.2 设置和获取线程屏障属性块的进程共享属性

```
#include <pthread.h>
int  pthread_barrierattr_setpshared(pthread_barrierattr_t  *pbarrierattr ,
                                    int  shared );
```

函数 pthread_barrierattr_setpshared 原型分析:

- 此函数返回 0;
- 参数*pbarrierattr* 是 POSIX 线程屏障属性块的指针;
- 参数*shared* 标识了 POSIX 线程屏障属性块是否进程共享。

```
#include <pthread.h>
int   pthread_barrierattr_getpshared(const pthread_barrierattr_t   *pbarrierattr,
                                     int   *pshared);
```

函数 pthread_barrierattr_getpshared 原型分析：

- 此函数返回 0；
- 参数*pbarrierattr* 是 POSIX 线程屏障属性块的指针；
- 输出参数*pshared* 标识了 POSIX 线程屏障属性块是否进程共享。

5.13.2　线程屏障

5.13.2.1 线程屏障的初始化和删除

```
#include <pthread.h>
int      pthread_barrier_init(pthread_barrier_t   *pbarrier,
                              const pthread_barrierattr_t   *pbarrierattr,
                              unsigned int   count);
```

函数 pthread_barrier_init 原型分析：

- 此函数成功时返回 0,失败时返回错误号；
- 参数*pbarrier* 是 POSIX 线程屏障的指针；
- 参数*pbarrierattr* 是 POSIX 线程屏障属性块的指针,可以为 NULL；
- 参数*count* 标识了 POSIX 线程屏障将屏障多少个线程。

```
#include <pthread.h>
int      pthread_barrier_destroy(pthread_barrier_t   *pbarrier);
```

函数 pthread_barrier_destroy 原型分析：

- 此函数成功时返回 0,失败时返回错误号；
- 参数*pbarrier* 是 POSIX 线程屏障的指针。

5.13.2.2 线程屏障的等待

```
#include <pthread.h>
int      pthread_barrier_wait(pthread_barrier_t   *pbarrier);
```

函数 pthread_barrier_wait 原型分析：

- 此函数成功时返回 0,失败时返回错误号；
- 参数*pbarrier* 是 POSIX 线程屏障的指针。

POSIX 线程屏障的使用程序：chapter05/posix_pthread_barrier_example 。该程序展示了 POSIX 线程屏障的使用。程序创建四个线程和一个 POSIX 线程屏障；四个线程延时不同的秒数,然后等待线程屏障,待四个线程都到达线程屏障时,四个线程继续运行。

5.14 POSIX 自旋锁

5.14.1 自旋锁

自旋锁是为实现保护共享资源而提出一种轻量级的锁机制。其实，自旋锁与互斥锁比较类似，它们都是为了解决对共享资源的互斥访问。

无论是互斥锁，还是自旋锁，在任何时刻，最多只能有一个拥有者，也就是说，在任何时刻最多只能有一个线程获得锁。但是两者在调度机制上有很大的不同。对于互斥锁，如果互斥锁已经被占有，申请者只能进入睡眠状态。但是自旋锁不会引起申请者睡眠，如果自旋锁已经被别的线程占有，申请者就一直在那里循环判断该自旋锁的拥有者是否已经释放该锁，"自旋"一词就是因此而得名。

由此我们可以看出，自旋锁是一种比较低级的保护数据结构或代码片段的原始方式，这种锁机制可能存在以下两个问题：

- **死锁**：申请者试图递归地获得自旋锁必然会引发死锁；
- **消耗过多 CPU 资源**：如果申请不成功，申请者将一直循环判断，这无疑降低了 CPU 的使用率。

由此可见，自旋锁适用于锁使用者保持锁时间比较短的情况；信号量适用于保持锁时间较长的情况。

需要注意的是，被自旋锁保护的临界区代码执行时不能因为任何原因放弃 CPU，因此，在自旋锁保护的区域内不能调用任何可能引发系统任务调度的 API。

POSIX 自旋锁的类型为 pthread_spinlock_t。使用时定义一个 pthread_spinlock_t 类型的变量，如：

```
pthread_spinlock_t spin;
```

一个 POSIX 自旋锁必须要调用 pthread_spin_init 函数初始化之后才能使用。

线程如果需要等待一个自旋锁，可以调用 pthread_spin_lock 函数，中断服务程序不可以调用任何 POSIX 自旋锁 API。释放一个自旋锁可以调用 pthread_spin_unlock 函数，如图 5.19 所示。

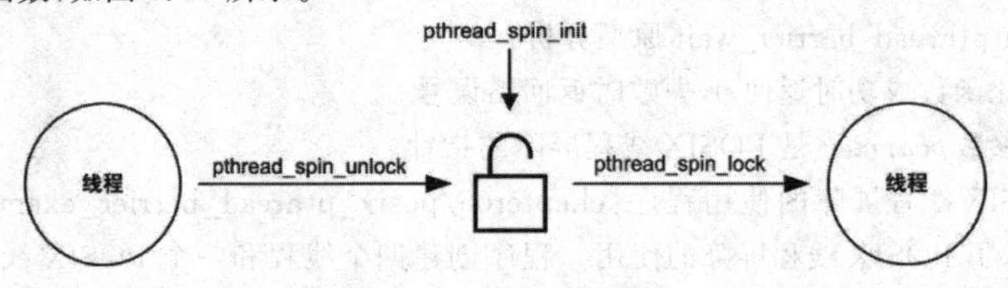

图 5.19 POSIX 自旋锁

当一个自旋锁使用完毕后(并确保以后也不再使用),应该调用 pthread_spin_destroy 函数将其删除,SylixOS 会回收该自旋锁占用的内核资源。

5.14.2 自旋锁操作函数

5.14.2.1 自旋锁的初始化和删除

```
#include <pthread.h>
int     pthread_spin_init(pthread_spinlock_t  *pspinlock , int  pshare );
```

函数 pthread_spin_init 原型分析:

- 此函数成功时返回 0,失败时返回错误号;
- 参数 *pspinlock* 是 POSIX 自旋锁的指针;
- 参数 *pshare* 标识了 POSIX 自旋锁是否进程共享。

```
#include <pthread.h>
int     pthread_spin_destroy(pthread_spinlock_t  *pspinlock );
```

函数 pthread_spin_destroy 原型分析:

- 此函数成功时返回 0,失败时返回错误号;
- 参数 *pspinlock* 是 POSIX 自旋锁的指针。

5.14.2.2 自旋锁的加锁与解锁

```
#include <pthread.h>
int     pthread_spin_lock(pthread_spinlock_t  *pspinlock );
int     pthread_spin_unlock(pthread_spinlock_t  *pspinlock );
int     pthread_spin_trylock(pthread_spinlock_t  *pspinlock );
```

以上三个函数原型分析:

- 函数成功时返回 0,失败时返回错误号;
- 参数 *pspinlock* 是 POSIX 自旋锁的指针。

pthread_spin_trylock 是 pthread_spin_lock 的"尝试等待"版本,在 POSIX 自旋锁已经被占有时,pthread_spin_lock 将"自旋",而 pthread_spin_trylock 将立即返回。

这时,POSIX 自旋锁的解锁操作只能调用 pthread_spin_unlock 函数。

如果中断服务程序也可能使用 POSIX 自旋锁保护的资源,应该使用带中断屏蔽版本的 POSIX 自旋锁 API,否则会发生死锁。

```
#include <pthread.h>
int     pthread_spin_lock_irq_np(pthread_spinlock_t  *pspinlock ,
                                 pthread_int_t  *irqctx );
```

```
int     pthread_spin_unlock_irq_np(pthread_spinlock_t   *pspinlock ,
                                   pthread_int_t         irqctx );
int     pthread_spin_trylock_irq_np(pthread_spinlock_t   *pspinlock ,
                                    pthread_int_t        *irqctx );
```

以上三个函数原型分析：

- 函数成功时返回 0,失败时返回错误号；
- 参数*pspinlock* 是 POSIX 自旋锁的指针；
- 参数*irqctx* 是 pthread_int_t 类型的指针,用于保存和恢复 CPU 的中断屏蔽寄存器。

pthread_spin_trylock_irq_np 是 pthread_spin_lock_irq_np 的"尝试等待"版本,在 POSIX 自旋锁已经被占有时,pthread_spin_lock_irq_np 将"自旋",而 pthread_spin_trylock_irq_np 将立即返回。

这时,POSIX 自旋锁的解锁操作只能调用 pthread_spin_unlock_irq_np 函数。

POSIX 自旋锁的使用程序：**chapter05/posix_pthread_spinlock_example**,该程序展示了 POSIX 自旋锁的使用。程序创建两个线程和一个 POSIX 自旋锁,两个线程分别对变量 count 进行打印和自增操作,使用 POSIX 自旋锁作为访问变量 count 的互斥手段。

5.15 SylixOS 原子量

在本章的开篇介绍了变量 V 的自增操作在多线程环境下存在混乱风险,为了解决此问题,提出了加入一把锁保护变量 V 的自增操作的解决方案。

当程序中存在较多类似于变量 V 的变量或对这样的变量访问较多时,程序必然存在较多的锁和锁操作,这不仅会使程序难以编写和维护,还会因不合理的锁操作导致死锁。

为了避免这些问题,SylixOS 提供了原子量类型 atomic_t 及其相关 API。

5.15.1 原子量

原子量类型可储存一个整型类型的值,同时使用原子量 API 对原子量进行的操作是一个原子操作,因为原子操作不可打断,这样在多线程环境下也就不会存在混乱风险。

SylixOS 原子量的类型为 atomic_t。使用时需要定义一个 atomic_t 类型的变量,如：

```
atomic_t  atomic;
```

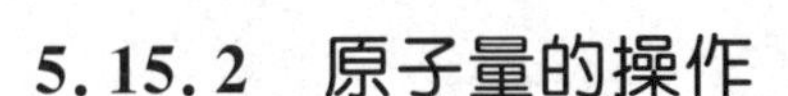

5.15.2　原子量的操作

5.15.2.1 原子量的设置和获取

```
#include <SylixOS.h>
VOID    Lw_Atomic_Set(INT  iVal , atomic_t  * patomic );
```

函数 Lw_Atomic_Set 原型分析：

- 参数*iVal* 是需要设置的值；
- 参数*patomic* 是原子量的指针。

```
#include <SylixOS.h>
INT    Lw_Atomic_Get(atomic_t  * patomic );
```

函数 Lw_Atomic_Get 原型分析：

- 此函数成功时返回原子量的值，失败时返回－1 并设置错误号；
- 参数*patomic* 是原子量的指针。

5.15.2.2 原子量的加和减

```
#include <SylixOS.h>
INT    Lw_Atomic_Add(INT  iVal , atomic_t  * patomic );
```

函数 Lw_Atomic_Add 原型分析：

- 此函数成功时返回原子量的新值，失败时返回－1 并设置错误号；
- 参数*iVal* 是需要加上的值；
- 参数*patomic* 是原子量的指针。

```
#include <SylixOS.h>
INT    Lw_Atomic_Sub(INT  iVal , atomic_t  * patomic );
```

函数 Lw_Atomic_Sub 原型分析：

- 此函数成功时返回原子量的新值，失败时返回－1 并设置错误号；
- 参数*iVal* 是需要减去的值；
- 参数*patomic* 是原子量的指针。

5.15.2.3 原子量的自增和自减

```
#include <SylixOS.h>
INT    Lw_Atomic_Inc(atomic_t  * patomic );
INT    Lw_Atomic_Dec(atomic_t  * patomic );
```

以上两个函数原型分析：

- 函数成功时返回原子量的新值，失败时返回－1 并设置错误号；

- 参数*patomic*是原子量的指针。

5.15.2.4 原子量的逻辑位操作

```
#include <SylixOS.h>
INT    Lw_Atomic_And(INT  iVal , atomic_t  * patomic );
```

函数 Lw_Atomic_And 原型分析：

- 此函数成功时返回原子量的新值,失败时返回－1 并设置错误号；
- 参数*iVal*是需要进行逻辑位与操作的值；
- 参数*patomic*是原子量的指针。

```
#include <SylixOS.h>
INT    Lw_Atomic_Nand(INT  iVal , atomic_t  * patomic );
```

函数 Lw_Atomic_Nand 原型分析：

- 此函数成功时返回原子量的新值,失败时返回－1 并设置错误号；
- 参数*iVal*是需要进行逻辑位与非操作的值；
- 参数*patomic*是原子量的指针。

```
#include <SylixOS.h>
INT    Lw_Atomic_Or(INT  iVal , atomic_t  * patomic );
```

函数 Lw_Atomic_Or 原型分析：

- 此函数成功时返回原子量的新值,失败时返回－1 并设置错误号；
- 参数*iVal*是需要进行逻辑位或操作的值；
- 参数*patomic*是原子量的指针。

```
#include <SylixOS.h>
INT    Lw_Atomic_Xor(INT  iVal , atomic_t  * patomic );
```

函数 Lw_Atomic_Xor 原型分析：

- 此函数成功时返回原子量的新值,失败时返回－1 并设置错误号；
- 参数*iVal*是需要进行逻辑位异或操作的值；
- 参数*patomic*是原子量的指针。

5.15.2.5 原子量的交换操作

```
#include <SylixOS.h>
INT    Lw_Atomic_Swp(INT  iVal , atomic_t  * patomic );
```

函数 Lw_Atomic_Swp 原型分析：

- 此函数成功时返回原子量的旧值(进行操作前的值),失败时返回－1 并设置错误号；

• 参数*iVal* 是需要设置的值；

• 参数*patomic* 是原子量的指针。

POSIX 原子量的使用程序：chapter05/posix_atomic_example。该程序展示了POSIX 原子量的使用。程序创建两个线程，两个线程分别对原子量_G_atomicCount进行打印和自增操作。

5.16　SylixOS vutex

SylixOS 引入了与 Linux futex 类似的用户快速锁 vutex（vitual user mutex）（SylixOS 习惯称为“等待变量锁”）。vutex 包括两个操作：pend 和 post。pend 操作用于等待期望值得到满足；post 操作用于设置期望值，并唤醒等待的线程。

vutex 通过一个变量地址（整型变量）管理线程间的“锁”，该变量地址为用户空间地址，因此在同一个进程中，vutex 的 pend 与 post 操作使用同一个虚拟地址（内核通过该虚拟地址对应的物理地址进行期望值的管理）；在两个不同的进程之间，则需要建立一个共享内存，实现使用同一个物理地址的目的，如图 5.20 所示。

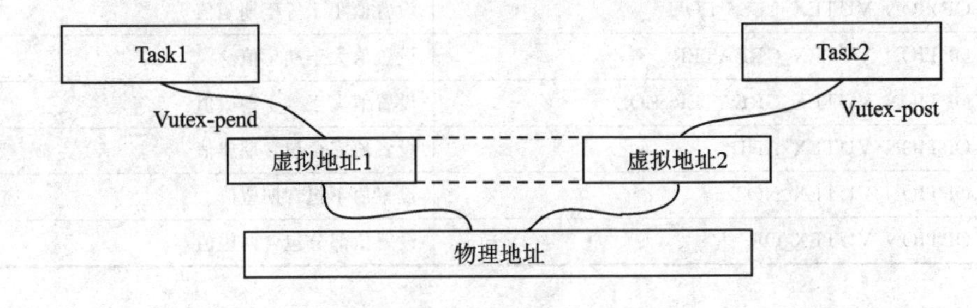

图 5.20　vutex 基本原理

5.16.1　vutex pend 操作

vutex pend 用于线程/进程等待一个期望的值，pend 操作可以设置线程/进程的等待方式（等待指定的时间、永久等待、不等待）。如果等待方式设置为等待指定的时间（单位为 TICK），当时间超时后，期望的值仍然未满足，则 pend 函数返回错误并设置错误号（ERROR_THREAD_WAIT_TIMEOUT）；如果等待方式为永久等待，则等待线程的期望值未满足之前将永远陷入等待，直到期望值满足或线程被删除；特殊地，如果等待方式设置为不等待，则 pend 函数仅尝试一次查询期望值，如果期望值不满足，pend 函数返回错误并设置错误号（ERROR_THREAD_WAIT_TIMEOUT）。

vutex pend 接口详细描述如下：

```
#include <SylixOS.h>
INT  Lw_Vutex_Pend(INT  *piVar, INT  iDesired, ULONG  ulTimeout)
INT  Lw_Vutex_PendEx(INT  *piVar, INT  iCompare, INT  iDesired, ULONG  ulTimeout)
```

函数原型分析：

- 函数成功返回 0,失败返回－1 并设置错误号；
- 参数*piVar* 是变量地址；
- 参数*iCompare* 是比较方法,如表 5.12 所列；
- 参数*iDesired* 是期待的值；
- 参数*ulTimeout* 是等待的超时时间(单位为 TICK)。

参数*iCompare* 指定了设置值与期望值的比较策略,这些比较策略拓宽了 pend 函数的使用场景。例如GREATER_EQU 策略,允许在设置值大于期望值的时候满足条件,而不仅仅是必须等于期望值。

表 5.12 vutex 比较方法

vutex 比较方法	说　明
LW_OPTION_VUTEX_EQU	设置值与期望值相同
LW_OPTION_VUTEX_NOT_EQU	设置值与期望值不相同
LW_OPTION_VUTEX_LESS	设置值小于期望值
LW_OPTION_VUTEX_LESS_EQU	设置值小于等于期望值
LW_OPTION_VUTEX_GREATER	设置值大于期望值
LW_OPTION_VUTEX_GREATER_EQU	设置值大于等于期望值
LW_OPTION_VUTEX_AND	设置值完全包含期望值
LW_OPTION_VUTEX_NOT	设置值不包含期望值
LW_OPTION_VUTEX_OR	设置值部分包含期望值

5.16.2 vutex post 操作

vutex post 是 vutex pend 的反操作,post 将满足期望的值设置到变量地址(参数*piVar* 指定的地址),post 设置完期望值后会唤醒被阻塞的线程,根据不同的使用场景,post 包括以下三种设置方式：

- 全部唤醒并阻塞的线程；
- 仅唤醒被阻塞的线程不设置期望值；
- 深度唤醒(设置期望值并唤醒单个线程)。

```
#include <SylixOS.h>
INT  Lw_Vutex_Post(INT  *piVar, INT  iValue)
INT  Lw_Vutex_PostEx(INT  *piVar, INT  iValue, INT  iFlags)
```

以上两个函数原型分析：

- 函数成功返回 0,失败返回－1 并设置错误号；
- 参数*piVar* 是变量地址；

* 参数*iValue* 是要设置的值；
* 参数*iFlags* 是 vutex 标志，如表 5.13 所列。

表 5.13　vutex 标志

vutex 标志	说　明
LW_OPTION_VUTEX_FLAG_WAKEALL	全部唤醒
LW_OPTION_VUTEX_FLAG_DONTSET	不设置变量值
LW_OPTION_VUTEX_FLAG_DEEPWAKE	post 不进行相同值检查优化

vutex 使用程序：**chapter05/vutex_example** 。该程序展示了 vutex 在两个线程间实现的同步作用。

5.17　一次性初始化

5.17.1　pthread_once_t 变量

有些情况，我们需要对一些 POSIX 对象只进行一次性初始化，如线程键 pthread_key_t。如果我们进行多次初始化就会出现错误。

在传统的顺序编程中，一次性初始化经常通过使用布尔类型的变量来管理。布尔类型的控制变量被静态初始化为 FALSE，而任何依赖于初始化的代码都能测试该变量。如果变量的值为 FALSE，则实行初始化，将变量的值设置为 TRUE。以后检查的代码将跳过初始化。

但是在多线程程序中，事情就变得复杂了。如果多个线程并发地执行初始化序列代码，则可能有多个线程同时发现变量的值为 FALSE，并且都实行初始化，而该过程本该仅仅执行一次。

虽然我们可以加入一个 POSIX 互斥信号量保护初始化过程不被多次执行，但是使用 POSIX 标准提供的 pthread_once_t 变量和 pthread_once 函数会方便得多。

pthread_once_t 变量的定义与初始化：

```
static  pthread_once_t once = PTHREAD_ONCE_INIT;
```

5.17.2　pthread_once_t 变量操作函数

```
#include <pthread.h>
int  pthread_once(pthread_once_t  *once, void (*pfunc)(void));
```

函数 pthread_once 原型分析：

* 此函数返回错误号 ERRNO_NONE 或 POSIX 标准错误号(errno 记录了出

错原因）；

- 参数*once* 是 pthread_once_t 类型变量的指针；
- 参数*pfunc* 是完成一次性初始化的函数指针。

SylixOS 同样提供了一个类似于 pthread_once 函数的 API：

```
#include <SylixOS.h>
INT    Lw_Thread_Once(BOOL    *pbOnce , VOIDFUNCPTR    pfuncRoutine );
```

函数 Lw_Thread_Once 原型分析：

- 此函数返回错误号；
- 参数*pbOnce* 是布尔类型变量的指针；
- 参数*pfuncRoutine* 是完成一次性初始化的函数指针。

pthread_once_t 变量和 pthread_once 函数的使用程序：**chapter05/pthread_once_example**，该程序展示了 pthread_once_t 变量和 pthread_once 函数的使用。将 POSIX 条件变量和 POSIX 互斥量的创建放置在一次性初始化的函数中，虽然 pthread_once(&once, var_init)语句被调用两次，但 var_init 函数只会被调用一次。

第 6 章 进程管理

6.1 实时进程

进程是操作系统中资源的容器，所有应用程序都必须依附于进程运行，进程管理程序的代码、数据、线程、信号量等资源。当一个进程销毁时，所有属于该进程的资源也会被销毁，如：文件句柄、socket 套接字、线程等。

SylixOS 支持进程，就如上面介绍的一样，SylixOS 进程管理应用程序资源。与 Linux、Windows 操作系统不一样的是，SylixOS 进程是充分考虑实时系统需求设计的，我们称之为实时进程。SylixOS 主要从以下两个方面改进进程实时性：

- SylixOS 进程中的所有线程使用实时调度算法调度；
- SylixOS 所有进程共用一个地址空间，在任务切换过程中不需要切换页表，进程的存在对任务切换实时性没有任何影响。

在 SylixOS Shell 中执行一个可执行文件，便会在系统中建立一个进程。使用*ps* 命令可以查看当前运行的进程。如下执行当前目录下名为 app 的程序：

```
#./app&
app is running
#ps
      NAME      FATHER        PID    GRP     MEMORY    UID   GID   USER
---------------- ---------------- ----- ----- ---------- ----- ----- ------
kernel          <orphan>      0      1       86         0     0     root
app             <orphan>      2      2       65536      0     0     root
total vprocess : 2
```

在命令后添加 & 符号表示让进程在后台执行。SylixOS 中进程的用户程序部分从 main 函数开始执行，main 函数所在线程便是进程的主线程，主线程可以调用线程创建函数创建其他线程。

注:本章节设定所有实例中进程及其子进程可执行文件均保存在 Shell 当前目录下。

6.2 进程状态机

进程状态反映进程执行过程的不同阶段,进程状态随着进程的执行和外界条件的变化而转换,如图 6.1 所示。SylixOS 进程存在以下四种状态。

- **初始化态**:进程尚在初始化过程中,正在执行程序加载、内存初始化等操作,尚不具备运行条件。
- **运行态**:进程正在运行,进程中的线程或参与调度,或处于阻塞状态。
- **退出态**:进程已经结束运行,进程在进入退出态时会发送信号给其父进程,由父进程适时回收子进程残余资源。如果是僵尸进程,则在进入退出态后由系统回收资源。
- **停止态**:部分进程在运行过程中会进入停止态,在停止态下,进程所有线程停止运行,不参与调度。如在调试进程时,调试器会经常让进程进入停止态进而观察进程数据。

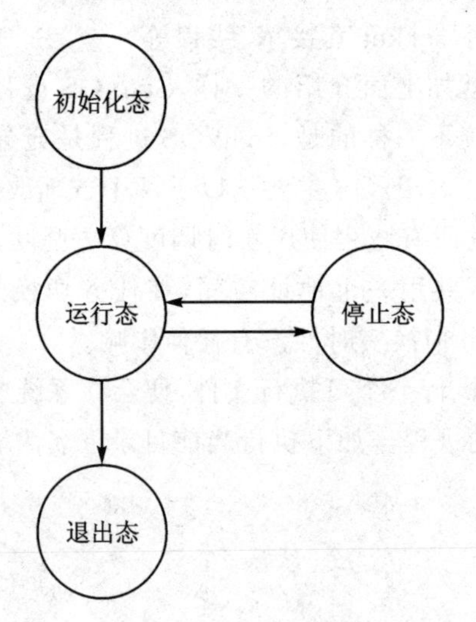

图 6.1 进程状态机

状态迁移过程描述如下:

- 进程开始:进程从"初始化态"迁移到"运行态"的过程;
- 进程被停止:进程通过停止的方式将目标进程停止,从而使目标进程进入"停止态";
- 进程恢复运行:进程通过恢复/继续/唤醒使进程恢复停止状态,从而使目标

进程进入"运行态"；

- 进程结束：进程从"运行态"迁移到"退出态"的过程。

6.3　POSIX 进程 API

除了在 SylixOS Shell 中执行程序创建进程外，SylixOS 也提供了在程序中创建进程以及设置进程参数的 API。当一个进程创建另外一个进程时，本进程成为被创建进程的父进程，被创建进程则成为本进程的子进程。父子进程相互关联，可以调用相应的 API 查找到对方，而在子进程退出时，子进程会发送信号通知父进程，此时父进程可以获取子进程退出码，回收子进程资源。如果一个进程的父进程先于子进程退出，则子进程将成为孤儿进程，孤儿进程的资源回收工作在其退出时由系统自动完成。

SylixOS 提供了一套 POSIX 兼容 API，因此可以方便地编写 SylixOS 程序或移植程序到 SylixOS。

6.3.1　执行程序

6.3.1.1 使用 exec 函数执行程序

```
#include<process.h>
int execl(const char * path , const char * argv0, ...);
int execle(const char * path , const char * argv0, ...);
int execlp(const char * file , const char * argv0, ...);
int execv(const char * path , char * const * argv );
int execve(const char * path , char * const * argv , char * const * envp );
int execvp(const char * file , char * const * argv );
int execvpe(const char * file , char * const * argv , char * const * envp );
```

以上七个函数原型分析：

- 返回函数执行结果，成功返回 0，失败返回 -1 并设置错误码；
- 参数 *path* 是可执行文件路径；
- 参数 *argv0* 是第一个命令行参数，一般情况下第一个命令行参数为命令名称；
- 参数 *file* 是可执行文件名，与参数 *path* 的区别是不带目录，应用程序加载器在指定路径搜索该文件。SylixOS 中应用程序动态库的搜索路径依次如下：
  - Shell 当前目录（通常为用户主目录），注意不是应用程序所在目录；
  - PATH 环境中包含的搜索路径。
- 参数...为可变参数，表示命令行中剩余的参数，命令行参数以 0 结束。在 execle 函数中，在以 0 结束的命令行参数后还有一个环境变量数组，数组以 0

结束,参考*envp* 参数说明;

- 参数*argv* 是由命令行参数组成的字符串数组,数组以可执行文件名开始,以 0 结束。为 0 表示不使用命令行参数;
- 参数*envp* 是在执行程序前需要预先设置的进程环境变量字符串数组,数组以 0 结束。为 0 表示不需要环境变量设置。

注:本函数只能由当前进程主线程调用,否则会返回失败。

exec 实例子进程程序:**chapter06/child_process**。该程序展示了 exec 系列函数的用法。

execl 实例程序:**chapter06/execl_example**。该程序展示了 execl 函数的使用方法。

execle 实例程序:**chapter06/execle_example**。该程序展示了 execle 函数的使用方法。

execve 实例程序:**chapter06/execve_example**。该程序展示了 execve 函数的使用方法。

由实例可见,exec 函数会覆盖本进程环境,所以 exec 函数后面的打印语句不会被执行。

6.3.1.2 使用 posix_spawn 函数执行程序

在 SylixOS 中,posix_spawn 函数不仅创建了新进程,而且会启动执行指定路径的可执行程序,函数具体用法详见 6.3.2.1 小节。

6.3.2 创建进程

6.3.2.1 使用 posix_spawn 函数创建进程

posix_spawn 系列函数功能比 exec 系列函数强大,使用也更为复杂。posix_spawn 除了能设置新进程命令行参数和环境变量外,还可以设置新进程文件操作和进程属性。函数原型如下:

```
#include <spawn.h>
int posix_spawn(pid_t * pid , const char                      * path ,
                const posix_spawn_file_actions_t              * file_actions ,
                const posix_spawnattr_t                       * attrp ,
                char * const                                  argv[],
                char * const                                  envp[]);
int posix_spawnp(pid_t * pid , const char                     * file ,
                 const posix_spawn_file_actions_t             * file_actions ,
                 const posix_spawnattr_t                      * attrp ,
                 char * const                                 argv[],
                 char * const                                 envp[]);
```

以上两个函数原型分析：

- 此函数成功返回0，失败返回－1并设置错误码。
- 参数*pid*保存新进程ID。
- 参数*path*是可执行文件路径。
- 参数*file*是可执行文件名，与参数*path*的区别是不带目录，应用程序加载器在指定路径搜索该文件。SylixOS中应用程序动态库的搜索路径依次如下：
  - Shell当前目录，注意不是应用程序所在目录；
  - PATH环境中包含的搜索路径。
- 参数*file_actions*是新进程启动时需要处理的文件操作集，为0表示不进行任何文件操作。对*file_actions*的构造和赋值等操作在后续函数中介绍，在本章后面的介绍中将其命名为文件操作集对象。
- 参数*attrp*是新进程初始化属性，为NULL表示不设置。对*attrp*的构造和赋值等操作在后续函数中介绍，在本章后面的介绍中将其命名为进程属性对象。
- 参数*argv*是由命令行参数组成的字符串数组，数组以可执行文件名开始，以NULL结束。为NULL表示不使用命令行参数。
- 参数*envp*是需要预先设置的进程环境变量字符串数组，数组以NULL结束。为NULL表示不需要设置环境变量。

6.3.2.2 初始化进程属性对象

```
#include <spawn.h>
int posix_spawnattr_init(posix_spawnattr_t * attrp );
```

函数posix_spawnattr_init原型分析：

- 此函数成功时返回0，失败时返回错误码；
- 参数*attrp*是需要初始化的进程属性对象。

6.3.2.3 销毁进程属性对象

```
#include <spawn.h>
int posix_spawnattr_destroy(posix_spawnattr_t * attrp );
```

函数posix_spawnattr_destroy原型分析：

- 此函数成功时返回0，失败时返回错误码；
- 参数*attrp*是需要销毁的进程属性对象。

6.3.2.4 设置进程属性对象中的工作目录

```
#include <spawn.h>
int posix_spawnattr_setwd(posix_spawnattr_t * attrp , const char * pwd );
```

函数 posix_spawnattr_setwd 原型分析：

- 此函数成功返回 0，失败返回错误码；
- 参数*attrp* 是进程属性对象；
- 参数*pwd* 是新工作目录字符串。

6.3.2.5 获取进程属性对象中的工作目录

```
#include <spawn.h>
int posix_spawnattr_getwd(const posix_spawnattr_t  * attrp ,
                          char * pwd , size_t      size );
```

函数 posix_spawnattr_getwd 原型分析：

- 此函数成功返回 0，失败返回错误码；
- 参数*attrp* 是进程属性对象；
- 参数*pwd* 是缓冲区，用于保存工作目录字符串；
- 参数*size* 是缓冲区长度。

6.3.2.6 设置进程属性对象中的信号掩码

```
#include <spawn.h>
int posix_spawnattr_setsigmask(posix_spawnattr_t      * attrp ,
                               const sigset_t         * sigmask );
```

函数 posix_spawnattr_setsigmask 原型分析：

- 此函数成功返回 0，失败返回错误码；
- 参数*attrp* 是进程属性对象；
- 参数*sigmask* 是需要设置的进程信号掩码。

6.3.2.7 获取进程属性对象中的信号掩码

```
#include <spawn.h>
int posix_spawnattr_getsigmask(const posix_spawnattr_t      * attrp ,
                               sigset_t                     * sigmask );
```

函数 posix_spawnattr_getsigmask 原型分析：

- 此函数成功返回 0，失败返回错误码；
- 参数*attrp* 是进程属性对象；
- 参数*sigmask* 是获取到的进程信号掩码。

6.3.2.8 设置进程属性对象中的标记位

```
#include <spawn.h>
int posix_spawnattr_setflags(posix_spawnattr_t      * attrp ,
                             short                  flags );
```

函数 posix_spawnattr_setflags 原型分析：

- 此函数成功返回 0,失败返回错误码；
- 参数*attrp* 是进程属性对象；
- 参数*flags* 是进程属性标记位掩码,只有在标记位中使能的属性才会在进程启动时生效,标记位掩码值为以下值的任意组合。

6.3.2.9 获取进程属性对象中的标记位

```
#include <spawn.h>
int posix_spawnattr_getflags(const posix_spawnattr_t      *attrp,
                             short                        *flags);
```

函数 posix_spawnattr_getflags 原型分析：

- 此函数成功返回 0,失败返回错误码；
- 参数*attrp* 是进程属性对象；
- 参数*flags* 是进程属性标记位掩码,只有在标记位中使能的属性才会在进程启动时生效,标记位的值如表 6.1 所列。

表 6.1　进程属性对象标记位

宏　名	解　释
POSIX_SPAWN_SETPGROUP	使能进程组设置
POSIX_SPAWN_SETSIGMASK	使能信号掩码设置
POSIX_SPAWN_SETSCHEDULER	使能调度器参数设置
POSIX_SPAWN_SETSCHEDPARAM	使能进程优先级设置

6.3.2.10 设置进程组号到进程属性对象

```
#include <spawn.h>
int posix_spawnattr_setpgroup(posix_spawnattr_t      *attrp,
                              pid_t                  pgroup);
```

函数 posix_spawnattr_setpgroup 原型分析：

- 此函数成功返回 0,失败返回错误码；
- 参数*attrp* 是进程属性对象；
- 参数*pgroup* 是进程组号。

6.3.2.11 从进程属性对象获取进程组号

```
#include <spawn.h>
int posix_spawnattr_getpgroup(const posix_spawnattr_t      *attrp,
                              pid_t                        *pgroup);
```

函数 posix_spawnattr_getpgroup 原型分析：

- 此函数成功返回 0，失败返回错误码；
- 参数*attrp* 是进程属性对象；
- 参数*pgroup* 是返回的进程组号。

6.3.2.12 设置进程属性对象中的调度策略

```
#include <spawn.h>
int posix_spawnattr_setschedpolicy(posix_spawnattr_t     *attrp,
                                   int                    schedpolicy);
```

函数 posix_spawnattr_setschedpolicy 原型分析：

- 此函数成功返回 0，失败返回错误码；
- 参数*attrp* 是进程属性对象；
- 参数*schedpolicy* 是进程调度策略，系统支持的调度策略表如表 6.2 所列。

表 6.2 进程调度策略表

宏 名	解 释
LW_OPTION_SCHED_FIFO	SCHED_FIFO 先到先服务实时调度策略
LW_OPTION_SCHED_RR	SCHED_RR 时间片轮转实时调度策略

6.3.2.13 获取进程属性对象中的调度策略

```
#include <spawn.h>
int posix_spawnattr_getschedpolicy(const posix_spawnattr_t     *attrp,
                                   int                          *schedpolicy);
```

函数 posix_spawnattr_getschedpolicy 原型分析：

- 此函数成功返回 0，失败返回错误码；
- 参数*attrp* 是进程属性对象；
- 参数*schedpolicy* 是获取到的进程调度策略。

6.3.2.14 设置进程属性对象中的进程优先级

```
#include <spawn.h>
int posix_spawnattr_setschedparam(posix_spawnattr_t            *attrp,
                                  const struct sched_param     *schedparam);
```

函数 posix_spawnattr_setschedparam 原型分析：

- 此函数成功返回 0，失败返回错误码；
- 参数*attrp* 是进程属性对象；
- 参数*schedparam* 是调度参数（见 4.7 节）。

6.3.2.15 获取进程属性对象中的进程优先级

```
#include <spawn.h>
int posix_spawnattr_getschedparam(const posix_spawnattr_t      *attrp,
                                  struct sched_param           *schedparam);
```

函数 posix_spawnattr_getschedparam 原型分析：

- 此函数成功返回 0,失败返回错误码；
- 参数*attrp* 是进程属性对象；
- 参数*schedparam* 是获取到的进程优先级设置参数。

6.3.2.16 初始化文件操作集对象

```
#include <spawn.h>
int posix_spawn_file_actions_init(posix_spawn_file_actions_t *file_actions);
```

函数 posix_spawn_file_actions_init 原型分析：

- 此函数成功返回 0,失败返回错误码；
- 参数*file_actions* 是文件操作集对象。

6.3.2.17 销毁文件操作集对象

```
#include <spawn.h>
int posix_spawn_file_actions_destroy(posix_spawn_file_actions *file_actions);
```

函数 posix_spawn_file_actions_destroy 原型分析：

- 此函数成功返回 0,失败返回错误码；
- 参数*file_actions* 是文件操作集对象。

6.3.2.18 添加打开文件操作到文件操作集对象

```
#include <spawn.h>
int posix_spawn_file_actions_addopen(
                        posix_spawn_file_actions_t    *file_actions,
                        int                           fd,
                        const char                    *path,
                        int                           oflag,
                        mode_t                        mode
                          );
```

函数 posix_spawn_file_actions_addopen 原型分析：

- 此函数成功时返回 0,失败时返回错误码；
- 参数*file_actions* 是文件操作集对象；

• 参数*fd* 是文件打开后的文件号；
• 参数*path* 是文件路径；
• 参数*oflag* 是文件打开方式；
• 参数*mode* 只在新建文件时有效，表示新文件的创建模式。

6.3.2.19 添加文件关闭操作到文件操作集对象

```
#include <spawn.h>
int posix_spawn_file_actions_addclose(
                              posix_spawn_file_actions_t   *file_actions,
                              int                          fd
                              );
```

函数 posix_spawn_file_actions_addclose 原型分析：
• 此函数成功返回 0，失败返回错误码；
• 参数*file_actions* 是文件操作集对象；
• 参数*fd* 是需要关闭的文件号。

6.3.2.20 添加文件描述符 dup 操作到文件操作集对象

```
#include <spawn.h>
int  posix_spawn_file_actions_adddup2(
                              posix_spawn_file_actions_t   *file_actions,
                              int                          fd,
                              int                          newfd
                              );
```

函数 posix_spawn_file_actions_adddup2 原型分析：
• 此函数成功时返回 0，失败返回时错误码；
• 参数*file_actions* 是文件操作集对象；
• 参数*fd* 是需要复制的文件号；
• 参数*newfd* 是指向参数*fd* 对应文件的新文件号。

posix_spawn 函数实例程序：**chapter06/posix_spawn_example**。该程序说明使用 POSIX API 创建进程的流程。

在 SylixOS Shell 中执行程序：

```
#./posix_spawn_example
#
```

因为在进程启动时已经重定向了标准输出，所以 Shell 中看不到任何程序输出，可以通过查看/tmp/child_process_output 文件中的内容看到程序的输出。

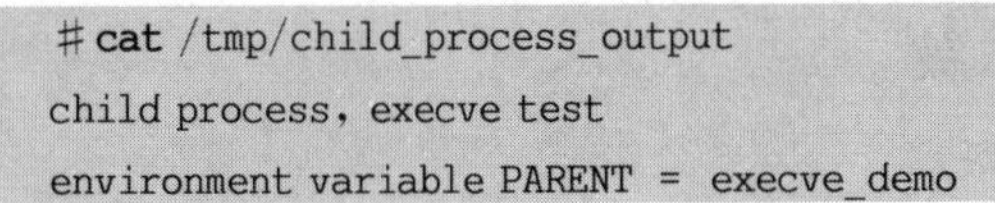

```
#cat /tmp/child_process_output
child process, execve test
environment variable PARENT = execve_demo
```

6.3.3 进程调度

进程是系统资源分配的基本单位(可以看成是资源的容器),线程是调度的基本单位,因此 SylixOS 的进程调度是指对进程的主线程进行调度。

6.3.3.1 设置进程调度优先级

设置满足条件的所有线程的 SylixOS 调度优先级。

```
#include <sys/resource.h>
int setpriority(int  which , id_t who , int value );
```

函数 setpriority 原型分析:

- 此函数成功时返回 0,失败时返回−1 并设置错误号;
- 参数*which* 指定参数*who* 的意义;
- 参数*who* 的意义由参数*which* 指定,如表 6.3 所列;
- 参数*value* 是要设置的 SylixOS 优先级。

表 6.3　*which* 参数与*who* 参数的对应关系

宏　名	解　释
PRIO_PROCESS	参数 who 的值为进程 ID
PRIO_PGRP	参数 who 的值为组 ID
PRIO_USER	参数 who 的值为用户 ID

6.3.3.2 获取 SylixOS 调度优先级

```
#include <sys/resource.h>
int getpriority(int  which , id_t who );
```

函数 getpriority 原型分析:

- 返回满足条件的所有线程中的 SylixOS 优先级最大值,注意,这里是优先级值最大,因此优先级最低;
- 参数*which* 指定参数*who* 的意义,如表 6.3 所列;
- 参数*who* 的意义由参数*which* 指定。

setpriority 函数和 getpriority 函数设置和获取 SylixOS 优先级,与前面 sched_param 结构体中 sched_priority 成员所指示的优先级不同,sched_priority 成员是 POSIX 优先级。

6.3.3.3 调整 SylixOS 调度优先级

nice 函数可以调整当前进程优先级。

```
#include <unistd.h>
int nice(int incr );
```

函数 nice 原型分析：

- 此函数成功返回 0，失败返回－1 并设置错误码；
- 参数*incr* 是要调整的数值。本函数对*incr* 参数的处理流程如下：
    - 首先获取当前进程中所有线程中的最低优先级，即数值最大的优先级；
    - 然后将获取到的值和*incr* 参数求和；
    - 将上一步求和的结果设置到当前进程的所有线程中。

调度器参数设置实例子进程程序：**chapter06/sched_example**，该程序说明如何使用 POSIX 进程调度 API 设置和获取进程优先级。

实例程序**chapter06/sched_parent_example** 中，父进程使用 sched_getparam 函数获取子进程优先级，子进程使用 getpriority 函数获取自身优先级。由此可以看出 POSIX 优先级和 SylixOS 优先级之间的转换关系。

6.3.3.4 设置进程亲和度

sched_setaffinity 函数亲和指定进程内所有线程在指定 CPU 集上运行，该函数只用于多核情况。

```
#include <sys/resource.h>
int sched_setaffinity(pid_t  pid , size_t setsize , const cpu_set_t * set );
```

函数 sched_setaffinity 原型分析：

- 此函数成功返回 0，失败返回－1 并设置错误码；
- 参数*pid* 指定进程 ID；
- 参数*set* 指定允许进程执行的处理器核，它是一个 2 048 位的位集合，每个位代表一个处理器核，如果为 1 表示允许进程在该核上执行，否则表示不允许。

6.3.3.5 获取进程主线程亲和度

sched_getaffinity 函数获取指定进程的主线程 CPU 亲和度的设置情况。

```
#include <sys/resource.h>
int sched_getaffinity(pid_t  pid , size_t setsize , cpu_set_t * set );
```

函数 sched_getaffinity 原型分析：

- 此函数成功返回 0，失败返回－1 并设置错误码；
- 参数*pid* 指定进程 ID；
- 参数*setsize* 指定 CPU 集合大小；

- 参数*set* 表示允许进程执行的处理器核，它是一个 2 048 位的位集合，每个位代表一个处理器核，如果为 1 表示允许进程在该核上执行，否则表示不允许。

6.3.4　进程关系

6.3.4.1 获取进程 ID

```
#include <unistd.h>
pid_t  getpid(void);
```

函数 getpid 原型分析：

- 此函数返回调用进程 ID。

6.3.4.2 设置进程组 ID

```
#include <unistd.h>
int  setpgid(pid_t  pid , pid_t pgid );
```

函数 setpgid 原型分析：

- 此函数成功返回 0，失败返回－1 并设置错误码；
- 参数*pid* 是目标进程 ID；
- 参数*pgid* 是需要设置的进程组 ID。

6.3.4.3 获取进程组 ID

```
#include <unistd.h>
pid_t  getpgid(pid_t  pid );
```

函数 getpgid 原型分析：

- 此函数成功返回目标进程组 ID，失败返回－1 并设置错误码；
- 参数*pid* 是进程 ID。

6.3.4.4 设置调用进程组 ID

```
#include <unistd.h>
pid_t  setpgrp(void);
```

函数 setpgrp 原型分析：

- 此函数将调用进程组 ID 设置为本进程 ID，使本进程成为会话头，成功返回 0，失败返回－1 并设置错误码。

6.3.4.5 获取调用进程组 ID

```
#include <unistd.h>
pid_t  getpgrp(void);
```

函数 getpgrp 原型分析：

- 此函数返回调用进程组 ID。

6.3.4.6 获取父进程 ID

```
#include <unistd.h>
pid_t  getppid(void);
```

函数 getppid 原型分析：

- 此函数返回调用进程父进程 ID。每个 SylixOS 进程包含三个用户 ID：
    - **实际用户 ID**：是启动进程的用户 ID，一般为启动进程的 Shell 登录用户 ID；
    - **有效用户 ID**：是进程当前正在使用的用户 ID，如果需要权限判断，内核只会校验有效用户 ID；
    - **保存的设置用户 ID**：是进程可执行文件的所属用户 ID，只有当可执行文件设置了 S_ISUID 位才有效。

同理，用户组 ID 也分为实际用户组 ID、有效用户组 ID 和保存的设置用户组 ID。在进程启动时，如果文件设置了 S_ISUID 属性位，则将进程有效用户 ID 和保存的设置用户 ID 设置为文件的拥有者 ID；如果没有设置 S_ISUID 位，则保存的设置用户 ID 无效，有效用户 ID 被设置为实际用户 ID。进程组 ID 也做同样设置，不同的是检测的文件属性位为 S_ISGID 位。

6.3.4.7 S_ISUID 或 S_ISGID 位判断

如果文件属性中 S_ISUID 位为 1，则进程启动时会设置 S_ISUID 位；如果文件属性中 S_ISGID 位为 1，则进程启动时会设置 S_ISGID 位。

```
#include <unistd.h>
int issetugid (void);
```

函数 issetugid 原型分析：

- 如果启动进程中 S_ISUID 或 S_ISGID 有一项设置为 1，则返回真，否则返回假。

6.3.4.8 设置进程实际用户 ID

```
#include <unistd.h>
int  setuid(uid_t uid );
```

函数 setuid 原型分析：

- 此函数成功时返回 0，失败时返回 -1 并设置错误码；
- 参数 ***uid*** 是需要设置的进程用户 ID。

如果当前用户为超级用户，即有效用户 ID 为 0，setuid 可以将用户 ID 设置成任

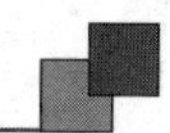

何 ID。一旦设置成功，进程的实际用户 ID、有效用户 ID 和保存的设置用户 ID 全部被设置为新 ID。如果当前用户为普通用户，即用户 ID 不为 0，则只修改有效用户 ID，且只能被修改为实际用户 ID 或保存的设置用户 ID。

6.3.4.9 获取进程实际用户 ID

```
#include <unistd.h>
uid_t  getuid(void);
```

函数 getuid 原型分析：

- 返回调用进程实际用户 ID。

6.3.4.10 设置进程有效用户 ID

```
#include <unistd.h>
int  seteuid(uid_t  euid );
```

函数 seteuid 原型分析：

- 此函数成功时返回 0，失败时返回-1 并设置错误码；
- 参数 ***euid*** 是需要设置的进程有效用户 ID。

如果当前用户为超级用户，seteuid 可以将进程有效用户 ID 改成任何 ID。如果当前用户为普通用户，进程有效用户 ID 只能被修改为实际用户 ID 或保存的设置用户 ID。

6.3.4.11 获取进程有效用户 ID

```
#include <unistd.h>
uid_t  geteuid(void);
```

函数 geteuid 原型分析：

- 此函数返回调用进程的有效用户 ID。

6.3.4.12 设置进程实际用户组 ID

```
#include <unistd.h>
int  setgid(gid_t  gid );
```

函数 setgid 原型分析：

- 此函数成功时返回 0，失败时返回-1 并设置错误号；
- 参数 ***gid*** 是需要设置的进程的实际用户组 ID。

如果当前用户为超级用户，即用户 ID 为 0，setgid 可以将用户组 ID 改成任何组 ID，但是一旦设置成功，进程的实际用户组 ID、有效用户组 ID 和保存的设置用户组 ID 全部被设置为新组 ID。如果当前用户为普通用户，即用户 ID 不为 0，则只能修改有效用户组 ID,且只能被修改为实际用户组 ID 或保存的设置用户组 ID。

6.3.4.13 获取进程实际用户组 ID

```
#include <unistd.h>
gid_t   getgid(void);
```

函数 getgid 原型分析：

- 此函数返回调用进程的实际用户组 ID。

6.3.4.14 设置进程有效用户组 ID

```
#include <unistd.h>
int   setegid(gid_t   egid );
```

函数 setegid 原型分析：

- 此函数成功返回 0,失败返回 -1 并设置错误号；
- 参数*egid* 是需要设置的进程的有效用户组 ID。

如果当前用户为超级用户,setegid 可以将有效用户组 ID 设置成任何组 ID。如果当前用户为普通用户,有效用户组 ID 只能被修改为实际用户组 ID 和保存的设置用户组 ID。

6.3.4.15 获取进程有效用户组 ID

```
#include <unistd.h>
gid_t getegid(void);
```

函数 getegid 原型分析：

- 此函数返回调用进程有效用户组 ID。

实例程序**chapter06/groupid_example** 说明如何设置和获取进程用户 ID 和用户组 ID。

在 SylixOS Shell 中执行程序：

```
# ./groupid_example
uid: 0, gid:0, euid:0, egid:0
setgid failed
uid: 1, gid:0, euid:1, egid:0
```

可以看到,进程最初的有效用户 ID 为 0(超级用户),setuid(1)调用将进程的实际用户 ID、有效用户 ID 都设置成了 1,此时进程有效用户 ID 已不是超级用户 ID。当执行 setgid(1)调用时,系统发现目标组 ID 既不是实际用户组 ID,也不是保存的设置用户组 ID(本程序没有设置 S_ISUID 和 S_ISGID,保存的设置用户组 ID 无效),拒绝执行,返回失败。

6.3.4.16 设置当前进程的扩展用户组 ID

调用此函数进程必须拥有超级用户权限,否则返回失败。

```
#include <unistd.h>
int   setgroups(int   groupsun , const gid_t grlist[]);
```

函数 setgroups 原型分析:

- 此函数成功返回 0,失败返回－1 并设置错误号;
- 参数*groupsun* 是参数 grlist 数组的大小;
- 参数*grlist* 是扩展用户组 ID 数组。

6.3.4.17 获取当前进程的扩展用户组 ID

```
#include <unistd.h>
int   getgroups(int   groupsize , gid_t grlist[]);
```

函数 getgroups 原型分析:

- 此函数返回本进程扩展用户组 ID 数量。
- 参数*groupsize* 是参数*grlist*[]数组的大小,如果*groupsize* 小于用户扩展用户组 ID 数量,则只填充*groupsize* 个用户组 ID。为 0 表示只统计扩展用户组 ID 数量。
- 参数*grlist* 是用于保存扩展用户组 ID 的缓冲区数组。为 0 表示只统计扩展用户组 ID 数量。

6.3.5　进程控制

6.3.5.1 进程退出

```
#include <stdlib.h>
void exit(int status);
void _Exit(int status);
#include <unistd.h>
void _exit(int status);
```

以上三个函数原型分析:

- 参数*status* 是进程返回码。

上述三个函数都用于进程退出。区别是 exit 函数将调用进程中使用 atexit 函数注册的 hook 函数,而_Exit 函数和_exit 函数不调用,_Exit 函数和_exit 函数功能相同。

6.3.5.2 注册进程退出 hook

```
#include <stdlib.h>
void atexit(void (*func)(void));
```

函数 atexit 原型分析：

- 参数*func* 是进程退出 hook 函数，进程正常退出时（main 函数 return 或调用 exit 函数）按 atexit 注册顺序的逆序调用 hook 函数。

进程退出实例程序：chapter06/process_exit_example 。该程序说明如何使用 atexit 函数和 exit 函数。

6.3.5.3 等待子进程结束

下述函数等待某个子进程结束。

```
#include<wait.h>
pid_t wait(int * stat_loc );
```

函数 wait 原型分析：

- 此函数成功返回子进程 ID，失败返回－1 并设置错误码；
- 参数*stat_loc* 是子进程退出码。

wait 实例子进程程序：chapter06/wait_example 。该程序展示了如何使用 wait 函数等待子进程。

6.3.5.4 等待子进程状态改变

```
#include<wait.h>
int waitid(idtype_t  idtype , id_t id , siginfo_t * infop , int options );
```

函数 waitid 原型分析：

- 如果由于子进程状态改变导致函数返回，则返回子进程 ID。如果 options 设置了 WNOHANG 位，且没有符合条件子进程状态发生改变，则不等待且返回 0；其他情况返回－1 并设置错误码。
- 参数*idtype* 指示参数*id* 的意义，如表 6.4 所列。

表 6.4 *id* 含义

宏　名	解　释
P_PID	等待进程 ID 等于参数 id 的子进程
P_PGID	等待进程组 ID 等于参数 id 的子进程
P_ALL	等待任一子进程

- 参数*id* 的意义由*idtype* 指定，用于指定子进程。
- 参数*infop* 返回接收到的子进程信号，里面记录状态改变的子进程信息。

- 参数*option* 是功能选项，由位掩码组成，如表 6.5 所列。

表 6.5　*option* 参数位掩码

宏　名	解　释
WNOHANG	如果为 1，函数不等待，当没有子进程状态改变时直接返回
WUNTRACED	如果为 2，当子进程进入停止态时返回，否则只有当进程退出时返回

6.3.5.5 等待指定子进程状态改变

```
#include<wait.h>
pid_t waitpid(pid_t  pid , int * stat_loc , int options );
```

函数 waitpid 原型分析：

- 如果由于子进程状态改变导致函数返回，则返回子进程 ID。如果*options* 设置了 WNOHANG 位，且没有子进程状态发生改变，则不等待且返回 0。其他情况返回－1 并设置错误码。
- 参数*pid* 可以有以下几种情况：
  - *pid* ＞ 0：表示等待进程号为*pid* 的子进程；
  - *pid* ＝＝ 0：表示等待与调用进程同组的子进程；
  - *pid* ＜ －1：表示等待进程组 ID 为*pid* 绝对值的子进程。
- 参数*stat_loc* 是子进程退出码。
- 参数*option* 是功能选项，由位掩码组成，如表 6.5 所列。

waitpid 实例程序：chapter06/waitpid_example，该程序展示了如何使用 waitpid 函数。程序中先创建子进程，为子进程设置组 ID，并调用 waitpid 函数等待子进程的结束。

6.3.5.6 获取进程资源使用情况

```
#include <sys/resource.h>
int getrusage(int  who , struct rusage * r_usage );
```

函数 getrusage 原型分析：

- 此函数成功返回 0，失败返回－1 并设置错误码；
- 参数*who* 是被获取资源的对象，其值如表 6.6 所列；
- 参数*r_usage* 返回进程资源使用情况。rusage 结构体的定义见程序清单 6.1。

表 6.6　who 参数的值

宏　名	解　释
RUSAGE_SELF	获取本进程资源使用情况
RUSAGE_CHILDREN	获取子进程资源使用情况

程序清单 6.1　rusage 结构体

```
struct rusage {
    struct timeval          ru_utime;                  /* 用户态时间     */
    struct timeval          ru_stime;                  /* 系统态时间     */
    long                    ru_maxrss;
#define ru_first            ru_ixrss
    long                    ru_ixrss;
    long                    ru_idrss;
    long                    ru_isrss;
    long                    ru_minflt;
    long                    ru_majflt;
    long                    ru_nswap;
    long                    ru_inblock;
    long                    ru_oublock;
    long                    ru_msgsnd;
    long                    ru_msgrcv;
    long                    ru_nsignals;
    long                    ru_nvcsw;
    long                    ru_nivcsw;
#define ru_last             ru_nivcsw
};
```

注：目前，SylixOS 只使用了 ru_utime 和 ru_stime 两个字段，其他字段保留，留待后续扩展。

6.3.5.7 获取进程时间

```
#include <sys/times.h>
clock_t times(struct tms * ptms );
```

函数 times 原型分析：

- 此函数返回系统当前时间；
- 参数 *ptms* 是进程及其子进程时间使用情况，tms 结构体的定义见程序清单 6.2。

程序清单 6.2　tms 结构体

```
struct tms {
    clock_t  tms_utime;              /*  进程用户态时间      */
    clock_t  tms_stime;              /*  进程系统态时间      */
    clock_t  tms_cutime;             /*  子进程用户态时间    */
    clock_t  tms_cstime;             /*  子进程系统态时间    */
};
```

需要注意的是,如果参数*ptms* 为 NULL,则设置 errno 为 EINVAL 并返回系统时间。

以下伪代码展示了如何获取程序运行时间:

```
clock_t  st  art, end, run;
struct tms  tm_start, tm_end;
start = times(&tm_start);
/*
 * 程序代码
 */
...
end = times(&tm_end);
run = end - start;
```

6.3.6 进程环境

6.3.6.1 获取环境变量

```
#include <stdlib.h>
char * getenv(const char * name );
```

函数 getenv 原型分析:

- 此函数成功返回查找到的环境变量字符串指针,失败返回 NULL 并设置错误码;
- 参数*name* 是环境变量名称。

调用 getenv 函数可以获得当前系统的环境变量,需要注意的是,如果环境变量存在但无关联的值,该函数将返回空字符串,即字符串第一个字符是\0。

6.3.6.2 设置环境变量

```
#include <stdlib.h>
int putenv(char * string );
```

函数 putenv 原型分析:

- 此函数成功时返回 0,失败时返回非 0 值并设置错误号;
- 参数*string* 是环境变量设置字符串,其格式为:name=value,如果 name 已存在则将删除原来的定义。

```
#include <stdlib.h>
int setenv(const char * name , const char * value , int overwrite );
```

函数 setenv 原型分析:

- 此函数成功返回 0,失败返回-1 并设置错误码;

* 参数*name* 是需要设置的环境变量名称；
* 参数*value* 是环境变量值；
* 参数*overwrite* 表示环境变量已存在时是否覆盖原有环境变量，为 1 表示覆盖，为 0 表示不覆盖。

putenv 函数和 setenv 函数都可以用来设置系统环境变量，不同的是，setenv 函数可以用更加灵活的方式来设置环境变量。

6.3.6.3 清除环境变量

```
#include <stdlib.h>
int unsetenv(const char * name );
```

函数 unsetenv 原型分析：

* 此函数成功返回 0，失败返回 -1 并设置错误号；
* 参数*name* 是需要清除的环境变量名称。

环境变量实例程序：chapter06/env_example 。该程序展示了环境变量函数的使用方法。

6.4 SylixOS 进程 API

在 POSIX 标准兼容进程 API 之外，SylixOS 也提供了符合 UNIX 标准的进程操作函数。在编写程序时推荐使用 POSIX 标准进程 API，但是在部分情况下使用该部分函数更为方便。

6.4.1 使用 SylixOS API 创建进程

6.4.1.1 spawn 函数与 exec 函数的区别

exec 系列函数不会新建进程，只能在现有进程环境执行新的可执行文件；spawn 系列函数可以选择在现有进程环境执行可执行文件，也可以选择新建子进程。

6.4.1.2 使用 spawn 函数创建进程

```
#include <process.h>
int spawnl(int  mode , const char * path , const char * argv0, ...);
int spawnle(int  mode , const char * path , const char * argv0, ...);
int spawnlp(int  mode , const char * file , const char * argv0, ...);
int spawnv(int  mode , const char * path , char * const * argv );
int spawnve(int  mode , const char * path , char * const * argv ,
            char * const * envp );
int spawnvp(int  mode , const char * file , char * const * argv );
int spawnvpe(int  mode , const char * file ,
             char * const * argv , char * const * envp );
```

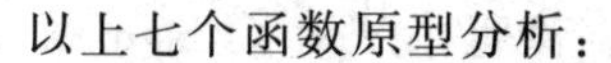

以上七个函数原型分析：

- 函数成功返回0，失败返回－1并设置错误码。
- 参数*mode*是进程创建模式，其值如表6.7所列。
- 参数*path*是可执行文件路径。
- 参数*argv0*是第一个命令行参数，一般情况下第一个命令行参数为命令名称。
- 参数*file*是可执行文件名，与参数*path*的区别是不带目录，应用程序加载器在指定路径搜索该文件。SylixOS中应用程序动态库的搜索路径依次如下。
  - Shell当前目录，注意不是应用程序所在目录。
  - PATH环境中包含的搜索路径。
- 参数...为可变参数，表示命令行中剩余的参数，命令行参数以0结束。在execle函数中，在以0结束的命令行参数后还有一个环境变量数组，数组以0结束，见*envp*参数说明。
- 参数*argv*是由命令行参数组成的字符串数组，数组以可执行文件名开始，以0结束。
- 参数*envp*是需要预先设置的进程环境变量字符串集合，数组以0结束。

表6.7 进程创建模式表

宏　名	解　释
P_WAIT	新建子进程，调用线程等待子进程退出再继续执行
P_NOWAIT	新建子进程，调用线程不等待子进程退出
P_OVERLAY	不新建子进程，在当前进程空间执行新程序

spawn函数实例程序：chapter06/spawn_example。该程序展示了如何使用spawn系列函数创建新进程并执行可执行程序。

6.4.2 SylixOS进程控制API

6.4.2.1 设置当前进程为守护进程

```
#include <unistd.h>
int daemon(int   nochdir , int noclose );
```

函数daemon原型分析：

- 此函数成功返回0，失败返回－1并设置错误码。
- 参数*nochdir*表示是否切换进程当前工作目录到根目录/。0表示切换，其他表示不切换。
- 参数*noclose*表示是否重定向标准输入、标准输出、标准错误输出到/dev/null文件。0表示重定向，其他表示不重定向。

守护进程实例程序:chapter06/daemon_example。该程序展示了 daemon 函数的用法。

在 SylixOS Shell 中执行程序:

```
#./daemon_example&
before daemon
#
```

从运行结果可以看出,在调用函数 daemon 后,打印语句无效,使用 *ps* 命令查看程序的运行状态。

```
#ps
      NAME              FATHER         STAT  PID   GRP    MEMORY     UID   GID   USER
---------------- ---------------- ---- ----- ----- ---------- ----- ----- ------
kernel              <orphan>       R     0     0      56KB      0     0    root
Daemon_Process      <orphan>       R     64    64     232KB     0     0    root
total vprocess : 2
```

6.4.2.2 使用 wait3 函数等待指定子进程状态改变

```
#include<wait.h>
pid_t wait3(int * stat_loc , int options , struct rusage * prusage );
```

函数 wait3 原型分析:

- 如果由于子进程状态改变导致函数返回,则返回 0;如果 *options* 设置了 WNOHANG 位,且没有子进程状态发生改变,则不等待且返回 0;其他情况返回−1 并设置错误号。
- 参数 *stat_loc* 是子进程退出码。
- 参数 *option* 是功能选项,由位掩码组成,如表 6.5 所列。
- 参数 *prusage* 是子进程的资源使用情况。

6.4.2.3 使用 wait4 函数等待指定子进程状态改变

```
#include<wait.h>
pid_t wait4(pid_t  pid , int * stat_loc , int options , struct rusage * prusage );
```

函数 wait4 原型分析:

- 如果由于子进程状态改变导致函数返回,则返回子进程 ID;如果 *options* 设置了 WNOHANG 位,且没有子进程状态发生改变,则不等待且返回 0;其他情况返回−1 并设置错误码;
- 参数 *pid* 可以有以下几种情况:
  - *pid* > 0:表示等待进程号为 *pid* 的进程;

- *pid* == 0:表示等待与调用进程同组的进程；
- *pid* < −1:表示等待进程组 ID 为 *pid* 绝对值的进程。

• 参数*stat_loc* 是子进程退出码；
• 参数*option* 是功能选项，由位掩码组成，如表 6.5 所列；
• 参数*prusage* 是子进程的资源使用情况。

wait4 函数使用程序：chapter06/wait4_example 。该程序展示了 wait4 函数的使用方法。

第7章 进程间通信

7.1 什么是进程间通信

进程间通信(Inter-Process Communication,IPC),是指两个或两个以上的进程之间传递数据或信号的一些技术或方法。进程是计算机系统分配资源的最小单位,每个进程都有自己的一部分独立的系统资源,彼此是隔离的。为了能使不同的进程互相访问资源并进行协调工作,需要进程间的通信机制。

常见的进程间通信方式有:管道、命名消息队列、命名信号量、共享内存、信号等。

7.2 管 道

7.2.1 管道概述

管道是 SylixOS 进程间通信的一种方式。和现实世界的传输管道类似,管道有两个端口:读端和写端,并且只允许数据从写端流向读端,所以管道是一种流式设备。

管道分为匿名管道 pipe 和命名管道 fifo。

虽然匿名管道是一个文件,但匿名管道并不存在于文件系统中,所以匿名管道只能用于父子进程间的通信。没有血缘关系的进程,由于不存在文件描述符的继承,所以无法使用匿名管道进行通信,但可以使用命名管道进行通信。

7.2.2 匿名管道

创建一个匿名管道使用 pipe 函数,pipe 函数的输出参数为两个文件描述符:一个为读端文件描述符,一个为写端文件描述符。创建匿名管道后通常使用 posix_spawn 族或 spawn 族函数创建一个子进程,由于子进程继承了父进程的文件描述

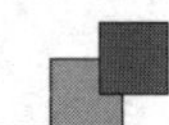

符,所以子进程和父进程均能使用 read 函数和 write 函数对匿名管道进行读和写操作。

虽然子进程和父进程均有匿名管道的两个文件描述符,即读端文件描述符和写端文件描述符,但并不意味着匿名管道能进行父子进程间的全双工通信。匿名管道只有两端口:读端和写端,并且只允许数据从写端流向读端,所以匿名管道只能进行半双工通信。如果需要全双工通信,则需要创建两个匿名管道,如图 7.1 所示。

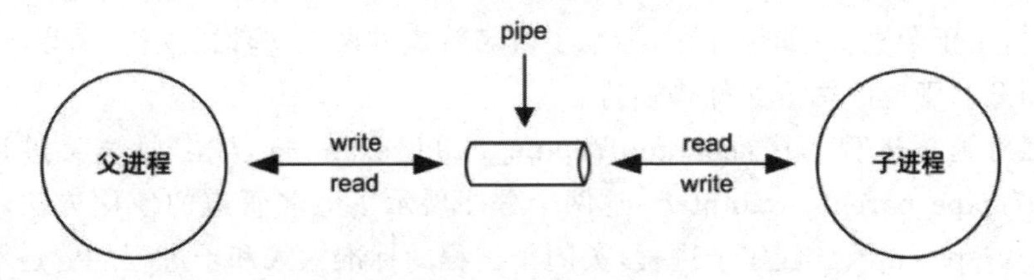

图 7.1 匿名管道

7.2.3 匿名管道操作

7.2.3.1 匿名管道的创建

```
#include <unistd.h>
int    pipe(int iFd[2]);
int    pipe2(int iFd[2], int iFlag );
```

以上两个函数原型分析:

- 函数成功时返回 0,失败时返回-1 并设置错误号;
- 输出参数*iFd* 用于记录匿名管道的两个文件描述符:*iFd*[0]为读端文件描述符,*iFd*[1]为写端文件描述符;
- 参数*iFlag* 是匿名管道的文件标志,可以使用 0 或表 7.1 所列的宏组合。

表 7.1 ***iFlag*** 参数

宏　名	含　义
O_NONBLOCK	读写管道是一个非阻塞操作
O_CLOEXEC	当 exec 发生时,管道将被关闭

7.2.3.2 匿名管道的读写

由于 pipe 函数的输出参数为两个文件描述符:第一个为读端文件描述符,第二个为写端文件描述符,所以匿名管道的读和写操作可以使用标准的文件读写函数——read 函数和 write 函数。

7.2.3.3 匿名管道的等待

在匿名管道为空或满时,读或写匿名管道操作将被阻塞(除非使用 pipe2 函数创建匿名管道时参数*iFlag* 指定了 O_NONBLOCK 选项),而等待一个匿名管道可读或可写,可以调用 select 函数。

7.2.3.4 匿名管道的关闭

关闭一个匿名管道可以使用标准的文件关闭函数——close 函数,由于匿名管道存在两个文件描述符,所以关闭一个匿名管道时必须使用 close 函数关闭匿名管道的两个文件描述符。

同时,由于子进程(如果存在)继承了匿名管道的两个文件描述符,所以子进程也需要关闭匿名管道的两个文件描述符。

匿名管道子进程程序:**chapter07/pipe_child_example**,匿名管道父进程程序:**chapter07/pipe_parent_example**。这两个程序展示了匿名管道的使用方法,父进程调用 posix_spawn 函数创建子进程,关闭子进程的标准输入和子进程的管道写端,并将管道的读端文件描述符复制到子进程的标准输入,子进程每隔 1 s 从管道的读端读取数据。

7.2.4 命名管道

创建一个命名管道可以使用 mkfifo 函数,mkfifo 函数指定了命名管道的设备文件路径,其他进程可以使用标准的文件打开函数——open 函数打开该命名管道,然后使用 read 函数和 write 函数对命名管道进行读和写操作,如图 7.2 所示。

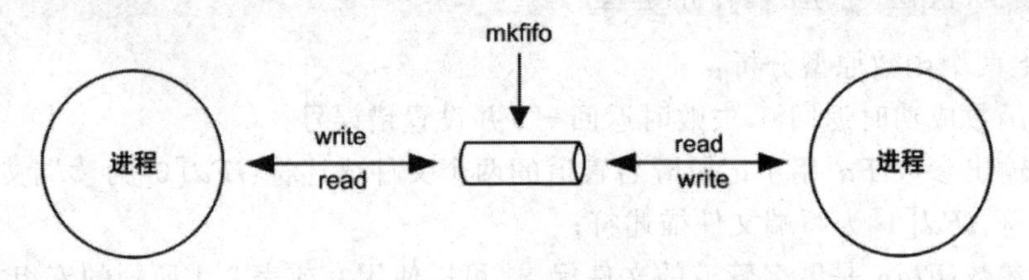

图 7.2 命名管道

7.2.5 命名管道操作

7.2.5.1 命名管道的创建

```
#include <unistd.h>
int     mkfifo(const char * pcFifoName , mode_t  mode );
```

函数 mkfifo 原型分析:

- 此函数成功返回 0,失败返回 −1 并设置错误号;
- 参数*pcFifoName* 指定了命名管道的设备文件路径;
- 参数*mode* 指定了命名管道的设备文件模式,与 open 函数的模式位相同。

创建命名管道类似于创建文件，因此命名管道的路径名存在于文件系统中。

7.2.5.2 命名管道的打开

由于命名管道存在于文件系统中，所以可以使用标准的文件打开函数——open函数打开命名管道。调用open函数时参数*iFlag*是命名管道的打开标志，参数*iFlag*除了可以使用匿名管道的文件标志，还可以使用如表7.2所列的文件标志。

表7.2 文件标志

宏 名	含 义
O_RDONLY	以只读方式打开管道
O_WRONLY	以只写方式打开管道
O_RDWR	以读写方式打开管道

7.2.5.3 命名管道的读写

命名管道的读和写操作分别使用标准的文件读写函数——read函数和write函数。

7.2.5.4 命名管道的等待

在命名管道为空或满时，读或写命名管道操作将被阻塞(除非使用open函数打开命名管道时参数*iFlag*指定了O_NONBLOCK选项)，而等待一个命名管道可读或可写，可以调用select函数。

7.2.5.5 命名管道的关闭

关闭一个命名管道可以使用标准的文件关闭函数——close函数。

7.2.5.6 命名管道的删除

命名管道的删除使用标准的文件删除函数——unlink函数。

命名管道客户端程序：chapter07/name_pipe_client_example，命名管道服务器程序：chapter07/name_pipe_server_example。这两个程序展示了命名管道的使用方法，程序由客户端程序和服务器程序组成，在服务器程序端创建命名管道文件/dev/fifo，并向管道中写入数据，客户端程序打开该文件并从管道中读取数据。

7.3 POSIX命名信号量

7.3.1 概 述

在5.4节中我们已经介绍了POSIX匿名信号量的使用，POSIX匿名信号量只能用于同一进程内的线程间通信，为了实现进程间的同步，可以使用POSIX命名信号量。

一个 POSIX 命名信号量必须要调用 sem_open 函数创建或打开之后才能使用，如图 7.3 所示。

当一个 POSIX 命名信号量使用完毕后，应该调用 sem_close 函数将其关闭；当一个 POSIX 命名信号量不再有任何用途时，应该调用 sem_unlink 函数将其删除，SylixOS 会回收该信号量占用的内核资源。

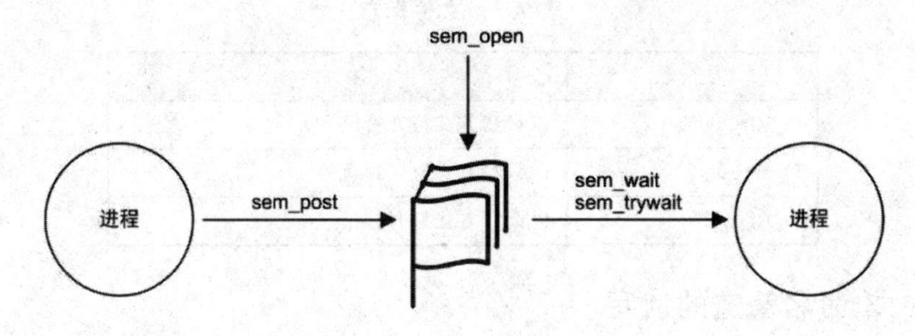

图 7.3 POSIX 命名信号量

7.3.2 命名信号量操作

7.3.2.1 命名信号量的创建与打开

```
#include <semaphore.h>
sem_t  *sem_open(const char  *name , int  flag , ...);
```

函数 sem_open 原型分析：

- 此函数成功时返回一个 sem_t 类型的指针，失败时返回 NULL 并设置错误号；
- 参数 *name* 是 POSIX 命名信号量的名字；
- 参数 *flag* 是 POSIX 命名信号量的打开选项(O_CREAT | O_EXCL)；
- 参数...是可变参数，通常可指定打开的模式(mode 和 value)。

如果需要创建一个 POSIX 命名信号量，打开选项应该加上 O_CREAT，并且可变参数应指定 mode 和 value 的值。

如果需要打开一个已经存在的 POSIX 命名信号量，打开选项不能够包含 O_CREAT 选项标志。

7.3.2.2 命名信号量的关闭

```
#include <semaphore.h>
int  sem_close(sem_t  *psem );
```

函数 sem_close 原型分析：

- 此函数成功返回 0,失败返回－1 并设置错误号;
- 参数*psem* 是 POSIX 命名信号量的指针。

调用 sem_close 函数将减少一次命名信号量的使用计数,但不会删除一个命名信号量,需要注意的是,如果调用 sem_close 函数企图关闭一个匿名信号量,将返回－1 并设置 errno 为 EINVAL。

7.3.2.3 命名信号量的删除

```
#include <semaphore.h>
int     sem_unlink(const char * name );
```

函数 sem_unlink 原型分析:

- 此函数成功返回 0,失败返回－1 并设置错误号;
- 参数*name* 是 POSIX 命名信号量的名字。

sem_unlink 函数将删除一个不再使用的命名信号量,并释放系统资源。sem_unlink 函数会首先判断信号量的使用计数,如果使用计数到达了 0,则删除信号量,如果没有到达 0,则出错返回,并设置 errno 为 EBUSY。

命名信号量客户端程序:**chapter07/name_sem_client_example**,命名信号量服务器程序:**chapter07/name_sem_server_example**。程序通过命名信号量实现进程间的通信,服务器程序等待信号量 sem,当信号量解除等待后,代表命名管道中有新的数据可读,读数据完成后,服务器程序发送另一个信号量 sem1 给客户端表示读取数据完成。客户程序首先向管道中写入新的数据,然后发送信号量 sem 给服务器并等待信号量 sem1(服务器读操作完成)。

7.4 POSIX 命名消息队列

POSIX 命名消息队列的句柄的类型为 mqd_t。使用时需要定义一个 mqd_t 类型的变量:

```
mqd_t mqd;
```

一个 POSIX 命名消息队列必须要调用 mq_open 函数创建或打开之后才能使用,接收消息可以调用 mq_receive 函数,发送消息可以使用 mq_send 函数,如图 7.4 所示。

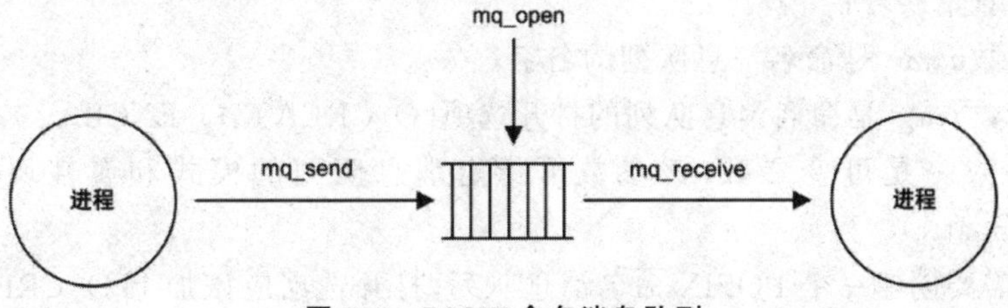

图 7.4 POSIX 命名消息队列

当一个 POSIX 命名消息队列使用完毕后，应该调用 mq_close 函数将其关闭；当一个 POSIX 命名消息队列不再有任何用途时，应该调用 mq_unlink 函数将其删除，SylixOS 会回收该消息队列占用的内核资源。

7.4.1 命名消息队列属性块

创建一个 POSIX 命名消息队列需要使用 POSIX 命名消息队列属性块。POSIX 命名消息队列属性块的类型为 struct mq_attr，其定义见程序清单 7.1。

程序清单 7.1 mq_attr 结构体

```
typedef struct mq_attr {
    long            mq_flags;       /*  消息队列文件标志 */
    long            mq_maxmsg;      /*  消息队列可容纳的最大消息个数 */
    long            mq_msgsize;     /*  消息队列的单则消息的最大长度 */
    long            mq_curmsgs;     /*  当前消息队列的消息数目 */
} mq_attr_t;
```

使用时需要定义一个 struct mq_attr 结构的变量，如：

```
struct mq_attr  mqattr;
```

由于 POSIX 并没有定义 POSIX 命名消息队列属性块的操作函数，所以使用时需要对 struct mq_attr 结构的成员进行赋值，示例代码如下：

```
struct mq_attr  mqattr = {O_RDWR, 128, 64, 0};
```

7.4.2 命名消息队列

7.4.2.1 命名消息队列的创建与打开

```
#include <mqueue.h>
mqd_t  mq_open(const char  *name , int  flag , ...);
```

函数 mq_open 原型分析：

- 此函数成功时返回一个命名消息队列的句柄，失败时返回 MQ_FAILED 并设置错误号；
- 参数*name* 是命名消息队列的名字；
- 参数*flag* 是命名消息队列的打开选项（O_CREAT，O_EXCL...）；
- 参数…是可变参数，该参数可指定消息队列的模式和属性块（mode 和 pmqattr）。

如果需要创建一个 POSIX 命名消息队列，打开选项应该加上 O_CREAT，并且可变参数应指定 mode 和 pmqattr，当 pmqattr 为 NULL 时，将使用默认的属性。创

建命令消息队列的形式如下：

```
mqd_t  mq;
mq = mq_open("mq_test", O_RDWR | O_CREAT, 0666, NULL);
```

如果打开一个已经存在的 POSIX 命名消息队列，打开选项不应该加上 O_CREAT。

默认的属性定义如下：

```
mq_attr_t  mq_attr_default = {O_RDWR, 128, 64, 0};
```

即消息队列可容纳 128 条消息，单条消息的最大长度为 64 字节。

7.4.2.2 命名消息队列属性的获取与设置

```
#include <mqueue.h>
int     mq_getattr(mqd_t  mqd , struct mq_attr * pmqattr );
```

函数 mq_getattr 原型分析：

- 此函数成功返回 0，失败返回 -1 并设置错误号；
- 参数 *mqd* 是 POSIX 命名消息队列的句柄；
- 输出参数 *pmqattr* 用于接收 POSIX 命名消息队列的属性。

```
#include <mqueue.h>
int    mq_setattr(mqd_t   mqd , const struct mq_attr * pmqattrNew ,
struct mq_attr * pmqattrOld );
```

函数 mq_setattr 原型分析：

- 此函数成功时返回 0，失败时返回 -1 并设置错误号；
- 参数 *mqd* 是 POSIX 命名消息队列的句柄；
- 参数 *pmqattrNew* 指向一个 POSIX 命名消息队列属性块，是需要设置的新属性；
- 输出参数 *pmqattrOld* 用于接收 POSIX 命名消息队列的当前属性，可以为 NULL。

7.4.2.3 向命名消息队列发送消息

```
#include <mqueue.h>
int    mq_send(mqd_t  mqd , const char   * msg , size_t   msglen ,
             unsigned   msgprio );
int    mq_timedsend(mqd_t   mqd , const char   * msg , size_t   msglen ,
                  unsigned   msgprio , const struct timespec * abs_timeout );
int   mq_reltimedsend_np(mqd_t   mqd , const char   * msg , size_t   msglen ,
                       unsigned   msgprio , const struct timespec * rel_timeout );
```

以上三个函数原型分析：

- 函数成功时返回 0，失败时返回－1 并设置错误号；
- 参数*mqd* 是 POSIX 命名消息队列的句柄；
- 参数*msg* 指向需要发送的消息缓冲区（一个 const char 型的指针）；
- 参数*msglen* 是需要发送的消息的长度；
- 参数*msgprio* 是需要发送的消息的优先级；
- 参数*abs_timeout* 是当消息队列满时，发送者线程需要等待的绝对超时时间；
- 参数*rel_timeout* 是当消息队列满时，发送者线程需要等待的相对超时时间。

mq_timedsend 函数是 mq_send 函数的带等待超时时间的版本，*abs_timeout* 为等待的绝对超时时间（绝对时间是指到将来的某个时间点）。

mq_reltimedsend_np 函数是 mq_timedsend 函数的非 POSIX 标准版本，参数*rel_timeout* 为等待的相对超时时间（相对时间是指以当前时间为起点的一个时间区间）。

7.4.2.4 接收命名消息队列的消息

```
#include <mqueue.h>
ssize_t    mq_receive(mqd_t   mqd , char   * msg , size_t   msglen ,
                      unsigned * pmsgprio );
ssize_t    mq_timedreceive(mqd_t   mqd , char   * msg , size_t   msglen ,
                           unsigned * pmsgprio ,
                           const struct timespec * abs_timeout );
ssize_t   mq_reltimedreceive_np(mqd_t   mqd , char   * msg , size_t   msglen ,
                                unsigned * pmsgprio ,
                                const struct timespec * rel_timeout );
```

以上三个函数原型分析：

- 函数成功时返回接收的消息的长度，失败时返回－1 并设置错误号；
- 参数*mqd* 是 POSIX 命名消息队列的句柄；
- 参数*msg* 指向用于接收消息的消息缓冲区（一个 char 型的指针）；
- 参数*msglen* 是消息缓冲区的长度；
- 输出参数*pmsgprio* 用于接收消息的优先级；
- 参数*abs_timeout* 是当消息队列空时，接收者线程需要等待的绝对超时时间；
- 参数*rel_timeout* 是当消息队列空时，接收者线程需要等待的相对超时时间。

mq_timedreceive 函数是 mq_receive 函数的带等待超时时间的版本，*abs_timeout* 为等待的绝对超时时间。

mq_reltimedreceive_np 函数是 mq_timedreceive 函数的非 POSIX 标准版本，参数*rel_timeout* 为等待的相对超时时间。

7.4.2.5 注册命名消息队列可读时通知信号

```
#include <mqueue.h>
int    mq_notify(mqd_t  mqd , const struct sigevent   * pnotify );
```

函数 mq_notify 原型分析：

- 此函数成功返回 0,失败返回－1 并设置错误号；
- 参数*mqd* 是 POSIX 命名消息队列的句柄；
- 参数*pnotify* 指向一个 struct sigevent 信号事件类型(见第 8 章)的变量。

7.4.2.6 命名消息队列的关闭

```
#include <mqueue.h>
int    mq_close(mqd_t  mqd );
```

函数 mq_close 原型分析：

- 此函数成功时返回 0,失败时返回－1 并设置错误号；
- 参数*mqd* 是 POSIX 命名消息队列的句柄。

7.4.2.7 命名消息队列的删除

```
#include <mqueue.h>
int    mq_unlink(const char   * name );
```

函数 mq_close 原型分析：

- 此函数成功返回 0,失败返回－1 并设置错误号；
- 参数*name* 是 POSIX 命名消息队列的名字。

生产者程序：chapter07/producer_example，消费者程序：chapter07/consumer_example。程序是通过 POSIX 命名消息队列实现的生产者消费者实例,生产者程序每隔 1 s 向消息队列中发送一则消息,消费者每隔 2 s 从队列中获取一则消息,生产者生产完成后延时 1 min 等待消费者正常退出,1 min 后生产者调用 mq_unlink 函数删除消息队列文件。

7.5　POSIX 共享内存

虽然管道和 POSIX 命名消息队列都能实现进程间的数据通信,但当数据量较大时,管道和 POSIX 命名消息队列的效率就有点低了,这时建议使用 POSIX 共享内存进行直接的数据通信。

为了避免有多个写者进程对同一块共享内存进行写操作,通常需要使用一个命名信号量作为该共享内存的写锁。

同时为了让读者进程能及时知道写者进程已经修改的共享内存的内容,通常需要使用一个命名信号量作为该共享内存的读通知信号。

创建一个 POSIX 共享内存可以使用 shm_open 函数。shm_open 函数指定了 POSIX 共享内存的设备文件路径，其他进程可以使用 shm_open 函数打开该共享内存，shm_open 函数返回一个文件描述符，使用 mmap 函数映射该共享内存到进程的虚拟空间内，mmap 函数返回一个虚拟地址，之后便可以通过这个虚拟地址对共享内存进行读和写操作，从而达到高效的进程间直接大数据量通信的目的。

当一个 POSIX 共享内存使用完毕后，应该调用 close 函数将其关闭；当一个 POSIX 共享内存不再有任何用途时，应该调用 shm_unlink 函数将其删除，SylixOS 将回收该共享内存占用的内核资源。

POSIX 共享内存的详细使用方法见 10.4 节。

7.6 XSI IPC

有三种称作 XSI IPC 的 IPC 机制：消息队列、信号量以及共享内存，它们有很多相似之处，本节首先介绍它们相似的特征。

7.6.1 XSI 标识符和键

每个内核中的 IPC 结构（消息队列、信号量或共享内存）都用一个非负整数的标识符加以引用。例如，向一个消息队列发送消息或者从一个消息队列取消息，只需要知道其队列标识符。当一个 IPC 结构被创建，又被删除时，与这种结构相关的标识符连续加 1，直至达到一个整型数的最大正值，再又回转到 0。

标识符是 IPC 对象的内部名。为使多个合作进程能够在同一个 IPC 对象上汇聚，需要提供一个外部命名方案。为此，每个 IPC 对象都与一个键相关联，将这个键作为该对象的外部名。

无论何时创建 IPC 结构（调用 msgget、semget 或者 shmget 创建），都应指定一个键，键的数据类型是基本系统数据类型 key_t。

有多种方法使客户进程和服务器进程在同一个 IPC 结构上汇聚：

- 服务器进程可以指定键 IPC_PRIVATE 创建一个新 IPC 结构，将返回的标识符存放在某处（如一个文件）以便客户进程取用。键 IPC_PRIVATE 保证服务器进程创建一个新 IPC 结构。
- 可以在一个公用头文件中定义一个客户进程和服务器进程都认可的键，然后服务器进程指定此键创建一个新的 IPC 结构。
- 客户进程和服务器进程认同一个路径名和项目 ID（项目 ID 是 0～255 之间的字符值），接着调用函数 ftok 将这两个值变换为一个键，然后在上述方法中使用该键。

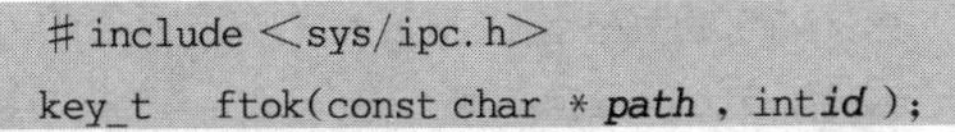

```
#include <sys/ipc.h>
key_t   ftok(const char * path , int id );
```

函数 ftok 原型分析：

- 此函数成功时返回 key 值，失败时返回－1 并设置错误号；
- 参数*path* 引用一个现有的文件；
- 参数*id* 是项目 ID(该参数只使用低 8 位)。

ftok 函数创建的键通常是使用*path* 取得 stat 结构，用 stat 结构中的 st_dev 和 st_ino 成员值与项目 ID 组合起来。在 SylixOS 中，st_dev 和 st_ino 是一种设备标识，因此在同一个文件系统中不同文件的键可能相同（当项目 ID 相同时）。

msgget、semget、shmget 都有两个类似的参数，一个*key* 和一个整型*flag* 。在创建一个新队列结构时，如果 key 是 IPC_PRIVATE 或者和当前某种类型的 IPC 结构无关，则需要指明*flag* 的 IPC_CREAT 标志位，XSI IPC 标志位如表 7.3 所列。为了引用一个现有队列，key 必须等于队列创建时指明的 key 的值，并且 IPC_CREAT 不能被指定。

表 7.3　XSI IPC 标志位

标　志	含　义
IPC_CREAT	如果 key 不存在则创建
IPC_EXCL	如果 key 存在则出错
IPC_NOWAIT	非阻塞

需要注意的是，不能指定 IPC_PRIVATE 作为键来引用一个现有队列，因为这个特殊的键总是用于创建一个新队列。

如果希望创建一个新的 IPC 结构，而且要确保没有引用具有同一标识符的一个现有 IPC 结构，那么必须在*flag* 中同时指定 IPC_CREAT 和 IPC_EXCL 位。这样设置以后，如果 IPC 结构已经存在将出错返回，并设置 errno 为 EEXIST。

7.6.2　XSI 权限结构

XSI IPC 为每一个 IPC 结构关联了一个 ipc_perm 结构。该结构规定了权限和所有者，其定义见程序清单 7.2。

程序清单 7.2　ipc_perm 结构体

```
struct ipc_perm {
    uid_t           uid;        /*  owner's effective user ID       */
    gid_t           gid;        /*  owner's effective group ID      */
    uid_t           cuid;       /*  creator's effective user ID     */
```

```
    gid_t       cgid;           /*  creator's effective group ID          */
    mode_t      mode;           /*  read/write permission                 */
};
```

在创建 IPC 结构时,对所有成员都需要赋初值,之后可以调用 msgctl、semctl 或 shmctl 函数修改 uid、gid 和 mode 成员。为了修改这些值,调用进程必须是 IPC 结构的创建者或超级用户,修改这些成员值类似于对文件调用 chown 函数和 chmod 函数。

7.6.3 XSI IPC 信号量

XSI IPC 信号量与管道、命名管道、消息队列不同,它是一个计数器,用于为多个进程提供对共享数据对象的访问。

为了获得共享资源,进程需要执行下列操作:

- 测试控制该资源的信号量。
- 若此信号量的值为正,则进程可以使用该资源。在这种情况下,进程会将信号量值减 1,表示它使用了一个资源单位。
- 否则,若此信号量的值为 0,则进程进入休眠状态,直至信号量值大于 0,进程被唤醒后,它返回至第一步。

当进程不再使用由一个信号量控制的共享资源时,该信号量值增 1。如果有进程正在休眠等待此信号量,则唤醒它们。

为了正确地实现信号量,信号量值的测试及减 1 操作应当是原子操作。为此,信号量通常是在内核中实现的。

常用的信号量形式被称为二元信号量,它控制单个资源,其初始值为 1,但是,一般而言,信号量的初始值可以是任意一个正值,该值表明有多少个共享资源单位可供共享应用。

内核为每个信号量集合维护着一个 semid_ds 结构,定义见程序清单 7.3。

程序清单 7.3 semid_ds 结构

```
struct semid_ds {
    struct ipc_perm     sem_perm;       /* operation permission structure   */
    u_short             sem_nsems;      /* number of semaphores in set      */
    time_t              sem_otime;      /* last semop() time                */
    time_t              sem_ctime;      /* last time changed by semctl()    */
……
};
```

在 SylixOS 下,每一个信号量 sem 结构体的定义见程序清单 7.4。

程序清单 7.4　sem 结构体

```
struct sem {
    unsigned short     semval;     /* semaphore value              */
    pid_t              sempid;     /* pid of last operation        */
    unsigned short     semncnt;    /* # awaiting semval > cval     */
    unsigned short     semzcnt;    /* # awaiting semval == 0       */
};
```

当使用一个 XSI IPC 信号量时，需要首先调用 semget 函数：

```
#include <sys/sem.h>
int  semget(key_t  key , int  nsems , int  flag );
```

函数 semget 原型分析：

- 此函数成功时返回信号量 ID，失败时返回−1 并设置错误号；
- 参数*key* 是 ftok 函数返回的键；
- 参数*nsems* 是该集合中的信号量数；
- 参数*flag* 是信号量标志，如表 7.3 所列。

semctl 函数包含了多种信号量操作：

```
#include <sys/sem.h>
int  semctl(int  semid , int  semnum , int  cmd , ...);
```

函数 semctl 原型分析：

- 此函数成功返回 0，失败返回−1 并设置错误号；
- 参数*semid* 是信号量 ID；
- 参数*semnum* 是信号量数；
- 参数*cmd* 是命令；
- 参数...是可变参数。

semctl 函数可变参数根据*cmd* 是可选的，其类型是 union semun，它是多个命令特定参数的联合：

```
union semun {
    int                 val;       /* value for SETVAL              */
    struct semid_ds    *buf;       /* buffer for IPC_STAT & IPC_SET */
    unsigned short     *array;     /* array for GETALL & SETALL     */
};
```

函数 semop 自动执行信号量集合上的操作数组：

```
#include <sys/sem.h>
int  semop(int  semid , struct sembuf * semoparray , size_t  nops );
```

函数 semop 原型分析：

- 参数*semid* 是信号量 ID；
- 参数*semoparray* 指向一个由 sembuf 结构表示的信号量操作数组；
- 参数*nops* 是信号量操作数组的数量。

sembuf 结构的定义见程序清单 7.5。

程序清单 7.5　sembuf 结构体

```
struct sembuf {
    u_short         sem_num;        /* semaphore  number         */
    short           sem_op;         /* semaphore operation       */
    short           sem_flg;        /* operation flags           */
};
```

7.6.4　XSI IPC 消息队列

消息队列是消息的链接表，存储在内核中，由消息队列标识符标识。msgget 函数用于创建一个新队列或打开一个现有队列。msgsnd 函数将新消息添加到队列尾端。每个消息包含一个正的长整型类型的字段、一个非负的长度以及实际数据字节数，所有这些都在将消息添加到队列时传送给 msgsnd 函数。msgrcv 函数用于从队列中取消息，我们并不一定要以先进先出次序取消息，也可以按消息的类型取消息。

每个队列都有一个 msgid_ds 结构与其相关联，msgid_ds 结构的定义见程序清单 7.6。

程序清单 7.6　msgid_ds 结构体

```
struct msqid_ds {
    struct ipc_perm     msg_perm;       /* msg queue permission bits    */
    msgqnum_t           msg_qnum;       /* number of msgs in the queue  */
    msglen_t            msg_qbytes;     /* max # of bytes on the queue  */
    pid_t               msg_lspid;      /* pid of last msgsnd()         */
    pid_t               msg_lrpid;      /* pid of last msgrcv()         */
    time_t              msg_stime;      /* time of last msgsnd()        */
    time_t              msg_rtime;      /* time of last msgrcv()        */
    time_t              msg_ctime;      /* time of last msgctl()        */
......
};
```

此结构定义了队列的当前状态，不同的系统可能包含不同的成员。

XSI IPC 消息队列调用的第一个函数是 msgget 函数，该函数可以打开一个现有队列或者创建一个新的队列。

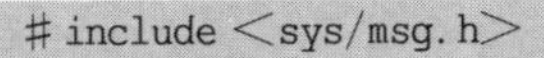

```
#include <sys/msg.h>
int   msgget(key_t  key , int   flag );
```

函数 msgget 原型分析：

- 此函数成功时返回非负队列 ID,失败时返回－1 并设置错误号；
- 参数*key* 是由 ftok 函数创建的键或者 IPC_PRIVATE 指定创建新 IPC 结构；
- 参数*flag* 是消息创建标志,如表 7.3 所列。

msgctl 函数对队列执行多种操作,类似于 ioctl 函数。

```
#include <sys/msg.h>
int     msgctl(int  msgid , int   cmd , struct msqid_ds * buf );
```

函数 msgctl 原型分析：

- 此函数成功返回 0,失败返回－1 并设置错误号；
- 参数*msgid* 是 msgget 函数返回的消息 ID;
- 参数*cmd* 是命令,如表 7.4 所列；
- 参数*buf* 是 msgid_ds 结构指针。

表 7.4　XSI IPC 命令

命　令	含　义
IPC_STAT	取此队列的 msgid_ds 结构,并将它存放在*buf* 中
IPC_SET	将*buf* 中的成员 msg_perm. uid、msg_perm. gid 和 msg_perm. mode 赋值给与这个队列相关的 msqid_ds 结构中
IPC_RMID	从系统中删除该消息队列以及仍在该队列中的所有数据

调用 msgsnd 函数将数据放到消息队列中：

```
#include <sys/msg.h>
int   msgsnd(int  msgid , const void * ptr , size_tnbytes , int   flag );
```

函数 msgsnd 原型分析：

- 此函数成功返回 0,失败返回－1 并设置错误号；
- 参数*msgid* 是 msgget 函数返回的消息 ID;
- 参数*ptr* 是消息指针；
- 参数*nbytes* 是消息体中消息字节数；
- 参数*flag* 是消息标志。

正如前面提及的,每个消息都由 3 部分组成,即一个正的长整型类型的字段、一个非负的长度(*nbytes*)以及实际数据字节数(对应于长度),消息总是放在队列尾端。

参数*ptr* 是指向 mymesg 结构的指针,其定义见程序清单 7.7。该结构包含了长整型的消息类型和消息数据,消息体长度为 512 字节。

程序清单 7.7　mymesg 结构

```
struct mymesg {
    long    mtype;           /*  消息类型  */
    char    mtest[512];      /*  消息体    */
};
```

msgrcv 函数从队列中取用消息。

```
#include <sys/msg.h>
ssize_t msgrcv(int msgid , void * ptr , size_t nbytes , long type , int flag );
```

函数 msgrcv 原型分析：

- 此函数成功返回 0,失败返回 -1 并设置错误号；
- 参数*msgid* 是 msgget 函数返回的消息 ID；
- 参数*ptr* 是消息指针；
- 参数*nbytes* 是消息缓冲区长度；
- 参数*type* 是消息类型；
- 参数*flag* 是消息标志。

同 msgsnd 函数一样，*ptr* 参数指向一个长整型数(其中存储的是返回的消息类型),其后是存储实际消息数据的缓冲区。参数*type* 可以指定想要哪一种消息：

- type == 0,返回队列中的第一个消息；
- type > 0,返回队列中消息类型为 type 的第一个消息；
- type < 0,返回队列中消息类型值小于或等于 type 绝对值的消息，如果这种消息有若干个，则取类型值最小的消息。

type 值非 0 用于以非先进先出次序读消息。例如，若应用程序对消息赋予优先权，那么 type 就可以是优先权值。如果一个消息队列由多个客户进程和一个服务进程使用，那么 type 字段可以用来包含客户进程的进程 ID(只要进程 ID 可以存放在长整型中)。

msgrcv 成功执行时，内核会更新与该消息队列相关联的 msgid_ds 结构，以指示调用者的进程 ID 和调用时间，并指示队列中的消息数减少了 1 个。

7.6.5　XSI IPC 共享内存

共享存储允许两个或多个进程共享一个给定的存储区，因为数据不需要在客户进程和服务器进程之间复制，所以这是最快的一种 IPC。使用共享存储时要掌握的唯一窍门是，在多个进程之间同步访问一个给定的存储区。若服务器进程正在将数据放入共享存储区，则在它做完这一操作之前，客户进程不应当去取这些数据。通常，信号量用于同步共享存储访问，XSI 共享内存和内存映射的文件的不同之处在于，前者没有相关的文件，XSI 共享内存段是内存的匿名段。

内核为每个共享内存段维护着一个 shmid_ds 结构，其定义见程序清单 7.8。

程序清单 7.8　shmid_ds 结构

```
struct shmid_ds {
    struct ipc_perm     shm_perm;     /* operation permission structure       */
    size_t              shm_segsz;    /* size of segment in bytes             */
    pid_t               shm_lpid;     /* process ID of last shared memory op  */
    pid_t               shm_cpid;     /* process ID of creator                */
    shmatt_t            shm_nattch;   /* number of current attaches           */
    time_t              shm_atime;    /* time of last shmat()                 */
    time_t              shm_dtime;    /* time of last shmdt()                 */
    time_t              shm_ctime;    /* time of last change by shmctl()      */
    void                *shm_internal;
};
```

XSI IPC 调用的第一个函数是 shmget 函数，它获得一个共享内存标识符：

```
#include <sys/shm.h>
int     shmget(key_t key , size_t size , int flag );
```

函数 shmget 原型分析：

- 此函数成功时返回共享内存 ID，失败时返回 −1 并设置错误号；
- 参数*key* 是 ftok 函数返回键；
- 参数*size* 是共享内存区的长度；
- 参数*flag* 是共享内存标志。

参数*size* 是该共享内存区的长度，以字节为单位，实现时通常将其向上取为系统页长的整数倍。但是，若应用指定的*size* 值并非系统页长的整数倍，那么最后一页的余下部分是不可使用的。如果正在创建一个新段，则必须指定其*size*。如果正在引用一个现存的段，则将*size* 指定为 0。当创建一个新段时，段内的内容初始化为 0。

shmctl 函数对共享存储段执行多种操作：

```
#include <sys/shm.h>
int   shmctl(int  shmid , int  cmd , struct shmid_ds *buf );
```

函数 shmctl 原型分析：

- 此函数成功返回 0，失败返回 −1 并设置错误号；
- 参数*shmid* 是共享内存 ID；
- 参数*cmd* 是命令；
- 参数*buf* 是结构 shmid_ds 结构指针。

一旦创建一个共享内存段，进程就可调用 shmat 函数将其连接到它的地址空间中。

```
#include <sys/shm.h>
void * shmat(int  shmid , const void * addr , int  flag );
```

函数 shmat 原型分析：

- 此函数成功返回映射的内存地址，失败返回 MAP_FAILED 并设置错误号；
- 参数*shmid* 是共享内存 ID；
- 参数*addr* 必须为 NULL；
- 参数*flag* 是共享内存标志。

如果在*flag* 中指定了 SHM_RDONLY 位，则以只读方式连接此段；否则以读写方式连接此段。

shmat 函数的返回值是该段所连接的实际地址，如果出错则返回 MAP_FAILED。如果 shmat 函数成功执行，那么内核将使该共享内存段 shmid_ds 结构中的 shm_nattach 计数器值加 1。当对共享存储段的操作已经结束时，则调用 shmdt 函数脱接该段。注意，这并不从系统中删除其标识符以及数据结构。该标识符仍然存在，直至某个进程调用 shmctl(带命令 IPC_RMID)将其删除。

```
#include <sys/shm.h>
int  shmdt(const void * addr );
```

函数 shmdt 原型分析：

- 此函数成功返回 0，失败返回－1 并设置错误号；
- 参数*addr* 是要脱接的内存地址。

addr 参数是以前调用 shmat 函数时的返回值。如果成功，shmdt 函数将使相关 shmid_ds 结构中的 shm_nattach 计数器值减 1。

内核将共享内存区放在何位置与系统密切相关。

共享内存分布程序：**chapter07/shm_example** 。该程序打印各数据内存位置信息。

在 SylixOS Shell 下的运行结果：

```
#./shm_example
global data area from [0xc00107cc] to [0xc00117cc]
stack area [0x30915dc4]
heap area from [0xc0032400] to [0xc0033400]
shared memory area from [0xc0006000] to [0xc0007000]
```

从运行结果中共享内存和堆内存区的地址范围可以看出，SylixOS 的共享内存区在堆内存区之上。注意，XSI IPC 的共享内存映射的内存并没有与具体的文件相关联，而 mmap 函数映射的内存是与具体的文件相关联的(见 10.4 节)。

第 8 章 信号系统

8.1 信 号

8.1.1 信号概述

信号类似于软件层次上模拟的“中断”[①]，信号处理流程如 8.1 所示。很多比较重要的应用程序都需要处理信号，信号提供了一种处理异步事件的方法。例如，终端用户键入中断键，会通过信号机制停止一个程序。

每个信号都有自己的名字，信号的名字都以 SIG 开头。例如，SIGTERM 是终止信号，向进程发送此信号可以终止一个进程。目前 SylixOS 可支持 63 种不同的信号，其中包括标准信号和实时信号。

很多条件可以产生信号：

- 当用户按下某些键时，引发终端产生信号，例如：按下 Ctrl＋C 组合键，会产生 SIGINT 信号；
- alarm 函数设置的定时器超时后产生 SIGALRM 信号；
- 子进程退出或被异常终止后产生 SIGCHLD 信号；
- 访问非法内存产生 SIGSEGV 信号；
- 用户可以调用 kill 命令将信号发送给其他进程，常用此命令终止一个失控的后台进程。

信号异步性意味着，应用程序不用等待事件的发生，当信号发生时应用程序自动陷入到对应的信号处理函数中。产生信号的事件对进程而言是随机出现的。进程不

① SylixOS 规定，在执行信号句柄时，不允许调用带有阻塞可能的函数，例如：Lw_Thread_Suspend，Lw_Thread_Delete 等。

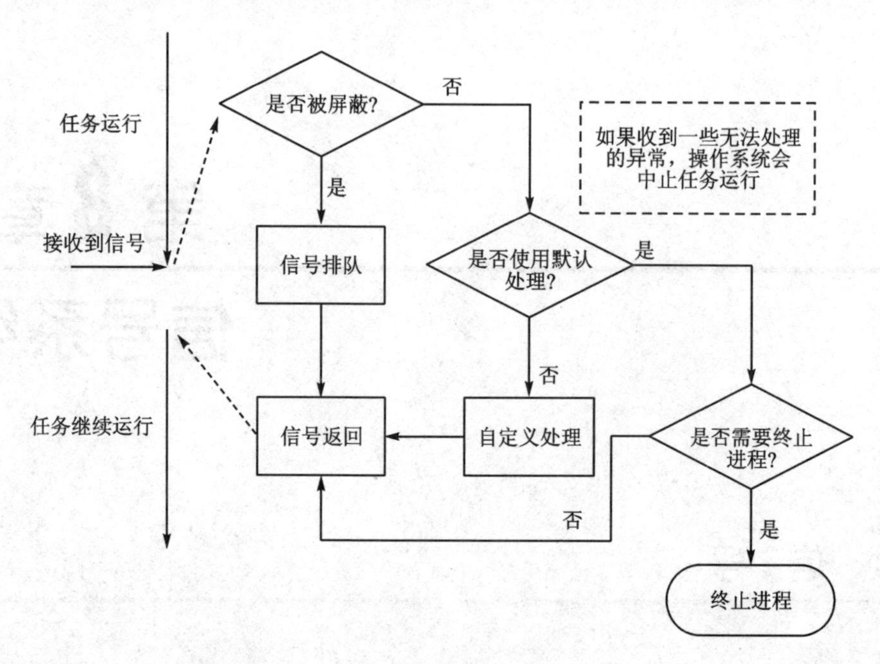

图 8.1 信号处理流程

能简单地测试一个变量来判断是否发生了一个信号，而是必须告诉内核“在此信号发生时，请执行下列操作”。

在某个信号发生时，可以告诉内核按下列 3 种方式之一进行处理：

- **忽略信号**：大多数信号都可以使用这种方式进行处理，在 SylixOS 中有一种信号不能被忽略，即 SIGSTOP 信号。这种信号不能被忽略的原因是：它们向内核提供了进程终止的可靠方法。另外，如果忽略某些由硬件异常产生的信号(如非法内存访问)，则进程的运行行为是未定义的。
- **捕捉信号**：为了做到这一点，要通知内核在某种信号发生时，调用一个用户函数。在用户函数中，可执行用户想要的动作。例如，捕捉到 SIGALRM 信号后，用户可以在相应的处理函数中去控制某个线程。如果捕捉到 SIGCHLD 信号，则表示一个子进程已经终止，所以此信号的捕捉函数可以调用 waitpid 函数以取得该子进程的退出状态。又例如，如果进程创建了临时文件，那么可能要为 SIGTERM 信号编写一个信号捕捉函数以清除临时文件。需要注意的是，不能捕捉 SIGSTOP 信号(在 SylixOS 中调试服务器将捕捉 SIGKILL 信号，因此 SylixOS 实现中 SIGKILL 信号可以被捕捉或忽略)。
- **执行系统默认动作**：对大多数信号的系统默认动作是终止该进程。

SylixOS 中支持的信号如表 8.1 所列。

表8.1 信 号

信号名	说 明
SIGHUP	挂断控制终端或进程。通常用此通知守护进程再次读取它们的配置文件,因为守护进程不会有控制终端,通常决不会接收到这种信号
SIGINT	来自键盘的中断。一般采用按 Ctrl+C 组合键来产生此信号。当一个进程在运行时失控,特别是它正在屏幕上产生大量不需要的输出时,常用此信号终止
SIGQUIT	来自键盘的退出
SIGILL	非法指令
SIGTRAP	跟踪断点
SIGABRT	异常结束
SIGUNUSED	未使用
SIGFPE	协处理出错,如除以 0、浮点溢出等
SIGKILL	强迫进程结束
SIGBUS	总线错误,通常是指示一个实现定义的硬件故障
SIGSEGV	无效内存引用
SIGUNUSED2	未使用 2
SIGPIPE	管道写错误,无读者
SIGALRM	实时定时器报警
SIGTERM	进程终止。这是 kill 命令的默认动作,由于这个信号是由应用程序捕获的,使用 SIGTERM 也让程序有机会在退出之前做好清理工作,从而优雅地终止
SIGCNCL	线程取消
SIGSTOP	停止进程执行。此信号不能被捕获和忽略
SIGTSTP	tty 发出停止进程
SIGCONT	恢复进程继续执行
SIGCHLD	子进程停止或者被终止。系统默认是忽略此信号
SIGTTIN	后台进程请求输入
SIGTTOU	后台进程请求输出
SIGCANCEL	与 SIGTERM 相同
SIGIO	异步 I/O 事件
SIGXCPU	进程超出了软 CPU 事件限制
SIGXFSZ	进程超出了软文件长度限制
SIGVTALRM	函数 setitimer 设置的虚拟间隔定时器已经超时
SIGPROF	函数 setitimer 设置的分析定时器已经超时
SIGWINCH	更改了窗口的大小

续表 8.1

信号名	说　明
SIGINFO	信息请求
SIGPOLL	与 SIGIO 相同
SIGUSR1	用户定义信号 1
SIGUSR2	用户定义信号 2
SIGPWR	电源失败重新开始
SIGSYS	错误的系统调用
SIGURG	网络连接上接到带外的数据时，可选择地产生此信号
SIGRTMIN ～ SIGRTMAX	SylixOS 实现 SIGRTMIN = 48、SIGRTMAX = 63，系统没有指定明确的含义，由用户自定义，并且不应该使用某数值

8.1.2 信号可靠性

在早期的 UNIX 版本中，信号是不可靠的，也就是说，信号可能会丢失，这通常会表现为，一个信号发生了，但进程却可能不知道这一点。早期版本中在进程每次接收到信号对其进行处理时，随即将该信号动作重置为默认值(介绍 signal 函数时，我们将详述这一点)。

前面我们说过，信号产生可以来自不同的途径，在 SylixOS 中，信号的来源包含如表 8.2 所列的几种类型，当一个信号产生时，内核通常在进程表中以某种形式设置一个标志。当信号执行了相应的动作时，代表向进程**递送**了一个信号，在信号产生到递送之间的时间间隔内，信号是**未决的**(pending)。

表 8.2　信号产生源

信号产生源	说　明
SI_KILL/SI_USER	使用 kill 函数发送的信号
SI_QUEUE	使用 sigqueue 函数发送的信号
SI_TIMER	POSIX 定时器发送的信号
SI_ASYNCIO	异步 I/O 系统完成发送的信号
SI_MESGQ	接收到一条消息产生的信号
SI_KERNEL	SylixOS 内核内部使用

进程可以屏蔽(或者说阻塞)信号，如果信号在被屏蔽期间，信号产生了并且对该信号的动作是系统默认或者捕捉，则此信号将保持为未决状态，直到该进程对此信号解除屏蔽，或者设置信号动作为忽略。

如果在进程解除对某个信号的屏蔽之前，这种信号发生了多次，SylixOS 内核将

有两种对待方法：一种是 SI_KILL 方式产生的信号将只递送一次，也即信号不会排队（见 8.4.1 小节）；另一种是非 SI_KILL 方式产生的信号将递送多次，也即信号产生了排队。

SylixOS 内核实现中，如果多个不同信号递送给一个进程，则优先递送信号数字小的信号。由此可见，SylixOS 的信号机制摒弃了之前不可靠的信号机制，只要是非 SI_KILL 方式产生的信号，都将会排队。

因为线程是 SylixOS 调度的单位，而每一个需要处理的信号，都将嵌入到线程中去执行，所以以线程的方式来介绍信号更加符合 SylixOS 的特点。实际上，SylixOS 中向进程递送信号是递送给了进程的主线程①。

8.2　信号安装

8.2.1　函数 signal

SylixOS 信号机制中最简单的接口是 signal 函数：

```
#include <signal.h>
void  (*signal(int   iSigNo , void (*pfuncHandler )(int)))(int);
```

函数 signal 原型分析：

- 此函数成功返回一个函数指针，失败返回 SIG_ERR，如表 8.3 所列。
  - 这个函数指针指向的函数没有返回值；
  - 参数是一个整型值。
- 参数 *iSigNo* 是表 8.1 中的任一信号名。
- 参数 *pfuncHandler* 是要安装的信号函数或常量 SIG_IGN、常量 SIG_DFL。

我们查看<system/signal/signal.h>头文件，会发现如表 8.3 所列的定义。

表 8.3　信号宏

宏　名	值
SIG_ERR	(PSIGNAL_HANDLE)−1
SIG_DFL	(PSIGNAL_HANDLE)0
SIG_IGN	(PSIGNAL_HANDLE)1
SIG_CATCH	(PSIGNAL_HANDLE)2
SIG_HOLD	(PSIGNAL_HANDLE)3

① 下文某些地方以进程的方式介绍，意指进程的主线程。

注：宏 PSIGNAL_HANDLE 可在<kernel/include/k_ptype.h>头文件中发现：

```
typedef  VOID  (*PSIGNAL_HANDLE)(INT);
```

在之前的 UNIX 系统实现中，signal 函数安装的信号是不可靠的，因为安装的信号不是永久的[①]，只要信号被递送，则信号动作将恢复成默认动作。值得庆幸的是，SylixOS 的信号机制支持 POSIX 实时扩展部分，保证了 signal 函数将永久安装一个信号。

8.2.2 函数 sigaction

sigaction 函数检查或修改与指定信号相关联的处理动作。此函数取代了 signal 函数，在 SylixOS 中 signal 函数通过调用 sigaction 函数实现。

```
#include <signal.h>
int   sigaction(int                          iSigNo ,
              const struct sigaction       *psigactionNew ,
              struct sigaction             *psigactionOld );
```

函数 sigaction 原型分析：

- 此函数成功时返回 0，失败时返回 −1 并设置错误号；
- 参数 *iSigNo* 是表 8.1 中的任一信号名；
- 参数 *psigactionNew* 是新的信号处理结构；
- 输出参数 *psigactionOld* 保存之前的处理结构。

sigaction 函数使用程序清单 8.1 定义的 sigaction 结构体来检查或修改指定信号相关联的处理动作。

程序清单 8.1 sigaction 结构体

```
struct sigaction {
    union {
        PSIGNAL_HANDLE          _sa_handler;
        PSIGNAL_HANDLE_ACT      _sa_sigaction;
    } _u;                                           /*  信号服务函数句柄      */
    sigset_t                    sa_mask;            /*  执行时的信号屏蔽码    */
    INT                         sa_flags;           /*  该句柄处理标志        */
    PSIGNAL_HANDLE              sa_restorer;        /*  恢复处理函数指针      */
};

#define sa_handler              _u._sa_handler
#define sa_sigaction            _u._sa_sigaction
```

① 直到进程退出，相对于一次来说。

当更改信号动作时,如果 sa_handler 成员包含一个信号捕捉函数的地址(不是常量 SIG_IGN 或 SIG_DFL),则 sa_mask 成员包含了一个信号集(对信号集的操作见 8.3 节),在调用该信号捕捉函数之前,这一信号集要加到线程的信号屏蔽字中。sa_flags 成员指定对信号进行处理的各个选项。sa_flags 成员标志选项如表 8.4 所列。

表 8.4 sa_flags 标志选项

选 项	说 明
SA_NOCLDSTOP	子进程被删除时不要产生信号
SA_NOCLDWAIT	不产生僵尸进程
SA_SIGINFO	信号句柄需要 siginfo 参数
SA_ONSTACK	自定义栈
SA_RESTART	执行信号句柄后重启调用
SA_INTERRUPT	执行信号句柄后不重启调用
SA_NOMASK	不阻止在指定信号处理句柄中再收到信号
SA_RESETHAND	执行句柄后,将信号句柄设置为默认动作

如果 sa_flags 包含 SA_NOCLDSTOP 标志,父进程不接收子进程的暂停信号,SIGCHLD 信号被忽略(SIGCHLD 信号将在 8.6 节详细介绍)。

指定 SA_NOCLDWAIT 标志,将由系统接管回收子进程的资源,因此不会产生僵尸进程。

指定 SA_NOMASK 标志,在执行信号处理函数时,如果收到相同信号则会被中断,如此将会形成递归。

指定 SA_RESETHAND 标志,执行一次信号处理函数后,信号动作将设置为默认动作,此标志兼容了之前不可靠的信号机制。

sa_sigaction 成员是一个替代的信号处理程序,在 sigaction 结构中如果使用了 SA_SIGINFO 标志,则使用该信号处理程序。在 SylixOS 中,sa_sigaction 成员和 sa_handler 成员使用了同一存储区,所有应用程序一次只能使用这两个成员中的一个。

如果使用 sa_handler 成员,按下面方式调用信号处理程序:

```
void handler(int signo);
```

如果使用 sa_sigaction 成员,也就是设置了 SA_SIGINFO 标志,按下面方式调用信号处理程序:

```
void handler(int signo, siginfo_t * siginfo, void * arg);
```

siginfo_t 结构包含了信号产生原因的有关信息,其定义见程序清单 8.2。

程序清单 8.2　siginfo_t 结构

```
typedef struct siginfo {
    INT                     si_signo;
    INT                     si_errno;
    INT                     si_code;
    union {
        struct {
            INT             _si_pid;
            INT             _si_uid;
        } _kill;
        struct {
            INT             _si_tid;
            INT             _si_overrun;
        } _timer;
        struct {
            INT             _si_pid;
            INT             _si_uid;
        } _rt;
        struct {
            INT             _si_pid;
            INT             _si_uid;
            INT             _si_status;
            clock_t         _si_utime;
            clock_t         _si_stime;
        } _sigchld;
        struct {
            INT             _si_band;
            INT             _si_fd;
        } _sigpoll;
    } _sifields;
#define si_pid              _sifields._kill._si_pid
#define si_uid              _sifields._kill._si_uid
#define si_timerid          _sifields._timer._si_tid
#define si_overrun          _sifields._timer._si_overrun
#define si_status           _sifields._sigchld._si_status
#define si_utime            _sifields._sigchld._si_utime
#define si_stime            _sifields._sigchld._si_stime
#define si_band             _sifields._sigpoll._si_band
#define si_fd               _sifields._sigpoll._si_fd
    union sigval            si_value;
#define si_addr             si_value.sival_ptr/*   Faulting insn/memory ref   */
#define si_int              si_value.sival_int
#define si_ptr              si_value.sival_ptr
……
} siginfo_t;
```

union sigval 将在 8.4.2 小节做详细介绍，成员 si_code 指示了信号的产生原因，SylixOS 中各种信号的 si_code 值定义如表 8.5 所列。信号处理函数的第三个参数在 SylixOS 中返回栈的地址或者 NULL。

sa_restorer 成员是被废弃的，不应该被使用。

表 8.5 si_code 值定义

信号	代码	说明
ANY	SI_KILL	使用 kill()发送的信号
	SI_USER	同 SI_KILL
	SI_QUEUE	使用 sigqueue 发送的信号
	SI_TIMER	POSIX 定时器发送的信号
	SI_ASYNCIO	异步 I/O 系统完成发送的信号
	SI_MESGQ	接收到一条消息产生的信号
	SI_KERNEL	SylixOS 内核内部使用
SIGILL	ILL_ILLOPC	非法操作码
	ILL_ILLOPN	非法操作数
	ILL_ILLADR	非法地址模式
	ILL_ILLTRP	非法陷入
	ILL_PRVOPC	特权操作码
	ILL_PRVREG	特权寄存器
	ILL_COPROC	协处理器出错
	ILL_BADSTK	内部栈出错
SIGFPE	FPE_INTDIV	整数除以 0
	FPE_INTOVF	整数溢出
	FPE_FLTDIV	浮点除以 0
	FPE_FLTOVF	浮点向上溢出
	FPE_FLTUND	浮点向下溢出
	FPE_FLTRES	浮点不精确结果
	FPE_FLTINV	无效浮点操作
	FPE_FLTSUB	下标超出范围

续表 8.5

信　号	代　码	说　明
SIGSEGV	SEGV_MAPERR	地址不映射至对象
	SEGV_ACCERR	对于映射对象的无效权限
SIGBUS	BUS_ADRALN	无效地址对齐
	BUS_ADRERR	不存在的物理地址
	BUS_OBJERR	对象特定硬件错误
SIGTRAP	TRAP_BRKPT	进程断点陷入
	TRAP_TRACE	进程跟踪陷入
SIGCHLD	CLD_EXITED	子进程终止
	CLD_KILLED	子进程已异常终止(无 core)
	CLD_DUMPED	子进程已异常终止(有 core,目前 SylixOS 不支持 core 文件)
	CLD_TRAPPED	被跟踪子进程已陷入
	CLD_STOPPED	子进程已停止
	CLD_CONTINUED	停止的子进程已继续
SIGPOLL	POLL_IN	数据输入可用
	POLL_OUT	输出缓冲区可用
	POLL_MSG	输入消息可用
	POLL_ERR	I/O 错误
	POLL_PRI	高优先级输入可用
	POLL_HUP	设备断开

sigaction 实例程序:**chapter08/sigaction_example**。该程序展示了 sigaction 函数的使用方法,程序中 alarm 函数会在之后小节做详细介绍。

8.3 信号集

在 SylixOS 中,需要一个能表示多个信号的信号集,以便告诉内核不允许递送该信号集中的信号。不同的信号编号可能超过一个整型量所包含的位数,所以一般而言,不能用整型量来表示一个信号集。

POSIX.1 定义了数据类型 sigset_t 来定义相应的信号集,不同的系统 sigset_t 可能有不同的定义方法,因此不应该假设 sigset_t 应该是什么样的类型。

SylixOS 定义了下面五个函数来对信号集进行操作:

```
#include <signal.h>
int   sigemptyset(sigset_t   * psigset );
int   sigfillset(sigset_t   * psigset );
int   sigaddset(sigset_t   * psigset , int   iSigNo );
int   sigdelset(sigset_t   * psigset , int   iSigNo );
int   sigismember(const sigset_t   * psigset , int   iSigNo );
```

函数 sigemptyset 原型分析：

- 此函数返回 0；
- 参数*psigset* 是要操作的信号集。

函数 sigfillset 原型分析：

- 此函数返回 0；
- 参数*psigset* 是要操作的信号集。

函数 sigaddset 原型分析：

- 此函数成功时返回 0,失败时返回－1 并设置错误号；
- 参数*psigset* 是要添加信号的信号集；
- 参数*iSigNo* 是添加到信号集的信号。

函数 sigdelset 原型分析：

- 此函数成功返回 0,失败返回－1 并设置相应的错误号；
- 参数*psigset* 是要删除信号的信号集；
- 参数*iSigNo* 是要删除的信号。

函数 sigismember 原型分析：

- 此函数返回 1 代表属于指定的信号集,返回 0 代表不属于指定的信号集,返回－1 代表错误并设置错误号；
- 参数*psigset* 是要判断的信号集；
- 参数*iSigNo* 是被判断的信号。

sigemptyset 函数初始化一个信号集,清除其中所有的信号；sigfillset 函数初始化一个信号集,使其包含所有信号,所有应用程序在操作信号集之前都要调用一次 sigemptyset 函数或者 sigfillset 函数。sigaddset 函数将指定的信号添加到已有的信号集中,注意,已有的信号集进行了初始化；函数 sigdelset 将指定的信号从已有的信号集中删除；函数 sigismember 判断一个信号是否包含在指定的信号集中。

一个线程的信号屏蔽字(或者称作信号掩码)是指当前屏蔽而不能递送给该进程的信号集。调用 sigprocmask 函数可以检测、更改或同时进行检测和更改信号屏蔽字。

```
#include <signal.h>
int   sigprocmask(int                    iHow ,
                  const sigset_t         * sigset ,
                  sigset_t               * sigsetOld );
```

函数 sigprocmask 原型分析：

- 此函数成功时返回 0，失败时返回－1 并设置错误号；
- 参数*iHow* 是信号集操作的命令，如表 8.6 所列；
- 参数*sigset* 是新的信号集；
- 输出参数*sigsetOld* 保存先前的信号集。

表 8.6 *iHow* 命令值

宏　名	值
SIG_BLOCK	新的信号集以或的形式添加到当前信号屏蔽字中
SIG_UNBLOCK	从当前信号屏蔽字中删除新的信号集中包含的信号
SIG_SETMASK	将新的信号集赋值给当前信号屏蔽字

如果*sigset* 为 NULL，则不改变该线程的信号屏蔽字（特殊地，如果此时*sigsetOld* 非空，则返回该线程的当前信号屏蔽字），*iHow* 的值也没有意义；如果*sigsetOld* 是 NULL，则不会保存先前的信号集。

在调用 sigprocmask 函数之后，如果有任何未决（pending）的、不再屏蔽的信号，在 sigprocmask 返回前，至少将其中之一递送给该进程。

作为早期 BSD 兼容接口，SylixOS 提供了下面一组函数，对信号屏蔽字进行操作。

```
#include <signal.h>
int  sigmask(int  iSigNo );
int  siggetmask(VOID);
int  sigsetmask(int  iMask );
int  sigblock(int  iBlock );
```

函数 sigmask 原型分析：

- 此函数成功返回信号掩码，失败返回 0 并设置错误号；
- 参数*iSigNo* 是信号值。

函数 siggetmask 原型分析：

- 此函数返回当前线程信号屏蔽字。

函数 sigsetmask 原型分析：

- 此函数返回设置前的信号屏蔽字；
- 参数*iMask* 是新的信号屏蔽字。

函数 sigblock 原型分析：

- 此函数返回设置前的信号屏蔽字；
- 参数*iBlock* 是新的需要添加的信号集。

sigmask 函数通过信号值来获取此信号对应的屏蔽位（掩码位），调用 siggetmask 函数可以获得当前线程的信号屏蔽字，调用 sigsetmask 函数可将指定的信号

集设置为当前线程的信号屏蔽字，调用 sigblock 函数可将指定的信号集以或的方式添加到当前线程的信号屏蔽字。注意，sigblock 函数与 sigsetmask 函数不同的是，sigblock 函数不会替代先前的信号屏蔽字，而 sigsetmask 函数将用新的信号集替代当前线程的信号屏蔽字。

sigpending 函数返回当前线程未决的信号集，其中的信号是阻塞不能递送的。

```
#include <signal.h>
int   sigpending(sigset_t   * sigset );
```

函数 sigpending 原型分析：

- 此函数成功时返回 0，失败时返回 −1 并设置错误号；
- 输出参数*sigset* 返回未决的信号集。

信号集函数使用程序：**chapter08/sigset_example**，该程序展示了信号集函数的使用。程序首先将 SIGALRM 信号添加到线程(进程的主线程)信号屏蔽字中，经过 2 s 产生 SIGALRM 信号，之后调用 sigpending 函数获取线程的未决信号集并判断是否包含 SIGALRM 信号，最后恢复之前的信号屏蔽字。

在 SylixOS Shell 中运行程序，结果如下：

```
#./sigset_example
Signal SIGALRM pending.
Signal SIGALRM
```

从运行结果可以看出，SIGALRM 信号被屏蔽了，但是当恢复非屏蔽状态时，SIGALRM 信号处理函数得到了执行，因此说明信号被屏蔽并没有将信号丢弃，当恢复非屏蔽状态时，信号会继续被递送。

8.4 信号发送

信号事件的产生有两种来源：硬件来源，如按下键盘上的某个键，或者出现其他硬件故障；软件来源，包括非法运算操作，调用发送信号函数(见表 8.2)等。

下面根据不同的信号来源来介绍信号发送函数的使用。

8.4.1 非排队信号

SylixOS 可以通过下面函数发送非排队信号，这意味着，如果发送的信号在线程的信号屏蔽字中(信号被屏蔽了)，此时该信号被发送了多次，那么当此信号被取消屏蔽时，将只被递送一次：

```
#include <signal.h>
int     raise(int   iSigNo );
int     kill(LW_HANDLE   ulId , int iSigNo );①
```

① 值得注意的是，此函数在 Linux 系统则是将信号发送给进程或进程组。

函数 raise 原型分析：

- 此函数成功时返回 0，失败时返回－1 并设置错误号；
- 参数*iSigNo* 是信号值。

函数 kill 原型分析：

- 此函数成功返回 0，失败返回－1 并设置错误号；
- 参数*ulId* 是线程句柄；
- 参数*iSigNo* 是信号值。

raise 函数允许线程向自己发送信号；kill 函数将信号发送给指定的线程，如果是进程，则会将信号发送给主线程。

pthread_kill 函数是 POSIX 线程中的发送信号函数，在 SylixOS 中是通过调用 kill 函数实现。

```
#include <pthread.h>
int    pthread_kill(pthread_t  thread , int signo );
```

函数 pthread_kill 原型分析：

- 此函数成功时返回 0，失败时返回相应的错误号；
- 参数*thread* 是线程句柄；
- 参数*signo* 是信号值。

需要注意的是，*thread* 参数句柄由 pthread_create 函数返回。这类信号的产生源类型为 SI_KILL。

8.4.2 队列信号

SylixOS 支持 POSIX 的实时扩展部分，因此 SylixOS 信号机制中实现了信号排队。

```
#include <signal.h>
int  sigqueue(LW_HANDLE  ulId , int iSigNo , const union sigval  sigvalue );
```

函数 sigqueue 原型分析：

- 此函数成功时返回 0，失败时返回－1 并设置错误号；
- 参数*ulId* 是线程句柄；
- 参数*iSigNo* 是信号值；
- 参数*sigvalue* 是信号传递的参数。

调用 sigqueue 函数将主动发一次队列类型信号，这意味着，多次发送同一个信号，信号将被排队。如果信号被屏蔽，在发送完多次，信号解除屏蔽后，发送了多少次，将被递送多少次。

通常一个信号只包含一个数字信息：信号本身。POSIX 的实时扩展部分除了对信号排队以外，还允许应用程序在递送信号时传递更多的信息。这些信息嵌入在

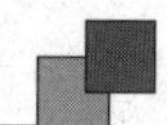

union sigval 中。除了系统提供的信息,应用程序还可以向信号处理程序传递整数或者指向包含更多信息的缓冲区指针。

sigqueue 函数的第三个参数就是应用程序传递给信号处理程序的信息,union sigval 信息如下:

```
typedef union sigval {
    INT            sival_int;
    PVOID          sival_ptr;
} sigval_t;
```

- sival_int:将传递一个整形值;
- sival_ptr:指向一个包含更多信息的缓冲区结构。

这是一个联合体类型,也就是说,应用程序一次只能传递这两种类型中的其中一种。

使用排队信号必须做以下几个操作:

- 使用 sigaction 函数安装信号处理程序时指定 SA_SIGINFO 标志。如果没有给出这个标志,则在 SylixOS 中,应用程序信息将不会被传递到信号处理函数中。
- 在 sigaction 结构的 sa_sigaction 成员中(而不是通常的 sa_handler)提供信号处理程序。如果应用程序使用 sa_handler 成员,则不能获得 sigqueue 函数传递的额外信息。

sigqueue 函数除了可以使用参数 ***sigvalue*** 向信号处理程序传递整数和指针值外,其他功能和 kill 函数类似。信号不能被无限排队,在 POSIX 定义中,_POSIX_SIGQUEUE_MAX 限制了信号排队最大值,到达相应的限制后,sigqueue 就会失败,并设置相应的 errno 值。这类信号的产生源类型为:SI_QUEUE。

sigqueue 函数使用程序:**chapter08/sigqueue_example** 。该程序展示了 sigqueue 函数的使用方法。该程序定义了一个存有更多信息的结构体 cls,在信号安装时,指定 sa_flags 标志为 SA_SIGINFO 并且使用 sa_sigaction 成员,然后调用 sigqueue 函数发送信号 SIGUSR1 并且附加额外信息在 sival_ptr 中。

8.4.3 定时器信号

在 SylixOS 中,可以通过定时器使得工作在指定的时间点去处理,定时器提供了一种延迟处理工作的方法。

8.4.3.1 进程定时器信号

SylixOS 为进程提供了三种类型的定时器,每一种定时器以不同的时间域递减其值,当定时器超时时,相应的信号被发送到进程,之后定时器重载。

表 8.7 所列是 SylixOS 进程定时器支持的类型,可在<sys/time.h>头文件中发现其定义。

表 8.7 进程定时器类型

定时器类型	描 述
ITIMER_REAL	以系统的真实时间来减,发送 SIGALRM 信号
ITIMER_VIRTUAL	以该进程在用户态时间来减,发送 SIGVTALRM 信号
ITIMER_PROF	以该进程在内核态和用户态时间来减,发送 SIGPROF 信号

ITIMER_REAL 类型的定时器,在每一次的系统 TICK,都会更新系统所有进程的 ITIMER_REAL 类型时间,如果发生超时,则发送 SIGALRM 信号;ITIMER_VIRTUAL 类型的定时器,只更新当前进程在用户态的运行时间,如果发生超时,则发送 SIGVTALRM 信号;ITIMER_PROF 类型的定时器,更新当前进程在用户态和内核态的运行时间,如果发生超时,则发送 SIGPROF 信号。这类信号的产生源类型为 SI_TIMER。

SylixOS 提供了以下函数来对三种定时器进行操作:

```
#include <sys/time.h>
int    setitimer(int                          iWhich,
                 const struct itimerval       *pitValue,
                 struct itimerval             *pitOld);
int    getitimer(int  iWhich, struct itimerval *pitValue);
```

函数 setitimer 原型分析:

- 此函数成功时返回 0,失败时返回 -1 并设置错误号;
- 参数 *iWhich* 是定时器类型,如表 8.7 所列;
- 参数 *pitValue* 是定时器参数指针;
- 输出参数 *pitOld* 保存之前定时器参数指针。

函数 getitimer 原型分析:

- 此函数成功时返回 0,失败时返回 -1 并设置错误号;
- 参数 *iWhich* 是定时器类型,如表 8.7 所列;
- 输出参数 *pitValue* 获得当前定时器信息指针。

setitimer 函数可在进程上下文中设置一个定时器,在指定的时间超时后,能够产生相应的信号;getitimer 函数能够获得指定定时器的定时信息。setitimer 函数通过 itimerval 结构设置定时器到期时间及重载时间,这种定时器的时间精度是微秒。itimerval 结构的定义见程序清单 8.3。

程序清单 8.3　itimerval 结构

```
struct itimerval {
    struct timeval            it_interval;
    struct timeval            it_value;
};
```

进程定时器程序:chapter08/process_timer_example,该程序展示了进程定时器的使用方法。程序安装 SIGARLM、SIGVTALRM、SIGPROF 三种信号,三种信号产生间隔都是 4 秒,程序最后使用循环的方式等待信号,注意,这里不能使用 pause 函数或者 sleep 函数使进程处于挂起状态,因为 ITIMER_VIRTUAL 和 ITIMER_PROF 类型定时器只有在进程运行时才会递减其值。

SylixOS 同时也提供了更加简单的定时器函数——以秒或微秒为单位的闹钟函数。

```
#include <unistd.h>
unsigned int  alarm(UINT  uiSeconds );
useconds_t  ualarm(useconds_t  usec , useconds_t usecInterval );
```

函数 alarm 原型分析:

- 此函数成功时返回前次闹钟剩余秒数,失败时返回 0 并设置错误号;
- 参数*uiSeconds* 指定多少秒后产生闹钟信号。

函数 ualarm 原型分析:

- 此函数成功时返回前次闹钟剩余秒数,失败时返回 0 并设置错误号;
- 参数*usec* 是初始微秒数;
- 参数*usecInterval* 是间隔微秒数。

使用 alarm 或 ualarm 函数设置一个定时器,在将来的某个时刻该定时器会超时,并产生 SIGALRM 信号。如果不捕捉此信号,则其默认动作是终止进程。

每个进程只能有一个闹钟时间。如果在调用 alarm 或 ualarm 时,之前已为该进程注册了闹钟且还没有超时,则该闹钟时间的剩余值将作为本次调用的值返回,之前注册的闹钟时间则被新值代替。

虽然 SIGALRM 的默认动作是终止进程,但是大多数使用闹钟的进程都会捕捉此信号。如果此时进程要终止,则在终止之前它可以执行所需的清理操作。如果要捕捉 SIGALRM 信号,需要在调用 alarm 或 ualarm 之前注册我们的信号函数。

闹钟函数实例程序:chapter08/alarm_example,该程序展示了闹钟函数的使用方法。

8.4.3.2 POSIX 定时器信号

在 SylixOS 中可以通过调用 timer_create 创建特定的定时器,这种定时器和进程定时器不同的是,它可以将信号发送给任一指定的线程或者指定的一个函数,而不只是本进程的主线程。

```
#include <sys/time.h>
int   timer_create(clockid_t   clockid , struct sigevent  * sigeventT ,
                   timer_t * ptimer );
int   timer_delete(timer_t   timer );
int   timer_gettime(timer_t   timer , struct itimerspec   * ptvTime );
int   timer_getoverrun(timer_t   timer );
int   timer_settime(timer_t   timer , int   iFlag ,
                    const struct itimerspec * ptvNew ,
                    struct itimerspec       * ptvOld );
```

函数 timer_create 原型分析：

- 此函数成功时返回 0,失败返回－1 并设置错误号；
- 参数*clockid* 是时钟源类型,如表 8.8 所列；
- 参数*sigeventT* 是信号事件；
- 输出参数*ptimer* 返回定时器句柄。

函数 timer_delete 原型分析：

- 此函数成功返回 0,失败返回－1 并设置错误号；
- 参数*timer* 是定时器句柄。

函数 timer_gettime 原型分析：

- 此函数成功返回 0,错误返回－1 并设置错误号；
- 输出参数*ptvTime* 返回定时器的时间参数。

函数 timer_getoverrun 原型分析：

- 此函数成功返回 timer 超时次数,失败返回－1 并设置错误号；
- 参数*timer* 是定时器句柄。

函数 timer_settime 原型分析：

- 此函数成功返回 0,失败返回－1 并设置错误号；
- 参数*timer* 是定时器句柄；
- 参数*iFlag* 是定时器标志；
- 参数*ptvNew* 是定时器新的时间信息；
- 输出参数*ptvOld* 保存之前的定时器时间信息。

调用 timer_create 函数可以创建一个 POSIX 定时器,创建的定时器需要指定时钟源类型,如果*sigeventT* 为 NULL,则设置默认的信号事件(超时发送 SIGALRM 信号),如果*sigeventT* 不为 NULL,则设置应用程序指定的信号事件,应用程序需要指定*ptimer* 缓冲区地址来存放创建的定时器句柄,如果*ptimer* 为 NULL,则返回－1 并设置 errno 为 EINVAL。表 8.8 所列是时钟源类型的定义,详细的介绍见第 10 章。

表 8.8 时钟源类型

时钟源名称	说　明
CLOCK_REALTIME	代表实际的物理时间
CLOCK_MONOTONIC	单调增长时间

定时器的属性和行为都包含在了结构体 struct sigevent 中，其定义见程序清单 8.4。成员 sigev_signo 是需要定时器超时发送的信号，sigev_notify 信号通知类型如表 8.9 所列，sigev_notify_function 是需要通知的函数，sigev_notify_thread_id 是需要通知的线程 ID，应用程序需配合 sigev_noify 类型选择不同的信号通知方式。

程序清单 8.4 sigevent 结构体

```
typedef struct sigevent {
    INT                          sigev_signo;
    union sigval                 sigev_value;
    INT                          sigev_notify;
    void                         (*sigev_notify_function)(union sigval);
#if LW_CFG_POSIX_EN > 0
    pthread_attr_t               *sigev_notify_attributes;
#else
    PVOID                        sigev_notify_attributes;
#endif                                                  /*  LW_CFG_POSIX_EN > 0   */
    LW_OBJECT_HANDLE             sigev_notify_thread_id;  /*  Linux-specific      */
/*  equ pthread_t                */
……
} sigevent_t;
```

表 8.9 信号通知类型

宏　名	说　明
SIGEV_NONE	不做信号通知
SIGEV_SIGNAL	发送信号通知
SIGEV_THREAD	通知 sigev_notify_function 函数，系统会创建新的线程
SIGEV_THREAD_ID	通知 sigev_notify_thread_id 线程，应用自己创建线程

调用 timer_delete 函数将删除一个已经创建的 POSIX 定时器，如果删除的定时器不存在，则返回 −1 并设置 errno 为 EINVAL；调用 timer_gettime 函数将返回定时器的时间信息，需要注意的是，如果定时器存在但没有运行，则返回成功且时间值为 0；调用 timer_getoverrun 函数获得定时器超时的次数。

在 SylixOS 中，同样可通过 siginfo_t 结构体的 si_overrun 成员获得此值（例如调用 sigwaitinfo 函数，见 8.5 节），POSIX 规定如果返回的超时值大于 DELAYTIM-

ER_MAX,则返回 DELAYTIMER_MAX 值,其实,SylixOS 提供了下面函数来返回大于 DELAYTIMER_MAX 的值。

```
INT  timer_getoverrun_64(timer_t timer , UINT64 * pu64Overruns , BOOL bClear );
```

需要注意的是,此函数的使用存在着限制,这里并没有指定函数所属的头文件,也就是说应用程序不可以直接使用,实际上,此函数是 SylixOS 为 timerfd(见第 11 章)提供的扩展。

调用 timer_create 函数创建的定时器并未启动,调用 timer_settime 函数则将创建的定时器关联到一个到期时间并启动定时器。定时器使用 itimerspec 结构设置到期时间值(it_value)和重载时间值(it_interval),如果重载时间值为 0 且到期时间值不为 0,则定时器不会自动重载,一旦到期定时器自动停止。如果到期时间值和重载时间值同时为 0,则定时器停止。POSIX 定时器提供了纳秒级的时间精度。itimerspec 结构定义见程序清单 8.5。

程序清单 8.5　itimerspec 结构

```
struct itimerspec {
    struct timespec          it_interval;        /*  定时器重载值             */
    struct timespec          it_value;           /*  到下一次到期为止剩余时间 */
};
```

定时器标志 *iFlag* 标示了定时器的时间类型,POSIX 如下定义绝对时钟,绝对时钟时间是指大于当前时间点的某一个时间点,非绝对时钟又称相对时钟,这种时钟的时间类型 POSIX 没有规定具体值,也就是说任何一个非 0x1 值 SylixOS 都认为是一个相对时钟时间,相对时钟时间是指一个时间长度。

```
#include <sys/time.h>
#define TIMER_ABSTIME          0x1        /*  绝对时钟        */
```

定时器实例程序:chapter08/timer_example,该程序展示了定时器函数的使用方法。

8.5　信号阻塞

```
#include <signal.h>
int   sigsuspend(const sigset_t  * sigsetMask );
int   pause(void);
```

函数 sigsuspend 原型分析:

- 此函数返回-1;

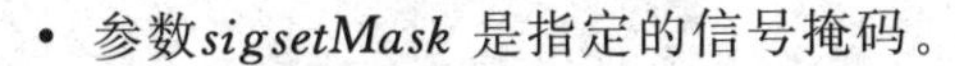

• 参数*sigsetMask* 是指定的信号掩码。

函数 pause 原型分析：

• 此函数返回－1。

sigsuspend 函数将进程的当前信号屏蔽字设置为由*sigsetMask* 指定的值，并且使得当前进程挂起，当*sigsetMask* 中指定的某个信号到来后，因为屏蔽而不被处理，同时也不会影响进程的挂起状态；而*sigsetMask* 之外的信号发生时，信号将执行并且从信号处理函数返回后，解除进程挂起状态并且 sigsuspend 函数将进程的信号屏蔽字设置为之前的值，返回值是－1 并设置 errno 为 EINTR。

pause 函数将使调用进程挂起直到捕捉到任何一个信号，只有执行了一个信号处理函数并从其返回，pause 函数才返回，返回值是－1 并设置 errno 为 EINTR。

修改信号屏蔽字可以屏蔽或解除屏蔽所选择的信号，使用这种技术可以保护不希望由信号中断的代码临界区，下面是一种保护临界区代码的方法。

```
……
sigprocmask(SIG_BLOCK, &newmask, &oldmask);
……                                                    /*  临界区代码          */
sigprocmask(SIG_SETMASK, &oldmask, NULL);
pause();
……
```

上面程序片段，使用 sigprocmask 函数屏蔽选择的信号，当临界区代码执行完毕后再解除被屏蔽的信号，然后调用 pause 函数等待屏蔽的信号递送。这个过程看似对临界区进行了很好的保护，但存在一个很严重的问题，如果在 sigprocmask 函数解除屏蔽时刻和 pause 函数之间发生了信号，则 pause 函数可能会永远阻塞，也就是说在这个时间段，信号将会丢失。sigsuspend 函数可看成是这个过程的一个原子操作，因此调用 sigsuspend 函数将不会出现这样一个时间段。

以下函数将同步等待未决信号，同时解除屏蔽状态。如果有多个信号，则以串行的方式从小到大返回。

```
#include <signal.h>
int  sigwait(const sigset_t  * sigset , int  * piSig );
int  sigwaitinfo(const sigset_t * sigset , struct  siginfo  * psiginfo );
```

函数 sigwait 原型分析：

• 此函数成功返回 0，失败返回－1 并设置错误号；

• 参数*sigset* 是指定的信号集；

• 输出参数*piSig* 返回未决的信号。

函数 sigwaitinfo 原型分析：

• 此函数成功返回 0，失败返回－1 并设置错误号；

- 参数*sigset* 是指定的信号集；
- 输出参数*psiginfo* 返回未决的信号信息；
- 参数*ptv* 是等超时值。

sigwait 函数使调用进程或者线程挂起，直到*sigset* 中包含的信号未决，并将未决的信号通过*piSig* 返回，此信号将从屏蔽字中删除，注意，*sigset* 中的信号是被屏蔽的。

sigwaitinfo 函数使调用进程或者线程挂起，直到*sigset* 中包含的信号未决，并将未决的信号通过*psiginfo* 返回。与 sigwait 函数不同的是，sigwaitinfo 函数以 siginfo_t(见 8.2.2 小节)类型返回信号信息，意味着将返回更多的信号信息。

如果没有未决的信号，则 sigwait 函数和 sigwaitinfo 函数将永远阻塞，有些时候，这种情况是程序所不允许的，调用 sigtimedwait 函数可以设置一个等待时间，其他功能同 sigwaitinfo 函数一样。需要注意的是，如果*ptv* 为 NULL，则永远等待，直到产生未决的信号。

以下函数为信号等待提供了超时机制，当指定的时间超时时，函数返回并设置 errno 为 EAGAIN。特殊地，如果参数*ptv* 为 NULL，则永远等待直到信号未决。

```
#include <signal.h>
int   sigtimedwait(const sigset_t              *sigset ,
                   struct siginfo              *psiginfo ,
                   const struct timespec       *ptv );
```

函数 sigtimedwait 原型分析：

- 此函数成功返回 0，失败返回－1 并设置错误号；
- 参数*sigset* 是指定的信号集；
- 输出参数*psiginfo* 返回未决的信号信息；
- 参数*ptv* 是等待时间信息。

sigwait 实例程序：chapter08/sigwait_example 。该程序展示了 sigwait 函数的使用方法。

8.6　进程与信号

子进程的终止属于异步事件，父进程无法预知其子进程何时终止，父进程可调用 wait 函数来防止僵尸进程的累积，通常父进程可以用以下两种方法：

- 父进程调用不带 WNOHANG 标志的 wait 函数或 waitpid 函数，如果尚无已经终止的子进程，那么调用将会阻塞；
- 父进程周期性地调用带有 WNOHANG 标志的 waitpid 函数，针对指定的子进程进行非阻塞式检查。

对于第一种方法，有时可能并不希望父进程以阻塞的方式来等待子进程的终止，

而第二种方法反复以轮询的方式会造成 CPU 资源的浪费，并增加应用程序设计的复杂度。因此，为了规避这些问题，可以采用针对 SIGCHLD 信号的处理程序。

无论子进程何时终止，都会向父进程发送 SIGCHLD 信号(这是 SylixOS 的默认情况)。SylixOS 对该信号的默认处理，有两种情况：一种是默认忽略；另一种是如果设置 sigaction 的 sa_flags 标志包含 SA_NOCLDWAIT，则系统自动回收子进程资源(这将由系统线程 t_recliam 进行回收)。应用程序也可以安装信号处理函数来捕获 SIGCHLD 信号，在信号处理函数中进行子进程资源的回收工作。

前面介绍过，除了 SI_KILL(kill 函数发送)类型信号，所有其他类型的信号都是可排队的，因此，即使在安装 SIGCHLD 信号时没有指定 SA_NOMASK 标志，子进程发送的 SIGCHLD 信号也不会丢失，因为此信号将会排队。

如果要安装 SIGCHLD 信号处理函数，程序实现中不得不考虑可重入性(见 8.7.2 小节)问题。例如：在信号处理函数中调用系统函数，可能会改变全局变量 errno 的值。存在这样的情况，当信号处理函数企图显式地设置 errno 值或者系统函数返回失败时检查 errno 值时，将可能出现冲突，因此，通常在编写信号处理函数时，首先用局部变量来保存 errno 值，最后将其恢复。

正如前面所述，当子进程退出时就会发送 SIGCHLD 信号给父进程，但是，如果在调用 sigaction 函数时指定了 SA_NOCLDSTOP 标志将禁止子进程发送 SIGCHLD 信号。需要注意的是，SA_NOCLDSTOP 标志只对 SIGCHLD 信号有作用。在 SylixOS 中，当信号 SIGCONT 导致已停止的子进程恢复执行时，会向其父进程发送 SIGCHLD 信号，这是 SUSv3 中允许的特性。

8.7 信号的影响

前面介绍过，信号是软中断，主要是由于信号的发送和中断一样具有异步性和随机性的特点。

8.7.1 系统调用中断[①]

如果线程在某些慢速系统调用的阻塞期间捕捉到一个信号，那么此时的系统调用就会被中断，并且返回错误号和设置 errno 为 EINTR。

属于这一类的系统调用包括：

- POSIX 消息队列调用：mq_receive 函数、mq_send 函数；
- POSIX AIO 调用：aio_suspend 函数；

① 在 UNIX 系统中，“系统调用”用于使应用程序由用户态切换到内核态，以执行在用户态下没有权限的功能。目前，在 SylixOS 系统中，所有的线程和内核都运行在相同的权限下。因此，在 SylixOS 系统中，“系统调用”和普通函数调用是一样的，只是为了和 UNIX 的经典说法保持一致。

- 信号调用：sigsuspend 函数、pause 函数、sigtimedwait 函数、sigwaitinfo 函数；
- 定时器调用：nanosleep 函数、sleep 函数。

信号对上述系统调用的作用，可能正是设计所期望的，也可能是设计必须避免的。无论哪种情况，安全的系统应该充分考虑这种影响。如果要避免信号对系统调用的影响，就要采取一定的措施来重新启动系统调用，在 4.2 BSD 中，程序能够选择自动恢复被信号中断的系统调用，SylixOS 支持这一特点，只要在安装信号处理函数时设置 SA_RESTART 标志，系统将会自动判断并恢复被中断的系统调用。

表 8.10 列出了 SylixOS 中部分能被信号中断的系统调用。

表 8.10 能被信号中断的系统调用

函数名	描　述
nanosleep	使线程睡眠一个指定的时间（纳秒级）
usleep	使线程睡眠一个指定的时间（微秒级）
sleep	使线程睡眠一个指定的时间（秒级）
mq_send	POSIX 消息队列发送函数
mq_timedsend	POSIX 消息队列发送函数，带超时（时间为绝对时间）
mq_reltimedsend_np	POSIX 消息队列发送函数，带超时（时间为相对时间）
mq_receive	POSIX 消息队列接收函数
mq_timedreceive	POSIX 消息队列接收函数，带超时（时间为绝对时间）
mq_reltimedreceive_np	POSIX 消息队列接收函数，带超时（时间为相对时间）
sem_wait	POSIX 信号量阻塞函数
sem_timedwait	POSIX 信号量阻塞函数，带超时（时间为绝对时间）
sem_reltimedwait_np	POSIX 信号量阻塞函数，带超时（时间为相对时间）

8.7.2 函数可重入影响

线程捕捉到信号并对其进行处理时，正在执行的正常指令序列就被信号处理程序临时中断，它首先执行该信号处理函数中的指令。如果从信号处理程序返回，则继续执行在捕捉到信号时正在执行的正常指令序列（这类似于发生硬件中断时所做的）。但在信号处理函数中，不能判断捕捉到信号时线程执行到何处。如果正在执行 malloc（见第 10 章）在其堆中分配另外的存储空间，而此时由于捕捉到信号而插入执行该信号处理程序，其中又调用 malloc 函数，这时可能会对正在执行的上下文造成破坏。

Single UNIX Specification 说明了在信号处理程序中保证调用安全的函数。这些函数是可重入的。除了可重入以外，在信号处理操作期间，它会阻塞任何会引起一致的信号发送，表 8.11 列出了这些异步信号安全函数。

表 8.11　异步信号安全函数

函数名	函数名	函数名	函数名	函数名
abort	execle	getuid	sem_post	socket
accept	execv	kill	send	socketpair
access	execve	listen	sendmsg	stat
aio_error	_Exit	lseek	sendto	symlink
aio_return	_exit	lstat	setgid	tcdrain
aio_suspend	fchmod	mkdir	setpgid	tcflush
alarm	fchown	mkfifo	setsid	tcgetattr
bind	fcntl	mknod	setsockopt	tcsetattr
cfgetispeed	fdatasync	open	setuid	time
cfggetospeed	fstat	pause	shutdown	timer_getoverrun
cfsetispeed	fsync	pipe	sigaction	timer_gettime
cfsetospeed	ftruncate	poll	sigaddset	timer_settime
chdir	getegid	pselect	sigdelset	times
chmod	geteuid	raise	sigemptyset	umask
chown	getgid	read	sigfillset	uname
clock_gettime	getgroups	readlink	sigismember	unlink
close	getpeername	recv	signal	utime
connect	getpgrp	recvfrom	sigpending	utimes
creat	getpid	recvmsg	sigprocmask	wait
dup	getppid	rename	sigqueue	waitpid
dup2	getsockname	rmdir	sigsuspend	write
execl	getsockopt	select	sleep	

下面我们看一个实例，在信号处理函数 int_handler 中调用 getpwnam 函数来获得用户名，int_handler 每一秒被调用一次。

不可重入函数程序：**chapter08/non_reent_example**。运行该程序，会发现程序结果具有随机性。一般情况，信号处理函数被调用几次后，程序将可能会发生异常由信号 SIGSEGV 终止结束，也可能 main 函数还能正常运行，此时系统 Shell 却产生异常。从中可以看出，如果在信号处理函数中调用一个不可重入函数，则结果是不可预测的。

8.8　发送信号查看上下文

程序运行过程中，可以发送 47 号信号查看进程或线程上下文内容。SylixOS 的 47 号信号为 SIGSTKSHOW，线程捕获到这个信号后，会将对应线程任务堆栈中的程序信息打印到串口终端。

47 号信号发送格式：

```
kill -n 47 [pid | tid]
```

该方式可用于程序处于非正常运行逻辑时的状态判断。

```
#kill -n 47 3
[16] 0x4913a0d4 (kernel@0x0 + 0x4913a0d4 API_BacktraceShow + 52)
[15] 0x4928b7b4 (kernel@0x0 + 0x4928b7b4 __siglongjmpSetup + 2172)
[14] 0x4928bdb8 (kernel@0x0 + 0x4928bdb8 _sigPendGet + 856)
[13] 0x4928bd10 (kernel@0x0 + 0x4928bd10 _sigPendGet + 688)
[12] 0x4911bcbc (kernel@0x0 + 0x4911bcbc _Schedule + 164)
[11] 0x4911afcc (kernel@0x0 + 0x4911afcc __kernelExitIrq + 116)
[10] 0x49137358 (kernel@0x0 + 0x49137358 API_TimeSleepEx + 240)
[09] 0x49137a30 (kernel@0x0 + 0x49137a30 sleep + 72)
[08] 0x80020a0c (/apps/appdemo/appdemo@0x80020000 + 0xa0c main + 36)
[07] 0x80055e70 (/lib/libvpmpdm.so@0x80040000 + 0x15e70 _start + 464)
[06] 0x49167958 (kernel@0x0 + 0x49167958 vprocRun + 632)
[05] 0x49167dd8 (kernel@0x0 + 0x49167dd8 API_ModuleRunEx + 112)
[04] 0x49164e40 (kernel@0x0 + 0x49164e40 __ldGetFilePath + 616)
[03] 0x492306d0 (kernel@0x0 + 0x492306d0 __tshellExec + 1552)
[02] 0x492308a0 (kernel@0x0 + 0x492308a0 __tshellExec + 2016)
[01] 0x4911ef74 (kernel@0x0 + 0x4911ef74 _ThreadShell + 76)
PSTATE = nzCvDAIF
PC = 0x000000004911bcbc
SP = 0x00000000800110b0
LR(X30) = 0x000000004911bcbc
X0 = 0x0000000000000340  X1 = 0x0000000049b74200
X2 = 0x000000004c9a76a8  X3  = 0x0000000049ccc7c0
X4 = 0x0000000000000000  X5   = 0x000000000000000a
X6 = 0x0000000000000000  X7   = 0x7f7f7f7f7f7f7f7f
X8 = 0x0101010101010101  X9   = 0x7f7f7fff7f7f7f7f
X10 = 0x0000000000000000  X11  = 0x0101010101010101
X12 = 0x0000000000000008  X13  = 0xffffffffffffffff
X14 = 0xffffffffffffff00  X15  = 0xffffffffffffffff
X16 = 0x000000008006a518  X17  = 0x000000004914a750
X18 = 0x0000000000000012  X19  = 0x0000000049ccc7c0
X20 = 0x0000000049ccc7c0  X21 = 0x00000000000238f0
X22 = 0x0000000049ccc7c0  X23  = 0x0000000000000001
X24 = 0x0000000049aa3000  X25  = 0x0000000049ccc000
X26 = 0x0000000049b74620  X27  = 0x0000000049a8a500
X28 = 0x0000000049b74200  X29  = 0x00000000800110b0
```

第 9 章 时间管理

9.1 SylixOS 时间管理

9.1.1 系统时间

SylixOS 内部记录了自系统启动后所产生的时钟节拍(我们称作 Tick)计数,该计数即代表系统时间。时钟节拍以一个固定的频率产生。与此相关的重要函数有以下三个:

```
#include<SylixOS.h>
ULONG  Lw_Time_GetFrequency(VOID);
ULONG  Lw_Time_Get(VOID);
INT64  Lw_Time_Get64(VOID);
```

调用 Lw_Time_GetFrequency 函数可以获得 SylixOS 时钟节拍频率(每秒的时钟节拍次数),Lw_Time_Get 函数将返回 SylixOS 当前的时钟节拍计数,Lw_Time_Get64 函数返回更宽范围的时钟节拍计数。

获取系统运行时间程序:chapter09/sys_run_time_example 。

在实际应用中,我们习惯使用秒或毫秒等时间单位,而 SylixOS 中有许多 API 以时钟节拍为参数,因此系统提供了以下两个操作宏用于时钟节拍的转换:

```
#include <SylixOS.h>
ULONG  LW_MSECOND_TO_TICK_0(ULONG  ulMs );
ULONG  LW_MSECOND_TO_TICK_1(ULONG  ulMs );
```

LW_MSECOND_TO_TICK_0 将毫秒转换为时钟节拍数,不足一个时钟节拍的毫秒值被丢弃,LW_MSECOND_TO_TICK_1 则将不足一个时钟节拍的毫秒值当作一个时钟节拍处理。

9.1.2 RTC 时间

RTC 时间来自于一个独立于 CPU 时间的硬件设备，与系统时间最大的区别在于，RTC 时间在系统掉电后还能继续进行时间计数，因此可以认为它代表了真实的物理时间。

```
#include <SylixOS.h>
INT  Lw_Rtc_Set(time_t  time );
INT  Lw_Rtc_Get(time_t  *ptime );
```

函数 Lw_Rtc_Set 原型分析：

- 此函数成功返回 0，失败返回 -1 并设置错误号；
- 参数*time* 为需要设置的时间。

函数 Lw_Rtc_Get 原型分析：

- 此函数成功返回 0，失败返回 -1 并设置错误号；
- 输出参数*ptime* 为获取的 RTC 时间。

time_t 为 POSIX 定义的时间类型，更详细的信息见 9.2 节。

SylixOS 提供了 3 个 RTC 时间与系统时间同步的函数：

```
#include <SylixOS.h>
INT  Lw_Rtc_SysToRtc(VOID);
INT  Lw_Rtc_RtcToSys(VIOD);
INT  Lw_Rtc_RtcToRoot(VOID);
```

Lw_Rtc_SysToRtc 函数用于将系统时间同步到 RTC 时间，Lw_Rtc_RtcToSys 函数用于将 RTC 时间同步到系统时间，Lw_Rtc_RtcToRoot 函数用于将 RTC 时间同步到根文件系统时间。

注：系统在启动时会自动调用 Lw_Rtc_RtcToSys 和 Lw_Rtc_RtcToRoot，以保证两者时间是一致的。

9.2 POSIX 时间管理

9.2.1 UTC 时间与本地时间

UTC(Universal Time Coordinated)，即世界协调时间，在实际使用中，它等同于 GMT(Greenwich Mean Time)，即格林尼治标准时间。UTC 时间以 1970 年 1 月 1 日 0 时 0 分 0 秒为基准时间，并以秒为最小计数单位。以英国伦敦格林尼治(本初子午线)为中时区，将地球分为东西各 12 个时区，各时区之间相差 1 小时，这就是各

个时区的本地时间。由于地球自西向东旋转，因此东时区时间早于中时区时间，西时区时间晚于中时区时间。

```
#include <time.h>
time_t time(time_t * time );
time_t timelocal(time_t * time );
```

函数 time 原型分析：

- 此函数返回类型为 time_t 的 UTC 时间；
- 输出参数*time* 为获得的 UTC 时间，与返回值相同，该参数可以为 NULL。

函数 timelocal 原型分析：

- 此函数返回类型为 time_t 的本地时间；
- 输出参数*time* 为获得的本地时间，与返回值相同，该参数可以为 NULL。

time_t 在某些类 UNIX 系统中定义为一个 32 位的有符号整型数，能表示的最大正秒数为 2 147 483 647 秒，它能表示的最晚时间为 2038 年 1 月 19 日 03:14:07，这意味着，如果超过这个时间将溢出。SylixOS 中将 time_t 定义为 64 位有符号整型数，因此不存在上述问题。使用下面的函数可以处理更高精度的时间。

```
#include <time.h>
int  gettimeofday(struct timeval * tv , struct timezone * tz );
int  settimeofday(const struct timeval * tv , const struct timezone * tz );
```

函数 gettimeofday 原型分析：

- 此函数返回 0，没有错误值返回；
- 输出参数*tv* 为一个 timeval 结构的指针，保存获取的时间信息；
- 输出参数*tz* 为一个 timezone 结构的指针，保存获取的时区信息。

结构 timeval 的定义见程序清单 9.1。

程序清单 9.1　timeval 结构

```
struct timeval {
    time_t  tv_sec;                         /*  seconds           */
    LONGtv_usec;                            /*  microseconds      */
};
```

tv_usec 的值为 0～999 999，即不超过 1 秒；tv_sec 与 tv_usec 组成了当前的时间，注意该时间是 UTC 时间。结构 timezone 的定义见程序清单 9.2。

程序清单 9.2　timezone 结构

```
struct timezone {
    int   tz_minuteswest;                   /*  是格林尼治时间往西方的时差  */
/*  以分钟为单位（东 8 区）-60*8  */
    int   tz_dsttime;                       /*  时间的修正方式必须为 0      */
};
```

tz_minuteswest 的定义与前面讲的不同，这里的定义为相对于格林尼治时间向西方的时差，因此东时区的时区值为负数。

```
#include <time.h>
void   tzset(void);
```

tzset 函数设置系统的时区，该函数没有任何参数，实际上它内部获取一个名称为 TZ 的环境变量，该变量是对时区的描述，在 SylixOS 中，tzset 函数使用环境变量 TZ 的当前值，经过一定的处理后赋值给全局变量 timezone、tzname（目前 SylixOS 不支持 daylight），TZ 的描述如下：

```
# echo $TZ
CST-8:00:00
```

CST（China Standard Time）即表示中国标准时间，相对于格林尼治向西方的时差为负的 8 小时 0 分 0 秒，实际就是东八区，可使用如下的程序设置当前时区。

设置系统时区程序：chapter09/timezone_example 。该程序将当前时区设置为东 6 区，以下两条 Shell 命令有完全相同的效果。

```
# TZ=CST-6:0:0
# tzsync
```

9.2.2 时间格式转换

上一节获取的时间均是单一地以秒来表示，不符合正常使用习惯，因此有以下函数将该时间转换为我们通常熟悉的时间格式。

```
#include <time.h>
struct tm *gmtime(const time_t *time);
struct tm *gmtime_r(const time_t *time, struct tm *ptmBuffer);
```

函数 gmtime 原型分析：

- 此函数成功返回 tm 结构的指针，失败返回 NULL；
- 参数 *time* 为本地时间。

函数 gmtime_r 原型分析：

- 此函数成功返回 tm 结构的指针，失败返回 NULL；
- 参数 *time* 是本地时间；
- 输出参数 *ptmBuffer* 是 tm 结构缓冲区。

需要注意的是，gmtime 函数是不可重入的，因此是非线程安全的。

结构体 tm 描述了我们通常习惯的用法，其定义见程序清单 9.3。

程序清单 9.3 tm 结构体

```
struct tm {
    INT  tm_sec;            /* seconds after the minute - [0, 59]  */
    INT  tm_min;            /* minutes after the hour   - [0, 59]  */
    INT  tm_hour;           /* hours after midnight     - [0, 23]  */
    INT  tm_mday;           /* day of the month         - [1, 31]  */
    INT  tm_mon;            /* months since January     - [0, 11]  */
    INT  tm_year;           /* years since 1900                    */
    INT  tm_wday;           /* days since Sunday        - [0, 6]   */
    INT  tm_yday;           /* days since January 1     - [0, 365] */
 #define tm_day       tm_yday
    INT  tm_isdst;          /* Daylight Saving Time flag           */
 /* must zero */
 };
```

gmtime 将 time_t 类型的时间转换为 tm 类型的时间。从函数名可以得知，它将输入参数 time 当作是 UTC 时间(通常也叫作 GMT 时间)，内部并不会进行时区的转换处理。因此，当我们使用 UTC 时间作为参数时，返回的 tm 指针代表的是 UTC 时间，使用本地时间作为参数时，返回的 tm 指针代表的是本地时间。

注意，gmtime 返回的指针实际上指向的是一个内部全局变量，因此连续调用该函数试图获取不同的时间将得到同一个时间值。

gmtime 测试程序：**chapter09/gmtime_example** 。

实际上 tm_old 与 tm_new 都指向同一个对象，也就是最后一次调用的结果，即 tm_new。

为解决以上问题，有与之对应的 gmtime_r 函数，后缀_r 表示这是一个可重入的版本，它多了一个输出参数 ***ptmBuffer*** ，将原来使用的内部全局变量改为让用户给出输出结果的缓冲区对象，这样只要用户使用不同的缓冲区对象，就会得到不同的结果。使用 gmtime_r 处理同样的问题。

gmtime_r 测试程序：**chapter09/gmtime_r_example** 。

在上面的程序中，我们必须定义保存结果的两个数据对象，而不是像之前那样仅仅定义两个指针，这样两个对象分别保存了不同的数据，达到了程序本来的目的。上面的例子展示的是在单个线程里面连续调用 gmtime 产生的问题。在多线程中，我们必须使用 gmtime_r。后面还有几个函数也有相同的问题以及同样的解决措施，本书将不再对它们的可重入版本函数进行详细说明，仅仅列出它们的函数原型。

```
#include <time.h>
struct tm *localtime(const time_t *time );
struct tm *localtime_r(const time_t *time , struct tm *ptmBuffer );
```

localtime 与 gmtime 的功能相同，但是它内部会进行 UTC 时间到本地时间的转换处理。因此,正确的使用方法是传入的参数为 UTC 时间。

```
#include <time.h>
char *asctime(const struct tm *ptm);
char *asctime_r(const struct tm *ptm, char *pcBuffer);
```

函数 asctime 原型分析:

- 此函数成功返回格式化后的时间字符串指针,失败返回 NULL;
- 参数 *ptm* 为一个 tm 结构的指针。

注意,asctime 函数处理参数 *ptm* 时,将不会作任何时区转换,如同 gmtime 函数一样,程序应该根据需要传入需要的 tm 数据对象。asctime 函数返回的时间字符串的格式如"Tue May 21 13:46:22 1991\n",因此在使用该函数的可重入版本 asctime_r 时,其参数 *pcBuffer* 必须保证长度不小于 26 个字节。

```
#include <time.h>
char  *ctime(const time_t *time);
char  *ctime_r(const time_t *time, char *pcBuffer);
```

函数 ctime 原型分析:

- 此函数成功返回格式化后的时间字符串指针,失败返回 NULL;
- 输入参数 *time* 为 time_t 类型的指针。

ctime 函数可以将本地时间转换成符合使用习惯的字符串格式,该字符串格式与 asctime 函数转换后的相似,因此其可重入版本函数 ctime_r 中的参数 *pcBuffer* 长度必须保证不小于 26 个字节。注意,ctime 内部会进行 UTC 时间到本地时间的转换。

```
#include <time.h>
time_t mktime(struct tm *ptm);
time_t timegm(struct tm *ptm);
```

函数 mktime 原型分析:

- 该函数成功返回转换后的 UTC 时间;
- 输入参数 *ptm* 为 tm 类型的指针。

mktime 函数的功能是将本地时间转换为 UTC 时间,它内部会进行本地时间到 UTC 时间的转换,因此正确的输入参数应该为本地时间。与之功能相同的 timegm 则只是进行 tm 到 time_t 数据类型的转换,正确的输入参数应该为 UTC 时间。

可以调用以下函数计算两个 time_t 类型时间之间的差值。

```
#include <time.h>
double  difftime(time_t time1, time_t time2);
```

9.2.3 高精度时间

```
#include <time.h>
clock_t clock(void);
```

函数 clock 返回自系统启动后到目前为止经过的时钟计数，该计数类型为 clock_t。这里的时钟就是指时钟节拍，因此 clock 函数的功能与 Lw_Time_Get 函数相同。

使用 clock_getres 可以获得系统高精度时间的精度。

```
#include <time.h>
int  clock_getres(clockid_t clockid , struct timespec *res );
```

函数 clock_getres 原型分析：

- 该函数成功返回 0，失败返回错误码；
- 输入参数*clockid* 为时钟源，时钟源类型 clockid_t 定义见表 9.1；
- 输出参数*res* 保存获得的时间精度，可达到 1 ns 的精度，其类型 timespec 定义见程序清单 9.4。

程序清单 9.4 timespec 结构体

```
struct timespec {
    time_t    tv_sec;              /*  seconds        */
    LONG    tv_nsec;               /*  nanoseconds    */
};
```

表 9.1 时钟源定义

时钟源名称	说 明
CLOCK_REALTIME	代表实际的物理时间
CLOCK_MONOTONIC	单调增长时间
CLOCK_PROCESS_CPUTIME_ID	进程从启动开始所消耗的 CPU 时间
CLOCK_THREAD_CPUTIME_ID	线程从启动开始所消耗的 CPU 时间

由于 CLOCK_REALTIME 代表实际的物理时间，因此对系统时间的修改将会影响它。CLOCK_MONOTONIC 自系统启动后一直增长，且不受任何操作的影响，通常使用 CLOCK_MONOTONIC 时钟源来计算两个操作之间的时间差。

```
#include <time.h>
int clock_gettime(clockid_t  clockid , struct timespec  *tv );
```

函数 clock_gettime 原型分析：

- 该函数成功时返回 0，失败时返回 -1 并设置错误码；

• 参数*clockid* 是时钟源，如表 9.1 所列；
• 输出参数*tv* 保存获得的高精度时间。

clock_gettime 函数根据不同的时钟源类型获得 struct timespec 类型的时间值，注意，clock_gettime 获得的是 UTC 时间。

```
#include <time.h>
int clock_settime(clockid_t  clockid , const struct timespec  * tv );
```

函数 clock_settime 原型分析：

• 该函数成功时返回 0，失败时返回－1 并设置错误码；
• 参数*clockid* 指定时钟源(只能为 CLOCK_REALTIME)；
• 参数*tv* 为需要设置的高精度时间。

因为 CLOCK_MONOTONIC 不受任何操作的影响，而 CLOCK_PROCESS_CPUTIME_ID 和 CLOCK_THREAD_CPUTIME_ID 仅由系统内部更新，因此，clock_settime 的时钟源只能是 CLOCK_REALTIME。

```
#include <time.h>
int  clock_nanosleep(clockid_t                clockid ,
                     int                      flags ,
                     const struct timespec  * rqtp ,
                     struct timespec        * rmtp );
```

函数 clock_nanosleep 原型分析：

• 此函数成功时返回 0，失败时返回－1 并设置错误号；
• 参数*clockid* 指定了时钟源；
• 参数*flags* 是时间类型(如 TIMER_ABSTIME)；
• 参数*rqtp* 指定了睡眠时间；
• 输出参数*rmtp* 返回睡眠剩余时间。

clock_nanosleep 与 nanosleep 相似，可以使进程睡眠指定的纳秒时间，不同的是，如果参数*flags* 指定为绝对时间(TIMER_ABSTIME)，则*rmtp* 不再有意义。睡眠剩余时间的意义通常是指睡眠被信号中断后剩余的时间。

9.2.4 获得进程或线程时钟源

```
#include <time.h>
int  clock_getcpuclockid(pid_t pid , clockid_t * clock_id );
```

函数 clock_getcpuclockid 原型分析：

• 此函数成功返回 0，失败返回－1 并设置错误号；
• 参数*pid* 是进程 ID；
• 输出参数*clock_id* 返回时钟源类型，如表 9.1 所列。

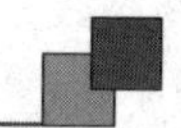

调用 clock_getcpuclockid 函数可以获得指定进程*pid* 的时钟源类型，SylixOS 总是返回 CLOCK_PROCESS_CPUTIME_ID。

```
#include <pthread.h>
int pthread_getcpuclockid(pthread_t  thread , clockid_t * clock_id );
```

函数 pthread_getcpuclockid 原型分析：

- 此函数成功返回 0，失败返回错误号；
- 参数*thread* 是线程 ID；
- 输出参数*clock_id* 返回时钟类型。

调用 pthread_getcpuclockid 函数可以获得指定线程*thread* 的时钟源类型，SylixOS 总是返回 CLOCK_THREAD_CPUTIME_ID。

9.2.5　时间相关的扩展操作

针对 timeval 结构(参考 9.2.1 小节)，系统提供了几个有用的宏，方便操作该结构对象，注意这些操作并不是 POSIX 中定义的，其存在于 Linux 和大多数类 UNIX 系统中。它们的定义如下(虽然它们都是宏定义，但是这里还是根据它们的实际使用方式，以函数的形式给出定义)：

```
#include <sys/time.h>
void  timeradd (struct timeval * a , struct timeval * b , struct timeval * result );
void  timersub (struct timeval * a , struct timeval * b ,struct timeval * result );
void  timerclear (struct timeval * tvp );
int   timerisset (struct timeval * tvp );
int   timercmp (struct timeval * a , struct timeval * b , CMP );
```

timeradd 将*a* 、*b* 时间相加，结构保存于*result* 中，内部会自动处理微秒到秒的进位问题；timersub 将*a* 时间减去*b* 时间，结构保存于*result* 中，内部会自动处理微秒到秒的进位问题。注意，这两个操作内部不会有溢出或大小等任何安全性检测，因此结果可能出现不符合预期时间值，这些问题需要应用程序处理。

timerclear 将一个时间值清零，timerisset 检测该时间值是否为 0。

timercmp 比较两个时间，*CMP* 为一个操作符，如>、==、<、!=、<=等。

timeval 扩展操作实例程序：chapter09/timeval_ext_example 。

第 10 章 内存管理

10.1 定长内存管理

所谓定长内存，指的是每次分配获得的内存大小是相同的，即使用的是有确定长度的内存块。同时，这些内存块总的个数也是确定的，即整个内存总的大小也是确定的。

这和通常理解的内存池的概念是一样的。使用这样的内存，有两大优点：一是由于事先已经分配好了足够的内存，可极大提高关键应用的稳定性；二是对于定长内存的管理通常有更为简单的算法，分配/释放的效率更高。

在 SylixOS 中，将管理的一个定长内存称作 PARTITION，即内存分区。

10.1.1 创建内存分区

```
#include <SylixOS.h>
LW_HANDLE  Lw_Partition_Create(CPCHAR          pcName,
                               PVOID           pvLowAddr,
                               ULONG           ulBlockCounter,
                               size_t          stBlockByteSize,
                               ULONG           ulOption,
                               LW_OBJECT_ID *  pulId)
```

函数 Lw_Partition_Create 原型分析：

- 此函数成功时返回一个内存分区句柄，失败时返回 LW_HANDLE_INVALID 并设置错误号；
- 参数 *pcName* 指定该内存分区的名称，可以为 LW_NULL；
- 参数 *pvLowAddr* 为用户定义的一片内存的低地址，即起始地址，该地址必须

满足一个 CPU 字长的对齐，如在 32 位系统中，该地址必须 4 字节对齐；

- 参数*ulBlockCounter* 为该内存分区的定长内存块数量；
- 参数 *stBlockByteSize* 为内存块的大小，必须不小于一个指针的长度，在 32 位系统中为 4 字节；
- 参数*ulOption* 为创建内存分区的选项，如表 10.1 所列；
- 输出参数*pulId* 保存该内存分区的 ID，与返回值相同，可以为 LW_NULL。

表 10.1　内存分区创建选项

选项名称	解　释
LW_OPTION_OBJECT_GLOBAL	表示该对象为一个内核全局对象
LW_OPTION_OBJECT_LOCAL	表示该对象仅为一个进程拥有，即本地对象
LW_OPTION_DEFAULT	默认选项

注：驱动程序或内核模块才能使用 LW_OPTION_OBJECT_GLOBAL 选项，对应的 LW_OPTION_OBJECT_LOCAL 选项用于应用程序。为了使应用程序有更好的兼容性，建议使用 LW_OPTION_DEFAULT 选项，该选项包含了 LW_OPTION_OBJECT_LOCAL 的属性。

需要注意的是，SylixOS 对象名称的最大长度为 LW_CFG_OBJECT_NAME_SIZE，该宏定义位于＜SylixOS/config/kernel/kernel_cfg. h＞中，它的值为 32。如果参数*pcName* 的长度超过此值，将导致内存分区创建失败。

10.1.2　删除内存分区

```
#include <SylixOS.h>
ULONG  Lw_Partition_DeleteEx(LW_HANDLE   *pulId ,  BOOL  bForce );
ULONG  Lw_Partition_Delete(LW_HANDLE   *pulId );
```

以上两个函数原型分析：

- 此函数成功返回 ERROR_NONE，失败返回错误码；
- 参数*pulId* 为内存分区句柄指针，操作成功将会置该句柄为无效；
- 参数*bForce* 表示是否强制删除该内存分区。

如果一个内存分区中有内存块还在被使用，则理论上不应该立刻被删除。如果 *bForce* 为 LW_TRUE，则 Lw_Partition_DeleteEx 忽略该条件直接删除该分区。通常情况下应用程序不应该使用该方式，这可能会导致内存错误。建议一般情况下使用 Lw_Partition_Delete 函数，它相当于下面的调用：

```
Lw_Partition_DeleteEx(Id, LW_FALSE);
```

10.1.3 获取/返还内存块

```
#include <SylixOS.h>
PVOID  Lw_Partition_Get(LW_HANDLE   ulId );
PVOID  Lw_Partition_Put(LW_HANDLE   ulId , PVOID  pvBlock );
```

函数 Lw_Partition_Get 原型分析：

- 此函数成功时返回内存块指针，失败时返回 LW_NULL 并设置错误号；
- 参数*ulId* 为内存分区句柄。

函数 Lw_Partition_Put 原型分析：

- 此函数成功时返回 LW_NULL，失败时返回当前返还的内存块指针；
- 参数*ulId* 为内存分区句柄；
- 参数*pvBlock* 为需要返还的内存块指针。

调用 Lw_Partition_Get 函数可以获得一个内存分区的内存块，其大小为创建内存分区时指定的大小；调用 Lw_Partition_Put 函数将获得的内存块（Lw_Partition_Get 函数获得）返回给内存分区，注意，如果*pvBlock* 为 NULL，则设置错误号为 ERROR_PARTITION_NULL。

为了满足不同用户的使用需求，即为了软件的可移植性，SylixOS 也提供了以下两组 API，其功能与上面的完全一致。

```
#include <SylixOS.h>
PVOID  Lw_Partition_Take(LW_HANDLE   ulId );
PVOID  Lw_Partition_Give(LW_HANDLE   ulId ,  PVOID  pvBlock );
PVOID  Lw_Partition_Allocate(LW_HANDLE  ulId );
PVOID  Lw_Partition_Free(LW_HANDLE   ulId , PVOID  pvBlock );
```

10.1.4 获取内存分区的当前状态

```
#include <SylixOS.h>
ULONG  Lw_Partition_Status(LW_HANDLE     ulId ,
                           ULONG   * pulBlockCounter ,
                           ULONG   * pulFreeBlockCounter ,
                           size_t   * pstBlockByteSize );
```

函数 Lw_Partition_Status 原型分析：

- 此函数成功返回 ERROR_NONE，失败返回错误码；
- 参数*ulId* 为内存分区句柄；
- 输出参数*pulBlockCounter* 保存该内存分区总的内存块数量；
- 输出参数*pulFreeBlockCounter* 保存该内存分区未被使用的内存块数量；

- 输出参数*pstBlockByteSize* 保存该内存分区内存块大小。

调用 Lw_Partition_Status 函数可以获取内存分区的状态信息，如内存分区的总内存块数、内存块的大小、当前可以使用的内存块数量。特殊地，如果参数*pulBlockCounter*、*pulFreeBlockCounter*、*pstBlockByteSize* 都为 NULL，此函数将平静地返回。

10.1.5　获取内存分区的名称

```
#include <SylixOS.h>
ULONG  Lw_Partition_GetName(LW_HANDLE  ulId , PCHAR  pcName );
```

函数 Lw_Partition_GetName 原型分析：

- 此函数成功返回 ERROR_NONE，失败返回错误码；
- 参数*ulId* 为内存分区句柄；
- 输出参数*pcName* 保存该内存分区的名称。

为保证操作缓冲区安全，*pcName* 缓冲区的长度应该不小于 LW_CFG_OBJECT_NAME_SIZE。

注：当在 64 位系统中，使用自己定义的结构体时，结构体大小应大于或等于 8 字节，且 8 字节对齐。

内存分区不直接为用户分配内存，它只是提供了一个管理内存的方法。因此在创建内存分区时，需要用户指定需要管理的内存，该内存由使用的分区（即上面所述的内存块）大小以及分区的最大个数决定。

内存分区用法程序：chapter10/partition_example。在该程序中，创建了一个最大可以容纳 8 个类型为 MY_ELEMENT 对象的内存分区，通过获取分区对象、使用分区对象以及删除内存分区三方面展示 SylixOS 内存分区的使用。

在 SylixOS Shell 下运行程序，结果如下：

```
get element successfully, count = 0.
get element successfully, count = 1.
get element successfully, count = 2.
get element successfully, count = 3.
get element successfully, count = 4.
get element successfully, count = 5.
get element successfully, count = 6.
get element successfully, count = 7.
get element failed,        count = 8.
delete partition error.
element0 value = 0.
```

```
element1 value = 1.
element2 value = 2.
element3 value = 3.
element4 value = 4.
element5 value = 5.
element6 value = 6.
element7 value = 7.
delete partition successfully.
```

从运行结果可以看出，最大分区个数为 8 个，因此第 9 次获取元素时会失败。随后使用 Lw_Partition_Delete 函数删除内存分区，由于此时元素还未被回收，因此删除失败，当回收完全部的元素后，才能成功删除。

我们定义的内存最大可容纳 8 个分区，通过内存分区获取的最大分区也是 8 个，因此可以推测，_G_pucMyElementPool 这片内存是完全被程序使用的，即分区 0 的地址等于_G_pucMyElementPool 的地址，分区 1 的地址等于_G_pucMyElementPool 加上 MY_ELEMENT 结构体大小。

但是，上面的程序中，存在一个安全隐患，即当_G_pucMyElementPool 的地址不满足结构体 MY_ELEMENT 的对齐需求时，在有些硬件上，访问成员变量 iValue 将产生多字节不对齐访问的错误(典型的硬件平台如 ARM)。虽然通常情况下，编译器都会为变量(不管是全局变量还是局部变量)分配对齐的地址，但不排除在不同的编译器下会有不同的处理方式，这时应该将_G_pucMyElementPool 的类型定义为 UINT8，即单字节访问，逻辑上它的起始地址可以是任何对齐值。为了安全起见，建议使用以下两种方法定义内存缓冲区：

```
    MY_ELEMENET _G_pmyelementPool[ELEMENT_MAX];
    LW_STACK _G_pstackMyElementPool[sizeof(MY_ELEMENET) * ELEMENT_MAX / sizeof(LW_
STACK)];
```

方法一，将_G_pmyelementPool(原变量名为_G_pucMyElementPool)的类型改为需要访问的分区的类型，编译器保证_G_pmyelementPool 的地址一定能满足 MY_ELEMENT 结构对齐访问的条件，这是一种最为普遍的方法。实际上，只要结构体的起始地址满足 CPU 字长对齐，对齐所有成员变量的访问就不会产生该问题。SylixOS 中定义了一个 LW_STACK 的数据类型，其含义为“字对齐的栈访问类型”，该类型的大小实际上就是 CPU 字长。

方法二，给出了使用 LW_STACK 定义内存缓冲区的方式。

10.2 变长内存管理

变长内存相对于上一节所讲的定长内存，最大的不同就是每次分配的内存可能

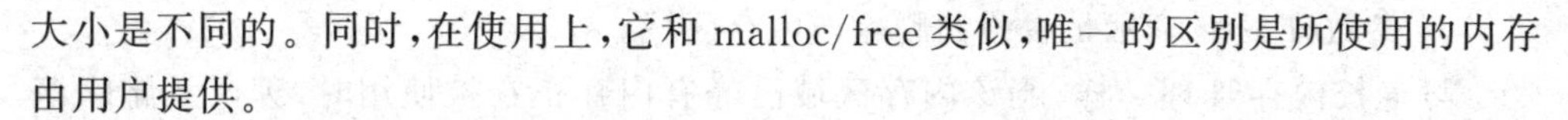

大小是不同的。同时，在使用上，它和 malloc/free 类似，唯一的区别是所使用的内存由用户提供。

SylixOS 中，将变长内存称作 REGION，即内存区域。由于使用 malloc/free 这类函数操作的是系统中的同一个内存堆，当一个应用程序中某个组件存在频繁分配/释放内存的操作时，可能会产生很多内存碎片，同时还会影响其他应用程序使用内存堆的效率，该情况下应该考虑为此组件创建一个单独的内存区域，可有效地避免上面的情况。

10.2.1 创建内存区域

```
#include <SylixOS.h>
LW_HANDLE    Lw_Region_Create(CPCHAR          pcName,
                              PVOID           pvLowAddr,
                              size_t          stRegionByteSize,
                              ULONG           ulOption,
                              LW_OBJECT_ID   *pulId);
```

函数 Lw_Region_Create 原型分析：

- 此函数成功时返回一个内存区域句柄，失败时返回 LW_HANDLE_INVALID 并设置错误号。
- 参数 *pcName* 指定该内存区域的名称，可以为 LW_NULL。
- 参数 *pvLowAddr* 为用户定义的一片内存的低地址，即起始地址。该地址必须满足一个 CPU 字长的对齐，如在 32 位系统中，该地址必须 4 字节对齐。
- 参数 *stRegionByteSize* 为该内存区域的大小，以字节为单位。
- 参数 *ulOption* 为创建内存区域的选项，其定义与表 10.1 相同。
- 输出参数 *pulId* 返回该内存区域的 ID，与返回值相同，可以为 LW_NULL。

调用 Lw_Region_Create 函数可以创建一个内存可变分区，对比内存分区的创建，内存区域不需要数据块大小这一参数。注意，这里的 *pcName* 长度应该不小于 LW_CFG_OBJECT_NAME_SIZE。

10.2.2 删除内存区域

```
#include <SylixOS.h>
ULONG  Lw_Region_DeleteEx(LW_HANDLE     *pulId, BOOL  bForce);
ULONG  Lw_Region_Delete(LW_HANDLE       *pulId);
```

以上两个函数原型分析：

- 此函数成功返回 ERROR_NONE，失败返回错误码；
- 参数 *pulId* 为内存区域句柄指针，操作成功将会置该句柄为无效；

• 参数*bForce* 表示是否强制删除该内存区域。

与定长内存管理一样，当该内存区域已经有内存正在被使用时，理论上删除该内存区域是不允许的。使用 Lw_Region_DeleteEx 函数可强制删除该内存区域，但通常应该使用 Lw_Region_Delete 函数来删除一个内存区域，该函数等同于以下调用：

```
Lw_Region_DeleteEx(id, LW_FALSE);
```

10.2.3 内存区域增加内存空间

```
#include <SylixOS.h>
ULONG  Lw_Region_AddMem(LW_HANDLE      ulId ,
                        PVOID          pvMem ,
                        size_t         stByteSize );
```

函数 Lw_Region_AddMem 原型分析：

• 此函数成功返回 ERROR_NONE，失败返回错误码；

• 参数*ulId* 为内存区域句柄；

• 参数*pvMem* 为增加的内存指针；

• 参数*stByteSize* 为增加的内存大小，以字节为单位。

当一个内存区域的内存空间不足时，可动态地增加它的内存空间，这表示内存区域可以管理多个地址不连续的内存，而内存分区则只能管理一个地址必须连续的内存。

10.2.4 分配内存

```
#include <SylixOS.h>
PVOID  Lw_Region_Allocate(LW_HANDLE  ulId ,size_t  stByteSize );
```

函数 Lw_Region_Allocate 原型分析：

• 此函数成功时返回分配的内存指针，失败时返回 LW_NULL 并设置错误号；

• 参数*ulId* 为内存区域句柄；

• 参数*stByteSize* 为需要分配的内存大小，以字节为单位。

为满足不同用户的使用习惯，以下两个函数与 Lw_Region_Allocate 功能完全相同：

```
#include <SylixOS.h>
PVOID  Lw_Region_Take(LW_HANDLE  ulId ,size_t  stByteSize );
PVOID  Lw_Region_Get(LW_HANDLE  ulId ,size_t  stByteSize );
```

10.2.5 分配地址对齐的内存

```
#include <SylixOS.h>
PVOID  Lw_Region_AllocateAlign(LW_HANDLE     ulId,
                               size_t        stByteSize,
                               size_t        stAlign);
```

函数 Lw_Region_ AllocateAlign 原型分析：

- 此函数成功返回分配的内存指针，失败返回 LW_NULL 并设置错误号；
- 参数*ulId* 为内存区域句柄；
- 参数*stByteSize* 为需要分配的内存大小，以字节为单位；
- 参数*stAlign* 为对齐值，必须为 2 的幂次方，其必须大于或等于 CPU 字长。

调用 Lw_Region_AllocateAlign 函数可以获得一个指定内存对齐关系的缓冲区。有以下两个函数与之功能相同：

```
#include <SylixOS.h>
PVOID    Lw_Region_TakeAlign(LW_HANDLE     ulId,
                             size_t        stByteSize,
                             size_t        stAlign);
PVOID    Lw_Region_GetAlign(LW_HANDLE     ulId,
                            size_t        stByteSize,
                            size_t        stAlign);
```

10.2.6 动态内存调整

```
#include <SylixOS.h>
PVOID    Lw_Region_Realloc(LW_HANDLE     ulId,
                           PVOID         pvOldMem,
                           size_t        stNewByteSize);
```

函数 Lw_Region_Realloc 原型分析：

- 此函数成功返回新分配的内存指针，失败返回 LW_NULL 并设置错误号；
- 参数*ulId* 为内存区域句柄；
- 参数*pvOldMem* 为之前分配的内存指针；
- 参数*stNewByteSize* 为需要分配的新的内存大小，以字节为单位。

当*stNewByteSize* 大于原分配内存的大小时，将会分配新的内存，同时将原内存的数据拷贝到新分配的内存中，原分配的内存被回收（这只是最通常的情况，如果有足够的空闲内存与当前分配的内存地址是连续的，则会直接扩展当前内存，这样返回就是原内存指针）。

当*stNewByteSize* 等于原分配内存的大小时，直接返回原内存指针。

当*stNewByteSize* 小于原分配内存的大小时，返回的是原内存指针，不过，如果多余的内存可进行分片处理，则会将多余的内存分为一个新的内存分片回收管理。此外，该函数还包含以下两点隐藏行为：

- 当*stNewByteSize* 为 0 时，仅仅释放*pvOldMem* 指向的内存，返回值就是*pvOldMem*；
- 当*pvOldMem* 为 LW_NULL，此时仅分配*stNewByteSize* 大小的内存。

因此，对该函数功能更确切的描述应该是：回收旧的内存，分配新的内存。同时也应该注意到，调用该函数后无论返回结果如何，程序都不应该再访问*pvOldMem* 指向的内存。

与之功能相同的两个函数如下：

```
#include <SylixOS.h>
PVOID    Lw_Region_Reget(LW_HANDLE      ulId,
                         PVOID          pvOldMem,
                         size_t         stNewByteSize);
PVOID    Lw_Region_Retake(LW_HANDLE     ulId,
                          PVOID         pvOldMem,
                          size_t        stNewByteSize);
```

10.2.7 释放内存

```
#include <SylixOS.h>
PVOID  Lw_Region_Free(LW_HANDLE     ulId,
                      PVOID         pvSegmentData);
```

函数 Lw_Region_Free 原型分析：

- 此函数成功时返回 LW_NULL，失败时返回当前需要释放的内存指针；
- 参数*ulId* 为内存区域句柄；
- 参数*pvSegmentData* 为需要释放的内存指针。

与之功能相同的两个函数如下：

```
#include <SylixOS.h>
PVOID  Lw_Region_Put(LW_HANDLE          ulId,
                     PVOID              pvSegmentData);
PVOID    Lw_Region_Give(LW_HANDLe       ulId,
                        PVOID           pvSegmentData);
```

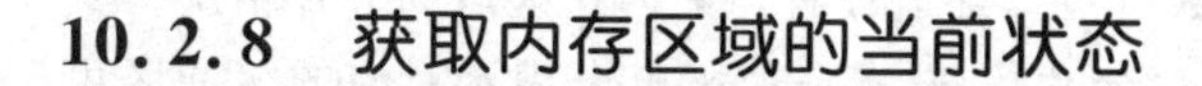

10.2.8　获取内存区域的当前状态

```
#include <SylixOS.h>
ULONG    Lw_Region_Status(LW_HANDLE     ulId,
                          size_t        *pstByteSize,
                          ULONG         *pulSegmentCounter,
                          size_t        *pstUsedByteSize,
                          size_t        *pstFreeByteSize,
                          size_t        *pstMaxUsedByteSize);
```

函数 Lw_Region_Status 原型分析：

- 此函数成功返回 ERROR_NONE，失败返回错误码；
- 参数 ***ulId*** 为内存区域句柄；
- 输出参数 ***pstByteSize*** 为该内存区域总的内存大小；
- 输出参数 ***pulSegmentCounter*** 为总的内存分片的数量；
- 输出参数 ***pstUsedByteSize*** 为当前已经使用的内存大小；
- 输出参数 ***pstFreeByteSize*** 为当前还剩余的内存大小；
- 输出参数 ***pstMaxUsedByteSize*** 表示到目前为止内存的最大使用大小。

Lw_Region_Status 函数可以获得指定变长内存的区域信息；Lw_Region_StatusEx 函数除了具有 Lw_Region_Status 函数的功能外，将额外获得分段列表。

```
#include <SylixOS.h>
ULONG    Lw_Region_StatusEx(LW_HANDLE              ulId,
                            size_t                 *pstByteSize,
                            ULONG                  *pulSegmentCounter,
                            size_t                 *pstUsedByteSize,
                            size_t                 *pstFreeByteSize,
                            size_t                 *pstMaxUsedByteSize,
                            PLW_CLASS_SEGMENT      psegmentList[],
                            INT                    iMaxCounter);
```

- 输出参数 ***psegmentList[ ]*** 为分段头地址表；
- 输出参数 ***iMaxCounter*** 表示分段头地址表最多可以保存的数量。

每一次内存分配，都可能会产生新的内存分片。一个内存区域里的内存分片包括已经被分配的内存、已经被回收的内存和分配后剩下的内存。在多次分配/释放内存后，可能会产生许多细小的内存分片，它由于太小以至于不能满足应用程序的使用需求，导致内存分配失败，这就是所谓的内存碎片。内存碎片会"消耗"原本可用的内存，SylixOS 内核中使用了"首次适应，立即聚合"的内存管理算法，能够有效地减少内存碎片的产生。

使用 Lw_Region_StatusEx 函数可更详细地查看当前内存区域的分片情况。其输出参数*psegmentList* 用于保存内存分片信息，*iMaxCounter* 表示对应的缓冲区可容纳分片信息的个数，PLW_CLASS_SEGMENT 的描述如下：

```
typedef struct {
    LW_LIST_LINE     SEGMENT_lineManage;          /*  左右邻居指针       */
    LW_LIST_RING     SEGMENT_ringFreeList;        /*  下一个空闲分段链表 */
    size_t           SEGMENT_stByteSize;          /*  分段大小           */
    size_t           SEGMENT_stMagic;             /*  分段标识           */
} LW_CLASS_SEGMENT;
typedef LW_CLASS_SEGMENT    *PLW_CLASS_SEGMENT;
```

该结构的定义与内存管理算法联系紧密，本书的重点不是讨论具体的实现细节，应用程序通常也无需关心此信息，因此在这里不再讲解该结构成员的具体意义。

10.2.9 获取内存区域的名称

```
#include <SylixOS.h>
ULONG  Lw_Region_GetName(LW_HANDLE     ulId,
                         PCHAR         pcName);
```

函数 Lw_Region_GetName 原型分析：

- 此函数成功返回 ERROR_NONE，失败返回错误码；
- 参数*ulId* 为内存区域句柄；
- 输出参数*pcName* 保存内存区域的名称。

为了保证操作缓冲区安全，*pcName* 缓冲区的长度不应该小于 LW_CFG_OBJECT_NAME_SIZE。

下面通过一个具体的例子说明内存区域的使用方法以及应用中值得注意的地方。

内存区域测试程序：chapter10/region_example 。在 SylixOS Shell 下运行程序，结果如下：

```
#./region_example
alloc block successfully, count = 0.
alloc block successfully, count = 1.
alloc block successfully, count = 2.
alloc block failed,       count = 3.
delete region error.
delete region successfully.
```

在该测试程序中，我们创建了一个内存大小为 1 024 字节的内存区域，之后每一次分配 256 字节的内存，结果显示只成功分配了 3 块内存，也就是说我们创建内存区

域时提供的内存并不能完全供应用程序使用，内存区域本身会使用部分空间存储内存分片信息，这一点与内存分区明显不同。此外，通过内存区域分配的内存地址总是对齐的（在32位系统上为8字节对齐，与Linux相同），这是SylixOS内部的默认处理。

10.3 POSIX标准内存管理

POSIX标准内存管理相关的函数，在功能和内部行为上与变长内存管理完全相同。POSIX规定，通过malloc、calloc和realloc分配的内存地址必须对齐。规定地址对齐的目的是为了在任何硬件平台上高效地访问任意类型的数据结构，同时还可以避免在某些硬件平台上，因为在不对齐的地址上进行多字节访问造成的硬件异常错误。这一点也与SylixOS内部的默认处理一致。换句话说，SylixOS内存管理本身就符合POSIX标准。每创建一个新的进程，系统内部会自动分配内存为其创建内存堆，而不是像内存区域那样需要用户指定内存空间。

10.3.1 分配内存

```
#include <malloc.h>
void *malloc(size_t  stNBytes );
void *calloc(size_t  stNNum ,size_t  stSize );
void *realloc(void * pvPtr ,size_t  stNewSize );
```

函数malloc原型分析：

- 此函数成功返回分配的内存指针，失败返回LW_NULL并设置错误号；
- 参数*stNBytes*表示分配内存的字节数。

函数calloc原型分析：

- 此函数成功返回分配的内存指针，失败返回LW_NULL并设置错误号；
- 参数*stNNum*表示数据块的数量；
- 参数*stSize*表示一个数据块的大小，以字节为单位。

注：calloc的参数似乎表明它分配的是*stNNum*个大小为*stSize*的内存，但实际上它分配的是一个大小为*stNNum* ×*stSize*的连续地址空间的内存，这点与malloc并没有差异。不同于malloc的是，calloc会将分配的内存进行清零处理。

函数realloc原型分析：

- 此函数成功返回分配的内存指针，失败返回LW_NULL并设置错误号；
- 参数*stNewSize*表示新分配内存的字节数。

注：realloc的行为与10.2节中的Lw_Region_Realloc完全一致，这里不再赘述。

调用malloc函数可以为应用程序分配内存，在SylixOS中支持3中内存分配方法:dlmalloc 方法、orig 方法(这个方法由 SylixOS 内核实现,因此通常用在内核的内存分配中)、tlsf 方法。

dlmalloc 是一种内存分配器,由 Doug Lea 在 1987 年开发完成,被广泛应用在多种操作系统中。

dlmalloc 采用两种方式申请内存,如果应用程序单次申请的内存量小于 256 KB,dlmalloc 调用 brk 函数扩展进程堆空间;但是 dlmalloc 向内核申请的内存量大于应用程序申请的内存量,申请到内存后 dlmalloc 将内存分成两块,一块返回给应用程序,另一块作为空闲内存先保留起来,下次应用程序申请内存时 dlmalloc 就不需要再次向内核申请内存,从而加快了内存分配效率。

当应用程序调用 free 函数释放内存时,如果内存块小于 256 KB,dlmalloc 并不马上将内存块释放,而是将内存块标记为空闲状态。这么做的原因有两个:一是内存块不一定能马上释放回内核(比如内存块不是位于堆顶端),二是供应用程序下次申请内存使用(这是主要原因)。当 dlmalloc 函数中空闲内存量达到一定值时才将空闲内存释放回内核。如果应用程序申请的内存大于 256 KB,dlmalloc 函数调用 mmap 函数向内核申请一块内存,返回给应用程序使用。如果应用程序释放的内存大于 256 KB,dlmalloc 函数马上调用 munmap 函数释放内存。dlmalloc 不会缓存大于 256 KB 的内存块。

tlsf 主要用于支持嵌入式实时系统的动态内存管理,它结合了分类搜索算法和位图搜索算法的优点,速度快、内存浪费少,tlsf 的 malloc、free 的时间复杂度并不随空闲内存块的数量而变化,总是 O(1)。

注:tlsf 虽然拥有 O(1)时间复杂度的内存管理算法,适用于实时操作系统,但是在 32 位系统上仅能保持 4 字节对齐特性,在 64 位系统上仅能保持 8 字节对齐特性,不满足 POSIX 对 malloc 具有 2×sizeof(size_t)对齐的要求,所以有些软件可能会出现严重错误,例如 Qt/JavaScript 引擎,所以使用时需慎重!只有确认应用没有 2×sizeof(size_t)对齐要求时,方可使用。

SylixOS 中可以通过配置宏 LW_CFG_VP_HEAP_ALGORITHM 来选择使用哪种内存分配方法,该宏可在头文件<SylixOS/config/kernel/memory_cfg.h>发现。

10.3.2 分配指定对齐值的内存

```
#include <malloc.h>
void *memalign(size_t  stAlign, size_t  stNbytes);
int  posix_memalign(void **memptr, size_t alignment, size_t size);
```

函数 memalign 原型分析:

- 此函数成功时返回分配的内存指针,失败时返回 LW_NULL 并设置错误号;

- 参数*stAlign* 为对齐值，必须为2的幂次方；
- 参数*stNbytes* 为需要分配的内存大小。

函数 posix_memalign 原型分析：

- 此函数成功时返回 ERROR_NONE，失败时返回错误码；
- 输出参数*memptr* 保存分配的对齐内存的指针；
- 参数*alignment* 为对齐值，必须为2的幂次方，同时该值必须不小于CPU字长；
- 参数*size* 为需要分配的内存大小，以字节为单位。

posix_memalign 为 POSIX1003.1d 中定义的函数，该函数不同于 memalign，它需要对齐值不小于CPU字长，这和 SylixOS 中的 Lw_Region_AllocateAlign 函数的要求是一样的。注意，当该函数分配内存失败时，*memptr* 的值是未定义的，因此应用程序不应该以*memptr* 的值是否为 NULL 来判断内存是否分配成功。

10.3.3 释放内存

```
#include <malloc.h>
void free(void * pvPtr );
```

函数 free 原型分析：

- 参数*pvPtr* 为需要释放的内存指针。

如果输入参数*pvPtr* 等于 NULL，则 free 函数不会做任何工作。free 函数可以释放以上所有内存分配函数所分配的内存。

10.3.4 带有安全检测的内存分配函数

```
#include <malloc.h>
void * xmalloc(size_t   stNBytes );
void * xcalloc(size_t   stNNum ,     size_t   stSize );
void * xrealloc(void     * pvPtr ,    size_t   stNewSize );
void * xmemalign(size_t  stAlign ,    size_t   stNbytes );
```

上面的函数与对应名称（没有x前缀）的内存分配函数的功能相同，只是在行为上存在不同。当分配内存失败时，这些函数内部会将错误信息输出到标准错误输出设备，即 stderr，同时还会调用 exit 函数结束当前进程，因此判断这些函数的返回值将没有任何意义。使用这些函数可以在某些时候给应用程序带来方便，例如：应用程序申请内存失败，但是没有检查内存申请结果的有效性，依然使用错误的内存指针进行访问，可能引起应用程序崩溃，此种错误常常难以检测。使用这类函数可以为用户提供有用的信息。

注意，这一组函数在某些系统中可能存在一个 xfree 函数来释放对应的内存，

SylixOS 使用 free 函数释放。

10.4 虚拟内存管理

SylixOS 作为一个多进程操作系统，像其他多进程操作系统一样，有内核空间和用户空间之分。内核线程、驱动程序和内核模块均存在于内核空间，应用程序（即进程）和动态链接库均存在于用户空间。

10.4.1 内存划分

图 10.1 描述了 SylixOS 在物理内存上的布局以及与虚拟内存的关系。

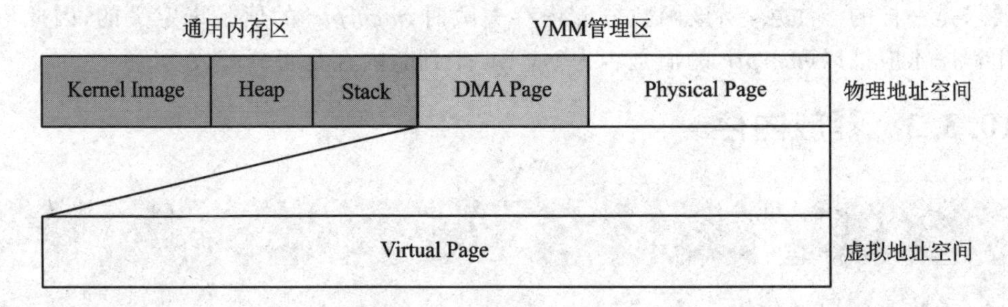

图 10.1 系统内存划分

通用内存区就是操作系统本身使用的内存空间，即内核空间，主要包括操作系统镜像、系统使用的内存堆和栈空间，它们的物理地址和虚拟地址是完全相同的，因此可以看到，它们没有对应的虚拟页面。

VMM(Virtual Memory Management)，即虚拟内存管理单元，以页面的方式管理除通用内存区外的所有物理内存，VMM 还负责以页面的方式管理一片虚拟内存空间，并在需要的时候，将虚拟内存页面映射到物理内存页面。虚拟页面和物理页面的大小是相同的，值为 PAGESIZE(通常为 4 KB)。图 10.1 中，有一个特别的 DMA 页面区，专门用于 DMA 数据传输(因为 DMA 硬件只能访问物理地址)。SylixOS 专门提供了分配 DMA 内存的 API，仅供内核模块和驱动程序使用，应用程序不应该使用这些 API，因此这里不作介绍。

剩下的就是供应用程序和动态链接库使用的物理页面，它们均有对应的虚拟页面。通常我们所说的虚拟内存就是这一片地址连续的虚拟页面空间。操作系统会保证虚拟页面地址不会与通用内存和 DMA 内存地址有任何重叠。设想一下，若有任何重叠，则进程本身的数据(全局变量、栈空间、代码等)都可能会映射到系统内存或 DMA 内存，这将造成不可预知的错误。我们把这片不能重叠的空间叫作操作系统保留空间。

图 10.1 中的虚拟页面与物理页面的映射关系，仅仅表示两者之间有页面的对应

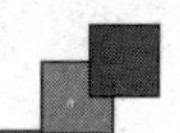

关系(后面将会讲到应用程序使用特殊的方法在虚拟空间直接访问 DMA 内存),但 DMA 页面物理地址空间不能与虚拟地址空间重合,因此图中将 DMA 页面与物理页面作了明显的区分。

10.4.2 进程页面管理

前面提到,一个进程访问的都是虚拟地址,这包括两方面:其一是创建进程时,装载器会为进程自身分配虚拟页面,包括进程的数据段、代码段、堆内存等;其二是进程运行时,访问栈内存或使用前面所讲的内存分配函数分配的内存。SylixOS 当前为每个新创建的进程预分配 32 MB 地址连续的虚拟内存页面,并会为进程自身的某些必要数据(如代码段、数据段等)分配物理内存,除此之外,只有进程在运行时,根据内存访问的需要才分配物理内存。

虚拟内存空间可以大于物理内存空间的范围,系统可同时支持的进程数不仅受限于物理内存的大小,同时也受限于虚拟内存空间的大小。前面介绍过,由于保留空间的原因,虚拟空间总是小于硬件所能访问的最大空间(如在 32 位 CPU 中,虚拟空间小于 4 GB),这是所有多进程操作系统的共同特点。

VMM 可保证每次分配的虚拟页面是地址连续的,但对应的物理页面地址不一定连续。当进程释放内存时,仅仅释放对应的物理页面内存,虚拟页面不会被回收。当进程退出时,虚拟页面和物理页面均全部被回收。

10.4.3 虚拟内存映射

应用程序可以使用 mmap 函数将一个设备文件与应用程序虚拟空间建立映射关系,这使对文件的 I/O 访问转变为内存访问。mmap 函数原型声明位于<sys/mman.h>,该文件包含一组应用程序显式处理虚拟内存映射相关操作的函数。

```
#include <sys/mman.h>
void *mmap(void  *pvAddr, size_t  stLen, int  iProt,
           int  iFlag, int  iFd, off_t  off);
void *mmap64(void  *pvAddr, size_t  stLen, int  iProt,
             int  iFlag, int  iFd, off64_t  off);
```

以上两个函数原型分析:

- 此函数成功时返回分配的虚拟内存地址,失败时返回 MAP_FAILED 并设置错误号。
- 参数*pvAddr* 表示需要映射的进程虚拟地址,如果不为 NULL,则返回值与其相同,此时*pvAddr* 必须是页面对齐的地址。大多数情况下,我们应该使用 NULL,这表示让系统自动分配新的虚拟内存。
- 参数*stLen* 指定了需要映射对应文件部分内容的大小,以字节为单位。由于 VMM 以页为单位管理内存,当*stLen* 不是页面大小的整数倍时,实际分配的虚拟页面字节数将大于*stLen*。

- 参数*iProt* 为映射内存保护选项，其值可以为表 10.2 中选项之一或它们的组合(多个选项以“或”的形式组成)。

表 10.2　内存保护选项

保护选项名称	解　释
PROT_READ	内存页可以进行读访问
PROT_WRITE	内存页可以进行写访问
PROT_EXEC	内存页可以执行代码
PROT_NONE	内存页不能进行任何访问

注：当使用 PROT_NONE 选项时，任何访问(读、写、执行)映射内存的操作将导致一个页面无效的内存访问错误。另外，保护选项的设置不能超越文件本身的打开权限，也就是说，不能以 PROT_WRITE 方式与一个以只读方式打开的文件建立映射。

- 参数*iFlag* 为内存映射标识，其值可以为表 10.3 中选项之一或它们的组合(多个选项以“或”的形式组成)。

表 10.3　内存映射标识

标识名称	解　释
MAP_SHARED	共享映射
MAP_PRIVATE	私有映射
MAP_FIXED	固定虚拟地址映射
MAP_ANONYMOUS	匿名映射

注：使用 MAP_SHARED 时，映射的文件被多个进程共享，这意味着，一个进程对其映射空间的修改对其他所有共享映射的进程是可见的。如果多个进程使用 MAP_PRIVATE 映射同一个文件，则每个进程对其映射空间的修改操作对其他进程不可见。一旦有进程对映射区域执行写入操作，系统会为该进程复制一份私有的映射空间，这就和我们熟知的写时拷贝技术一样，SylixOS 同样支持该技术。同时，写入的数据不会被同步到文件本身。使用 MAP_FIXED 时，将使用用户传入的 ***pvAddr*** 参数作为虚拟地址进行映射，系统假设该地址是一个有效的虚拟地址，不会做任何安全性检测以及对应的处理。因此这是一种比较危险的方式，POSIX 也不鼓励程序使用此选项。在 SylixOS 中，使用 MAP_FIXED 选项将总是导致映射失败。使用 MAP_ANONYMOUS 时，将忽略文件描述符*iFd* 和文件偏移值*off*，但是为了程序的可移植性，在使用此选项时，*iFd* 应该设置为−1。

- 参数*iFd* 为需要映射的文件描述符。
- 参数*off* 指定从文件的某一个起始位置进行映射。该参数必须为页面大小

的整数倍。

参数*stLen* 和*off* 确定了映射文件的范围，当该范围超过文件本身的大小时，仍然能够成功创建映射，不过超出范围的数据将不会被同步到文件中，即所写的内容不会超过文件的大小。如果文件本身的大小为0，则会导致映射失败。

需要注意的是，并不是所有的设备文件都能使用mmap函数映射内存，通常需要设备驱动程序的支持。在SylixOS中，磁盘文件、FrameBuffer设备文件支持mmap函数操作，而像串口设备文件等不能使用mmap函数。mmap函数还会将映射的文件引用计数加一，这意味着，即使调用close函数关闭该文件，其文件描述符依然有效，因为该文件实际上并未被真正关闭，因为close函数只是减少了一次文件描述符引用计数。因此在调用mmap后，何时关闭映射的文件并没有严格的要求。

mmap64可支持64位文件偏移量，实际上在SylixOS中，数据类型off_t和off64_t均定义为64位有符号类型，因此这两个函数的功能是完全相同的。SylixOS提供mmap64函数是为了提高对程序的兼容性。

某些时候，应用程序可能需要扩大或缩小当前的虚拟内存映射，可调用mremap函数进行处理。

```
#include <sys/mman.h>
void * mremap(void * pvAddr , size_t stOldSize , size_t stNewSize , int iFlag , ...);
```

函数mremap原型分析：

- 此函数成功时返回新虚拟内存的首地址，失败时返回MAP_FAILED并设置错误号；
- 参数*pvAddr* 为当前内存映射的虚拟地址，必须是页面对齐的地址；
- 参数*stOldSize* 为当前内存映射的大小，以字节为单位；
- 参数*stNewSize* 为新的映射的大小，以字节为单位；
- 参数*iFlag* 为重映射选项，如表10.4所列。

表10.4　重映射选项

选项名称	解　释
MREAP_MAYMOVE	允许移动映射的虚拟空间
MREAP_FIXED	使用指定的新的虚拟地址映射

mremap函数的行为与前面介绍的Lw_Region_Realloc函数和realloc函数非常相似，当*stNewSize* 大于*stOldSize* 时，如果存在足够的与原有虚拟地址连续的页面，则直接扩展原有虚拟内存，返回原映射页面地址。如果没有满足该条件的虚拟页面，同时*iFlag* 设置了MREMAP_MAYMOVE标志，则会分配新的虚拟页面，同时回收原有的虚拟页面，返回新的页面地址，这从结果来看，相当于在扩展虚拟内存的同时，将虚拟内存移动了。当*stNewSize* 小于*stOldSize* 时，会将多余的虚拟页面以及对应

的物理页面回收。

如果使用了 MREMAP_FIXED 选项，函数将接受第 5 个可变参数，其参数为 void * *pvNewAddr*，该参数由用户指定需要重新映射的虚拟地址，而不是内部自动分配，这意味着将解除*pvNewAddr* 之前使用 mmap 函数进行的映射。使用该选项存在很大风险，且不具有可移植性(不同系统对此选项的支持不相同)，因此不建议在程序中使用。在 SylixOS 中使用该选项将直接返回错误。

mremap 函数虽然不是 POSIX 标准规定的函数，但从 Linux 2.3.1 开始便已经支持，为了有更好的兼容性，SylixOS 仍然提供该函数。

```
#include <sys/mman.h>
int munmap(void  * pvAddr , size_t  stLen );
```

函数 munmap 原型分析：

- 该函数成功返回 0，失败返回错误码；
- 参数*pvAddr* 为使用 mmap 映射的虚拟地址；
- 参数*stLen* 为需要解除映射的内存大小，以字节为单位，内部会以页的整数倍处理。

munmap 函数执行与 mmap 函数相反的工作：将文件引用计数减 1(如果该文件的引用计数为 0，则关闭文件)，解除虚拟空间映射，回收虚拟页面和对应的物理页面(如果存在)等。注意，munmap 不能保证对映射空间修改的数据能够同步到文件本身。因此，为确保修改的数据能够完全回写到文件，应该手动调用 msync 函数。

```
#include <sys/mman.h>
int msync(void  * pvAddr , size_t  stLen , int  iFlag );
```

函数 msync 原型分析：

- 参数*pvAddr* 为映射的虚拟空间地址；
- 参数*stLen* 为需要同步的数据大小，以字节为单位；
- 参数*iFlag* 为同步选项，如表 10.5 所列。

表 10.5 同步选项

选项名称	解　释
MS_ASYNC	以异步方式回写文件
MS_SYNC	以同步方式回写文件
MS_INVALIDATE	无效映射的虚拟空间

使用异步方式时，调用 msync 函数将立即返回，内核在适当的时候异步地将数据回写到文件。使用同步方式时，将等待数据回写完成才返回。参数 MS_INVALIDATE 将虚拟内存无效，随后对该虚拟内存的读取操作，将会从文件读取数据。实际使用时，MS_INVALIDATE 可与 MS_ASYNC 或 MS_SYNC 组合使用，但 MS_

ASYNC 与 MS_SYNC 不能同时使用。

使用虚拟内存映射，主要有以下用途：

- 以内存方式代替 I/O 方式访问设备文件，提高效率；
- 多个进程的虚拟空间映射到同一个设备文件，实现内存共享；
- 使用匿名映射，相当于分配虚拟内存，或用于父子进程间通信。

接下来，将从实际应用出发，通过几个例子说明 mmap 系列函数的使用方法。

10.4.3.1 以内存方式访问 I/O 设备

使用 mmap 访问设备程序：chapter10/mmap_example。

上面的程序中，首先检查需要映射的磁盘文件是否存在，如果不存在，则创建新的文件。前面说到，如果一个文件的数据长度为 0，则不能使用 mmap 建立映射，因此将该文件写入长度为 32 字节的数据。为了直观对比，数据为可显示的字母 X。因为我们是以读写方式调用 mmap 映射该文件的，因此是以读写方式打开该文件。为了让数据能够回写到文件本身，我们必须使用 MAP_SHARED 映射选项。程序分别以内存写入和 I/O 函数读取的方式操作文件数据，从结果来看，正如我们期待的那样，操作映射的内存相当于操作文件本身，使用内存方式能更灵活地访问文件的某一部分，而无需使用 lseek 这样的文件定位函数。

有时候，应用程序需要直接访问设备文件自身的内存数据。最常见的就是帧缓冲设备(FrameBuffer)，该类设备本身有一块供显示控制器通过 DMA 总线访问的物理内存，即通常所说的显存，它来自于图 10.1 所示的 DMA 页面区域。假如使用 I/O 函数操作显存，则势必存在用户缓冲区与显存之间的数据拷贝工作，极大地影响图形界面的刷新响应速度。使用 mmap 函数能够将显存直接映射到用户空间，从而让应用程序直接操作显存本身。要使用一个帧缓冲设备，通常包括以下过程：打开设备(其设备名称通常为/dev/fb0、/dev/fb1 等)、获得显存相关信息(如显存大小、像素的颜色编码等)、调用 mmap 映射虚拟空间、读写映射的虚拟空间从而操作显存。可见使用 mmap 操作显存的过程与上面操作一般文件的过程相同。

10.4.3.2 使用 mmap 实现内存共享

相比消息队列、管道等进程间通信方式，内存共享在某些场合有更高的通信效率。虽然使用任何设备文件都能达到共享内存的目的，但 POSIX 定义操作系统中应该存在专门的设备，配合 mmap 函数簇实现共享内存。该设备与一般磁盘设备的外在表现没有任何差异(都可以执行创建/删除文件等操作)，但是它不存在实际的物理存储介质，可以认为它是一个虚拟的设备，因此对该设备上的文件调用 msync 没有任何意义。其相关 API 函数如下：

```
int shm_open(const char * name , int oflag , mode_t mode );
int shm_unlink(const char * name );
```

函数 shm_open 与一般的 open 功能是一样的，只是它在共享内存设备上打开或创建一个文件。其原型分析如下：

- 此函数成功返回文件描述符，失败返回 −1 并设置错误号；
- 参数*name* 为用于内存共享映射的文件名称；
- 参数*oflag* 为操作标识，如 O_CREAT、O_RDWR 等；
- 参数*mode* 为创建文件的模式。

函数 shm_unlink 用于删除内存设备上的一个文件，原型分析如下：

- 此函数成功返回 0，失败返回 −1 并设置错误号；
- 参数*name* 为需要删除的文件名称。

注意，不存在与 shm_open 对应的 shm_close 函数，因为共享内存设备也是一个标准 I/O 设备，因此使用 close 函数即可关闭对应的文件。在不同的系统上，其共享内存设备可能有不同实现，有不同的名称，shm_open 隐藏了这种差异，以达到可移植性的目的。

下面通过两个进程模拟客户端与服务端进行一次登录会话的过程，展示 mmap 实现内存共享的方法。

共享内存示例服务端程序：**chapter10/shm_server_example** 。

服务端程序等待来自客户端的请求，当接收到请求后，返回给客户端相关的应答信息。这里我们用映射的共享内存用于双方通信，因此把它称作消息缓冲区。同时，为了同步访问消息缓冲区，创建了两个 POSIX 命名信号量，分别用于请求消息和应答消息的通知事件。从上面还可以看出，所有的资源均由服务端负责创建和销毁，这也是应用程序中最常见的处理方式。需要注意的是，在创建文件后，我们使用 ftruncate 函数调整了文件大小。如前面所讲的一样，如果文件长度为 0，使用 mmap 函数将会失败。

在之前的例子中，我们通过调用标准 I/O 函数 write 的方式改变了磁盘文件的大小，但是对于共享内存设备上的文件，不能保证在所有的系统中都能够使用 write 函数（SylixOS 中使用 write 函数操作内存设备上的文件将直接返回错误）。为了实现更好的可移植性，应用程序应该使用 ftruncate 函数调整文件大小。

共享内存示例客户端程序：**chapter10/shm_client_example** 。

客户端程序相对简单，它假设相关的资源已经存在，因此只需要打开即可，并且在程序退出前仅仅关闭相关资源。客户端中映射的 msg_buff 与服务端的 msg_buff 指针实际上都指向了同一块物理内存（这里指的是逻辑上的，物理上可能是几块地址不连续的物理内存），因此，这里发送消息的过程只需要改写消息缓冲的数据，再发送同步信号即可。如果使用消息队列，势必存在数据拷贝的过程，如果消息数据量很大，将消耗很大的内存，大量的数据拷贝也会极大地降低运行效率。

最后，我们观察一下运行结果。首先使用后台执行的方式运行服务端程序，此时不会有任何输出。随后运行客户端程序，此时终端输出如下信息，可见服务端和客户

端通过共享内存正确实现了信息交互。

```
#./Server_Shared_Memory
get new request msg: request login.
#./Client_Shared_Memory
get acknowledge: welcome.
```

10.4.3.3 匿名映射

匿名映射即映射的虚拟内存没有任何与之关联的设备文件,在支持 fork 系统调用的系统中(如 UNIX、Linux 等),由于子进程可继承父进程的虚拟内存映射,因此也可实现两者之间的内存共享。当前 SylixOS 虽然也有父子进程的概念,但不支持 fork 系统调用,其父子进程仅仅是逻辑上的联系,因此不能用此实现父子进程间内存共享。

匿名映射的另一个用途是为应用程序分配虚拟内存,功能与 malloc 相似,但两者之间存在一定差异,如图 10.2 所示。

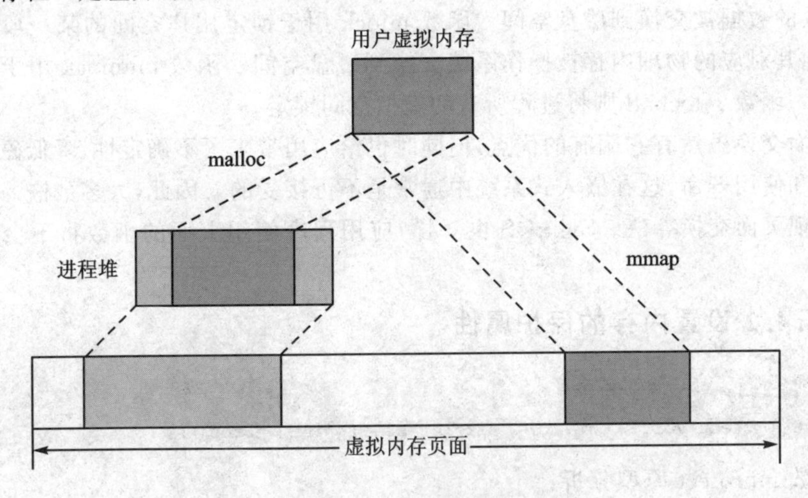

图 10.2　使用 mmap 分配内存页面

应用程序使用 malloc 函数分配的内存来自于进程自身的内存堆,该内存堆由创建进程时操作系统从虚拟内存页面中分配而来。使用 mmap 函数分配的内存则直接来自于虚拟内存页面区。此外,malloc 函数是以字节方式分配内存,mmap 函数则使用的是页面方式分配内存,通常情况下,后者有更高的内存分配效率。匿名映射的使用方法,如下所示:

```
mmap(NULL, BUF_SIZE, PROT_READ | PROT_WRITE, MAP_SHARED | MAP_ANONYMOUS,
     -1, 0);
```

此时,传入的文件描述符参数为－1,并且增加了 MAP_ANONYMOUS 选项,除此之外与通常的用法没有任何不同。函数成功则返回映射的虚拟空间,该虚拟空

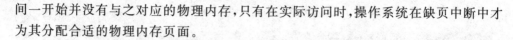

间一开始并没有与之对应的物理内存，只有在实际访问时，操作系统在缺页中断中才为其分配合适的物理内存页面。

10.4.4 虚拟内存的其他操作

10.4.4.1 给内存上锁

```
#include <sys/mman.h>
int mlock(const void    * pvAddr , size_t   stLen );
int munlock(const void    * pvAddr , size_t   stLen );
int mlockall(int   iFlag );
int munlockall( void );
```

当物理内存大小不能满足当前应用程序的需要时，某些操作系统允许将一些应用程序所拥有的空闲(这里的空闲指的是相对长的时间内未被使用，不同的页面交换算法，对此时间的定义和处理也不尽相同)的物理内存页面释放出来，供其他程序使用，释放的数据被交换到磁盘空间。函数 mlock 用于锁定用户空间的某一段虚拟内存，避免其对应的物理内存被操作系统交换到磁盘空间。函数 munlock 用于解除内存锁定。函数 mlockall 则将进程所有的虚拟空间锁定。

页面交换虽然有它固有的优点，但同时也给应用带来了不确定性，降低磁盘的使用效率和使用寿命，这在嵌入式系统中通常是不可接受的。因此，大多数嵌入式系统都未实现页面交换算法。SylixOS 也一样，应用程序使用上面的函数将不会有任何意义。

10.4.4.2 设置内存的保护属性

```
#include <sys/mman.h>
int mprotect(void    * pvAddr , size_t   stLen , int   iProt );
```

函数 mprotect 原型分析：

- 该函数成功返回 0，失败返回错误码；
- 参数*pvAddr* 为虚拟页面地址；
- 参数*stLen* 为虚拟页面的大小，以字节为单位；
- 参数*iProt* 即页面保护选项，参照表 10.2。

该函数允许应用程序指定需要访问内存的属性。mprotect 可实现某些特殊功能，应用程序通常不需要此操作。

10.4.4.3 内存建议

内存建议指的是应用程序告知操作系统，自己将以某种特定模式使用指定范围的一段内存空间，建议操作系统根据这些信息，优化与此内存相关的资源管理，提高系统性能。

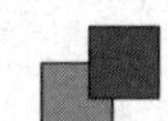

```
#include <sys/mman.h>
int posix_madvise(void * addr , size_t len , int advice );
```

函数 posix_madvise 原型分析：

- 该函数成功返回 0,失败返回错误码；
- 参数*addr* 为虚拟内存地址；
- 参数*len* 为内存的大小,以字节为单位；
- 参数*advice* 为内存建议选项,如表 10.6 所列。

表 10.6 内存建议选项

选项名称	解 释
POSIX_MADV_NORMAL	没有任何建议,操作系统以默认方式管理内存相关资源
POSIX_MADV_RANDOM	应用程序将对指定内存进行随机访问
POSIX_MADV_SEQUENTIAL	应用程序将对指定内存进行从低地址到高地址的顺序访问
POSIX_MADV_WILLNEED	应用程序在不久的将来会访问指定的内存
POSIX_MADV_DONTNEED	应用程序随后将不再访问指定的内存

从上面的选项可知,它们与内存管理算法有很大联系,比如页面回收、页面交换等。但使用该函数需要应用程序明确内存的使用情况,才能达到预期的目的。当前,在 SylixOS 使用该函数将直接返回 0。

第 11 章
标准 I/O 设备

11.1 /dev/null

空闲设备，是一个特殊的设备文件，通常称它为“黑洞”，它等价于一个只写文件，所有写入它的内容将会永远丢失，但成功返回写入的字节数。SylixOS 中，此设备不支持被读，然而，它对命令行和脚本非常的有用，下面是在命令行下使用该设备的实例：

```
#cat file
This is test sylixos string functions example.
#cat file >/dev/null
```

第一个*cat* 命令将 file 文件中的内容输出到标准输出中，第二个*cat* 命令将输出内容重定向到/dev/null 设备中，这样文件内容被永远地丢失，因此也就没有在终端中显示任何内容。我们也可以通过下面的方法将标准错误重定向到/dev/null 设备中。

```
#ll abc 2>/dev/null
```

11.2 /dev/zero

零设备，同样是一个特殊的设备文件，可以把它看作一个容量无限大的存储设备，并且其里面的数据始终为 0，读取该设备可获得无限的内容为 0 的数据（NULL、ASCII NUL、0x00），对该设备的写入操作对其内容不会有任何影响。

可利用该设备创建一个指定长度用于初始化的空文件，例如：临时交换文件。在

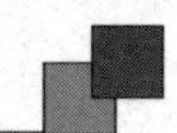

第10章曾介绍过，可使用mmap的匿名映射分配虚拟内存，同样我们也可以使用mmap与零设备建立虚拟映射，可分配初始内容为0的内存。

11.3　终　端

终端设备，又被称作tty设备。tty一词源于teletypes，或者teletypewriters，原来指的是电传打字机，是通过串行线用打印机键盘进行阅读和发送信息的媒介，后来被键盘与显示器取代，所以现在叫终端比较合适。终端是一种字符型设备，终端通常用于人机交互，比如我们启动系统后通过串口启动的一个Shell界面，就是一个串口终端。

在SylixOS中，普通串口终端设备名称为/dev/ttyS0、/dev/ttyS1等，而USB串口设备名称为/dev/ttyUSB0、/dev/ttyUSB1等。通常情况下，/dev/ttyS0被用于默认的系统Shell服务，其他的串口设备可用于一般通信。

串口测试程序：**chapter11/serial_example**，展示了串口设备的一般使用方法。

该程序为一个简单的串口回显测试程序，由于/dev/ttyS0已经被Shell使用，因此这里使用/dev/ttyS1进行测试。

在读写串口之前，需要设置通信参数，比如波特率、数据位、停止位、是否使能校验等，这些参数必须与通信的另一端完全相同。串口通信参数设置的相关命令位于<SylixOS/system/util/sioLib.h>文件。由于串口设备默认的缓冲区大小有限，不一定能满足单次传输的需求，如果发送方发送数据过快，来不及读取的数据将会被覆盖，因此程序中使用FIORBUFSET(ioctl命令)命令设置了接收缓冲区大小，这也是使用串口通信必须考虑的一个问题。FIORBUFSET位于<SylixOS/system/include/s_option.h>文件，里面定义了几乎所有的设备控制选项。关于设备缓冲区的操作还有如FIOWBUFSET、FIORFLUSH、FIOWFLUSH等，用于设置发送缓冲区大小和清空读写缓冲区等操作。

在Linux中，应用程序通常使用termios组件操作tty设备。SylixOS兼容termios大部分操作，以提高程序兼容性。要使用termios操作串口，需要在源文件中包含以下头文件：

```
#include <termios.h>
```

11.4　虚拟终端

虚拟终端，我们称作pty(pseudo-tty)，即伪终端，它是系统虚拟出的终端设备，通常用于系统远程登录服务。一个虚拟终端包含两个 I/O 设备，分别称作 host 设备端和 device 设备端。host 设备端是以本地系统的视角来看的，它是一个与串口设备一样的 tty 设备，其行为与所有的 tty 设备完全一样。device 设备是以远程端的视角来看的，可以认为它是一个连接 host 设备端和远程端通信接口的中间设备，系统在内部实现上将其模拟为一个与串口硬件行为相同的设备。SylixOS 中的 Telnet 正是使用了虚拟终端设备，如果我们使用 Telnet 远程登录系统之后使用 ***devs*** 命令，将会看到如下的信息(仅列出了 pty 设备)：

```
# devs
device show (minor device) >>
drv open name
14     1 /dev/pty/9.dev
15     1 /dev/pty/9.hst
```

此时，有两个已经被打开的 pty 设备。设备名称前的数字 9 为一个 pty 设备的唯一标识，成对的 device 和 host 拥有相同的标识。

11.5 图形设备

图形设备，也称作帧缓冲(frame buffer)设备，通过该设备可以直接操作显存本身。SylixOS 中图形设备名称为/dev/fb0，如果硬件支持多个图层，相应的会有/dev/fb1、/dev/fb2 等设备存在。在使用图形设备之前，需要首先获取其与显示模式相关的信息，比如分辨率，每个像素占用的字节大小及其 RGB 的编码结构、显存的大小等信息，这样我们才能将需要显示的图像数据正确地写入显存。在 SylixOS 中，用以描述图形设备信息的结构定义位于＜SylixOS/system/device/graph/gmemDev.h＞文件中，其定义见程序清单 11.1。

程序清单 11.1　图形设备信息描述结构

```
typedef struct {
    ULONG              GMVI_ulXRes;               /*  可视区域      */
    ULONG              GMVI_ulYRes;
    ULONG              GMVI_ulXResVirtual;        /*  虚拟区域      */
    ULONG              GMVI_ulYResVirtual;
    ULONG              GMVI_ulXOffset;            /*  显示区域偏移 */
    ULONG              GMVI_ulYOffset;
    ULONG              GMVI_ulBitsPerPixel;       /*  每个像素的数据位数    */
    ULONG              GMVI_ulBytesPerPixel;      /*  每个像素的存储字节数    */
                                                  /*  有些图形处理器 DMA 为了对齐    */
                                                  /*  使用了填补无效字节          */
```

```
    ULONG              GMVI_ulGrayscale;           /*  灰度等级        */
    ULONG              GMVI_ulRedMask;             /*  红色掩码        */
    ULONG              GMVI_ulGreenMask;           /*  绿色掩码        */
    ULONG              GMVI_ulBlueMask;            /*  蓝色掩码        */
    ULONG              GMVI_ulTransMask;           /*  透明度掩码      */
    LW_GM_BITFIELD     GMVI_gmbfRed;               /* true color bitfield*/
    LW_GM_BITFIELD     GMVI_gmbfGreen;
    LW_GM_BITFIELD     GMVI_gmbfBlue;
    LW_GM_BITFIELD     GMVI_gmbfTrans;
    BOOL               GMVI_bHardwareAccelerate;   /*  是否使用硬件加速  */
    ULONG              GMVI_ulMode;                /*  显示模式        */
    ULONG              GMVI_ulStatus;              /*  显示器状态      */
} LW_GM_VARINFO;
typedef LW_GM_VARINFO   *PLW_GM_VARINFO;
typedef struct {
    PCHAR              GMSI_pcName;                /*  显示器名称      */
    ULONG              GMSI_ulId;                  /*  ID              */
    size_t             GMSI_stMemSize;             /*  framebuffer 内存大小 */
    size_t             GMSI_stMemSizePerLine;      /*  每一行的内存大小 */
    caddr_t            GMSI_pcMem;            /*  显示内存（需要驱动程序映射）*/
} LW_GM_SCRINFO;
typedef LW_GM_SCRINFO   *PLW_GM_SCRINFO;
```

LW_GM_VARINFO 包含了与显示数据密切相关的信息。其中最重要的是像素的 RGB 掩码及其占用的数据位数。数据位数有以下几种：

- 8 位：最多能显示 256 种颜色。如果硬件仅支持黑白显示，则一个像素可支持 256 阶灰度值。如果硬件支持彩色显示，通常情况下这 256 个编码值对应 256 种生活中最常用的颜色，这便是调色板模式，即用有限的颜色来近似表达实际的显示需求。
- 16 位：最多能显示 65 536 种颜色，也称作伪真彩色，支持 16 位色彩的硬件能够显示生活中绝大多数的颜色。16 位数据显示时，有 RGB555 和 RGB565 两种编码方式，可以通过 GMVI_ulRedMask、GMVI_ulGreenMask、GMVI_ulBlueMask 得到。
- 24 位：能够显示多达 1 600 万种颜色，用肉眼几乎无法分辨出与实际颜色的差异，因此也叫做真彩色。24 位数据显示时，一个像素的红、绿、蓝三种颜色分别使用 8 位表示。
- 32 位：相对于 24 位，它多出的 8 位用来表示像素的 256 阶透明度(0 表示不透明，255 表示完全透明，此时该像素不被显示)。使用 GMVI_ulTransMask 可以知道像素的透明度值的位置。

在大多数嵌入式系统中,显示控制器通常支持 8 位或 16 位数据显示,某些高端的处理器支持 24 位或 32 位真彩显示。通常情况下,8 位数据显示时一个像素所占用的内存为 1 个字节,相应地 16 位占用 2 个字节内存,24 位占用 3 个字节内存,32 位占用 4 个字节内存。但是,可能某些硬件对 DMA 内存的对齐限制,在各个像素所占用内存之间需要填充字节以满足对齐需要。因此,实际使用中,我们应该使用 GMVI_ulBitsPerPixel 并配合 RGB 掩码值设置像素内容,使用 GMVI_ulBytesPerPixel 处理像素之间的内存偏移。

LW_GM_SCRINFO 包含了显存的一些必要信息,GMSI_stMemSize 表示显存总的字节大小,GMSI_stMemSizePerLine 表示每一行所占用的字节大小,根据这些信息我们可以知道如何处理行与行之间的内存偏移,同时也可以知道总的列数。

通常情况下,我们根据以上所讲的信息就能正确地完成图像的显示,此外还有其他一些信息,如可视区域、虚拟区域、显示区域偏移、硬件加速等。下面的程序简单地展示图形设备的使用方法。

图形设备操作示例程序:**chapter11/graphic_example** 。

在 main 函数中,我们首先获取与显示相关的信息,随后使用 mmap 将显存映射到用户虚拟空间,这样我们操作该虚拟空间相当于直接操作显存,关于 mmap 的详细介绍见 10.4 节。

在 drawPixel 函数中,参数 uiColor 定义为一个 32 位的数据类型,从低地址到高地址开始,字节 0 表示蓝色,字节 1 表示绿色,字节 2 表示红色,这和真彩色(24 位或 32 位)的颜色格式一样。如果是 16 位数据模式,我们仅通过绿色掩码值,即可知道当前的 RGB 模式,并根据相应的模式进行对应的转换。注意,由于 16 位模式下不能完全表示所有的真彩色,因此作了相应的线性转换处理。比如 0～255,如果是 5 位数据,则对应 0～31;如果是 6 位数据,则对应 0～63。由于本例的重点是展示图形设备的使用方法,因此仅仅简单地画出三条水平直线,读者可通过其他方式了解画任意直线、圆形或者椭圆形的相关算法。

限于篇幅,同时为了使程序简单直观,很多地方没有作详细的处理,例如:没有考虑像素实际所占用的字节大小,而是假设它刚好与其数据位数一致;没有考虑真实显示区域与虚拟显示区域之间的偏移,而是假设它们的偏移为 0;没有处理 8 位数据显示的情况;忽略了 32 位模式下像素的透明度信息。读者须明白,这些信息在实际应用中都必须进行适当处理。

通常情况下,应用程序通过 GUI 组件间接操作显存设备,GUI 本身会处理上面所讲的所有信息。只有在某些特殊场合(比如需要更高显示效率,或者一些简单的图形化应用),才需要直接操作显存本身。

11.6 输入设备

输入设备通常包括鼠标、触摸屏和键盘设备，当然还有如摇杆、写字板等特殊功能的输入设备。SylixOS 对支持的输入设备的定义位于 SylixOS/system/device/input/目录下，当前仅定义了鼠标和键盘两类，分别位于<mouse.h>文件中和<keyboard.h>文件中。

11.6.1 鼠标设备

鼠标设备驱动通过报告一个 mouse_event_notify 结构的数据向系统通知一个鼠标事件的发生，该结构的定义见程序清单 11.2。

程序清单 11.2 mouse_event_notify 结构

```
typedef struct mouse_event_notify {
    int32_t            ctype;                    /*  coordinate type       */
    int32_t            kstat;                    /*  mouse button stat     */
    int32_t            wscroll[MOUSE_MAX_WHEEL]; /*  wheel scroll          */
int32_t                xmovement;
int32_t                ymovement;
    /*
     *  if use absolutely coordinate (such as touch screen)
     *  if you use touch screen:
     *  (kstat & MOUSE_LEFT) != 0 (press)
     *  (kstat & MOUSE_LEFT) == 0 (release)
     */
#define xanalog            xmovement                 /*  analog samples values */
#define yanalog            ymovement
} mouse_event_notify;
```

ctype 用以区分设备的坐标类型，可为 MOUSE_CTYPE_REL 或 MOUSE_CTYPE_ABS，即相对坐标(一般鼠标设备)或绝对坐标(触摸屏设备)。

kstat 用于标识鼠标按键状态，包括左键、中键、右键，此外还定义了额外的按键状态，用于满足特殊鼠标(比如游戏鼠标)的应用。每一个按键状态用一个数据位表示，0 表示弹起，1 表示按下。鼠标按键状态位的定义如表 11.1 所列。

表 11.1 鼠标按键状态位

状态位名称	解 释
MOUSE_LEFT	鼠标左键
MOUSE_RIGHT	鼠标右键
MOUSE_MIDDLE	鼠标中键
MOUSE_BUTTON4 ~ MOUSE_BUTTON7	额外的 4 个预定义按键

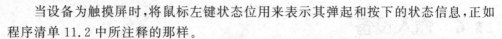

当设备为触摸屏时，将鼠标左键状态位用来表示其弹起和按下的状态信息，正如程序清单 11.2 中所注释的那样。

xmovement 和 ymovement 表示鼠标的相对位移值。当为绝对坐标时，系统建议程序使用 xanalog 和 yanalog(虽然目前他们与 xmovement 和 ymovement 是同一个成员变量)，以使程序更加直观易读。

SylixOS 中，鼠标设备名称为/dev/input/xmse0、/dev/input/xmse1 等，触摸屏设备名称为/dev/input/touch0、/dev/input/touch1 等。下面将通过读取鼠标设备事件展示其一般操作方法，触摸屏设备的操作方法与此相似。

鼠标应用示例程序：**chapter11/mouse_example** 。

当系统中存在多个鼠标设备(多个 USB 设备或触摸屏同时存在)时，应用程序无需分别处理这多个设备的事件。这是因为 SylixOS 提供了一个名叫 xinput.ko 的标准内核模块。当注册该模块后，将创建两个设备，分别为/dev/input/xmse 和/dev/input/xkbd，分别收集系统中所有的鼠标和键盘事件，应用程序则只需要读取这两个设备即可。对于 xmse 设备，由于存在一般鼠标消息和触摸屏消息，因此，应用程序需要分别处理。xmse 设备的一般操作方式见程序清单 11.3。

程序清单 11.3　使用 xmse 设备处理鼠标事件伪代码

```
mse_fd = open(/dev/input/xmse, O_RDONLY);
read(mse_fd, &mse_event, ...);
if (mse_event.ctype == MOUSE_CTYPE_REL) {
    /*
     * 处理一般鼠标事件
     */
} else {
    /*
     * 处理触摸屏事件
     */
}
```

11.6.2　键盘设备

键盘设备驱动通过报告一个 keyboard_event_notify 结构的数据向系统通知一个键盘事件的发生，该结构的定义见程序清单 11.4。

程序清单 11.4　keyboard_event_notify 结构

```
typedef struct keyboard_event_notify {
    int32_t        nmsg;                    /*  message num, usually one msg */
    int32_t        type;                    /*  press or release             */
    int32_t        ledstate;                /*  LED stat                     */
    int32_t        fkstat;                  /*  func - key stat              */
    int32_t        keymsg[KE_MAX_KEY_ST];/*  key code                     */
} keyboard_event_notify;
```

type 的值为 KE_PRESS 或 KE_RELEASE，分别表示按下或弹起。

ledstate 用以表示带有 LED 指示灯的按键状态，如果对应的位为 0，表示 LED 按键处于打开状态，反之则处于关闭状态。在打开状态下，通常键盘驱动程序会将相应的 LED 指示灯打开。LED 按键状态位的定义如表 11.2 所列。

表 11.2　LED 按键状态位

状态位名称	解　释
KE_LED_NUMLOCK	用于标识数字小键盘是否打开
KE_LED_CAPSLOCK	用于标识字母大写状态是否使能
KE_LED_SCROLLLOCK	用于标识滚动锁定状态是否使能

fkstate 用以表示功能按键的状态，如果对应的位为 0，表示功能键按下，反之则没有按下。功能按键状态位的定义如表 11.3 所列。

表 11.3　功能按键状态位

状态位名称	解　释
KE_FK_CTRL	用于标识左 Ctrl 键是否按下
KE_FK_ALT	用于标识左 Alt 键是否按下
KE_FK_SHIFT	用于标识左 Shift 键是否按下
KE_FK_CTRLR	用于标识右 Ctrl 键是否按下
KE_FK_ALTR	用于标识右 Alt 键是否按下
KE_FK_SHIFTR	用于标识右 Shift 键是否按下

nmsg 与 keymsg 用以表示除 LED 键、功能键之外的所有普通按键的代码。宏 KE_MAX_KEY_ST 当前定义为 8，这说明系统允许键盘驱动程序一次报告最多 8 个普通按键信息。需要注意的是，字母按键的大小写逻辑不由驱动程序处理，比如按下 Shift 键后，再按下字母键 A，keymsg 里面的代码将是字符 a，同时 fkstate 里面的 KE_FK_SHFT 状态位为 1。在使能 capslock 的情况下，keymsg 里面的代码仍然是 a，只是 ledstate 里面的 KE_LED_CAPSLOCK 状态位为 1。因此，应用程序需要根据这些信息将字符进行适当的大小写转换。其他一些受 Shift 键状态影响的按键，比如主键盘上的数字键 1～9，当按下 Shift 键时，keymsg 里面的代码则相应地为!、@、# 等。

键盘消息处理示例程序：**chapter11/keyboard_msg_example**，展示了通过/dev/input/xkbd 设备处理键盘消息的一般方法。

该程序仅仅只是将所获得的原始的键盘消息打印出来，并未做任何转换处理，读者可以使用此程序测试一下在不同按键组合的情况下消息内容之间的差异。通常情况下，应用程序不会直接处理输入设备的原始消息，而是由 GUI 层分析并处理，将其转换为更高层次的消息描述，供程序使用。

11.7 内存设备

内存设备驱动使程序访问内存像访问一个虚拟的 I/O 设备一样。内存设备的创建默认不对应用层提供支持(需要宏__SYLIXOS_KERNEL 来增加对内存设备创建的支持),在内核层创建好一个内存设备之后,应用程序就可以使用标准 I/O 函数来读写内存设备,下面列出了内核层创建内存设备的函数:

```
#define __SYLIXOS_KERNEL
#include <SylixOS.h>
INT  API_MemDrvInstall(void);
INT  API_MemDevCreate(char *name, char *base , size_t length );
INT  API_MemDevCreateDir(char *name , MEM_DRV_DIRENTRY *files , int numFiles );
INT  API_MemDevDelete(char *name );
```

创建一个内存设备之前,需要首先调用 API_MemDrvInstall 函数来安装内存设备驱动,一个内存设备可以对应一个文件/设备或者多个文件/设备,通过不同的函数创建。

API_MemDevCreate 函数可以创建一个单文件的内存设备,如内存设备创建(模块)程序所示,使用方法如读内存设备程序所示。

内存设备创建(模块)程序:chapter11/memdevice_example。

使用下面命令装载内核模块:

```
# modulereg memdev.ko
```

注:内核模块的详细信息见第 17 章。

使用*ll* 命令查看内存设备是否创建成功(部分):

```
# ll /dev/
-rw-rw-rw- root      root      Thu Dec 31 13:43:41 2020      64 B, mem
srwxrwxrwx root      root      Wed Dec 30 15:57:34 2020      0 B, log
......
```

读内存设备程序:chapter11/read_memdevice_example。

API_MemDevCreateDir 函数可以创建多文件内存设备,如多文件内存设备创建(模块)程序所示。

多文件内存设备创建(模块)程序:chapter11/mfiles_memdevice_example。

11.8 随机数设备

熵(entropy)是描述系统混乱无序程度的物理量,一个系统的熵越大,则说明该

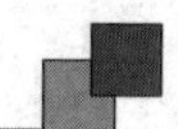

系统的有序性越差，即不确定性越大。在信息学中，熵被用来表征一个符号或系统的不确定性，熵越大，表明系统所含有用信息量越少。

机器的环境中充满了各种各样的噪声，如硬件设备发生中断的时间，用户点击鼠标的时间间隔等是完全随机的，事先无法预测。SylixOS 内核实现的随机数发生器正是利用系统中的这些随机噪声来产生高质量随机数序列的。

SylixOS 中的随机数可以从两个特殊的设备中产生，一个是/dev/urandom，另一个是/dev/random。它们产生随机数的原理是利用当前系统的熵池来计算出固定数量的随机比特，然后将这些比特作为字节流返回。

11.9　音频设备

OSS(Open Sound System)是 UNIX 平台上一个统一的音频接口标准。以前，每个 UNIX 厂商都会提供一套专有的 API，用于处理音频。这就意味着为一种 UNIX 平台编写的音频处理应用程序，在移植到另外一种 UNIX 平台上时，必须要重写。不仅如此，在一种平台上具备的功能，可能在另外一种平台上无法实现。

但是，OSS 标准出现以后，情况就大不一样了。只要音频处理应用程序按照 OSS 标准的 API 来编写，那么在移植到另外一种平台时，只需要重新编译即可。因此 OSS 标准提供了源代码级的可移植性。

SylixOS 支持 OSS 标准。

11.9.1　基础知识

数字音频设备(有时也称 codec，PCM，DSP，ADC/DAC 设备)：播放或录制数字化的声音。它的指标主要有：采样速率(电话为 8 kHz，DVD 为 96 kHz)、channel 数目(单声道、立体声)、采样分辨率(8 bit、16 bit)。

- **Mixer**(混频器)：用来控制多个输入、输出的音量，也控制输入(microphone，line-in，CD)之间的切换。
- **Synthesizer**(合成器)：通过一些预先定义好的波形来合成声音，有时用在游戏中声音效果的产生。
- **MIDI 接口**：MIDI 接口是为了连接舞台上的 synthesizer、键盘、道具、灯光控制器的一种串行接口。

在 SylixOS 中，设备被抽象成文件，通过对文件的访问方式(首先 open，然后 read/write，同时可以使用 ioctl 读取/设置参数，最后 close)来访问设备。在 OSS 标准中，主要有以下几种设备文件：

- /dev/mixer：访问声卡中内置的 mixer，调整音量大小，选择音源。
- /dev/sndstat：测试声卡，执行*cat* /dev/sndstat 会显示声卡驱动的信息。
- /dev/dsp、/dev/dspW、/dev/audio：读这几个设备就相当于录音，写这几个设备就相当于放音。各设备之间的区别在于采样的编码不同，/dev/audio 使用 μ 律编码；/dev/dsp 使用 8 bit(无符号)线性编码；/dev/dspW 使用 16 bit(有符号)线性编码。/dev/audio 主要是为了与 SunOS 兼容，通常不建议使用。

- /dev/sequencer：访问声卡内置的，或者连接在 MIDI 接口的 synthesizer。

在 SylixOS 中，实际具有哪些音频设备文件依赖于底层驱动程序的实现，一般只有/dev/dsp 和/dev/mixer 设备。

11.9.2 音频编程

11.9.2.1 头文件引用

```
#include <ioctl.h>
#include <unistd.h>
#include <fcntl.h>
#include <sys/soundcard.h>
#define BUF_SIZE 4096
int audio_fd;
unsigned charaudio_buffer[BUF_SIZE];
```

11.9.2.2 打开音频设备

```
if ((audio_fd = open("/dev/dsp", open_mode, 0)) == -1) {
    perror("/dev/dsp");
    exit(1);
}
```

open_mode 有三种选择：O_RDONLY，O_WRONLY 和 O_RDWR，分别表示只读、只写和读写。OSS 标准建议尽量使用只读或只写，只有在全双工的情况下(即录音和放音同时)才使用读写模式。

11.9.2.3 录　音

```
int len;
if ((len = read(audio_fd, audio_buffer, count)) == -1) {
    perror("audio read");
    exit(1);
}
```

count 为录音数据的字节个数(建议为 2 的指数)，但不能超过 audio_buffer 的大小。从读字节的个数和采样频率，可以计算出精确的测量时间，例如：8 kHz 16 bit stereo 的速率为 8 000×2×2=32 000 B/s，这是知道何时停止录音的唯一方法。

11.9.2.4 放　音

放音实际上和录音很类似，只不过把 read 改成 write 即可，相应的 audio_buffer 中为音频数据，count 为数据的长度。

注意，用户始终要读/写一个完整的采样。例如：一个 16 bit 的立体声模式下，每个采样有 4 个字节，所以应用程序每次必须读/写 4 的倍数个字节。

另外，由于 OSS 是一个跨平台的音频接口，所以用户在编程的时候，要考虑到可移植性的问题，其中一个重要的方面是读/写时的字节顺序。

11.9.2.5 设置采样格式

```
int format;
format = AFMT_S16_LE;
if (ioctl(audio_fd, SNDCTL_DSP_SETFMT, &format) == -1) {
    perror("SNDCTL_DSP_SETFMT");
    exit(1);
}
if (format != AFMT_S16_LE) {
    /*
     * 本设备不支持选择的采样格式.
     */
}
```

在设置采样格式之前，可以先测试设备能够支持哪些采样格式，方法如下：

```
int mask;
if (ioctl(audio_fd, SNDCTL_DSP_GETFMTS, &mask) == -1) {
    perror("SNDCTL_DSP_GETFMTS");
    exit(1);
}
if (mask & AFMT_MPEG) {
    /*
     * 本设备支持 MPEG 采样格式...
     */
}
```

11.9.2.6 设置通道数目

```
int channels = 2;                          /* 1 = mono, 2 = stereo          */
if (ioctl(audio_fd, SNDCTL_DSP_CHANNELS, &channels) == -1) {
    perror("SNDCTL_DSP_CHANNELS");
    exit(1);
}
if (channels != 2){
    /*
     * 本设备不支持立体声模式...
     */
}
```

11.9.2.7 设置采样速率

```
int speed = 11025;
if (ioctl(audio_fd, SNDCTL_DSP_SPEED, &speed) == -1) {
    perror("SNDCTL_DSP_SPEED");
    exit(1);
}
if ( /* 返回的速率(即硬件支持的速率)与需要的速率差别很大... */ ) {
    /*
     * 本设备不支持需要的速率...
     */
}
```

音频设备通过分频的方法产生需要的采样时钟，因此不可能产生所有的频率。驱动程序会计算出最接近要求的频率，用户程序要检查返回的速率值，如果误差较小，可以忽略。

11.9.3 Mixer 编程

对 Mixer 的控制包括调节音量(volume)、选择录音音源(microphone、line-in)、查询 Mixer 的功能和状态，主要是通过 Mixer 设备/dev/mixer 的 ioctl 接口来实现。相应地，ioctl 接口提供的功能也分为三类：调节音量、查询 Mixer 的能力、选择 Mixer 的录音通道。下面分别介绍相应的使用方法：

11.9.3.1 调节音量

应用程序通过 ioctl 的 MIXER_READ 和 MIXER_WIRTE 功能号来读取/设置音量。在 OSS 标准中，音量的大小范围为 0～100。使用方法如下：

```
int vol;
if (ioctl(mixer_fd, MIXER_READ(SOUND_MIXER_MIC), &vol) == -1) {
    /*
     * 访问了没有定义的 mixer 通道...
     */
}
```

SOUND_MIXER_MIC 是通道参数，表示读 microphone 通道的音量，结果放置在 vol 中。如果通道是立体声，那么 vol 的最低有效字节为左声道的音量值，接着的字节为右声道的音量值，另外的两个字节不用。如果通道是单声道，vol 中左声道与右声道具有相同的值。

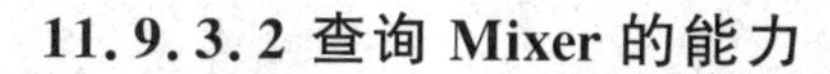

11.9.3.2 查询 Mixer 的能力

```
int mask;
if (ioctl(mixer_fd, SOUND_MIXER_READ_xxxx, &mask) ==  -1) {
    /*
     *  Mixer 没有此能力...
     */
}
```

SOUND_MIXER_READ_xxxx 中的 xxxx 代表具体要查询的内容：

- 检查可用的 Mixer 通道，用 SOUND_MIXER_READ_DEVMASK；
- 检查可用的录音设备，用 SOUND_MIXER_READ_RECMASK；
- 检查单声道/立体声，用 SOUND_MIXER_READ_STEREODEVS；
- 检查 Mixer 的一般能力，用 SOUND_MIXER_READ_CAPS 等。

所有通道的查询结果都放在 mask 中，所以要区分出特定通道的状况，使用 mask&(1 << channel_no)。

11.9.3.3 选择 Mixer 的录音通道

首先可以通过 SOUND_MIXER_READ_RECMASK 检查可用的录音通道，然后通过 SOUND_MIXER_WRITE_RECSRC 选择录音通道。可以随时通过 SOUND_MIXER_READ_RECSRC 查询当前声卡中已经被选择的录音通道。

OSS 标准建议把 Mixer 的用户控制功能单独形成一个通用的程序。但前提是，在使用 mixer 之前，首先需要通过 API 的查询功能检查声卡的能力。

音频播放程序：**chapter11/audio_example**，展示了在 SylixOS 中使用 OSS 标准操作音频设备播放音乐的方法。

11.10　视频设备

一个视频捕获接口中，可以有多路视频输入源，经过视频格式转换，也可以有多个视频输出通道。每一个通道可能支持不同的输出格式，如用于直接显示的 RGB 格式，或者用于压缩存储或传输的 YUV 或 JPEG 等格式。用户在使用一个具体的视频设备时，通常不会过多地关心视频输入源的信息（这些信息通常由驱动处理），更多的是关心视频输出的信息，如输出图像的格式、大小、占用的内存大小等。SylixOS 中对视频设备的所有定义位于<system/device/video/video.h>头文件中，其所有的数据结构和控制命令正是基于以上所说的视频接口特点而设计的。

11.10.1　设备描述

SylixOS 使用 video_dev_desc 结构来描述一个具体的视频设备，其定义见程序清单 11.5。

程序清单 11.5 video_dev_desc 结构

```
typedef struct video_dev_desc {
    CHAR    driver[32];
    CHAR    card[32];
    CHAR    bus[32];
    UINT32  version;                    /*  video 驱动版本              */
#define VIDEO_DRV_VERSION       1
    UINT32  capabilities;               /*  具有的能力                  */
#define VIDEO_CAP_CAPTURE       1       /*  视屏捕捉能力                */
#define VIDEO_CAP_READWRITE     2       /*  read/write 系统调用支持     */
    UINT32  sources;                    /*  视频源个数                  */
    UINT32  channels;                   /*  总采集通道数                */
    UINT32  reserve[8];
} video_dev_desc;
```

video_dev_desc 结构成员含义如下：

- driver 为视频设备所使用的驱动名称；
- card 为对应的视频接口卡(视频处理器件)的名称；
- bus 为视频接口卡总线描述信息；
- version 代表视频设备驱动遵循的视频框架版本[①]；
- capabilities 描述了一个视频设备所具有的功能，当前定义的功能有视频捕获功能和支持 read/write 系统调用的功能；
- sources 为一个视频设备总的视频输入源数量；
- channels 为视频采集通道数量，也就是视频输出通道的数量；
- reserve 为保留字节，兼容后续扩展定义。

11.10.2 设备通道描述

根据 video_dev_desc 结构，我们可以获得一个视频设备的整体信息，应用程序最关心的还是每一个视频输出通道的信息。SylixOS 通过 video_channel_desc 结构描述一个视频输出通道，其定义见程序清单 11.6。

① 考虑到后续可能升级视频接口框架，为了兼容旧的视频驱动，应用程序可根据此信息采取兼容性的措施操作视频设备。

程序清单 11.6　video_channel_desc 结构

```
typedef struct video_channel_desc {
    UINT32   channel;                    /*  指定的视频采集通道        */
    CHAR     description[32];            /*  说明                      */
    UINT32   xsize_max;                  /*  最大尺寸                  */
    UINT32   ysize_max;
    UINT32   queue_max;                  /*  最大支持存储序列数        */
    UINT32   formats;                    /*  支持的视频采集格式个数    */
    UINT32   capabilities;               /*  具有的能力                */
#define VIDEO_CHAN_ONESHOT        1      /*  仅采集一帧                */
……
} video_channel_desc;
```

video_channel_desc 结构成员含义如下：

- channel 为通道号；
- description 为格式描述字符串；
- xsize_max 和 ysize_max，分别表示该通道支持的输出图像最大宽度和最大高度，单位为像素；
- queue_max 为最大支持存储序列数。这里的序列指的就是一个图像帧序列；
- formats 为支持的视频格式数量；
- capabilities 为通道的功能，当前仅定义了允许通道每一次仅采集一帧数据。

11.10.3　设备通道图像格式描述

通道描述符里用 formats 成员给出了该通道支持的视频格式数量，video_format_desc 结构用以描述一个具体的视频格式，其定义见程序清单 11.7。

程序清单 11.7　video_format_desc 结构

```
typedef struct video_format_desc {
    UINT32   channel;              /*  指定的视频采集通道           */
    UINT32   index;                /*  指定的序列编号               */
    CHAR     description[32];      /*  说明                         */
    UINT32   format;               /*  帧格式 video_pixel_format    */
    UINT32   order;                /*  MSB or LSB video_order_t     */
    UINT32   reserve[8];
} video_format_desc;
```

video_format_desc 结构成员含义如下：

- channel 为该格式对应的通道号，用户设置该值获取指定通道支持的格式；
- index 是相对 formats 而言的，取值应为 0～formats，表示获取第几种格式描述信息；

- description 为该格式的描述字符串；
- order 为一个像素数据的存储方式是大端还是小端，其值为 video_order_t 类型，定义见程序清单 11.8。

程序清单 11.8　video_order_t 结构

```
typedef enum {
    VIDEO_LSB_CRCB = 0,          /*  低位在前     */
    VIDEO_MSB_CRCB = 1           /*  高位在前     */
} video_order_t;
```

format 为具体的视频格式标志，其值为 video_pixel_format 枚举类型，定义见程序清单 11.9。

程序清单 11.9　video_pixel_format 结构

```
typedef enum {
    VIDEO_PIXEL_FORMAT_RESERVE       = 0,
    /*
     *  RGB
     */
    VIDEO_PIXEL_FORMAT_RGBA_8888     = 1,
    VIDEO_PIXEL_FORMAT_RGBX_8888     = 2,
    VIDEO_PIXEL_FORMAT_RGB_888       = 3,
    VIDEO_PIXEL_FORMAT_RGB_565       = 4,
    VIDEO_PIXEL_FORMAT_BGRA_8888     = 5,
    VIDEO_PIXEL_FORMAT_RGBA_5551     = 6,
    VIDEO_PIXEL_FORMAT_RGBA_4444     = 7,
    /*
     *  0x8 ~ 0xF range reserve
     */
    VIDEO_PIXEL_FORMAT_YCbCr_422_SP = 0x10,             /*  NV16          */
    VIDEO_PIXEL_FORMAT_YCrCb_420_SP = 0x11,             /*  NV21          */
    VIDEO_PIXEL_FORMAT_YCbCr_422_P = 0x12,              /*  IYUV          */
    VIDEO_PIXEL_FORMAT_YCbCr_420_P = 0x13,              /*  YUV9          */
    VIDEO_PIXEL_FORMAT_YCbCr_422_I = 0x14,              /*  YUY2          */
    /*
     *  0x15 reserve
     */
    VIDEO_PIXEL_FORMAT_CbYCrY_422_I = 0x16,
    /*
     *  0x17 0x18 ~ 0x1F range reserve
     */
    VIDEO_PIXEL_FORMAT_YCbCr_420_SP_TILED   = 0x20,     /*  NV12 tiled    */
    VIDEO_PIXEL_FORMAT_YCbCr_420_SP         = 0x21,     /*  NV12          */
    VIDEO_PIXEL_FORMAT_YCrCb_420_SP_TILED   = 0x22,     /*  NV21 tiled    */
    VIDEO_PIXEL_FORMAT_YCrCb_422_SP         = 0x23,     /*  NV61          */
    VIDEO_PIXEL_FORMAT_YCrCb_422_P          = 0x24      /*  YV12          */
} video_pixel_format;
```

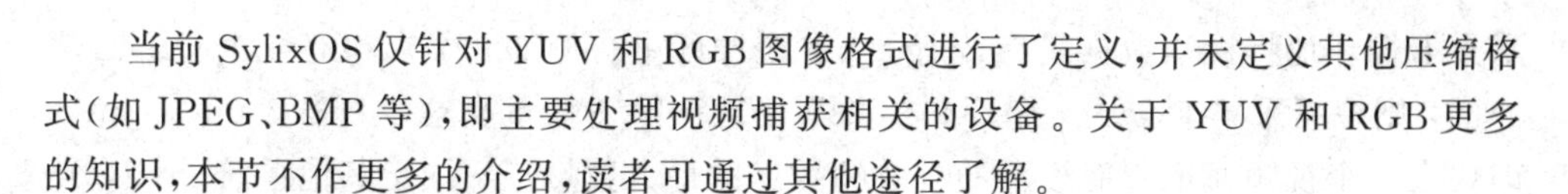

当前 SylixOS 仅针对 YUV 和 RGB 图像格式进行了定义，并未定义其他压缩格式(如 JPEG、BMP 等)，即主要处理视频捕获相关的设备。关于 YUV 和 RGB 更多的知识，本节不作更多的介绍，读者可通过其他途径了解。

11.10.4　设备通道设置

在获取设备描述符、通道描述符和每个通道的格式描述符信息后，用户可根据实际的需求设置通道的相关参数。通道控制的结构定义见程序清单 11.10。

程序清单 11.10　video_channel_ctl 结构

```
typedef struct video_channel_ctl {
    UINT32  channel;              /*  视频通道号                      */
    UINT32  xsize;                /*  采集输出的尺寸                  */
    UINT32  ysize;
    UINT32  x_off;                /* 相对 size_max 采集起始偏移量     */
    UINT32  y_off;
    UINT32  x_cut;                /*  相对 size_max 采集结束偏移量    */
    UINT32  y_cut;
    UINT32  queue;                /*  采集序列数                      */
    UINT32  source;               /*  指定的视频输入源                */
    UINT32  format;               /*  帧格式 video_pixel_format       */
    UINT32  order;                /*  MSB or LSB video_order_t        */
……
} video_channel_ctl;
```

video_channel_ctl 结构成员含义如下：

- xsize 和 ysize 用于指定最终输出的图像大小。
- x_off、y_off、x_cut、y_cut 为图像帧剪裁处理。意味着可以只提取原始图像帧的部分区域，通过 xsize 和 ysize 将部分区域进行缩放处理。当然，这些功能都需要具体的视频设备驱动支持。如果视频设备不支持裁剪和缩放，则应用程序只能获得原始的视频图像数据。
- queue 表示需要视频设备采集多少帧数据。该值不能超过视频设备支持的最大帧数(即通道描述符定义的 queue_max)。
- source 指定该通道的输入源，不超过设备支持的最大视频源数量。
- format 和 order 应为通道支持的视频格式描述符中的其中一种。

11.10.5　设备缓冲区设置

视频采集是一个连续的过程，在上层应用处理采集完一帧数据的同时，采集过程继续进行。这就需要有一个可容纳数帧视频数据的缓冲区，用户始终处理的是存有有效帧数据的缓冲，视频设备总是将采集好的数据放入空闲的帧缓冲，两者之间互不冲突。实际上，绝大多数的视频采集设备，在硬件上都支持多帧缓冲的设置，即每一个视频输出通道都有一个或多个帧缓冲队列，该队列又称为 ping-pong 缓冲区，视频采集卡循环地将视频数据放在 ping-pong 缓冲区中。例如一个通道有 4 个 queue 缓冲区，则视频采集卡会从 1 循环到 4 并不停地一帧一帧重复这个过程。queue_max 即代表一个视频通道所能缓存的有效帧数据的最大数量。不同于其他系统，SylixOS 定义的帧缓冲区为一片物理地址连续的可容纳数帧数据的内存，这片内存可由应用分配供驱动使用，也可由驱动内部自动分配。

除了缓冲区的帧数量这一参数外，还有其他参数需要用户关心。使用通道控制结构 video_channel_ctl 可设置通道参数，包括图像的大小、裁剪区域和格式等。实际上，在设置完通道参数后，驱动程序便能根据自身的硬件情况，得到每一帧数据的缓冲区大小和总的缓冲区大小。用户使用缓冲区计算请求结构 video_buf_cal（定义见程序清单 11.11），获得驱动程序给出的缓冲区详细参数。

程序清单 11.11　video_buf_cal 结构

```
typedef struct video_buf_cal {
    UINT32  channel;            /*  视频通道号              */
    size_t  align;              /*  最小内存对齐要求        */
    size_t  size;               /*  该通道缓冲内存总大小    */
    size_t  size_per_fq;        /*  队列中每一帧图像内存大小 */
    size_t  size_per_line;      /*  一帧图像中每一行内存大小 */
……
} video_buf_cal;
```

align 为整个缓冲区内存对齐值。多数情况下，视频设备内部使用 DMA 传输视频数据，对使用的内存都有地址对齐需求。

size 为总的内存大小。size_per_fq 为一帧数据的大小，size_per_line 为一帧图像中每一行内存大小。通常情况下，一帧数据的大小等于每个像素的字节数与帧的长和宽的乘积。但是，不同的硬件，对帧数据的每一行可能有数据对齐要求，因此会存在行末填充无效数据以满足该对齐条件的情况。用户根据图像的实际大小配合 size_per_fq 和 size_per_line，便可知道如何处理帧数据。

在获得缓冲区的具体参数后，通过缓冲区控制结构 video_buf_ctl（定义见程序清单 11.12），设置具体的缓冲区。

程序清单 11.12　video_buf_ctl 结构

```
typedef struct video_buf_ctl {
    UINT32channel;              /*  视频通道号              */
    PVOIDmem;                   /*  帧缓冲区（物理内存地址） */
    size_tsize;                 /*  缓冲区大小              */
    UINT32mtype;                /*  帧缓存类型 video_mem_t  */
……;
} video_buf_ctl;
```

帧缓冲区内存可由用户分配并提供给驱动使用，mem 则指向用户分配的内存，注意需满足由 video_buf_cal 规定的参数需求，如总的内存大小，对齐值等。size 表示实际的内存大小，不小于 video_buf_cal 规定的大小。mtype 表示帧缓存类型，其值为枚举类型 video_mem_t，定义见程序清单 11.13。

程序清单 11.13　video_mem_t 结构

```
typedef enum {
    VIDEO_MEMORY_AUTO = 0,          /*  自动分配帧缓冲          */
    VIDEO_MEMORY_USER = 1           /*  用户分配帧缓冲          */
} video_mem_t;
```

如果用户自己分配缓冲区，则需要将 mtype 设置为 VIDEO_MEMORY_USER，反之则设置为 VIDEO_MEMORY_AUTO；mem 设置为 LW_NULL 即可。用户自行分配物理内存，在某些时候可为应用带来更好的性能和效率。如果驱动自行分配内存，则应用程序只能通过 mmap 内存映射访问这片内存，会消耗虚拟内存页面空间。如果系统中存在一种需要将图像数据进行再处理的硬件，它也使用 DMA 访问图像内存，则我们可以将用户分配的内存同时应用于该硬件和视频接口，让两者直接进行内存交互，实现零拷贝。

11.10.6　视频捕获控制

在完成上述工作之后，就可以启动视频设备开始视频捕获了。控制视频捕获的结构 video_cap_ctl 其定义见程序清单 11.14。

程序清单 11.14　video_cap_ctl 结构

```
typedef struct video_cap_ctl {
    UINT32  channel;                /*  视频通道号      */
#define VIDEO_CAP_ALLCHANNEL  0xffffffff
    UINT32  on;                     /*  on / off        */
    UINT32  flags;
#define VIDEO_CAP_ONESHOT  1        /*  仅采集一帧      */
……;
} video_cap_ctl;
```

video_cap_ctl 结构成员含义如下：

- channel 规定启动捕获的通道，如果设置了所有的通道，则可以通过 VIDEO_CAP_ALLCHANNEL 一次启动多个通道。当然，如果只设置了部分通道，就需要分别启动各个通道。
- on 表示启动或停止捕获，0 为停止，非 0 为启动。
- flags 为捕获标志，当前仅定义了 VIDEO_CAP_ONESHOT，与通道描述符里的 capabilities 对应。

在启动视频捕获后，为了正确地处理捕获数据，还需要获取当前的捕获状态，使用 video_cap_stat 结构获取，其定义见程序清单 11.15。

程序清单 11.15　video_cap_stat 结构

```
typedef struct video_cap_stat {
    UINT32  channel;                    /*  视频通道号              */
    UINT32  on;                         /*  on / off                */
    UINT32  qindex_vaild;               /*  最近一帧有效画面的队列号 */
    UINT32  qindex_cur;                 /* 正在采集的队列号          */
#define VIDEO_CAP_QINVAL  0xffffffff
......
} video_cap_stat;
```

video_cap_stat 结构成员含义如下：

- on 表示当前的捕获状态，0 为停止，非 0 为启动；
- qindex_vaild 表示最近一帧有效画面的队列号，应用程序应该使用该帧数据；
- qindex_cur 表示正在采集的队列号，应用程序不应该使用该帧数据。

如果队列号为 VIDEO_CAP_QINVAL，则表示无效队列号，说明内部还没有任何有效的帧数据，应用程序应该继续查询捕获状态。

SylixOS 中，视频捕获的所有帧缓冲区为一个连续的物理内存空间，应用程序根据每帧数据的大小以及帧索引可访问指定的帧数据。

11.10.7　视频设备操作命令汇总

与其他系统一样，SylixOS 中的视频设备为一个标准的 I/O 设备，前文所述所有对该设备的操作均通过 ioctl 系统命令完成，表 11.4 列出了所有操作命令。

表 11.4　设备操作命令

命令字	参数(为该类型指针)	说　明
VIDIOC_DEVDESC	video_dev_desc	获取设备描述符
VIDIOC_CHANDESC	video_channel_desc	获取设备指定的通道描述符
VIDIOC_FORMATDESC	video_format_desc	获取通道支持的格式描述符
VIDIOC_GCHANCTL	video_channel_ctl	获取当前通道的参数
VIDIOC_SCHANCTL	video_channel_ctl	设置当前通道的参数
VIDIOC_MAPCAL	video_buf_cal	获取帧缓冲区参数
VIDIOC_MAPPREPAIR	video_buf_ctl	设置帧缓冲区(内存预分配)
VIDIOC_CAPSTAT	video_cap_stat	获取捕获状态
VIDIOC_GCAPCTL	video_cap_ctl	获取当前的捕获参数
VIDIOC_SCAPCTL	video_cap_ctl	设置当前的捕获参数

11.10.8　视频设备应用实例

获取视频设备信息程序：chapter11/video_example，展示了如何获得一个视频设备的具体信息。

该程序中，首先获取设备描述符，得到设备支持的视频输出通道数量，然后针对每个通道，获取其通道描述符，得到每一个通道支持的视频格式数量，从而得到该视频设备每一个通道各自支持的所有视频格式。

下面考虑一个具体的应用场景：我们需要将捕获的视频通过 LCD 实时显示，我们需要了解 LCD 设备(也就是帧缓冲设备 FrameBuffer)的显示参数和视频数据的格式参数，进行适当的软件处理后放入 FrameBuffer 显示。限于篇幅，程序以伪代码实现，并且做了很多简化处理，详见程序清单 11.16。

程序清单 11.16　视频捕获实例

```
#include <SylixOS.h>
#include <video.h>
#include <sys/mman.h>
#include <sys/stat.h>
#include <fcntl.h>
int main (int argc, char *argv[])
{
    int                     fd;
    int                     fb_fd;
    video_channel_ctl       channel;
    video_buf_cal           cal;
    video_buf_ctl           buf;
    video_cap_ctl           cap;
    video_cap_stat          sta;
    void                    *pcapmem;
    void                    *pfbmem;
    void                    *pframe;
    fd_set                  fdset;
    /*
     * 打开视频设备并获得必要信息
     */
    fd = open("/dev/video0", O_RDWR);
    ...
    /*
```

```
     * 设置需要的输出图像参数
     * 同时获得帧内存参数
     */
    channel.channel = 0;
    channel.xsize = 640;
    channel.ysize = 480;
    channel.x_off = 0;
    channel.y_off = 0;
    channel.queue = 1;
    channel.source = 0;
    channel.format = VIDEO_PIXEL_FORMAT_RGBX_8888;
    channel.order = VIDEO_LSB_CRCB;
    ioctl(fd, VIDIOC_SCHANCTL, &channel);
    ioctl(fd, VIDIOC_MAPCAL, &cal);
    /*
     * 准备内存数据
     */
    buf.channel   = 0;
    buf.mem       = NULL;
    buf.size      = cal.size;
    buf.mtype     = VIDEO_MEMORY_AUTO;
    ioctl(fd, VIDIOC_MAPPREPAIR, &buf);
    /*
     * 映射帧内存
     */
    pcapmem = mmap(NULL, buf.size, PROT_READ, MAP_SHARED, fd, 0);
    cap.channel   = 0;
    cap.on        = 1;
    cap.flags     = 0;
    ioctl(fd, VIDIOC_SCAPCTL, &cap);
    /*
     * 打开 FrameBuffer 设备
     * 映射 FrameBuffer 内存
     */
    fb_fd = open(...);
    pfbmem = mmap(..., fb_fd, 0);
    for (;;) {
        FD_ZERO(&fdset);
        FD_SET(fd, &fdset);
        /*
         * 等待设备可读.
```

```
            * 每一次有效帧数据完成，驱动都会唤醒阻塞在此的线程
            */
           select(fd + 1, &fdset, NULL, NULL, NULL);
           if (FD_ISSET(fd, &fdset)) {
               ioctl(fd, VIDIOC_CAPSTAT, &sta);
               pframe = (char *)pcapmem + cal.size_per_fq * sta.qindex_vaild;
               ...
               memcpy(pfbmem, pframe, cal.size_per_fq);
           }
       }
       munmap(pcapmem, buf.size);
       close(fd);
       munmap(pfbmem, ...);
       close(fb_fd);
       return  (0);
   }
```

上面的例子中，假设已经知道了显示设备的格式参数为 RGB32 格式，并且宽和高分别为 640 像素和 480 像素，并设置了相同的视频输出格式。在启动视频捕获后，通过 select 系统调用等待每一帧数据的到来。通过 VIDIOC_CAPSTAT 命令，得到当前的有效帧索引。

注意，在获得当前需要处理的帧数据时，上面的程序作了很多简化处理，并没有考虑行无效数据的填充问题，而是假设所有的数据都是有效像素数据。

程序通过每帧的大小和当前有效帧索引得到当前帧缓冲地址，并随后将其直接拷贝到显示缓冲区。这里又假设捕获的视频数据格式与显示缓冲区格式需求完全相同，否则在拷贝之前，应该作适当的变换处理。

实际上，视频设备因为其涉及更多的参数控制，它的操作要比其他设备繁琐一些。一个能够广泛适应多种软硬件平台的视频应用程序的实现也并不简单。例如上面的情况，如果视频格式不支持 RGB 格式，则需要将其转换为 RGB 格式才能正确显示。此例仅起到抛砖引玉的作用，读者可通过其他途径深入了解掌握视频设备的开发与使用。

11.11　实时时钟设备

实时时钟设备，即 RTC 设备，该设备是一个独立于 CPU 时钟的外部设备，通常由独立的电源供电，因此可以在系统掉电后继续处理时间计数，可以认为 RTC 时间代表的是真实的物理时间。

在 SylixOS 中，RTC 设备是一个标准的 I/O 设备，虽然应用程序可以用标准 I/O 函数直接操作该设备，但本书不推荐这种处理方法，因为一个 RTC 设备可能集

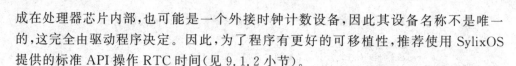

成在处理器芯片内部,也可能是一个外接时钟计数设备,因此其设备名称不是唯一的,这完全由驱动程序决定。因此,为了程序有更好的可移植性,推荐使用 SylixOS 提供的标准 API 操作 RTC 时间(见 9.1.2 小节)。

11.12 GPIO 设备

GPIO(General Purpose Input/Output),即通用输入/输出端口,以下简称 I/O 端口。一个 I/O 端口可提供输入、输出或中断三类功能,SylixOS 中的 GPIO 设备管理整个硬件系统上所有可用的 GPIO 端口,使应用程序能够通过标准接口使用 GPIO 的三类功能。GPIO 设备的相关定义位于<sys/gpiofd.h>文件,相关 API 描述如下:

```
#include <sys/gpiofd.h>
int gpiofd(unsigned int  gpio , int flags , int gpio_flags );
int gpiofd_read(int  fd , uint8_t * value );
int gpiofd_write(int  fd , uint8_t  value );
```

函数 gpiofd 原型分析:

- 此函数成功时返回对应 GPIO 端口的文件描述符,失败时返回负数;
- 参数*gpio* 为 GPIO 端口的唯一编号,该编号与具体的系统硬件相关,应用程序应该参考 BSP 包对 GPIO 端口编号的定义来正确选择;
- 参数*flags* 与 open 函数的第二个参数意义相似,即可以是 O_RDONLY、O_RDWR 等;
- 参数*gpio_flags* 是与 GPIO 特性相关的标识,它可以是多个位标识的组合,如表 11.5 所列。

表 11.5 GPIO 功能标识

位标识名称	解 释
GPIO_FLAG_DIR_OUT	设置 GPIO 为输出功能
GPIO_FLAG_DIR_IN	设置 GPIO 为输入功能
GPIO_FLAG_IN	与 GPIO_FLAG_DIR_IN 相同
GPIO_FLAG_OUT_INIT_LOW	设置 GPIO 为输出功能,同时初始化输出低电平
GPIO_FLAG_OUT_INIT_HIGH	设置 GPIO 为输出功能,同时初始化输出高电平
GPIO_FLAG_OPEN_DRAIN	设置 GPIO 输出为漏极输出模式
GPIO_FLAG_OPEN_SOURCE	设置 GPIO 输出为源极输出模式
GPIO_FLAG_PULL_DEFAULT	使用默认上拉/下拉模式
GPIO_FLAG_PULL_UP	使用上拉电阻模式

续表 11.5

位标识名称	解　释
GPIO_FLAG_PULL_DOWN	使用下拉电阻模式
GPIO_FLAG_PULL_DISABLE	禁止上拉/下拉模式
GPIO_FLAG_TRIG_FALL	设置 GPIO 为中断功能,并且下降沿触发中断
GPIO_FLAG_TRIG_RISE	设置 GPIO 为中断功能,并且上升沿触发中断
GPIO_FLAG_TRIG_LEVEL	设置 GPIO 为中断功能,并且电平触发中断

注:当使用了 GPIO_FLAG_TRIG_LEVEL 标识时,仅能用 GPIO_FLAG_TRIG_FALL 与 GPIO_FLAG_TRIG_RISE 中的一个与其组合使用,分别表示低电平触发和高电平触发。当没有使用 GPIO_FLAG_TRIG_LEVEL 时,可以将 GPIO_FLAG_TRIG_FALL 和 GPIO_FLAG_TRIG_RISE 组合使用表示双边沿触发。

函数 gpiofd_read 读取一个 GPIO 端口的电平状态,只有 0 和 1 两个值,原型分析如下:

- 此函数成功返回 0,失败返回错误码;
- 参数 *fd* 为 GPIO 端口对应的文件描述符;
- 输出参数 *value* 保存读取到的电平值,0 表示低电平,1 表示高电平。

函数 gpiofd_write 设置一个 GPIO 端口的电平状态,只有 0 和 1 两个值,原型分析如下:

- 此函数成功返回 0,失败返回错误码;
- 参数 *fd* 为 GPIO 端口对应的文件描述符;
- 参数 *value* 为需要设置的电平值,0 表示低电平,1 表示高电平。

上面的函数仅能处理 GPIO 的输入输出,但无法使用其中断功能。因为在驱动程序中使用 GPIO 的中断功能的方式是调用系统内核 API 注册相应的中断服务程序,但应用程序不能调用这些函数。

I/O 多路复用(select)允许任务阻塞地等待一个或多个文件描述符满足指定状态(可读、可写或异常)。SylixOS 利用这一点,为应用程序提供了使用 GPIO 中断功能的方法。当一个具有中断功能的 GPIO 产生中断时,内核会唤醒所有通过调用 select 等待该 GPIO 文件描述符可读状态的线程,通知线程中断产生。当 select 正确返回时,线程处理相应的事务,这类似于完成了一次中断服务。

GPIO 设备操作示例程序:**chapter11/gpiodev_example**,展示了 GPIO 设备的一般使用方法。

该程序中,假设控制 LED 的端口编号为 52,检测按键中断的端口编号为 32,并假设当按键按下时会产生一个下降沿中断。将 fdset 设置为 select 函数的读等待文件描述符集,即等待按键 GPIO 文件可读,实际上就是等待按键中断产生。该程序的效果是,每当按下一次按键,LED 灯的状态就会改变一次(从点亮到熄灭或从熄灭到点亮)。

11.13 CAN 设备

CAN(Controller Area Network),即控制局域网,是一种串行通信协议,在汽车电子、自动控制、安防监控等领域都有广泛的应用。

CAN 总线协议的规范定义了 OSI 7 层通信模型的最低两层:数据链路层和物理层。在实际应用中,通常会在一个基于 CAN 基本协议的高层协议(应用层)进行通信。

CAN 的基本协议中,使用帧为基本传输单元,类似于以太网中的 MAC 帧,CAN 控制器负责对 CAN 帧进行电平转换、报文校验、错误处理、总线仲裁等处理。但是 CAN 帧里没有源地址和目的地址,这说明在一个 CAN 总线系统中,所有节点的 CAN 控制器不能像以太网那样进行硬件地址过滤从而实现定向通信,只能由应用层根据 CAN 帧的内容决定是否接收该帧。CAN 高层协议即是处理类似的工作,将 CAN 帧的各个字段认真地进行定义,赋予其特殊的含义,并且处理一些底层协议没有处理的工作,例如总线上的设备类型定义、设备状态监控和管理等,我们把 CAN 高层协议统称为 CAN 应用层协议。

目前,CAN 应用层协议有 DeviceNet、CANopen、CAL 等,它们针对不同的应用场合有自己的协议标准。限于篇幅,本篇不介绍 CAN 底层协议以及应用协议的具体知识。

SylixOS 中的 CAN 总线设备仅支持底层协议,该设备为一个字符型设备,但是对它的读写操作都必须以 CAN 帧为基本单元。SylixOS 中对 CAN 帧的定义位于<SylixOS/system/device/can.h>头文件中,CAN_FRAME 结构定义见程序清单 11.17。

程序清单 11.17　CAN_FRAME 结构

```
#define   CAN_MAX_DATA        8                    /*  CAN 帧数据最大长度 */
typedef struct {
    UINT            CAN_uiId;                      /*  标识码            */
    UINT            CAN_uiChannel;                 /*  通道号            */
    BOOL            CAN_bExtId;                    /*  是否是扩展帧      */
    BOOL            CAN_bRtr;                      /*  是否是远程帧      */
    UCHAR           CAN_ucLen;                     /*  数据长度          */
    UCHAR           CAN_ucData[CAN_MAX_DATA];      /*  帧数据            */
} CAN_FRAME;
typedef CAN_FRAME   *PCAN_FRAME;
```

成员 CAN_uiId 为 CAN 节点标示符,在一个 CAN 总线系统中,每个节点的标

示符都是唯一的。如果成员 CAN_bExtId 为 FALSE，这表示一个标准帧，CAN_uiId 的低 11 位有效，反之则表示为一个扩展帧，则 CAN_uiId 的低 29 位有效。大多数应用协议都会将 CAN_uiId 进行再定义，比如将一部分位用来表示设备的数据类型，一部分位表示设备的地址等。因此，扩展帧的目的是为了在已有的基础上，满足更多的应用数据需求和统一网络内支持更多的设备。

CAN_uiChannel 不是 CAN 协议规定的，SylixOS 中用该数据表示系统中 CAN 设备的硬件通道编号，实际应用中通常不用处理。CAN_bRtr 表示是否为一个远程帧，远程帧的作用是让希望获取帧的节点主动向 CAN 系统中的节点请求与该远程帧标示符相同的帧。一个 CAN 帧的最大帧数据长度为 8 字节，成员 CAN_ucLen 表示当前帧中数据的实际长度，CAN_ucData 表示实际的数据。

现在我们考虑这样一个应用场景：在一个 CAN 总线系统中，存在许多专门负责数据采集的节点，它们采集的数据类型不同，相应的数据格式也不相同，当然也可能存在多个采集同一种数据类型的节点。系统中还有一个负责收集并处理这些数据的节点，它的基本要求是能够正确地识别不同的数据格式并作相应的解析处理。

为了有效地区分不同的数据类型，我们可以将 CAN 帧里面的数据进行人为的定义，例如可以将 CAN_uiId 的一部分数据位用来表示数据类型，剩下的表示节点 ID，但这样会让整个 CAN 系统所能支持的总的 CAN 节点变少；另一种方法是将 CAN_ucData 的一部分数据位（比如第一个字节）表示数据类型，但这样会让单次可传输的数据量减少。

为了描述这些行为，有必要定义一个通用的操作标准，相当于自定义了一个 CAN 应用层协议（见程序清单 11.18），本书将自定义的协议简单地称为 APP，且定义在 appLib.h 里。

程序清单 11.18　CAN 自定义应用协议

```
#ifndef __APP_LIB_H
#define __APP_LIB_H
#define APP_TYPE_MASTER          0
#define APP_TYPE_INT32           1
#define APP_TYPE_STRING          2
#define APP_ADDR_MASTER          0
#define APP_TYPE(id)             ((id >> 7) & 0x0f)
#define APP_ADDR(id)             (id & 0x3f)
#define APP_NET_ID(t, a)         ((((UINT)t & 0x0f) << 7) | ((UINT)a & 0x3f))
```

```
static  inline INT32  __appByteToInt32 (const UCHAR * pucByte)
{
    INT32 iData;
    iData = ((INT32)pucByte[0])
|     ((INT32)pucByte[1] << 8)
|     ((INT32)pucByte[2] <<16)
|     ((INT32)pucByte[3] <<24);
    return  (iData);
}
static inline  VOID  __appInt32ToByte (UCHAR * pucByte, INT32 iData)
{
    pucByte[0] = iData & 0xff;
    pucByte[1] = (iData >> 8) & 0xff;
    pucByte[2] = (iData >> 16) & 0xff;
    pucByte[3] = (iData >> 24) & 0xff;
}
extern UINT  __appSlaveAddrGet(VOID);
#endif                    /* __APP_LIB_H     */
```

如程序清单 11.18 所示，本书将 CAN 底层协议定义的 ID 进行了重新定义，首先该系统中只存在标准帧，这意味着 ID 的有效数据位为 11 位，将高 4 位用来表示数据的类型，低 7 位表示 CAN 设备地址。为了简单，定义了两个数据类型，一个表示数据是 32 位的有符号整数，另一个表示数据是字符串。此外，将系统中负责收集数据的节点称作主节点(master)，将负责信息采集的节点称作从节点(slave)。宏定义 APP_ADDR_MASTER 为主节点预留了一个设备地址，这说明，整个系统中，只能存在一个主节点。

内联函数__appByteToInt32 和__appInt32ToByte 处理类型为整数的数据，前者用于主节点在接收到字节形式的数据后解析为实际使用的整数，后者用于从节点在发送整数数据之前将其处理为字节形式的数据，随后发送到网络。

__appSlaveAddrGet 用于获得一个唯一的从节点地址。正如以太网中的 IP 地址和 MAC 地址一样，一个网络中节点的唯一标识一定是由第三方机构来管理的(IP 地址由 IANA 管理，MAC 地址由 IEEE 管理)。我们的 CAN 总线系统中，每一个节点虽然可以人为保证地址的唯一性，但地址的来源或者说存储方式可能不尽相同，它可以来自于 EEPROM、NANDFLASH 或 SD 卡等非易失存储器，甚至我们可以在整个系统中提供一个类似 DHCP 的服务节点，让其他节点动态获得地址信息。正因为有如此多的可能性，我们将地址获取的方法交给具体的应用来处理，因此上面的函数并未实现，而是仅仅声明为一个外部函数。

CAN 自定义协议之主节点示例程序：chapter11/can_master_example。

该程序为主节点程序，其功能非常简单，即不断地获取网络中来自从节点的数据，并根据数据类型作相应处理后打印出来。注意一定要以一个 CAN 帧为基本大小读取数据。

CAN 自定义协议之从节点示例程序：chapter11/can_slave_example。

该程序为从节点程序，每隔 5 秒钟向系统报告一次类型为整数的数据，需要做的工作仅仅是将 ID 里面的数据类型域设置为 APP_TYPE_INT32。

我们的示例程序中，并没有用到 CAN 帧里面的扩展帧和远程帧标识，也没有处理更多通信的细节。比如某一个节点通信出现异常时有效地恢复、通信的发起和应答、不同节点之间大小端数据的处理等。前面提到已有的 CAN 应用层协议均会处理这些保证通信稳定性和有效性的问题，并为应用提供方便的操作接口。

11.14　虚拟设备文件

Linux 内核自 2.6.22 版本开始逐步增加了三个虚拟设备文件：eventfd、timerfd、signalfd。这三个文件让应用程序可以通过标准 I/O 操作的方式代替传统调用 API 的方式来使用事件(信号量)、定时器和信号资源，这带来的最大好处是应用程序可以通过使用 select(或 poll、epoll)同时监听多个此类文件(或此类文件与其他文件)，将对多个事件的异步并行处理方便地转化为同步串行处理，这在许多应用中非常有用。SylixOS 完全兼容这三个虚拟设备文件，并且增加了一个 hstimerfd，用于高精度定时器。

下面将分别介绍它们的使用方法。

11.14.1　eventfd

eventfd 主要用于线程之间的事件通知，Linux 由于支持 fork 系统调用，因此也可以用于父子进程之间的事件通知。相关 API 介绍如下：

```
int eventfd(unsigned int initval , int flags );
int eventfd_read(int fd , eventfd_t * value );
int eventfd_write(int fd , eventfd_t value );
```

函数 eventfd 原型分析：

- 该函数成功返回一个文件描述符，失败返回负数并设置错误号；
- 参数 *initval* 表示事件的初始状态，例如为 0 表示当前没有任何事件产生；
- 参数 *flags* 为该事件文件的操作选项，可以为 EFD_CLOEXEC、EFD_NONBLOCK 和 EFD_SEMAPHORE。EFD_SEMAPHORE 的具体含义随后

讲解。

函数 eventfd_read 用于读取事件文件，即等待事件的发送。当没有事件且未使用 EFD_NONBLOCK 参数，该函数将会阻塞，其原型分析如下：

- 该函数成功返回 0，失败返回错误码；
- 参数 *fd* 即为通过 eventfd 打开的一个事件文件描述符；
- 输出参数 *value* 保存读取的事件数量值，其行为与 EFD_SEMAPORE 标志有关。eventfd_t 在大多数系统中被定义为一个无符号 64 位整型数，正常情况下，它能表示的事件数量可以理解为无限多。

当使用 eventfd 函数的参数 *flags* 包含了 EFD_SEMAPORE 时，其含义为将事件按照计数信号量来操作。即如果当前已经产生了多个事件，每一次读取只会获得一个事件，该文件内部的事件计数器只减 1，*value* 里面的内容为 1。当没有使用 EFD_SEMAPORE 时，一次读取所有的事件，*value* 里面的内容即为读取的事件数量，内部的事件计数器归零。两种方式可满足应用程序在不同场景的需求。

函数 eventfd_write 用于写事件文件，即发送事件。当内部事件计数器达到最大值时，将不能继续发送事件，此时返回错误，其原型分析如下：

- 该函数成功返回 0，失败返回错误码；
- 参数 *fd* 即为通过 eventfd 打开的一个事件文件描述符；
- 输入参数 *value* 为发送的事件数量，其行为与 EFD_SEMAPHORE 标志有关。

使用 event 文件实现线程间同步程序：chapter11/eventfd_example。该程序展示了 eventfd 的使用方法。

该程序中，子线程不断地往事件文件写入数值递增的事件，主线程不断地读取事件并打印本次事件的数值。

事件文件的读和写是一个相互同步的过程，一次事件的数值可理解为事件发生后所能处理的资源数量，EFD_SEMAPHORE 则允许事件接收方决定是一次处理多个资源还是单个资源。

11.14.2 timerfd

在第 9 章时间管理部分，我们曾介绍了使用 SylixOS 定时器相关的 API 函数，使用 timerfd 也同样能够实现定时器功能，相关 API 如下：

```
#include <timerfd.h>
int timerfd_create(clockid_t clockid , int flags );
int timerfd_settime(int  fd , int flags , const struct itimerspec * ntmr ,
                    struct itimerspec * otmr );
int timerfd_gettime(int  fd , struct itimerspec * currvalue );
```

函数 timerfd_create 原型分析：

- 该函数成功返回定时器文件描述符，失败返回负数并设置错误号；
- 参数*clockid* 表示该定时器参考的时钟源类型，可以为 CLOCK_REALTIME 或 CLOCK_MONOTONIC，分别代表真实时间和线性递增时间；
- 参数*flags* 是定时器文件选项位标识，可以是 TFD_CLOEXEC（等于 O_CLOEXEC）和 TFD_NONBLOCK（等于 O_NONBLOCK）；

函数 timerfd_settime 用于设置定时器启动时间以及重载时间间隔。原型分析如下：

- 该函数成功返回 0，失败返回负数并设置错误号；
- 参数*fd* 为定时器文件描述符；
- 参数*flags* 为与定时时间相关的标识，可以是 0 或者 TIMER_ABSTIME，它影响参数*ntmr* 的含义；
- 参数*ntmr* 描述了定时器的时间参数：启动时间和重载时间；
- 输出参数*otmr* 保存旧的时间参数，可以为 NULL。

数据类型 itimerspec 的定义见程序清单 11.19。

程序清单 11.19　itimerspec 结构

```
struct itimerspec {
    struct timespec  it_interval;          /*  定时器重载值            */
    struct timespec  it_value;             /*  到下一次到期为止剩余时间 */
};
```

it_interval 为定时器周期触发的时间间隔，it_value 表示定时器第一次触发的时间。该值的含义由*flags* 定义，如果设置了 TIMER_ABSTIME 标识，则表示 it_value 为一个绝对时间，当系统时间到达该值时定时器触发。如果*flags* 为 0，则表示 it_value 为一个相对时间，经过该时间值后定时器触发。两者的类型都为 timespec，这意味着，定时器可以达到纳秒级别的时间精度。

函数 timerfd_gettime 获得定时器文件当前的时间参数，其原型分析如下：

- 该函数成功返回 0，失败返回负数并设置错误号；
- 参数*fd* 为定时器文件描述符；
- 输出参数*currvalue* 保存当前时间参数。

一旦调用 timerfd_settime 成功，即会启动定时器，并在满足设置的时间条件时触发定时器。应用程序可使用 read 或 select 来等待定时器触发（与 GPIO 设备相同）。

timerfd 应用实例程序：**chapter11/timerfd_example** 。

该程序中，创建定时器时，其参数*flags* 为 0，表示使用相对时间，在调用 timerfd_settime 时，其时间参数的设置表示，定时器自启动后经过 3 秒触发，之后每隔 1 秒触发一次。私有函数 show_elapsed_time 用于显示自定时器启动后所经过的时间，以此作为检验定时器精确度的一个标准。程序在等待定时器第一次触发后，每隔 2 秒周期性地去等待定时器的触发状态。

注意，这里通过 read 的方式等待定时器触发，其读取的数据为一个 64 位无符号类型，该数据表示的是定时器到本次触发为止总共触发了多少次，我们也把它叫作定时器到期的次数。

在 SylixOS Shell 下运行程序，结果如下：

```
#./timerfd_test
time elapsed: 0.000 seconds.
time elapsed: 2.996 seconds.
timer is triggered, expire count = 1.
time elapsed: 4.996 seconds.
timer is triggered, expire count = 2.
time elapsed: 6.996 seconds.
timer is triggered, expire count = 2.
time elapsed: 8.996 seconds.
timer is triggered, expire count = 2.
time elapsed: 10.996 seconds.
timer is triggered, expire count = 2.
time elapsed: 12.996seconds.
timer is triggered, expire count = 2.
……
```

从结果可以看出，定时器在第一次触发时，经过了 2.996 秒(有一定精度偏差)，并且显示定时器到期计数为 1，这符合我们的设定。在之后，由于定时器每隔 1 秒触发一次，因此我们每隔 2 秒去获得的定时器到期计数为 2，也与预期一致。

需要注意的是，设定定时器时间参数时，如果 it_value 的时间值为 0，并不表示定时器立即触发，而是表示停止定时器。同样的，it_interval 的时间值为 0，也不表示定时器无等待时间无限触发，而是停止定时器。

11.14.3 hstimerfd

SylixOS 支持时间精度可高于系统时钟的定时器，并提供相关 API 函数(见第 9 章)，高精度定时器只能保证其时间精度不低于普通定时器，这完全取决于系统硬件以及 BSP 包的支持。SylixOS 同样提供了类似于 timrfd 的 hstimerfd 文件，让应用程序通过标准 I/O 使用高精度定时器。相关 API 定义如下：

```
#include <sys/hstimerfd.h>
int hstimerfd_hz(void);
int hstimerfd_create(int flags );
int hstimerfd_settime(int fd ,
                      const struct itimerspec * ntmr ,
                      struct itimerspec * otmr );
int hstimerfd_settime2(int  fd , hstimer_cnt_t * ncnt , hstimer_cnt_t * ocnt );
int hstimerfd_gettime(int  fd , struct itimerspec * currvalue );
int hstimerfd_gettime2(int  fd , hstimer_cnt_t * currvalue );
```

hstimerfd_settime 和 hstimerfd_gettime 函数与上一节的普通定时器 API 的参数和行为一致。hstimerfd_hz 函数返回高精度定时器的计数频率，亦是可以达到的定时精度。

函数 hstimerfd_create 原型分析：

- 该函数成功时返回文件描述符，失败时返回负数并设置错误号；
- 参数*flags* 为文件标识，可以是 HSTFD_CLOEXEC（等于 O_CLOEXEC）和 HSTFD_NONBLOCK（等于 O_NONBLOCK）；

函数 hstimerfd_settime2 原型分析：

- 该函数成功返回 0，失败返回错误码；
- 参数*fd* 为高精度定时器文件描述符；
- 参数*ncnt* 类似为 hstimer_cnt_t，表示新的定时器时间计数参数；
- 输出参数*ocnt* 保存旧的定时器时间计数参数。

hstimerfd 提供了新的时间参数方式，即使用高精度定时器的计数值来作为其时间参数，数据结构 hstimer_cnt_t 的定义见程序清单 11.20。

程序清单 11.20 hstimer_cnt_t 结构

```
typedef struct hstimer_cnt {
    unsigned long   value;
    unsigned long   interval;
} hstimer_cnt_t;
```

成员变量 value 表示定时器自启动后第一次触发经过的计数值（即首次到期计数值），interval 为定时器周期触发的计数值。

函数 hstimerfd_gettime2 原型分析：

- 该函数成功返回 0，失败返回错误码；
- 参数*fd* 为高精度定时器文件描述符；
- 输出参数*currvalue* 保存定时器当前的时间参数。

高精度定时器除了时间精度与普通定时器有区别以外，其他行为与普通定时器相似，因此这里不再给出相关示例。

11.14.4 signalfd

传统的信号处理方式是使用 signal 或 sigaction 函数注册关心的信号处理函数，在信号发生时，这些函数会以异步的方式被调用，因此在使用中需要考虑数据并发的问题，其相关 API 及其使用方法见第 8 章。signalfd 允许应用程序以文件的方式等待信号的产生并同步处理这些信号，signalfd 为一个标准 I/O 设备文件，其定义位于 <sys/signalfd.h>头文件，如下所示：

```
#include <sys/signalfd.h>
int signalfd(int   fd , const sigset_t * mask , int flags );
```

函数 signalfd 原型分析：

- 该函数成功返回一个信号文件描述符，失败返回负数并设置错误号；
- 参数 *fd* 表示一个已有的信号文件描述符。如果为－1 则表示新创建一个信号文件；

如果为一个已有的信号文件描述符，则表示重新设置其需要处理的信号；

- 参数 *mask* 为一个包含了需要关心的信号集；
- 参数 *flags* 可以为 SFD_CLOEXEC（等于 O_CLOEXEC）和 SFD_NONBLOCK（等于 O_NONBLOCK）。

当成功调用 signalfd 函数后，其返回的文件描述符即与参数 *mask* 所指定的信号进行了关联。之后使用 read 函数等待信号的发生，读取的数据为一个 signalfd_siginfo 结构，其定义见程序清单 11.21。

程序清单 11.21 signalfd_siginfo 结构

```
struct signalfd_siginfo {
    uint32_t    ssi_signo;          /* Signal number                          */
    int32_t     ssi_errno;          /* Error number (unused)                  */
    int32_t     ssi_code;           /* Signal code                            */
    uint32_t    ssi_pid;            /* PID of sender                          */
    uint32_t    ssi_uid;            /* Real UID of sender                     */
    int32_t     ssi_fd;             /* File descriptor (SIGIO)                */
    uint32_t    ssi_tid;            /* Kernel timer ID (POSIX timers)         */
    uint32_t    ssi_band;           /* Band event (SIGIO)                     */
    uint32_t    ssi_overrun;        /* POSIX timer overrun count              */
    uint32_t    ssi_trapno;         /* Trap number that caused signal         */
    int32_t     ssi_status;         /* Exit status or signal (SIGCHLD)        */
    int32_t     ssi_int;            /* Integer sent by sigqueue(3)            */
    uint64_t    ssi_ptr;            /* Pointer sent by sigqueue(3)            */
```

```
    uint64_tssi_utime;              /* User CPU time consumed (SIGCHLD)   */
    uint64_tssi_stime;              /* System CPU time consumed (SIGCHLD) */
    uint64_tssi_addr;               /* Address that generated signal      */
    /* (for hardware - generated signals)        */
    uint8_t pad[48];
};
```

signalfd_siginfo 的成员变量 ssi_signo 为当前信号的编号，用户可以根据它对不同的信号作对应的处理。signalfd_siginfo 与 siginfo_t 的很多同名成员的含义相同，关于 siginfo_t 的详细介绍见第 8 章。

signalfd 应用示例程序：**chapter11/signalfd_example**，展示了 signalfd 的使用方法。

该程序中，将关心的两个信号 SIGINT 和 SIGQUIT 加入信号集中，随后通过 sigprocmask 将这两个信号阻塞。这里和使用 signal 或 sigaction 处理信号的方式不同，它们要求关心的信号不能被阻塞，而使用 signalfd 时，如果不阻塞这些信号，则当信号发生时会转到默认的信号处理函数中。

当信号发生时，虽然这些信号被阻塞了，但系统会将与这些信号关联的文件置为可读状态，因此可以使用 read 函数等待信号的发生。使用这种方式，SIGINT 和 SIGQUIT 在一个线程里被串行处理。

该程序在运行后，首先通过 ***ps*** 命令查看其结果如下：

```
#./signalfd_test&
#ps
      NAME                  FATHER     STAT  PID   GRP    MEMORY    UID    GID    USER
---------------- ---------------- ---- ----- ----- ---------- ----- ----- ------
kernel                    <orphan>    R     0     0      16KB       0      0      root
Application_of_Signalfd   <orphan>    R     124   124    232KB      0      0      root
```

测试程序的名称为 signalfd_test，其 PID 为 124（PID 的值根据实际情况会发生变化）。使用 kill 命令向该进程发送关心的两个信号，SIGINT 对应的编号为 2，SIGQUIT 对应的编号为 3，结果如下：

```
#kill -n 2 124
got SIGINT signal.
#kill -n 3 124
got SIGQUIT signal.
```

在 Linux 中，使用 Ctrl＋C 组合键可给当前进程发送 SIGINT 信号，使用 Ctrl＋\ 组合键可给当前进程发送 SIGQUIT 信号。在 SylixOS 中，使用 Ctrl＋C 组合键总是使当前进程退出，而不会输出上面的信息。

第 12 章

热插拔系统

12.1 热插拔系统简介

热插拔系统用于管理、监控系统中所有热插拔设备的插入/拔出状态，从而能够让系统内部自动完成此类设备的创建/删除工作，而无需用户手动处理。同时，热插拔系统还会收集热插拔相关信息，供操作系统和应用程序使用。热插拔系统总体结构如图 12.1 所示。

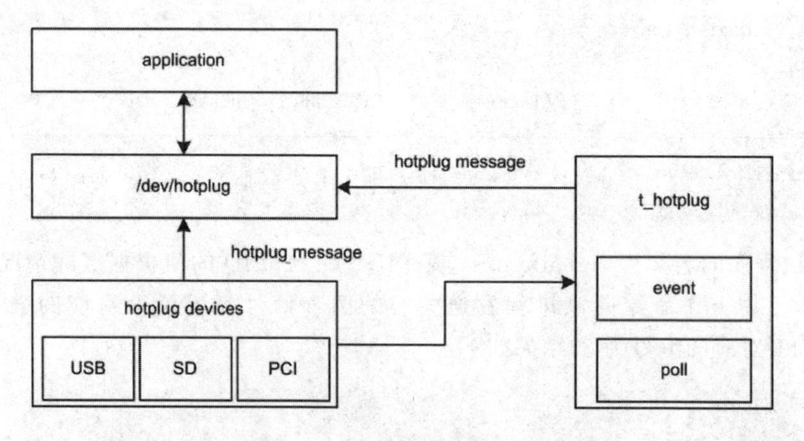

图 12.1 热插拔系统总体结构

SylixOS 中有一个名称为 t_hotplug 的内核线程，设备的热插拔状态通过事件的方式报告给该线程，对设备的创建/删除工作均由该线程处理。某些设备不能产生热插拔事件（如没有插拔中断检测引脚的设备），可以向系统注册热插拔检测函数，t_hotplug 线程会定期调用注册的函数以完成热插拔检测，即轮询检测（对应图 12.1 中的 poll 模块）。

系统中还有一个名为/dev/hotplug 的虚拟设备，它负责收集相关热插拔消息，通常情况下热插拔消息来自于 t_hotplug 线程，也有可能来自于设备驱动程序。应用程序可通过读取/dev/hotplug 设备，获得自己关心的热插拔消息。

SylixOS 定义了当前常见的热插拔设备消息，如 USB、SD、PCI 等。此外，还有网络的连接与断开、电源的连接状态改变等与热插拔行为相似的消息。

12.2　热插拔消息

12.2.1　热插拔消息的格式

热插拔消息的格式如图 12.2 所示。

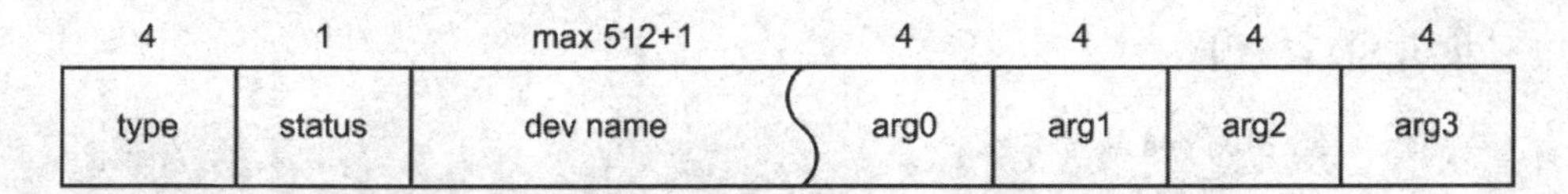

图 12.2　热插拔消息格式

消息的前 4 个字节标识了消息的类型，为大端格式。当前定义的消息类型位于<SylixOS/system/hotplugLib/hotplugLib.h>头文件中，例如：USB 键盘、USB 鼠标、SD 存储卡、SDIO 无线网卡等。在实际的硬件平台上，设备驱动也可以定义自己的热插拔消息类型。

第 5 个字节为设备状态，0 表示拔出，1 表示插入。

从第 6 个字节开始，表示设备的名称，其内容为一个以\0 结束的字符串，应用程序应该以此为结束符得到完整的名称。该名称为一个设备的完整路径名称，如/dev/ttyUSB0、/media/sdcard0 等。由于 SylixOS 中，一个完整路径名称的最大长度为 512，加上结束字符\0，因此，dev name 字段的最大长度为 513。

紧跟着设备名称(\0 字符结尾)的是 4 个可用于灵活扩展的参数，均为 4 字节长度。这 4 个参数可适应不同设备消息的特殊处理。SylixOS 未规定每个参数的具体用法和存储格式(大端或小端)，完全由设备驱动定义。

一个热插拔消息的最大长度为：4 + 1 + 513 + 4 + 4 + 4 + 4 = 534 字节。

12.2.2　处理热插拔消息

处理热插拔消息示例程序：**chapter11/hotplug_example**，展示了如何通过/dev/hotplug 设备获取并处理热插拔消息。

该程序中，对获得的热插拔消息进行了简单的错误处理，即消息长度至少应该为 5 个字节长，因为一个热插拔消息必然包含消息类型和设备的插入/拔出状态两个信息。注意，在程序中处理消息类型时，需要按照大端数据存储格式进行解析，即低地址的字节代表的是高字节数据。消息的额外参数的起始地址即为设备名称起始地址加上其长度和结束字符的地址。

程序运行后，若插入或拔出 SD 存储卡，将会打印如下的信息：

插入 SD 存储卡：

```
get new hotplug message >>
  message type: 346
device status: insert
  device name: /media/sdcard0
    arg0: 0x0000
    arg1: 0x0000
    arg2: 0x0000
    arg3: 0x0000
```

拔出 SD 存储卡：

```
get new hotplug message >>
  message type: 346
device status:remove
  device name: /media/sdcard0
    arg0: 0x0000
    arg1: 0x0000
    arg2: 0x0000
    arg3: 0x0000
```

上面显示消息类型的值为十进制的 346，对比<SylixOS/system/hotplugLib/hotplugLib.h>文件中定义的消息类型，等于 LW_HOTPLUG_MSG_SD_STORAGE(0x0100+90)，这正是 SD 存储卡设备的热插拔消息。消息中的设备名称为/media/sdcard0，这是 SylixOS 中 SD 存储卡的标准命名方式，此外其他的存储设备也会默认挂载在/media 目录下，如 U 盘的名称为/media/udisk0。4 个额外参数的值均为 0，说明 SD 存储卡对应的热插拔消息并未使用这个额外参数(实际上，大部分热插拔消息都未使用额外参数)。

上面的程序为一个通用的检测系统中所有热插拔消息的示例，没有针对具体的消息类型处理对应的额外参数信息，仅仅将其值以十六进制的方式打印出来。由于/dev/hotplug 设备能够被任何程序多次打开，因此在实际使用中，一个程序通常只需要读取自己关心的热插拔消息类型即可，比如 SylixOS 中的 xinput 模块，它只监测输入设备的状态，如 USB 鼠标、USB 键盘等。

注册 USB 相关驱动模块后，系统将接管 USB，键盘、鼠标等设备若要使用，需要添加环境变量，然后重启 SylixOS 设备即可。

```
# env
……
MOUSE = /dev/input/mouse0:/dev/input/touch0
......
# ls /dev/input/
kbd0                mse0
# KEYBOARD = $ KEYBOARD:/dev/input/kbd0
# varsave
environment variables save to /etc/profile success.
```

第13章 网络通信

13.1 TCP/IP 概述

TCP/IP 是 Transmission Control Protocol/Internet Protocol 的简写，被译为传输控制协议/因特网互联协议，又名网络通信协议，是 Internet 最基本的协议，也是 Internet 国际互联网络的基础，TCP/IP 由网络层的 IP 协议和传输层的 TCP 协议组成。

TCP/IP 定义了电子设备如何连入因特网，以及数据如何在它们之间传输的标准。协议采用了 4 层的层级结构，每一层都呼叫它的下一层所提供的协议来完成自己的需求。通俗而言，TCP 负责发现传输的问题，一旦有问题就发出信号，要求重新传输，直到所有数据安全正确地传输到目的地，而 IP 则给因特网的每一台联网设备规定一个地址。

数据传送过程，可以形象地理解为有两个信封，TCP 和 IP 就像是信封，要传递的信息被划分成若干段，每一段塞入一个 TCP 信封，并在该信封面上记录有分段号的信息，再将 TCP 信封塞入 IP 大信封，发送到网络上。在接收端，一个 TCP 软件包收集信封，抽出数据，按发送前的顺序还原，并加以校验，若发现差错，TCP 将会要求重发。对普通用户来说，并不需要了解网络协议的整个结构，仅需了解 IP 的地址格式，即可与世界各地进行网络通信。

13.1.1 TCP/IP 的分层

如图 13.1 所示是 TCP/IP 协议的 4 层结构与 OSI 的 7 层结构的对应关系。

TCP 和 UDP 是两种最为著名的传输层协议，二者都使用 IP 作为网络层协议。虽然 TCP 使用不可靠的 IP 服务，但它却提供一种可靠的传输层服务。

• 链路层：有时也称作数据链路层或网络接口层，通常包括操作系统中的设备

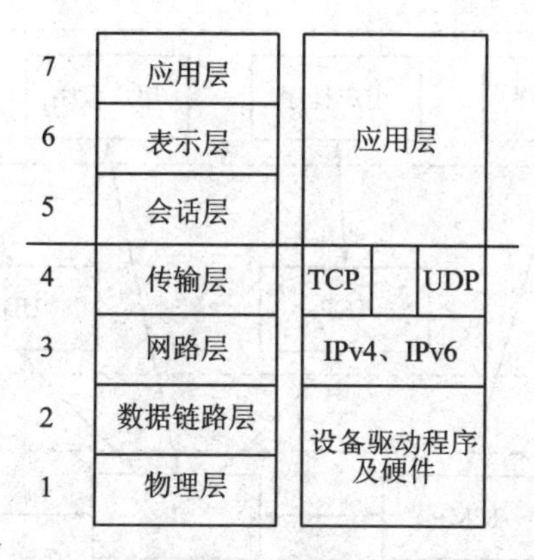

图 13.1 网络协议模型

驱动程序和计算机中对应的网络接口卡。它们一起处理与电缆(或其他任何传输媒介)相关的物理接口细节。

- 网络层:有时也称作互联网层,处理分组在网络中的活动,例如分组的选路。在 TCP/IP 协议族中,网络层协议包括 IP 协议(网际协议),ICMP 协议(Internet 互联网控制报文协议),以及 IGMP 协议(Internet 组管理协议)。
- 传输层:主要为两台主机上的应用程序提供端到端的通信。在 TCP/IP 协议族中,有两个不相同的传输协议,TCP(传输控制协议)和 UDP(用户数据报协议)。TCP 提供高可靠性的数据通信,它所做的工作包括把应用程序交给它的数据分成合适的小块交给下面的网络层,确认接收到的分组,设置发送最后确认分组的超时时钟等。UDP 则为应用层提供一种非常简单的服务,它只是把称作数据报的分组从一台主机发送到另一台主机,但并不保证该数据报能到达另一端。任何的可靠性必须由应用层来提供。
- 应用层:负责处理特定的应用程序细节,以下是一些通用的应用程序协议:
  - FTP 文件传输协议;
  - SMTP 简单邮件传输协议;
  - SNMP 简单网络管理协议。

在 TCP/IP 协议族中,有很多种协议,图 13.2 所示为常用协议。

IPv4 版本 4 的网际协议(Internet Protocol version 4)。IPv4(通常称之为 IP)自 20 世纪 80 年代早期以来一直是网际协议族的主力协议。它使用 32 位的地址,给 TCP、UDP、ICMP 和 IGMP 提供传送分组的服务。

IPv6 版本 6 的网际协议(Internet Protocol version 6)。IPv6 设计于 20 世纪 90 年代中期,用以替代 IPv4,其主要变化是使用了 128 位的地址。

TCP 传输控制协议(Transmission Control Protocol),是一种面向连接的协议。它给用户提供可靠的全双工的字节流。TCP 套接口是流套接口(stream socket)的

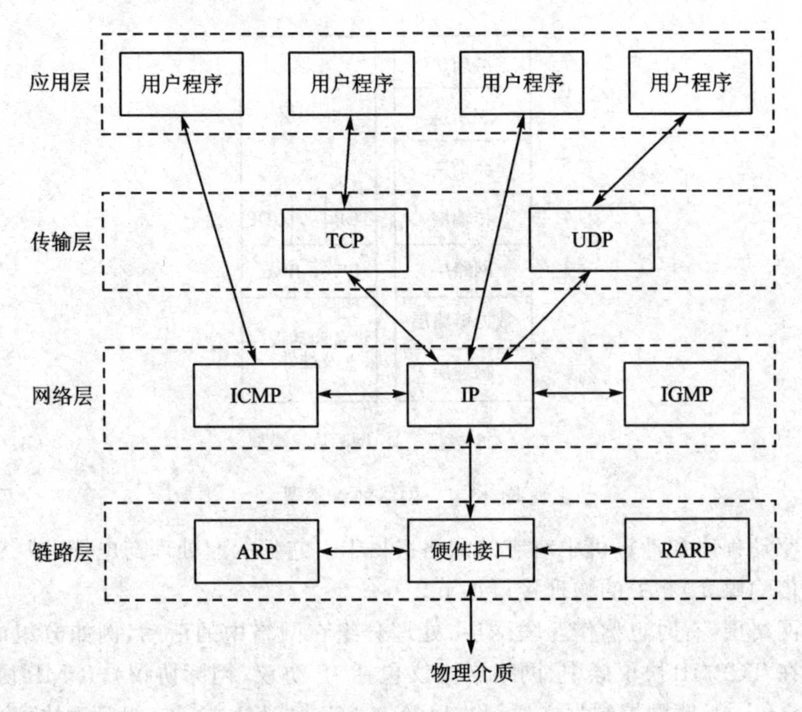

图 13.2 协议分层中各层协议

一种。TCP 关心诸如确认、超时和重传等具体细节。

UDP 用户数据报协议(User Datagram Protocol),是一种无连接协议。UDP 套接口是数据报套接口(datagram socket)的一种。UDP 数据报不能保证最终到达它们的目的地。

IP 网际协议(Internet Protocol),是网络层上的主要协议。它同时被 TCP 和 UDP 使用。TCP 和 UDP 的每组数据都通过端系统和每个中间路由器中的 IP 层在互联网中进行传输。

ICMP 网际控制协议(Internet Control Message Protocol)。ICMP 处理路由器和主机间的错误和控制消息(例如:检查网络是否连通的 ***ping*** 命令就是 ICMP 协议工作的过程)。

IGMP 网际组管理协议(Internet Group Management Protocol)。IGMP 用于多播,它用来把一个 UDP 数据报多播到多个主机。

ARP 地址解析协议(Address Resolution Protocol)。ARP 把 IPv4 地址映射到硬件地址(如以太网地址)。ARP 一般用于广播网络,如以太网、令牌环等,而不用于点到点网络。

RARP 反向地址解析协议(Reverse Address Resolution Protocol)。它把硬件地址映射到 IPv4 地址。它有时用于无盘节点的引导。

图 13.3 所示为运行 FTP 协议客户端——服务器模式所涉及到的所有协议。

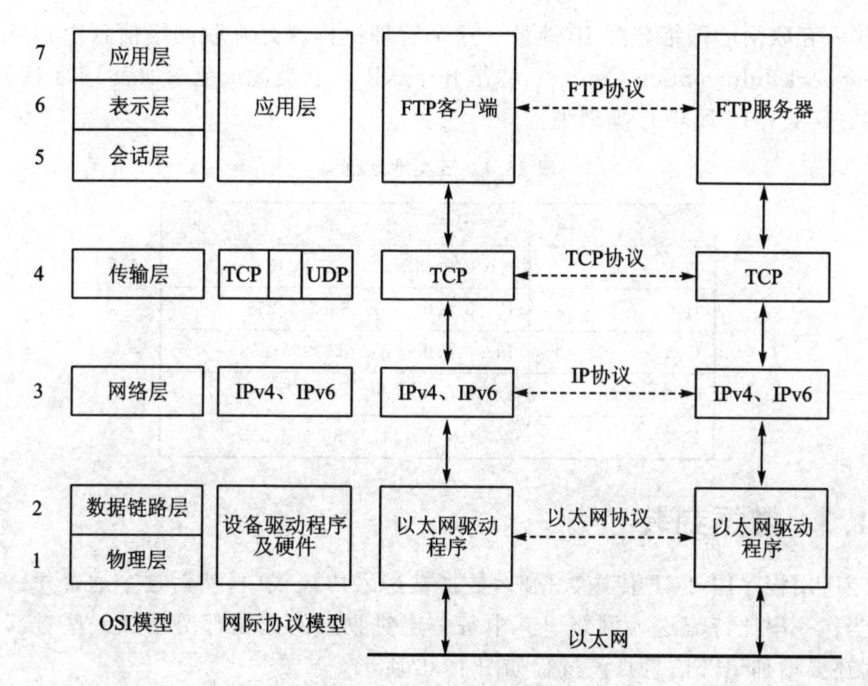

图 13.3　FTP 通信模型

13.1.2　IP 地址

互联网上的每个接口必须有一个唯一的 Internet 地址(也称作 IP 地址)。IP 地址长度为 32 位且具有一定的结构,五类不同的互联网地址格式如图 13.4 所示。

类别	格式					
A类	0	7位网络号	24位主机号			
B类	1	0	14位网络号	16位主机号		
C类	1	1	0	21位网络号	8位主机号	
D类	1	1	1	0	28位多播组号	
E类	1	1	1	1	0	27位保留

图 13.4　五类地址表示方法

这些 32 位的地址通常写成四个十进制的数,其中每个整数对应一个字节。这种表示方法称作“点分十进制表示法(dotted decimal notation)”。区分各类地址的最简单方法是看它的第一个十进制整数。

需要指出的是,多接口主机具有多个 IP 地址,其中每个接口都对应一个 IP 地址。由于互联网上的每个接口必须有一个唯一的 IP 地址,因此必须要有一个管理机构为接入互联网的网络分配 IP 地址。这个管理机构就是互联网络信息中心(Internet Network Information Center),称作 InterNIC。五类地址范围如表 13.1 所列,例如:192.168.1.15 属于 C 类地址。

表 13.1　五类地址范围

类　型	范　围
A类	0.0.0.0～127.255.255.255
B类	128.0.0.0～191.255.255.255
C类	192.0.0.0～223.255.255.255
D类	224.0.0.0～239.255.255.255
E类	240.0.0.0～247.255.255.255

13.1.3　数据封装

当应用程序用 TCP 传送数据时,数据被送入协议栈中,然后逐个通过每一层直到被当作一串比特流送入网络。其中每一层对收到的数据都要增加一些首部信息(有时还要增加尾部信息),该过程如图 13.5 所示。

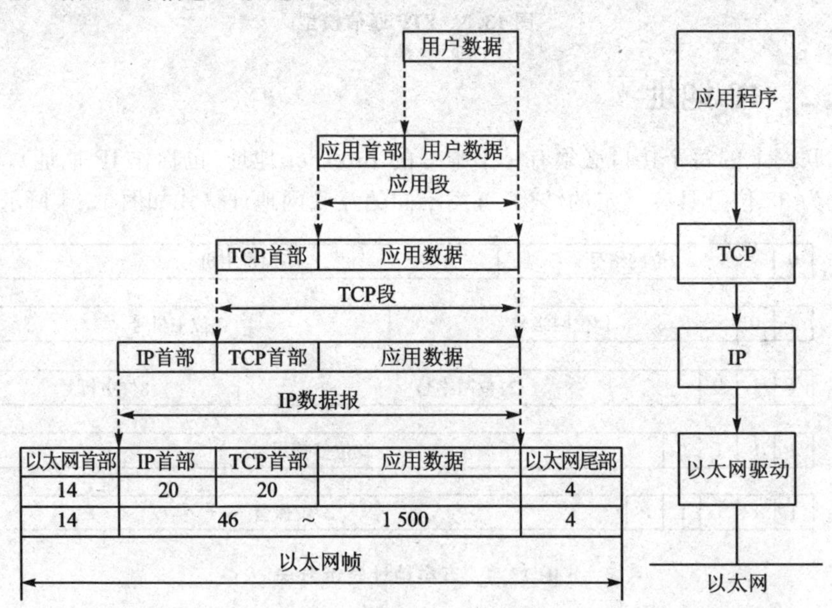

图 13.5　数据流的协议封装

图 13.5 底部表示了各协议首部典型的长度值,如以太网首部为 14 octet[①]、IP 首部为 20 octet 等,以太网数据帧的物理特性是其长度必须在 46～1 500 octet 之间。

① 所有的 Internet 标准和大多数有关 TCP/IP 的书籍都使用 octet 这个术语来表示字节。

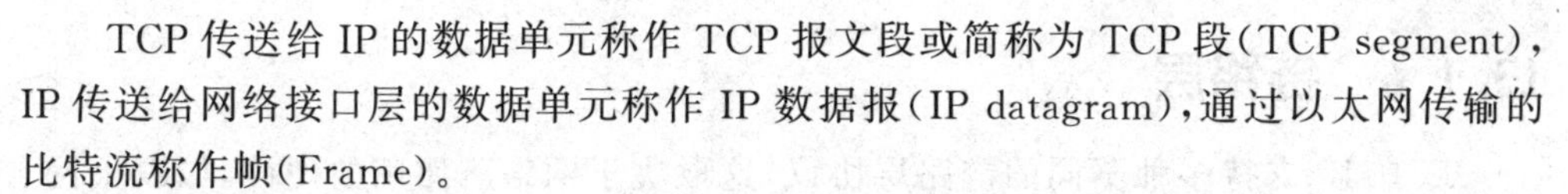

TCP 传送给 IP 的数据单元称作 TCP 报文段或简称为 TCP 段(TCP segment),IP 传送给网络接口层的数据单元称作 IP 数据报(IP datagram),通过以太网传输的比特流称作帧(Frame)。

UDP 数据与 TCP 数据基本一致,唯一的不同是 UDP 传送给 IP 的信息单元称作 UDP 数据报(UDP datagram),而且 UDP 的首部长为 8 字节。由于 TCP、UDP、ICMP 和 IGMP 都要向 IP 传送数据,因此 IP 必须在生成的 IP 首部中加入某种标识,以表明数据属于哪一层。为此,IP 在首部中存入一个长度为 8 bit 的数值,称作协议域,1 表示为 ICMP 协议,2 表示为 IGMP 协议,6 表示为 TCP 协议,17 表示为 UDP 协议。

13.1.4 数据分用

当目的主机收到一个以太网数据帧时,数据就开始从协议栈中由底向上升,同时去掉各层协议加上的报文首部。每层协议都要去检查报文首部中的协议标识,以确定接收数据的上层协议,这个过程称为数据分用,如图 13.6 所示。

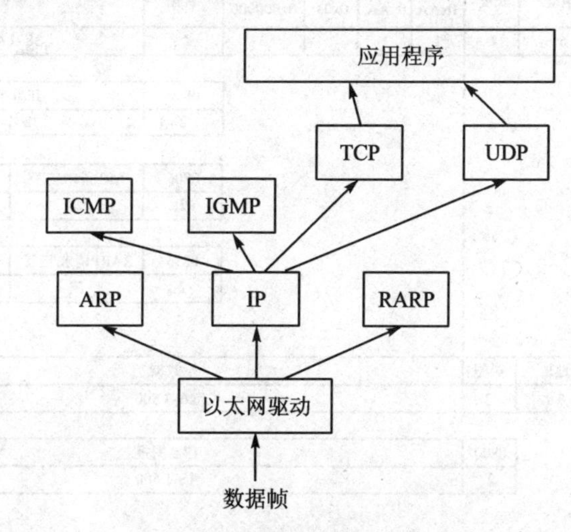

图 13.6 以太网数据帧分用过程

13.1.5 端口号

TCP 和 UDP 采用 16 bit 的端口号来识别应用程序。那么这些端口号是如何选择的呢?服务器一般都是通过知名端口号来识别的。例如,对于每个 TCP/IP 实现来说,FTP 服务器的 TCP 端口号都是 21,每个 Telnet 服务器的 TCP 端口号都是 23,每个 TFTP (简单文件传送协议)服务器的 UDP 端口号都是 69。任何 TCP/IP 实现所提供的服务都用知名的 1~1 023 之间的端口号。这些知名端口号由 Internet 号分配机构(Internet Assigned Numbers Authority, IANA)来管理。

13.1.6 链路层

TCP/IP 支持多种不同的链路层协议，这取决于网络所使用的硬件，如以太网、令牌环网、FDDI（光纤分布式数据接口）及 RS－232 串行线路等。从图 13.7 中可以看出，在 TCP/IP 协议族中，链路层主要有以下几个目的：

- 为 IP 模块发送和接收 IP 数据报；
- 为 ARP 模块发送 ARP 请求和接收 ARP 应答；
- 为 RARP 发送 RARP 请求和接收 RARP 应答。

其中 802.3 针对整个 CSMA /CD 网络，802.4 针对令牌总线网络，802.5 针对令牌环网络。802.2 和 802.3 定义了一个与以太网不同的帧格式。以太网 IP 数据报的封装是在 RFC 894 中定义的，IEEE 802 网络的 IP 数据报封装是在 RFC 1042 中定义的。封装格式，如图 13.7 所示。

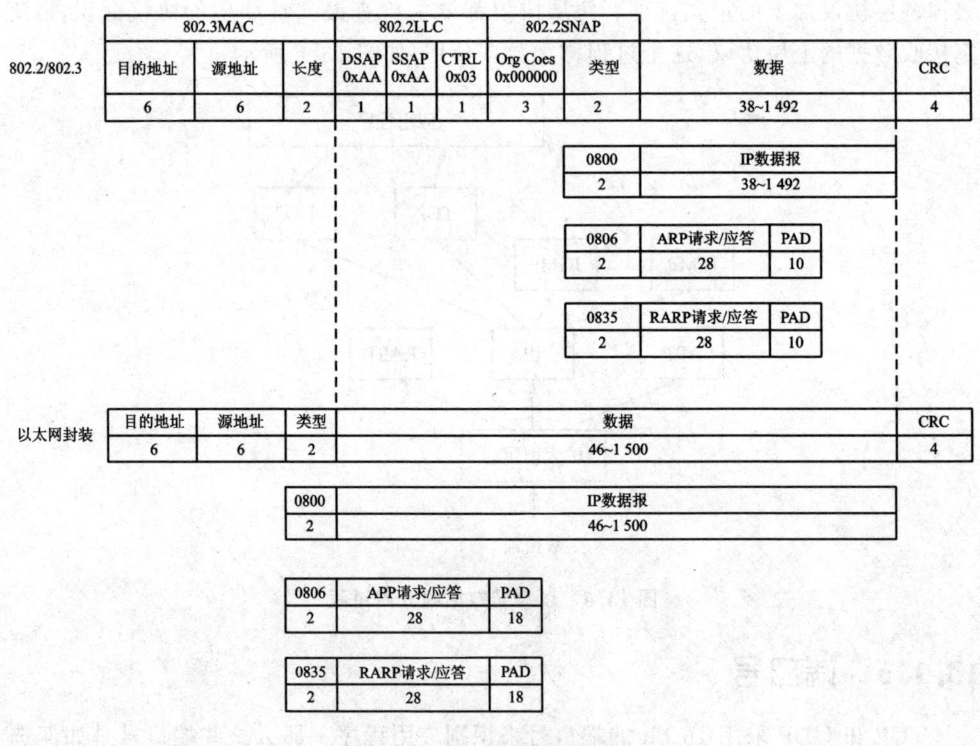

图 13.7 以太网帧封装格式

SLIP 的全称是 Serial Line IP。它是一种在串行线路上对 IP 数据报进行封装的简单形式，在 RFC 1055 中有详细描述。SLIP 适用于家庭中每台计算机几乎都有的 RS－232 串行端口和高速调制解调器接入 Internet。

SLIP 协议定义的帧格式：

- IP 数据报以一个称作 END（0xC0）的特殊字符结束。同时，为了防止数据报

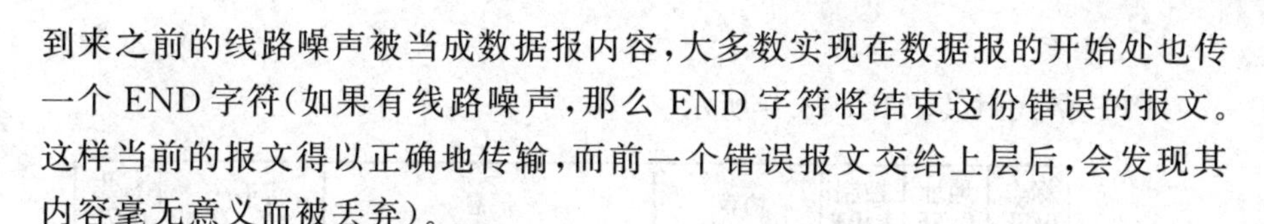

到来之前的线路噪声被当成数据报内容，大多数实现在数据报的开始处也传一个 END 字符（如果有线路噪声，那么 END 字符将结束这份错误的报文。这样当前的报文得以正确地传输，而前一个错误报文交给上层后，会发现其内容毫无意义而被丢弃）。

- 如果 IP 报文中某个字符为 END，那么就要连续传输两个字节 0xDB 和 0xDC 来取代它。0xDB 这个特殊字符被称作 SLIP 的 ESC 字符，但是它的值与 ASCII 码的 ESC 字符（0x1B）不同。
- 如果 IP 报文中某个字符为 SLIP 的 ESC 字符，那么就要连续传输两个字节 0xDB 和 0xDC 来取代它。

图 13.8 所示是含有一个 END 字符和一个 ESC 字符的 IP 报文。在这个例子中，在串行线路上传输的总字节数是原 IP 报文长度再加 4 个字节。

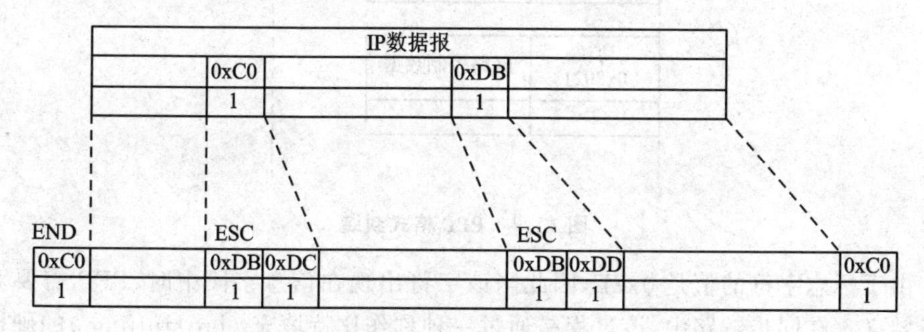

图 13.8　SLIP 报文格式

SLIP 是一种简单的帧封装方法，还有一些值得一提的缺陷：

- 每一端必须知道对方的 IP 地址。没有办法把本端的 IP 地址通知给另一端。
- 数据帧中没有类型字段（类似于以太网中的类型字段）。如果一条串行线路用于 SLIP，那么它不能同时使用其他协议。
- SLIP 没有在数据帧中加上检验和（类似于以太网中的 CRC 字段）。如果 SLIP 传输的报文被线路噪声影响而发生错误，只能通过上层协议来发现（另一种方法是，新型的调制解调器可以检测并纠正错误报文）。这样，上层协议提供某种形式的 CRC 就显得很重要。

PPP(Point-to-Point protocol) 点对点协议修改了 SLIP 协议中的所有缺陷。PPP 包括以下三个部分：

- 在串行链路上封装 IP 数据报的方法。PPP 既支持数据为 8 位和无奇偶检验的异步模式（如大多数计算机上都普遍存在的串行接口），还支持面向比特的同步链接。
- 建立、配置及测试数据链路的链路控制协议（Link Control Protocol，LCP）。它允许通信双方进行协商，以确定不同的选项。
- 针对不同网络层协议的网络控制协议（Network Control Protocol，NCP）

体系。

PPP 格式封装，如图 13.9 所示。

标志 0x7E	地址 0xFF	控制 0x03	协议	信息	CRC	标志 0x7E
1	1	1	2	最大1 500	2	1

协议 0x0021	IP数据报
2	最大1 500

协议 0xC021	链路控制数据
2	

协议 0x8021	网络控制数据
2	

图 13.9 PPP 格式封装

由于标志字符的值是 0x7E，因此当该字符出现在信息字段中时，PPP 需要对它进行转义。在同步链路中，该过程是通过一种称作比特填充（bit stuffing）的硬件技术来完成的。在异步链路中，特殊字符 0x7D 用作转义字符。当它出现在 PPP 数据帧中时，那么紧接着的字符的第 6 个比特要取其补码，具体实现过程如下：

- 当遇到字符 0x7E 时，需连续传送两个字符：0x7D 和 0x5E，以实现标志字符的转义。
- 当遇到转义字符 0x7D 时，需连续传送两个字符：0x7D 和 0x5D，以实现转义字符的转义。
- 默认情况下，如果字符的值小于 0x20（比如，一个 ASCII 控制字符），一般都要进行转义。例如，遇到字符 0x01 时需连续传送 0x7D 和 0x21 两个字符（这时，第 6 个比特取补码后变为 1，而前面两种情况均把它变为 0）。

这样做的原因是防止它们出现在双方主机的串行接口驱动程序或调制解调器中，因为有时它们会把这些控制字符解释成特殊的含义。另一种可能是用链路控制协议来指定是否需要对这 32 个字符中的某一些值进行转义。默认情况下是对所有的 32 个字符都进行转义。

与 SLIP 类似，由于 PPP 经常用于低速的串行链路，因此减少每一帧的字节数可以降低应用程序的交互时延。利用链路控制协议，大多数的产品通过协商可以省略标志符和地址字段，并且把协议字段由 2 个字节减少到 1 个字节。如果我们把 PPP 的帧格式与前面的 SLIP 的帧格式进行比较会发现，PPP 只增加了 3 个额外的字节：

1个字节留给协议字段,另2个字节给CRC字段使用。另外,使用IP网络控制协议,大多数的产品可以通过协商采用 Van Jacobson 报文首部压缩方法(对应于CSLIP压缩),减小IP和TCP首部长度。

总的来说,PPP比SLIP具有下面这些优点:

- PPP支持在单根串行线路上运行多种协议,不只是IP协议。
- 每一帧都有循环冗余检验。
- 通信双方可以进行IP地址的动态协商(使用IP网络控制协议)。
- 与CSLIP类似,对TCP和IP报文首部进行压缩。
- 链路控制协议可以对多个数据链路选项进行设置。为这些优点付出的代价是在每一帧的首部增加3个字节,当建立链路时要发送几帧协商数据,以及更为复杂的实现。

以太网和802.3对数据帧的长度都有一个限制,其最大值分别是1 500 octet和1 492 octet,链路层的这个特性称作MTU(最大传输单元)。

如果IP层有一个数据报要传,而且数据的长度比链路层的MTU还大,那么IP层就需要进行分片,把数据报分成若干片,这样每一个都小于MTU。

当在同一个网络上的两台主机互相进行通信时,该网络的MTU是非常重要的。但是如果两台主机之间的通信要通过多个网络,那么每个网络的链路层就可能有不同的MTU,重要的不是两台主机所在网络的MTU值,而是两台主机路径的最小MTU,它被称作路径MTU。

两台主机之间的路径MTU不一定是个常数,它取决于当时所选择的路由。而选路不一定是对称的,因此路径MTU在两个方向上不一定是一致的。

13.1.7 IP网际协议

IP是TCP/IP协议族中最为核心的协议。所有的TCP、UDP、ICMP及IGMP数据都要以IP数据报格式传输。许多刚开始接触TCP/IP的读者对IP提供不可靠、无连接的数据报传送服务感到很奇怪。

不可靠(unreliable)的含意是它不能保证IP数据报能成功地到达目的地,IP仅提供最好的传输服务。如果发生某种错误时,如某个路由器暂时用完了缓冲区,IP有一个简单的错误处理算法:丢弃该数据报,然后发送ICMP消息报给信源端。任何要求的可靠性必须由上层来提供(如TCP)。

无连接(connectionless)这个术语的含意是IP并不维护任何关于后续数据报的状态信息。每个数据报的处理是相互独立的。这也说明,IP数据报可以不按发送顺序接收。如果一信源向相同的信宿发送两个连续的数据报(先是A,然后是B),每个数据报都是独立地进行路由选择,可能选择不同的路线,因此B可能在A到达之前先到达。

IP数据报的格式,如图13.10所示。普通的IP首部长为20个字节,除非含有选项字段。

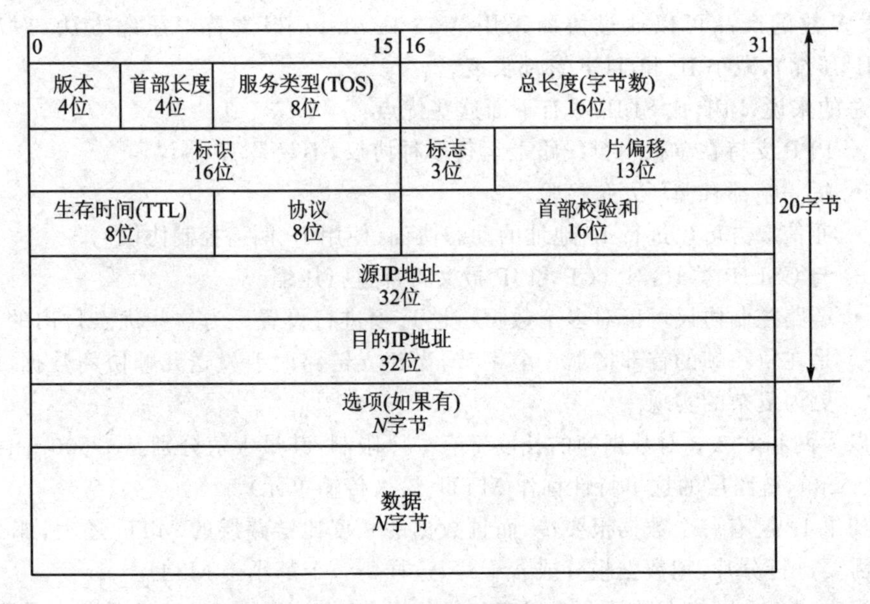

图 13.10 IP 数据报格式封装

最高位在左边,记为 0 bit;最低位在右边,记为 31 bit。4 个字节的 32 bit 值以下面的次序传输:首先是 0～7 bit,其次 8～15 bit,然后 16～23 bit,最后是 24～31 bit。这种传输次序称作 big endian(大端)字节序。由于 TCP/IP 首部中所有的二进制整数在网络中传输时都要求以这种次序,因此它又称作网络字节序。以其他形式存储二进制整数的机器,如 little endian(小端)格式,则必须在传输数据之前把首部转换成网络字节序。

首部长度指的是首部占 32 bit 字的数目,包括任何选项。对于 IPv4 其首部长度占 4 bit 字段,因此 IPv4 首部最长为 60 个字节。普通 IPv4 数据报(没有任何选择项)字段的值是 5。服务类型(TOS)字段包括一个 3 bit 的优先权子字段(现在已被忽略),4 bit 的 TOS 子字段和 1 bit 未用位但必须置 0。4 bit 的 TOS 分别代表:最小时延、最大吞吐量、最高可靠性和最小费用。4 bit 中只能置其中 1 bit 为 1。如果所有 4 bit 均为 0,那么就意味着是一般服务。

物理网络层一般要限制每次发送数据帧的最大长度,任何时候 IP 层接收到一份要发送的 IP 数据报时,它要判断向本地哪个接口发送数据(选路),并查询该接口获得其 MTU。IP 把 MTU 与数据报长度进行比较,如果需要则进行分片。分片可以发生在原始发送端主机上,也可以发生在中间路由器上。

把一份 IP 数据报分片后,只有到达目的地址后才进行组装,重新组装由目的端的 IP 层来完成,其目的是使分片和重新组装过程对传输层(TCP 和 UDP)是透明的,除了某些可能的越级操作外,已经分片过的数据报有可能会再次进行分片(可能不止

一次)。IP首部中包含的数据为分片和重新组装提供了足够的信息。

对于发送端发送的每份IP数据报来说,其标识字段都包含一个唯一值。该值在数据报分片时被复制到每个片中,标志字段用其中1 bit来表示"更多的片"。除了最后一片外,其他每个组成数据报的片都要将其置1。片偏移字段指的是该片偏移原始数据报开始处的位置。另外,当数据报被分片后,每个片的总长度值要改为该片的长度值。最后,标志字段中有1 bit称作"不分片"位,如果将该位置1,IP将不对数据报进行分片。

当IP数据报被分片后,每一片都成为一个分组,具有自己的IP首部,并在选择路由时与其他分组独立。这样,当数据报的这些片到达目的端时有可能会失序,但是在IP首部中有足够的信息让接收端能正确地组装这些数据报分片。

13.1.8 ARP地址解析协议

当一台主机把以太网数据帧发送到位于同一局域网上的另一台主机时,是根据48 bit的以太网地址来确定目的接口的。设备驱动程序从不检查IP数据报中的目的IP地址。地址解析为这两种不同的地址形式(32 bit的IP地址和数据链路层使用的任何类型的地址)提供映射。

在以太网上解析IP地址时,ARP请求和应答分组的格式,如图13.11所示(ARP可以用于其他类型的网络,可以解析IP地址以外的地址,紧跟着帧类型字段的前四个字段指定了最后四个字段的类型和长度)。

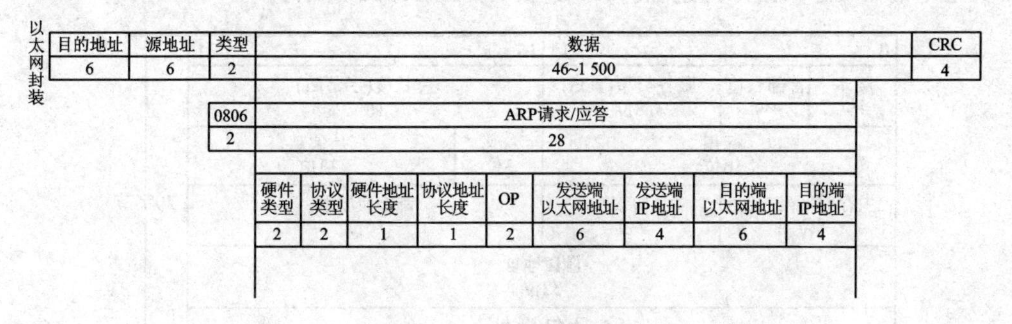

图13.11 ARP格式封装

以太网报头中的前两个字段是以太网的目的地址和源地址。目的地址为全1的特殊地址是广播地址,电缆上的所有以太网接口都要接收广播的数据帧。两个字节长的以太网帧类型表示后面数据的类型,对于ARP请求或应答来说,该字段的值为0x0806。

硬件类型字段表示硬件地址的类型,它的值为1即表示以太网地址,协议类型字段表示要映射的协议地址类型。它的值为0x0800即表示IP地址。它的值与包含IP数据报的以太网数据帧中的类型字段的值相同。

硬件地址长度和协议地址长度分别指出硬件地址和协议地址的长度,以字节为单位。对于以太网上 IP 地址的 ARP 请求或应答来说，它们的值分别为 6 和 4。

操作字段指出四种操作类型，它们是 ARP 请求（值为 1）、ARP 应答（值为 2）、RARP 请求（值为 3）和 RARP 应答（值为 4）。

对于一个 ARP 请求来说，除目的端硬件地址外的所有其他的字段都有填充值，当系统收到一份目的端为本机的 ARP 请求报文后，它就把硬件地址填进去，然后用两个目的端地址分别替换两个发送端地址，并把操作字段置为 2，最后把它发送回去。

ARP 高效运行的关键是由于每个主机上都有一个 ARP 高速缓存。这个高速缓存存放了最近 Internet 地址到硬件地址之间的映射记录。

在 SylixOS 中，可以使用*arp* 命令来查看 ARP 缓存表，如下所示：

```
# arp - a
FACE INET ADDRESS       PHYSICAL ADDRESS   TYPE
en1 192.168.7.40        00:ff:ff:6f:a7:a0 dynamic
```

48 bit 的以太网地址用 6 个十六进制的数来表示，中间以冒号分隔。

13.1.9 ICMP 报文控制协议

ICMP 经常被认为是 IP 层的一个组成部分。它传递差错报文以及其他需要注意的信息，ICMP 报文通常被 IP 层或更高层协议（TCP 或 UDP）使用，一些 ICMP 报文把差错报文返回给用户进程。ICMP 报文如图 13.12 所示。

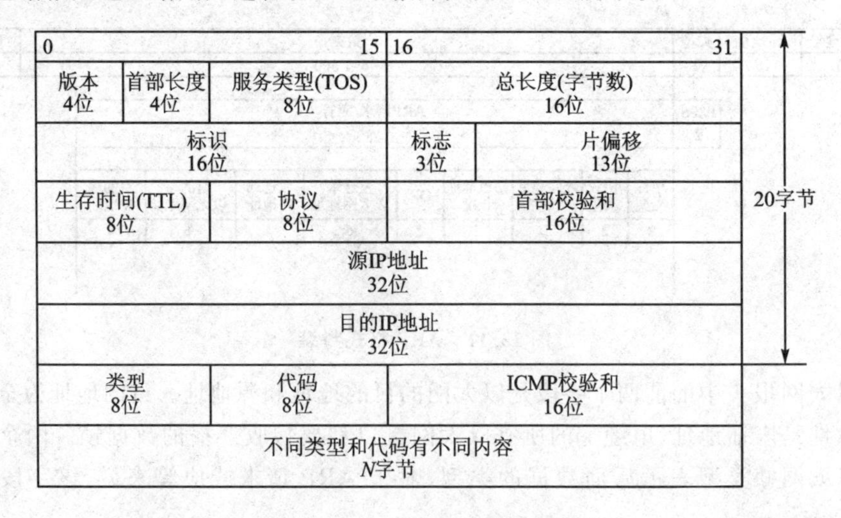

图 13.12 ICMP 报文格式封装

各种类型的 ICMP 报文如表 13.2 所列，不同类型由报文中的类型字段和代码字段来共同决定。

表 13.2 ICMP 报文类型描述

类型	代码	描述	查询	差错
0	0	回显应答(ping 应答)	•	
3	0	网络不可达		•
	1	主机不可达		•
	2	协议不可达		•
	3	端口不可达		•
	4	需要进行分片但设置了不分片 bit 位		•
	5	源站选路失败		•
	6	目的网络不认识		•
	7	目的主机不认识		•
	8	源主机被隔离		•
	9	目的网络被强制禁止		•
	10	目的主机被强制禁止		•
	11	由于服务类型 TOS,网络不可达		•
	12	由于服务类型 TOS,主机不可达		•
	13	由于过滤,通信被强制禁止		•
	14	主机越权		•
	15	优先级中止生效		•
4	0	源端被关闭(基本流控)		•
5	0	对网络重定向		•
	1	对主机重定向		•
	2	对服务类型和网络重定向		•
	3	对服务类型和主机重定向		•
8	0	请求回显(ping)	•	
9	0	路由器通告	•	
10	0	路由器请求	•	
11	0	传输期间生存时间为 0		•
	1	在数据报组装期间生存时间为 0		•
12	0	坏的 IP 首部(包括各种差错)		•
	1	缺少必须的选项		•
13	0	时间戳请求	•	

续表 13.2

类 型	代 码	描 述	查 询	差 错
14	0	时间戳应答	•	
15	0	信息请求(不再使用)	•	
16	0	信息应答(不再使用)	•	
17	0	地址掩码请求	•	
18	0	地址掩码应答	•	

下面各种情况都不会导致产生 ICMP 差错报文:

- ICMP 差错报文(但是,ICMP 查询报文可能会产生 ICMP 差错报文);
- 目的地址是广播地址或多播地址的 IP 数据报;
- 作为链路层广播的数据报;
- 不是 IP 分片的第一片;
- 源地址不是单个主机的数据报。也就是说,源地址不能为零地址、环回地址、广播地址或多播地址。

这些规则是为了防止过去允许 ICMP 差错报文对广播分组响应所带来的广播风暴。

13.1.10 UDP 用户数据报协议

UDP 是一个简单的面向数据报的运输层协议,这与面向流字符的协议不同,如 TCP,应用程序产生的全体数据与真正发送的单个 IP 数据报可能没有什么联系。UDP 不提供可靠性:它把应用程序传给 IP 层的数据发送出去,但是并不保证它们能到达目的地。UDP 数据报封装成一份 IP 数据报的格式,如图 13.13 所示。

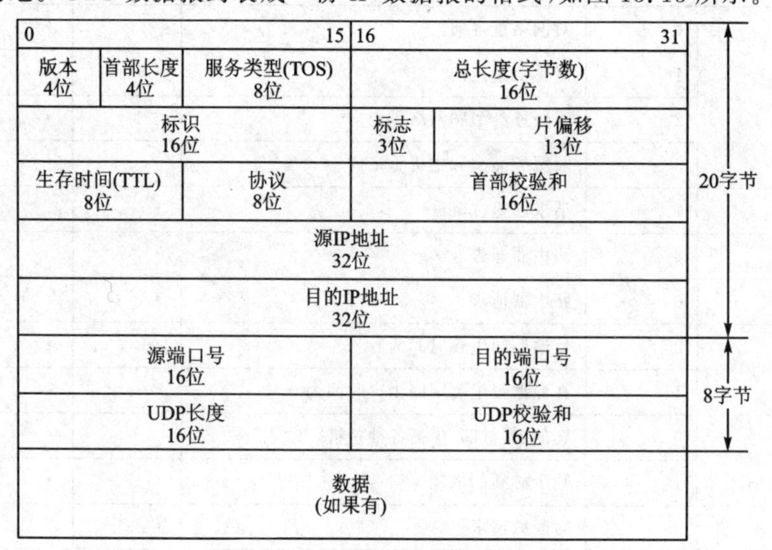

图 13.13 UDP 数据格式封装

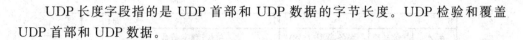

UDP 长度字段指的是 UDP 首部和 UDP 数据的字节长度。UDP 检验和覆盖 UDP 首部和 UDP 数据。

13.1.11 TCP 传输控制协议

尽管 TCP 和 UDP 都使用相同的网络层(IP),TCP 却向应用层提供与 UDP 完全不同的服务。TCP 提供一种面向连接的、可靠的字节流服务。面向连接意味着两个使用 TCP 的应用(通常是一个客户和一个服务器)在彼此交换数据之前必须先建立一个 TCP 连接。这一过程与打电话很相似,先拨号振铃,等待对方摘机说"喂",然后才说明是谁。在一个 TCP 连接中,仅有两方进行彼此通信。

TCP 通过下列方式来提供可靠性:

- 应用数据被分割成 TCP 认为最适合发送的数据块。这和 UDP 完全不同,应用程序产生的数据报长度将保持不变,由 TCP 传递给 IP 的信息单位称为报文段或段(segment)。
- 当 TCP 发出一个段后,它启动一个定时器,等待目的端确认收到这个报文段。如果不能及时收到一个确认,将重发这个报文段。
- 当 TCP 收到发自 TCP 连接另一端的数据,它将发送一个确认,这个确认不是立即发送,通常将推迟一点时间。
- TCP 将保持它首部和数据的检验和。这是一个端到端的检验和,目的是检测数据在传输过程中的任何变化,如果收到段的检验和有差错,TCP 将丢弃这个报文段和不确认收到此报文段(希望发端超时并重发)。
- 因为 TCP 报文段作为 IP 数据报来传输,而 IP 数据报的到达可能会失序,因此 TCP 报文段的到达也可能会失序,如果必要,TCP 将对收到的数据进行重新排序,将收到的数据以正确的顺序交给应用层。
- 既然 IP 数据报会发生重复,TCP 的接收端必须丢弃重复的数据。
- TCP 还能提供流量控制,TCP 连接的每一方都有固定大小的缓冲空间,TCP 的接收端只允许另一端发送接收端缓冲区所能接纳的数据,这将防止较快主机致使较慢主机的缓冲区溢出。

TCP 数据被封装在一个 IP 数据报中,如图 13.14 所示。

每个 TCP 段都包含源端和目的端的端口号,用于寻找发端和收端应用程序。这两个值加上 IP 首部中的源端 IP 地址和目的端 IP 地址唯一确定一个 TCP 连接。有时,一个 IP 地址和一个端口号也称为一个插口(socket),包含客户端的 IP 地址、客户端的端口号、服务器端的 IP 地址和服务器端的端口号的四元组,可唯一确定互联网络中每个 TCP 连接的双方。

序号用来标识从 TCP 发端向 TCP 收端发送的数据字节流,它表示在这个报文段中的第一个数据字节。如果将字节流看作在两个应用程序间的单向流动,则 TCP 用序号对每个字节进行计数。序号是 32 bit 的无符号数,序号到达最大值后又从 0

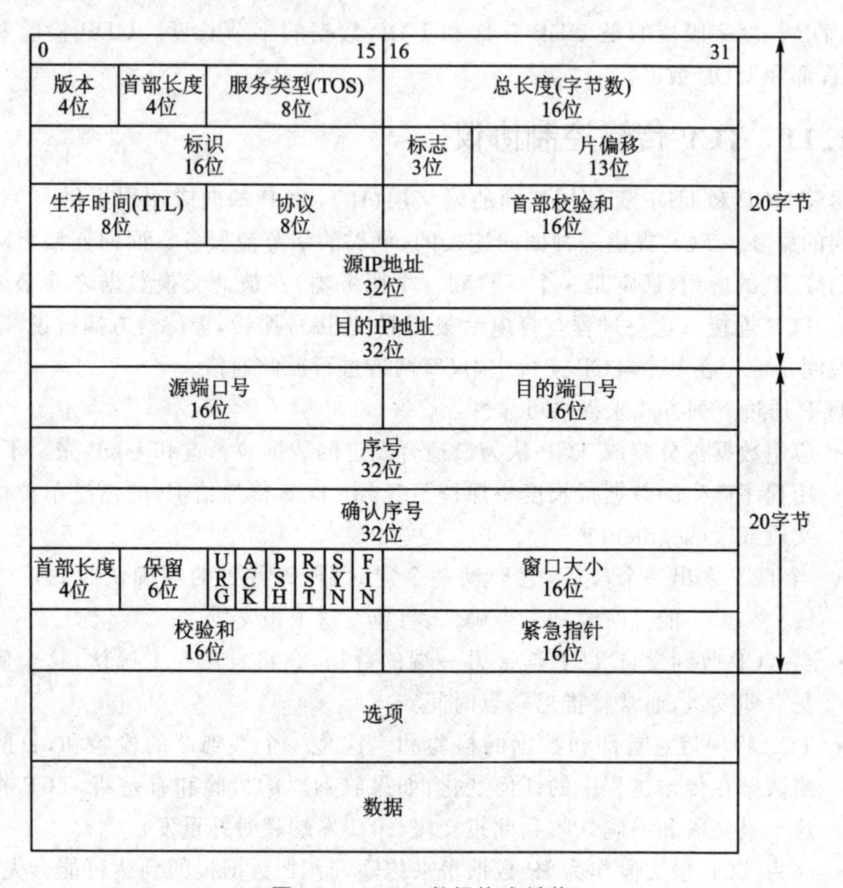

图 13.14　TCP 数据格式封装

开始。

当建立一个新的连接时，SYN 标志变成 1。序号字段包含由这个主机选择的该连接的初始序号 ISN(Initial Sequence Number)。该主机要发送数据的第一个字节序号为这个 ISN 加 1，因为 SYN 标志消耗了一个序号。

既然每个传输的字节都被计数，确认序号包含发送确认的一端所期望收到的下一个序号。因此，确认序号应当是上次已成功收到数据字节序号加 1。只有 ACK 标志为 1 时确认序号字段才有效。发送 ACK 无需任何代价，因为 32 bit 的确认序号字段和 ACK 标志一样，总是 TCP 首部的一部分。因此，我们看到一旦一个连接建立起来，这个字段总是被设置，ACK 标志也总是被设置为 1。

TCP 为应用层提供全双工服务，这意味数据能在两个方向上独立地进行传输，因此，连接的每一端必须保持每个方向上的传输数据序号。TCP 可以表述为一个没有选择确认或否认的滑动窗口协议。我们说 TCP 缺少选择确认是因为 TCP 首部中的确认序号表示发方已成功收到字节，但还不包含确认序号所指的字节。当前还无法对数据流中选定的部分进行确认。例如，如果 1～1 024 字节已经成功收到，下一

报文段中包含序号从2 049～3 072的字节，接收端并不能确认这个新的报文段。它所能做的就是发回一个确认序号为1 025的ACK，它也无法对一个报文段进行否认。例如，如果收到包含1 025～2 048字节的报文段，但它的校验和错，TCP接收端所能做的就是发回一个确认序号为1 025的ACK。

首部长度给出首部中32 bit字的数目，需要这个值是因为任选字段的长度是可变的，这个字段占4 bit，因此TCP最多有60字节的首部。然而，没有任选字段，正常的长度是20字节。在TCP首部中有6个标志位，它们中的多个可同时被设置为1。

TCP首部中6个标志位：

- URG紧急指针(urgent pointer)有效；
- ACK确认序号有效；
- PSH接收方应该尽快将这个报文段交给应用层；
- RST重建连接；
- SYN同步序号用来发起一个连接；
- FIN发端完成发送任务。

图13.15所示为建立一条TCP连接的过程：

- 请求端(通常称为客户)发送一个SYN段指明客户打算连接的服务器的端口，以及初始序号(ISN)。
- 服务器发回包含服务器的初始序号的SYN报文段作为应答。同时，将确认序号设置为客户的ISN加1以对客户的SYN报文段进行确认。一个SYN将占用一个序号。
- 客户必须将确认序号设置为服务器的ISN加1以对服务器的SYN报文段进行确认。

这个过程也称为三次握手(three-way handshake)。

建立一个连接需要三次握手，而终止一个连接要经过四次握手，这是由TCP的半关闭(half-close)造成的。既然一个TCP连接是全双工(即数据在两个方向上能同时传递)的，那么每个方向必须单独地进行关闭。原则就是，当一方完成它的数据发送任务后就能发送一个FIN来终止这个方向连接。当一端收到一个FIN，它必须通知应用层另一端已经终止了那个方向的数据传送。发送FIN通常是应用层进行关闭的结果。

收到一个FIN只意味着在这一方向上没有数据流动。一个TCP连接在收到一个FIN后仍能发送数据，而这对利用半关闭的应用来说是可能的，尽管在实际应用中只有很少的TCP应用程序这样做。正常关闭过程如图13.15所示，首先进行关闭的一方(即发送第一个FIN)将执行主动关闭，而另一方(收到这个FIN)执行被动关闭。通常一方完成主动关闭而另一方完成被动关闭。

TIME_WAIT状态也称为2MSL等待状态。每个具体TCP实现必须选择一个

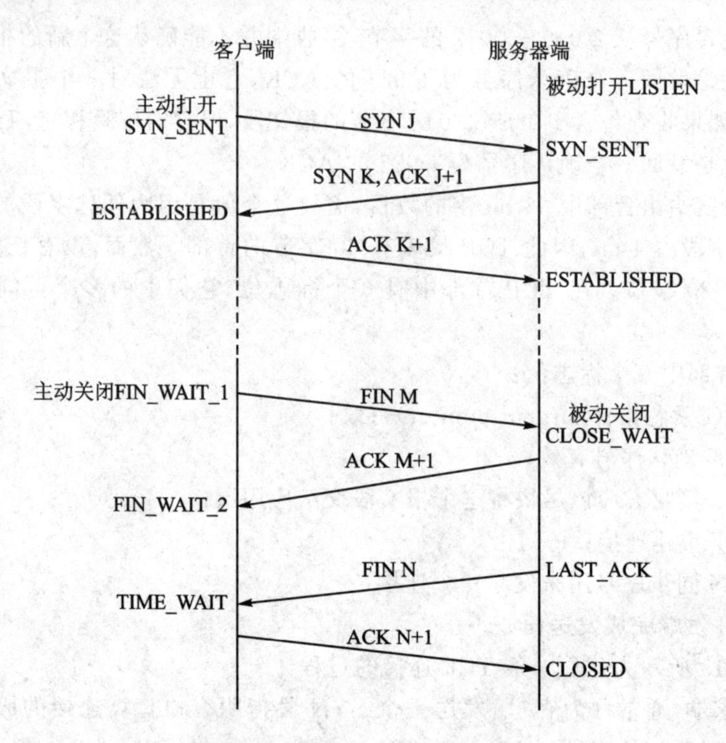

图 13.15　TCP 连接的建立与中止

报文段最大生存时间 MSL(Maximum Segment Lifetime),它是任何报文段被丢弃前在网络内的最长时间。MSL 的时间是有限的,因为 TCP 报文段以 IP 数据报在网络内传输,而 IP 数据报则有限制其生存时间的 TTL 字段。RFC 793 指出 MSL 为 2 min。然而,实现中的常用值是 30 s、1 min 或 2 min。对 IP 数据报 TTL 的限制是基于跳数,而不是定时器。对一个具体实现所给定的 MSL 值,处理的原则是:当 TCP 执行一个主动关闭,并发回最后一个 ACK,该连接必须在 TIME_WAIT 状态停留的时间为 2 倍的 MSL,这样可让 TCP 再次发送最后的 ACK 以防止这个 ACK 丢失(另一端超时并重发最后的 FIN)。2MSL 等待的另一个结果是,这个 TCP 连接在 2MSL 等待期间,定义这个连接的插口(客户的 IP 地址和端口号,服务器的 IP 地址和端口号)不能再被使用。这个连接插口占用的 IP 地址和端口号只能在 2MSL 结束后才能再被使用。

13.2　socket 接口

在很多网络应用开发者的眼里,一切编程都是 socket(套接字),几乎所有的网络编程都要依靠 socket。我们每天打开浏览器浏览网页时,浏览器进程和 Web 服务器之间都需要 socket 来进行通信。socket 是网络通信中应用程序对应的进程和网络协议之间的接口,如图 13.16 所示。

socket 在网络传输中有如下作用：

- socket 位于协议之上，屏蔽了不同网络协议之间的差异；
- socket 是网络编程的入口，它提供了大量的系统调用，构成了网络程序的主体。

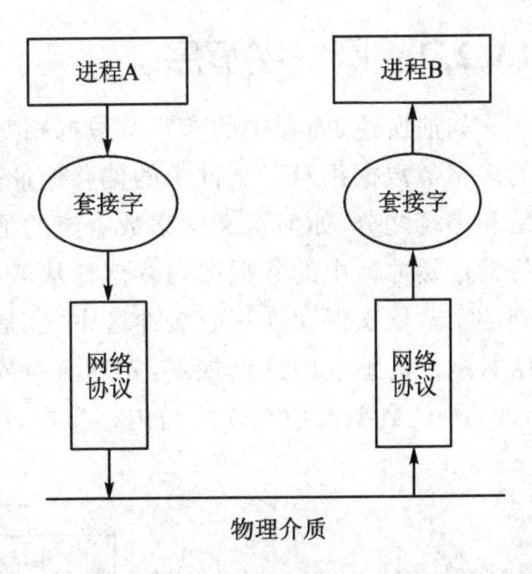

图 13.16　套接字在网络中地位

常用的 socket 类型有三种：流式(SOCK_STREAM)、数据报式(SOCK_DGRAM)以及原始式(SOCK_RAW)。流式 socket 是一种面向连接的 socket，针对于面向连接的 TCP 服务应用；数据报式 socket 是一种无连接的 socket，对应于无连接的 UDP 服务应用，对于 TCP 或 UDP 的程序开发，焦点在 Data 字段，用户无法直接对 IP 头部、TCP 或 UDP 头部字段进行修改，只能使用源/目的 IP、源/目的端口等；原始式 socket 可以得到原始的 IP 包，可以自定义 IP 所承载的具体协议类型，如 TCP，UDP 或 ICMP，并手动对每种承载在 IP 协议之上的报文进行填充。

IP 地址和端口号唯一标识网络通信中的一个应用程序，其中 IP 地址加端口号就称为 socket，也被称为套接字。为 TCP/IP 协议设计的应用层编程接口称为 socket API。socket API 在网络分层结构中的位置，如图 13.17 所示。

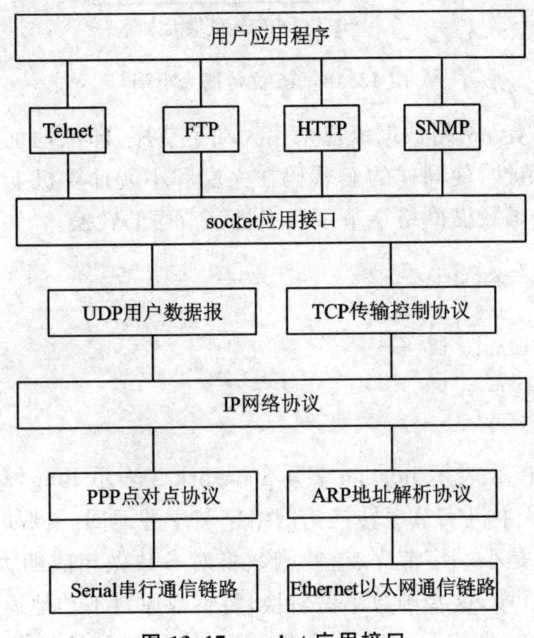

图 13.17　socket 应用接口

13.2.1 网络字节序

如前所述，内存中的多字节数据相对于内存地址有大端和小端之分，磁盘文件中的多字节数据相对于文件中的偏移地址也有大端和小端之分。网络数据流同样有大端和小端之分，如何定义网络数据流的地址是一个需要关注的话题。发送主机通常将发送缓冲区中的数据按内存地址从低到高的顺序发出，接收主机把从网络上接收到的字节依次保存在接收缓冲区中，也是按内存地址从低到高的顺序保存，因此，网络数据流的地址应这样规定：先发出的数据是低地址，后发出的数据是高地址。

16 位数据大小端表示与内存布局，如图 13.18 所示。

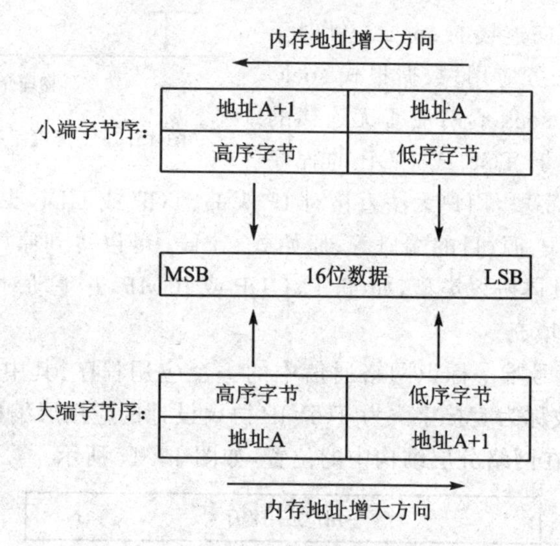

图 13.18　16 位数据大小端

TCP/IP 协议规定，网络数据流应采用大端字节序，即低地址存放高字节。为使网络程序具有可移植性，使同样的 C 代码在大端和小端计算机上编译后都能正常运行，可以调用以下库函数做网络字节序和主机字节序的转换。

```
#include <arpa/inet.h>
uint32_t htonl(uint32_t  x);
uint16_t htons(uint16_t  x);
uint32_t ntohl(uint32_t  x);
uint16_t ntohs(uint16_t  x);
```

上述函数名字中，h 表示 host，n 表示 network，l 表示 long，s 表示 short。htonl 函数表示将长整数从主机字节序转换为网络字节序并返回。例如，将 IP 地址转换后进行发送，如果主机是小端字节序，这些函数将对参数做相应的大小端转换并返回。如果主机是大端字节序，这些函数不做转换，将参数原封不动地返回。虽然在使用这些函数时包含的是<arpa/inet.h>头文件，但系统实现经常是在其他头文件中声明

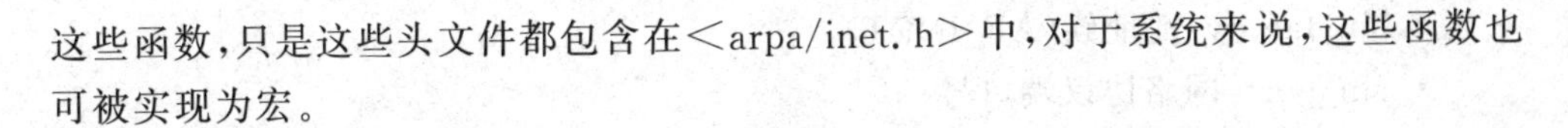

这些函数，只是这些头文件都包含在<arpa/inet.h>中，对于系统来说，这些函数也可被实现为宏。

13.2.2 socket 地址

socket API 适用于各种底层网络协议，如 IPv4、IPv6 以及后续要介绍的 UNIX Domain socket。然而，各种网络协议的地址格式并不相同，为使不同格式的地址能够传入到套接字函数，地址会被强制转换成一个通用的地址结构 sockaddr，其定义见程序清单 13.1。

程序清单 13.1 sockaddr 结构

```
struct sockaddr {
  u8_t            sa_len;
  sa_family_t     sa_family;
#if LWIP_IPV6
  char            sa_data[26];/* sylixos add 4 bytes to a same size with in6 */
#else  /* LWIP_IPV6 */
  char            sa_data[14];
#endif  /* LWIP_IPV6 */
};
```

程序清单 13.2 定义了 IPv4(AF_INET)地址 in_addr 结构。

程序清单 13.2 in_addr 结构

```
struct in_addr {
  in_addr_t        s_addr;
};
```

程序清单 13.3 定义了 IPv4(AF_INET)地址 sockaddr_in 结构。

程序清单 13.3 sockaddr_in 结构

```
struct sockaddr_in {
  u8_t            sin_len;
  sa_family_t     sin_family;
  in_port_t       sin_port;
  struct in_addr  sin_addr;
#define SIN_ZERO_LEN 8
  char            sin_zero[SIN_ZERO_LEN];
};
```

sockaddr_in 结构成员含义如下：

- sin_len：数据结构长度，是为增加 OSI 协议支持而增加的，长度成员简化了变长套接口地址结构的处理；

- sin_family：地址族（AF_INET）；
- sin_port：网络协议端口号；
- sin_addr：网路字节序的 IPv4 地址；
- sin_zero：8 字节的数据填充。

程序清单 13.4 定义了 IPv6（AF_INET6）地址 in6_addr 结构。

程序清单 13.4　in6_addr 结构

```
struct in6_addr {
  union {
    u8_t          u8_addr[16];
    u32_t         u32_addr[4];
  } un;
#define s6_addr   un.u8_addr
};
```

程序清单 13.5 定义了 IPv6（AF_INET6）地址 sockaddr_in6 结构。

程序清单 13.5　sockaddr_in6 结构

```
struct sockaddr_in6 {
  u8_t              sin6_len;              /* length of this structure    */
  sa_family_t       sin6_family;           /* AF_INET6                    */
  in_port_t         sin6_port;             /* Transport layer port        */
  u32_t             sin6_flowinfo;         /* IPv6 flow information       */
  struct in6_addr   sin6_addr;             /* IPv6 address                */
  /*
   * sylixos add this
   */
  u32_t             sin6_scope_id;         /* set of interfaces for a scope */
};
```

sockaddr_in6 结构成员含义如下：

- sin6_len：数据结构长度；
- sin6_family：地址族（AF_INET6）；
- sin6_port：传输层端口号；
- sin6_flowinfo：流信息，低序 20 位是流标签，高序 12 位保留；
- sin6_addr：IPv6 地址；
- sin6_scope_id：范围 ID。

程序清单 13.6 定义了 UNIX 协议域地址 sockaddr_un 结构。

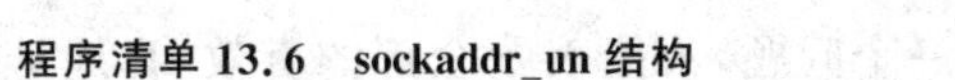

程序清单 13.6　sockaddr_un 结构

```
struct sockaddr_un {
    uint8_t   sun_len;            /* sockaddr len including null     */
    uint8_t   sun_family;         /* AF_UNIX                         */
    char      sun_path[104];      /* path name (gag)                 */
};
```

sockaddr_un 结构成员含义如下：

- sun_len：数据结构长度；
- sun_family：地址族（AF_UNIX）；
- sun_path：路径名。

不同套接口地址结构对比，如图 13.19 所示。

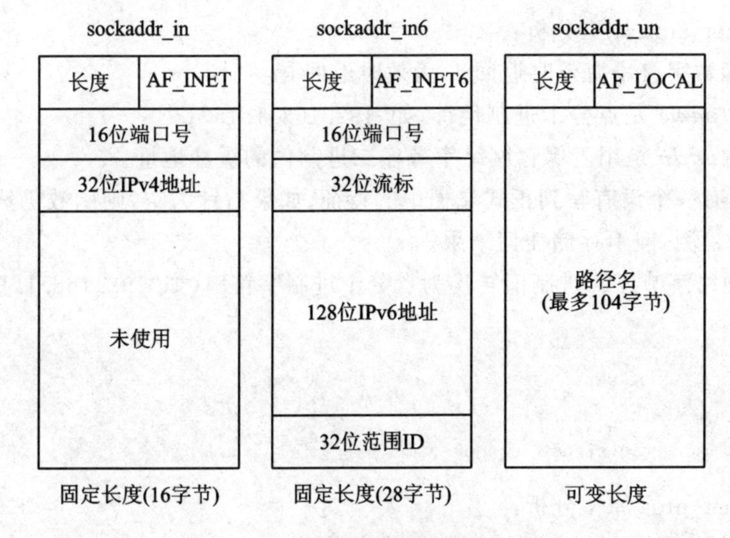

图 13.19　不同套接口地址结构对比

sockaddr_in 中的成员 sin_addr 表示 32 位的 IPv4 地址。但是我们通常用点分十进制的字符串表示 IPv4 地址，以下函数可以在字符串表示和 in_addr 表示之间进行地址转换。

点分十进制字符串（如“192.168.1.15”）转换为 32 位网络字节序二进制值函数：

```
#include <arpa/inet.h>
uint32_t inet_addr(const char * name );
```

函数 inet_addr 原型分析：

- 此函数成功时返回 32 位二进制的网络字节序地址，失败返回 INADDR_NONE；

参数 ***name*** 是点分十进制地址，如“192.168.1.15”。

此函数存在一个问题，不能表示全部的有效 IP 地址（0.0.0.0～255.255.255.255），当函数出错时返回值为 INADDR_NONE（一般为一个 32 位均为 1 的值），这就意味着点分十进制数串 255.255.255.255（这是 IPv4 的有限广播地址）不能由此函数进行转换，因为它的二进制值被用来指示函数失败；此函数还有一个潜在的问题，有些非正式的文档把出错时的返回值定义为－1，而不是 INADDR_NONE，这样比较函数的返回值（无符号的值）与负常值时可能会出问题，这取决于 C 编译器。

点分十进制字符串（如"192.168.1.15"）转换为 32 位网络字节序二进制值函数：

```
#include <sys/socket.h>
#include <netinet/in.h>
#include <arpa/inet.h>
int inet_aton(const char * name , struct in_addr * addr );
```

函数 inet_aton 原型分析：

- 此函数字符串有效时返回 1，无效时返回 0；
- 参数 ***name*** 是点分十进制地址，如"192.168.1.15"；
- 参数 ***addr*** 是用于保存网络字节序二进制值的缓冲地址。

此函数有一个没有写到正式文档中的特征，如果指针为空，则函数仍然执行输入串的有效性检测，但不存储任何结果。

32 位网络字节序二进制值转换为点分十进制字符串（如"192.168.1.15"）函数：

```
#include <sys/socket.h>
#include <netinet/in.h>
#include <arpa/inet.h>
char * inet_ntoa(struct in_addr  addr );
```

函数 inet_ntoa 原型分析：

- 此函数正确时返回字符串指针，错误时返回 NULL；
- 参数 ***addr*** 是 32 位网络字节序地址。

由于此函数返回值所指的字符串驻留在静态内存中，这意味着此函数是不可重入的，并且此函数以结构体为参数，而不是指向结构的指针，通常情况，这个函数被设计成宏。

可重入的 32 位网络字节序二进制值转换为点分十进制字符串（如"192.168.1.15"）函数：

```
#include <sys/socket.h>
#include <netinet/in.h>
#include <arpa/inet.h>
char * inet_ntoa_r(struct in_addr  addr , char * buf , int buflen );
```

函数 inet_ntoa_r 原型分析：

- 此函数正确时返回字符串指针，错误时返回 NULL；
- 参数*addr* 是 32 位网络字节序地址；
- 参数*buf* 为点分十进制字符串缓冲区；
- 参数*buflen* 为缓冲区长度。

inet_pton 和 inet_ntop 是两个较新的地址转换函数，对 IPv4 和 IPv6 地址都能处理。其中字母 p 和 n 分别代表 presentation 和 numeric。地址的表达式（presentation）格式通常是 ASCII 串，数值（numeric）格式是存在于套接口地址结构中的二进制值。

函数 inet_pton 将字符串地址表达式转换为二进制数值：

```
#include <sys/socket.h>
#include <netinet/in.h>
#include <arpa/inet.h>
int inet_pton(int  af , const char * cp , void * buf );
```

函数 inet_pton 原型分析：

- 此函数正确时返回 1，错误时返回 −1，输入不是有效的表达格式时返回 0；
- 参数*af* 必须是 AF_INET 或者 AF_INET6，其他地址族不被支持，且返回错误；
- 参数*cp* 是地址串，如 IPv4 的“192.168.1.15”；
- 参数*buf* 用于保存二进制结果。

inet_pton 函数没有指定*buf* 的大小，因此需要应用程序保证在 AF_INET 时有足够的空间存放一个 32 位地址，在 AF_INET6 时有足够的空间存放一个 128 位地址。

inet_ntop 函数将二进制数值转换为字符串表达式：

```
#include <sys/socket.h>
#include <netinet/in.h>
#include <arpa/inet.h>
const char * inet_ntop(int  af , const void * cp , char * buf , size_t len );
```

函数 inet_ntop 原型分析：

- 此函数正确时返回地址串的指针，错误时返回 NULL；
- 参数*af* 必须是 AF_INET 或者 AF_INET6，其他地址族不被支持，且返回错误；
- 参数*cp* 保存了二进制数值；
- 参数*buf* 用于保存转换后的地址字符串；
- 参数*len* 指定了*buf* 的大小，用于避免缓冲区的溢出。

地址转换总结，如图 13.20 所示。

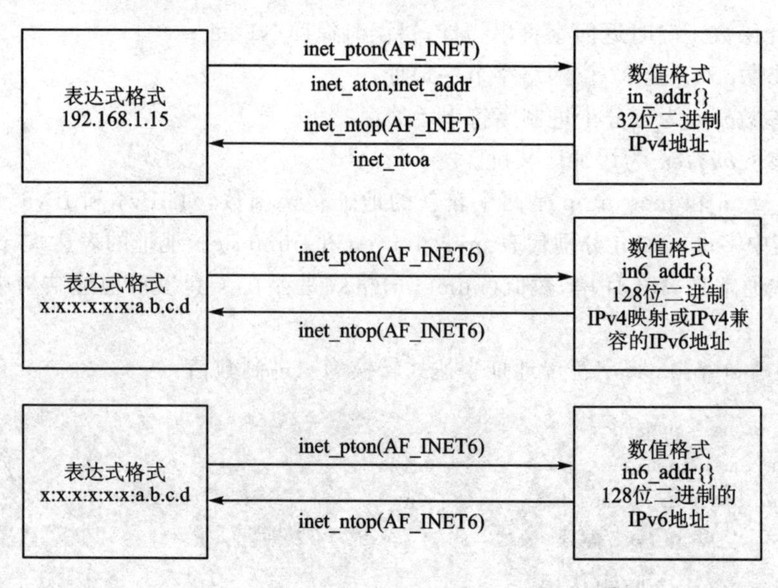

图 13.20　地址转换

13.2.3　socket 函数

为了执行网络 I/O，必须做的第一件事情就是调用 socket 函数，指定期望的通信协议类型。

调用 socket 函数可以创建一个套接字：

```
#include <sys/socket.h>
int  socket(int  domain , int type , int protocol );
```

函数 socket 原型分析：

- 此函数成功时返回文件描述符，此处的文件描述符也称为套接口描述字(socket descriptor)，简称为套接字(socketfd)，失败时返回 −1 并设置错误号。
- 参数*domain* 是协议域，又称协议族。协议族决定了 socket 的地址类型，在通信中必须采用对应的地址，如 AF_INET 决定了要用 IPv4 地址(32 位的)与端口号(16 位的)的组合，AF_UNIX 决定了要用一个绝对路径名作为地址。socket 协议域参数描述，如表 13.3 所列。

表 13.3　socket 协议域

协议域	说　明
AF_UNSPEC	未指定
AF_INET	IPv4 因特网域

续表 13.3

协议域	说　明
AF_INET6	IPv6 因特网域
AF_UNIX	UNIX 域
AF_PACKET	PACKET 域

- 参数*type* 是 socket(套接字)类型,如表 13.4 所列。

表 13.4　套接字类型

套接字类型	说　明
SOCK_DGRAM	数据报套接口,固定长度的、无连接的、不可靠的报文传递
SOCK_RAW	原始套接口,IP 协议的数据报接口
SOCK_SEQPACKET	有序分组套接口,固定长度的、有序的、可靠的、面向连接的报文传递
SOCK_STREAM	字节流套接口,有序的、可靠的、双向的、面向连接的字节流

- 参数*protocol* 是协议类型,如表 13.5 所列。

表 13.5　协议类型

协议类型	说　明
IPPROTO_IP	IPv4 网络协议
IPPROTO_ICMP	因特网控制报文协议
IPPROTO_TCP	传输控制协议
IPPROTO_UDP	用户数据报协议
IPPROTO_IPV6	IPv6 网络协议
IPPROTO_RAW	原始 IP 数据包协议

参数*domain* 确定了通信的特性,包括地址格式等。AF_UNIX 是一种高级的 IPC 机制,具体使用将在 13.5 节中详细叙述;AF_PACKET 是一个较新的套接口类型,支持对数据链路层的操作,具体使用将在 13.6 节中详细叙述;AF_UNSPEC 域在 SylixOS 中不被支持。

参数*protocol* 通常为 0,表示为给定的域和套接字类型选择默认协议。当对同一域和套接字类型支持多个协议时,可以使用*protocol* 选择一个特定协议。在 AF_INET 通信域中,套接字类型 SOCK_STREAM 的默认协议是 TCP;套接字类型 SOCK_DGRAM 的默认协议是 UDP。

对于数据报接口,两个对等应用程序之间通信时不需要逻辑连接,只需要向对等应用程序所使用的套接字送出一个报文,因此数据报(SOCK_DGRAM)提供了一个无连接的服务。而字节流(SOCK_STREAM)要求在交换数据之前,在本地套接字和通信的对等应用程序的套接字之间建立一个逻辑连接。

对于字节流，应用程序分辨不出报文的界限。这意味着从字节流套接字读数据时，它也许不会返回所有由发送应用程序所写的字节数。最终可以获得发送过来的所有数据，但也许要通过若干次函数调用才能得到。

并非所有的套接字协议域与类型的组合都是有效的，表 13.6 列出了一些有效的组合和对应的真正协议，其中标识为 Y 的项表示是有效的，只是没有找到便捷的缩略词，而标识为 N 的项表示不支持。

表 13.6 协议域与类型组合

类 型	协议域			
	AF_INET	AF_INET6	AF_UNIX	AF_PACKET
SOCK_STREAM	TCP	TCP	Y	N
SOCK_DGRAM	UDP	UDP	Y	Y
SOCK_RAW	IPv4	IPv6	N	Y

13.2.4 socket 选项

套接字选项通过调用 setsockopt 函数和 getsockopt 函数进行操作，SylixOS 网络支持多种套接字选项，如表 13.7 所列。

```
#include <sys/socket.h>
int   setsockopt(int  s , int level , int optname ,
                 const void * optval , socklen_t optlen );
```

函数 setsockopt 原型分析：

- 此函数成功时返回 0，失败时返回 -1 并设置错误号；
- 参数 *s* 是套接字(socket 函数返回)；
- 参数 *level* 是选项等级，如表 13.7 所列；
- 参数 *optname* 是选项名，如表 13.7 所列；
- 参数 *optval* 是选项值；
- 参数 *optlen* 是选项长度。

通过调用 setsockopt 函数来设置不同选项等级的不同选项，参数 *optval* 是一个指向变量的指针类型，根据不同的选项，类型也不同，如表 13.7 所列。

```
#include <sys/socket.h>
int   getsockopt(ints , int level , int optname ,
                 void * optval , socklen_t * optlen );
```

函数 getsockopt 原型分析：

- 此函数成功返回 0，失败返回 −1 并设置错误号；
- 参数*s* 是套接字（socket 函数返回）；
- 参数*level* 是选项等级，如表 13.7 所列；
- 参数*optname* 是选项名，如表 13.7 所列；
- 输出参数*optval* 返回选项值；
- 参数*optlen* 是选项长度。

调用 getsockopt 函数可以获得套接字的选项值，参数*optlen* 将返回选项值的实际长度。

表 13.7 套接字选项列表

选项等级	选项名	说 明	数据类型
SOL_SOCKET	SO_BROADCAST	运行发送广播数据报	int
	SO_ERROR	获取待处理错误并消除	int
	SO_KEEPALIVE	周期性测试连接是否存活	int
	SO_LINGER	若有数据待发送则延迟关闭	struct linger
	SO_DONTLINGER	关闭 SO_LINGER 选项	int
	SO_RCVBUF	接收缓冲区大小	int
	SO_RCVTIMEO	接收超时	struct timeval
	SO_SNDTIMEO	发送超时	struct timeval
	SO_REUSEADDR	允许重用本地地址	int
	SO_REUSEPORT	允许重用本地端口	int
	SO_TYPE	取得套接字类型	int
	SO_CONTIMEO	连接超时	struct timeval
SOL_PACKET	PACKET_ADD_MEMBERSHIP	加入多播组	struct packet_mreq
	PACKET_DROP_MEMBERSHIP	离开多播组	struct packet_mreq
	PACKET_RECV_OUTPUT	是否接收输出数据包	int
	PACKET_RX_RING	为 mmap 分配内存空间	struct tpacket_req
	PACKET_VERSION	设置 AF_PACKET 版本	int
	PACKET_RESERVE	为 mmap 分配空间保留额外的头部空间	unsigned int

续表 13.7

选项等级	选项名	说明	数据类型
IPPROTO_IP	IP_TOS	服务类型和优先级	int
	IP_TTL	存活时间	int
	IP_MULTICAST_IF	指定外出接口	struct in_addr
	IP_MULTICAST_TTL	指定外出 TTL	unsigned char
	IP_MULTICAST_LOOP	指定是否回馈	unsigned char
	IP_ADD_MEMBERSHIP	加入多播组	struct in_mreq
	IP_DROP_MEMBERSHIP	离开多播组	struct in_mreq
IPPROTO_TCP	TCP_KEEPALIVE	探测对方是否存活前连接闲置秒数,即允许的持续空闲时长	int
	TCP_ KEEPIDLE	对一个连接探测前的允许时间	int
	TCP_ KEEPINTVL	两个探测的时间间隔	int
	TCP_ KEEPCNT	探测的最大次数	int
IPPROTO_IPV6	IPV6_V6ONLY	只允许 IPv6(SylixOS 不支持数据报通信)	int
IPPROTO_UDPLITE	UDPLITE_SEND_CSCOV	执行发送校验和	int
	UDPLITE_RECV_CSCOV	执行接收校验和	int
IPPROTO_RAW	IPV6_CHECKSUM	IPv6 校验和	int

表 13.7 中 SOL_PACKET 选项等级用于 AF_PACKET 类型套接字的选项,这些选项将在 13.6 节中详细介绍。

设置套接字选项程序:**chapter11/setsockopt_example**,展示了通过设置套接字选项来控制相应套接字的行为。程序首先通过调用 setsockopt 函数设置 IPv4 的接收缓冲区的大小,然后调用 getsockopt 函数来获得接收缓冲区的大小以确认接收缓冲区的大小被正确改变。

13.3 网络通信实例

客户端与服务器模型又叫主从式架构,简称 C/S 结构,是一种网络架构,它把客户端(Client)与服务器(Server)区分开来。每一个客户端应用实例都可以向一个服务器发出请求。服务器有很多不同的类型,例如文件服务器、终端服务器和邮件服务器等。虽然它们的存在目的不一样,但基本构架是一样的。

C/S 结构应用于很多不同类型的应用程序,最常见的就是目前在因特网上用的网页。例如,在计算机上浏览 SylixOS 网站时,计算机和网页浏览器就被当作一个客

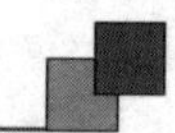

户端，组成 SylixOS 网站的主机就被当作服务器。当网页浏览器向 SylixOS 站点请求一篇指定的文章时，SylixOS 站点服务器从数据库中找出所有该文章需要的信息，结合成一个网页，再发送回网页浏览器。

服务端的特征：被动的角色，等待来自客户端的请求，处理请求并传回结果。

客户端的特征：主动的角色，发送请求并等待请求的响应。

13.3.1 UDP 实例

使用 UDP 编写应用程序与使用 TCP 编写应用程序有着本质的差异，其原因在于这两个传输层之间的差异：UDP 是无连接的、不可靠的数据报协议，而 TCP 提供的面向连接的、可靠的字节流。然而有些场合更适合使用 UDP，使用 UDP 编写的一些流行的应用程序有 DNS(域名系统)、NFS(网络文件系统)、SNMP(简单网络管理协议)。

UPP 应用客户端无需与服务器端建立连接，但是需要指定目的地址(服务器地址)，并且客户端只给服务器发送数据报。

服务器端不接受来自客户端的连接，而只是等待来自某个客户端的数据。

如图 13.21 所示为典型的 UDP 客户端与服务器端程序的函数使用。

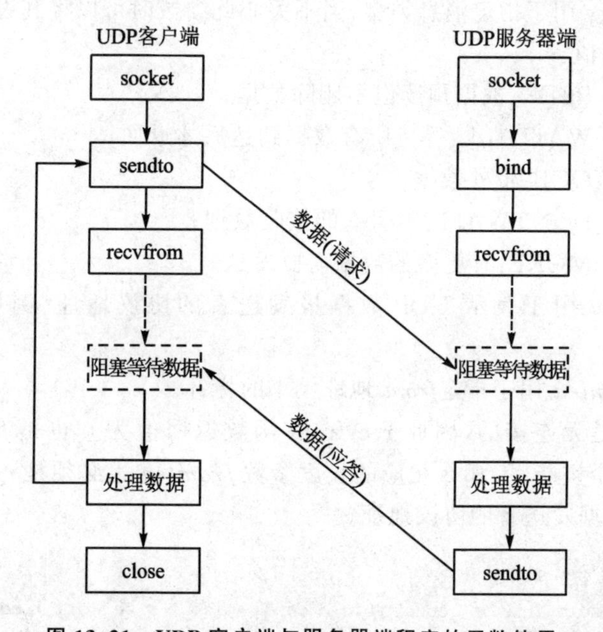

图 13.21 UDP 客户端与服务器端程序的函数使用

bind 函数把一个本地协议地址赋予一个套接字，协议地址的含义只取决于协议本身。对于网际协议，协议地址是 32 位的 IPv4 地址或 128 位的 IPv6 地址与 16 位的 TCP 或 UDP 端口的组合。调用 bind 函数可以指定 IP 地址或端口，可以两者都指定，也可以都不指定。

```
#include <sys/socket.h>
int  bind(int  s , const struct sockaddr * name , socklen_t namelen );
```

函数 bind 原型分析：

- 此函数成功返回 0，失败返回 -1 并设置错误号；
- 参数*s* 是套接字(socket 函数返回)；
- 参数*name* 是一个指向特定协议域的 sockaddr 结构体类型的指针；
- 参数*namelen* 表示*name* 结构的长度。

```
#include <sys/socket.h>
ssize_t  recvfrom(ints ,void * mem ,size_t  len ,int  flags ,
                  struct sockaddr  * from , socklen_t * fromlen );
```

函数 recvfrom 原型分析：

- 此函数成功时返回读取到数据的字节数，失败时返回 -1 并设置错误号；
- 参数*s* 是套接字(socket 函数返回)；
- 参数*mem* 是指向读入缓冲区的指针；
- 参数*len* 表示读取数据的字节长度；
- 参数*flags* 用于指定消息类型，当不关心此参数时可以将其设置为 0，否则配置为以下值：
  - MSG_PEEK：数据预读但不删除数据；
  - MSG_WAITALL：等待所有数据到达后才返回；
  - MSG_OOB：带外数据；
  - MSG_DONTWAIT：不阻塞的接收数据；
  - MSG_MORE：有更多的数据需要发送。
- 参数*from* 用于表示 UDP 数据报发送者的协议地址(例如 IP 地址及端口号)；
- 参数*fromlen* 用于指定*from* 地址大小的指针。

由于 UDP 是无连接的，因此 recvfrom 函数返回值为 0 也是有可能的。如果*from* 参数是一个空指针，那么相应的长度参数*fromlen* 也必须是一个空指针，表示我们并不关心数据发送者的协议地址。

```
#include <sys/socket.h>
ssize_t  sendto(int  s , const void * data , size_t size , int flags ,
                const struct sockaddr * to , socklen_t tolen );
```

函数 sendto 原型分析：

- 此函数成功时返回读取到数据的字节数，失败时返回 -1 并设置错误号；
- 参数*s* 是套接字(socket 函数返回)；
- 参数*data* 是指向写入数据缓冲区的指针；

- 参数*size* 表示写入数据的字节长度；
- 参数*flags* 用于指定消息类型，当不关心此参数时可以将其设置为0，否则配置为以下值：
  - MSG_PEEK：数据预读但不删除数据；
  - MSG_WAITALL：等待所有数据到达后才返回；
  - MSG_OOB：带外数据；
  - MSG_DONTWAIT：不阻塞的接收数据；
  - MSG_MORE：有更多的数据需要发送。
- 参数*to* 用于表示UDP数据报接收者的协议地址(例如IP地址及端口号)；
- 参数*tolen* 用于指定*to* 地址长度。

sendto函数写一个长度为0的数据报是可行的，这导致一个只包含IP头部(对于IPv4通常为20个字节，对于IPv6通常为40个字节)和一个8字节UDP头部但没有数据的IP数据报。

UDP回声程序模型如图13.22所示。客户端与服务器遵循该流程完成回声数据的接收与回显。

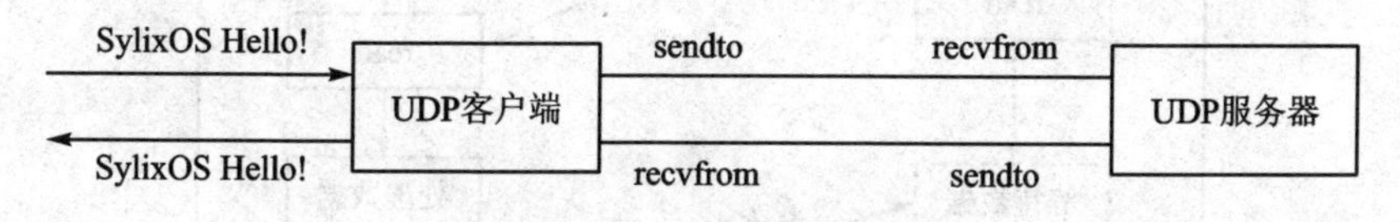

图13.22 UDP回声程序模型

客户端程序使用sendto函数将“SylixOS Hello!”发送给服务器，并使用recvfrom函数读回服务器的回声，最后将收到的回声信息“SylixOS Hello!”输出。

服务器程序使用recvfrom函数读入来自客户端的“SylixOS Hello!”数据，并通过sendto函数把收到的数据发送给客户端程序。

UDP回声服务器程序：**chapter13/udp_server_example**。

UDP回声客户端程序：**chapter13/udp_client_example**。

13.3.2 TCP实例

图13.23所示为典型的TCP客户端与服务器通信流程。服务器首先启动，客户端稍后启动，并试图连接到服务器。连接建立成功后，客户端向服务器发送请求，服务器处理该请求，并且给客户端发回一个响应。这个过程一直持续下去，直到客户端关闭本地连接，从而给服务器发送一个结束通知为止。服务器收到结束通知后关闭服务器端的本地连接，然后可以结束运行，也可以继续等待新的客户连接。

TCP客户端使用connect函数来建立与TCP服务器的连接。

```
#include <sys/socket.h>
int  connect(int  s , const struct sockaddr * name , socklen_t namelen );
```

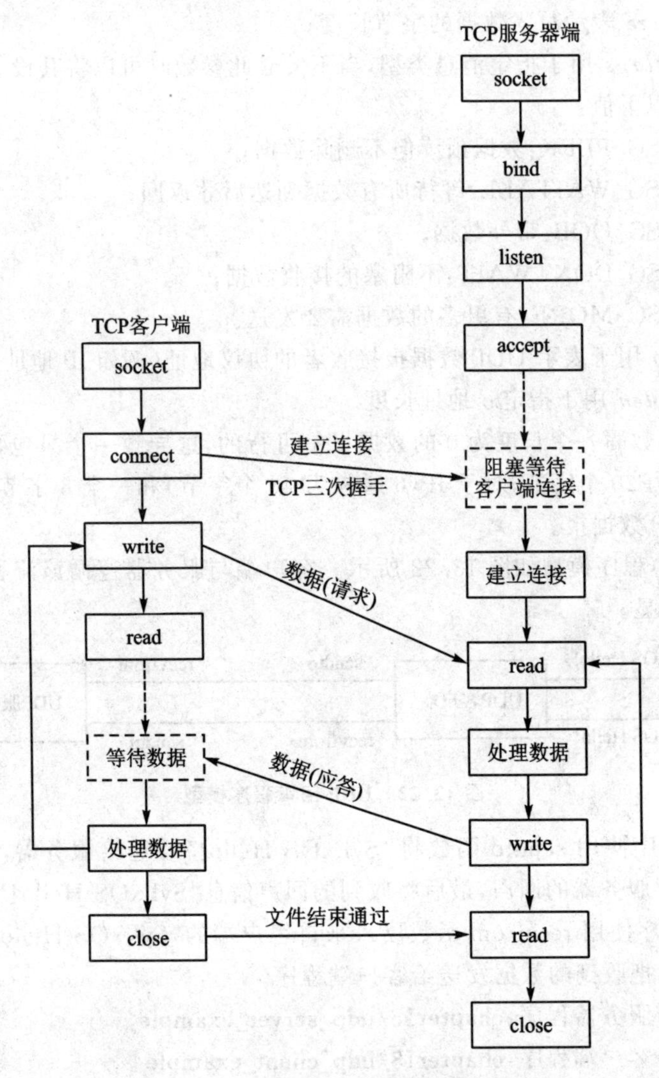

图 13.23　TCP 客户端与服务器通信流程

函数 connect 原型分析：

- 此函数成功时返回 0,失败时返回 −1 并设置错误号；
- 参数*s* 是套接字(socket 函数返回)；
- 参数*name* 是一个指向特定协议域的 sockaddr 结构体类型的指针；
- 参数*namelen* 表示*name* 结构的长度。

name (sockaddr 结构)必须包含服务器的 IP 地址和端口号,TCP 套接口调用 connect 函数将激发 TCP 的三次握手,而且仅在连接建立成功或出错时才返回。

listen 函数仅由 TCP 服务器调用,指示可以接受指向该套接口的连接请求。

```
#include <sys/socket.h>
int  listen(int  s , int backlog );
```

函数 listen 原型分析：

- 此函数成功返回 0,失败返回-1 并设置错误号；
- 参数*s* 是套接字(socket 函数返回)；
- 参数*backlog* 表示对应套接字可以接受的最大连接数。

accept 函数仅由 TCP 服务器调用,用于返回一个已完成的连接。

```
#include <sys/socket.h>
int  accept(int  s , struct sockaddr * addr , socklen_t * addrlen );
```

函数 accept 原型分析：

- 此函数成功返回非负,即已连接套接口描述符,失败返回-1 并设置错误号；
- 参数*s* 是套接字(socket 函数返回)；
- 参数*addr* 用于返回已连接对端(客户端)的协议地址结构信息；
- 参数*addrlen* 用于返回已连接协议地址结构大小。

我们称 accept 函数的第一个参数*s* 为监听套接字(由 socket 创建,随后用作 bind 函数和 listen 函数的第一个参数),称它的返回值为已连接套接字。区分这两个套接字非常重要,一个服务器通常仅仅创建一个监听套接字,它在服务器的生命周期内一直存在,系统为每个接收到的客户端连接创建一个已连接套接字(也就是说对于它的 TCP 三次握手已经完成),当服务器完成某个客户端的服务时,相对应的已连接套接字就被关闭。

getsockname 函数用于返回与某个套接字关联的本地协议地址。

```
#include <sys/socket.h>
int  getsockname(int  s , struct sockaddr * name , socklen_t * namelen );
```

函数 getsockname 原型分析：

- 此函数成功返回非 0,失败返回-1；
- 参数*s* 是套接字(socket 函数返回)；
- 参数*name* 用于返回本地的协议地址结构信息；
- 参数*namelen* 用于返回本地协议地址结构大小。

在一个没有调用 bind 函数的 TCP 客户端上,connect 函数成功返回后,getsockname 函数用于返回该连接的本地 IP 地址和本地端口号。

在以端口号为 0 时调用 bind 函数(告知系统选择本地端口号)后,getsockname 函数返回由系统指定的本地端口号。

在一个以通配 IP 地址调用 bind 函数之后的 TCP 服务器上,与某个客户端的连接一旦建立(accept 成功返回),getsockname 函数就可以用于返回该连接的本地 IP 地址,在这样的调用中,套接字参数必须是已连接套接字,而不是监听套接字。

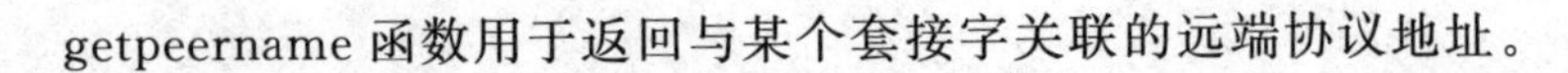

getpeername 函数用于返回与某个套接字关联的远端协议地址。

```
#include <sys/socket.h>
int getpeername(int  s , struct sockaddr * name , socklen_t * namelen );
```

函数 getpeername 原型分析：

- 此函数成功返回 0，失败返回 -1 并设置错误号；
- 参数*s* 是套接字(socket 函数返回)；
- 参数***name*** 用于返回远端的协议地址结构信息；
- 参数***namelen*** 用于返回远端协议地址结构大小。

TCP 通信总结：所有客户端和服务器都从调用 socket 开始，它返回一个套接字，客户端随后调用 connect 函数，服务器则调用 bind、listen 和 accept 函数，套接字通常使用标准的 close 函数关闭，还可以使用 shutdown 函数关闭。大多数 TCP 服务器是并发的，它们为每个待处理的客户端连接单独服务，而大多数 UDP 服务器却是迭代的。

TCP 回声程序模型如图 13.24 所示。客户端与服务器遵循该流程完成回声数据的接收与回显。

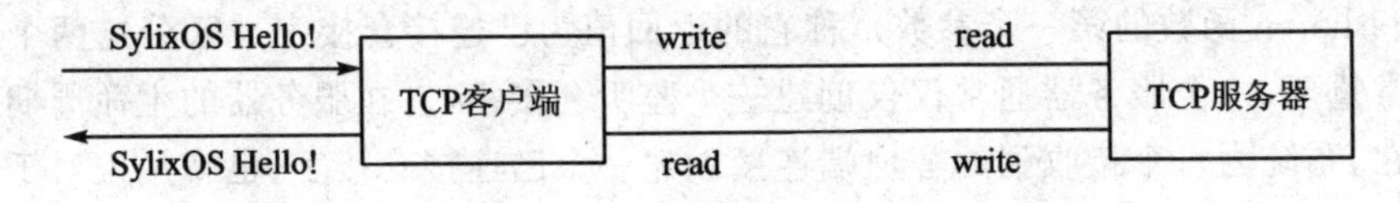

图 13.24　TCP 回声程序模型

客户端程序使用 write 函数将“SylixOS Hello!”发送给服务器，并使用 read 函数读回服务器的回声，并将收到的回声信息函数“SylixOS Hello!”输出。

服务器程序使用 read 函数读入来自客户端的“SylixOS Hello!”数据，并通过 write 函数把收到的数据发送给客户端程序。

TCP 回声服务器程序：chapter13/tcp_server_example 。

TCP 回声客户端程序：chapter13/tcp_client_example 。

13.3.3　原始套接字(RAW)实例

原始套接字可以提供以下 TCP 及 UDP 套接字一般不提供的功能：

- 使用原始套接字可以读、写 ICMPv4、IGMPv4 和 IGMPv6 分组。例如：***ping*** 命令程序。
- 使用原始套接字可以读、写特殊的 IPv4 数据报，回想图 13.10 中的协议字段，大多数内核只处理 1(ICMP)、2(IGMP)、6(TCP)、17(UDP)数据报，但协议字段还可能为其他值，例如：OSPF 路由协议就不使用 TCP 或 UDP，而直接使用 IP，且将 IP 数据报的协议字段设为 89。因此，这些数据报包含了内核完全不知道的协议字段，就需要使用原始套接字来实现，这些同样适用

于 IPv6。

13.3.3.1 RAW 套接字创建

创建一个原始套接字时，需要注意以下几点：

- 当 socket 函数第二个参数是 SOCK_RAW 时，将创建一个原始套接字，第三个参数通常不为 0，下面代码是创建一个 IPv4 原始套接字：

```
int sockfd;
sockfd = socket(AF_INET, SOCK_RAW, protocol);
```

注：其中 protocol 参数值为 IPPROTO_xxx 常量值，如 IPPROTO_ICMP。

- 可以设置 socket 选项。
- 可以对原始套接字调用 bind 函数，但并不常见。该函数仅用来设置本地地址，对于一个原始套接字而言端口号没有任何意义。
- 在原始套接字上可以调用 connect 函数，但也不常用，connect 函数仅设置目的地址。对于输出而言，调用 connect 函数之后，由于目的地址已经指定，我们可以调用 write 函数或 send 函数，而不调用 sendto 函数。

13.3.3.2 RAW 套接字输出

通常原始套接字的输出可以通过调用 sendto 函数或 sendmsg 函数并指定目的 IP 地址来完成，如果 socket 已经调用 connect 函数进行了连接，则也可以调用 write 函数、writev 函数或 send 函数来完成。

13.3.3.3 RAW 套接字输入

对于原始套接字输入，需要考虑接收到的哪些 IP 分组将传递给原始套接字，这些需要遵守以下规则：

- 接收到 TCP 分组和 UDP 分组决不会传递给任何原始套接字，如果希望读取包含 TCP 分组或 UDP 分组的 IP 数据报，那么它们必须在链路层（见 13.1.6 小节）读入；
- 当内核处理完 ICMP 消息后，绝大部分 ICMP 分组将传递给原始套接字；
- 当内核处理完 IGMP 消息后，所有 IGMP 分组都将传递给某个原始套接字；
- 所有带有内核不能识别的协议字段的 IP 数据报都将传递给某个原始套接字；
- 如果数据报以片段形式到达，则该分组将在所有片段到达并重组后才传给原始套接字。

当内核准备好一个待传递的数据报之后，内核将对所有的原始套接字进行检查，以寻找所有匹配的套接字，每个匹配的套接字都将收到一个该 IP 数据报的拷贝，当满足下面条件时，数据报才会发送到指定的套接字：

- 如果在创建原始套接字时，所指定的*protocol* 参数不为零，则接收到的数据报的协议字段应与该值匹配，否则该数据报不会发送给该套接字；
- 如果此原始套接字之上绑定了一个本地 IP 地址，那么接收到的数据报的目的 IP 地址应与该绑定地址相匹配，否则该数据报不会发送到该原始套接字；
- 如果此原始套接字通过调用 connect 函数指定了一个对方的 IP 地址，那么接收到的数据报的源 IP 地址应与该已连接地址相匹配，否则该数据报不会发送给该原始套接字。

下面程序使用原始套接字来发送 TCP 网络数据报，数据报由我们自己来构造 IP 头和 TCP 头，分别由 ip_packet_ctor 函数和 tcp_packet_ctor 函数来完成。

使用原始套接字程序：**chapter13/af_raw_example**。

13.4 DNS 简介

DNS 是域名系统(Domain Name System)的缩写，是因特网的一项核心服务，它作为可以将域名和 IP 地址相互映射的一个分布式数据库，能够帮助用户更方便地访问互联网，而不需要记住能够被机器直接读取的 IP 地址。

```
#include <sys/socket.h>
#include <netdb.h>
int   getaddrinfo(const char *nodename, const char *servname,
                  const struct addrinfo *hints, struct addrinfo **res);
void  freeaddrinfo(struct addrinfo *ai);
```

函数 getaddrinfo 原型分析：

- 此函数成功返回 0，失败返回非 0 值；
- 参数*nodename* 是地址字符串；
- 参数*servname* 是服务名；
- 参数*hints* 输入地址信息；
- 输出参数*res* 返回结果地址信息。

函数 freeaddrinfo 原型分析：

- 参数*ai* 是由 getaddrinfo 函数返回的地址信息结构。

getaddrinfo 函数返回一个或更多的 addrinfo 结构的地址信息，这些地址结构可通过调用 freeaddrinfo 函数进行释放。SylixOS 中 addrinfo 结构，其定义见程序清单 13.7。

程序清单 13.7　addrinfo 结构

```
struct addrinfo {
    int             ai_flags;       /* Input flags.                              */
    int             ai_family;      /* Address family of socket.                 */
    int             ai_socktype;    /* Socket type.                              */
    int             ai_protocol;    /* Protocol of socket.                       */
    socklen_t       ai_addrlen;     /* Length of socket address.                 */
    struct sockaddr *ai_addr;       /* Socket address of socket.                 */
    char            *ai_canonname;  /* Canonical name of service location.       */
    struct addrinfo *ai_next;       /* Pointer to next in list.                  */
};
```

addrinfo 结构成员含义如下：

- ai_flags：输入标志，如表 13.8 所列；
- ai_family：套接字地址族；
- ai_socktype：套接字类型，如表 13.4 所列；
- ai_protocol：协议，如 13.3 所列；
- ai_addrlen：套接字地址长度；
- ai_addr：套接字地址；
- ai_canonname：规范的名字。

表 13.8　addrinfo 结构输入标志

标　志	说　明
AI_PASSIVE	套接字地址用于监听绑定
AI_CANONNAME	需要一个规范的名字(与别名相对)
AI_NUMERICHOST	以数字形式指定主机地址
AI_NUMERICSERV	将服务指定为数字端口号

getaddrinfo 函数可以提供一个可选的 ***hints*** 来选择符合特定条件的地址，***hints*** 是一个用于过滤地址的模板，包括 ai_family、ai_flags、ai_protocol 和 ai_socktype 字段，剩余的字段在 SylixOS 分为两种情况：一是如果应用程序链接了外部 C 语言库(libcextern)，则剩余的整数字段必须为 0，指针字段必须为空；二是如果应用程序没有链接外部 C 语言库，则剩余字段不做要求。

```
#include <sys/socket.h>
#include <netdb.h>
int    getnameinfo(const struct sockaddr *addr , socklen_t len ,
                   char *host , socklen_t hostlen ,
                   char *serv , socklen_t servlen , int flag );
```

函数 getnameinfo 原型分析：

- 此函数成功返回 0，失败返回非 0 错误值；
- 参数*addr* 是套接字地址；
- 参数*len* 是套接字地址长度；
- 输出参数*host* 返回主机名；
- 参数*hostlen* 是参数 host 缓冲区长度；
- 输出参数*serv* 返回服务主机名；
- 参数*servlen* 是参数 serv 缓冲区长度；
- 参数*flag* 是控制标志，如表 13.10 所列。

getnameinfo 函数将一个地址转换成一个主机名和服务主机名，如果*host* 非 NULL，则指向一个长度为*hostlen* 字节的缓冲区用于存放返回的主机名；如果*serv* 非 NULL，则指向一个长度为*servlen* 字节的缓冲区用于存放返回的服务主机名。为了给*host* 和*serv* 分配空间，SylixOS 包含了两个相应的长度数值，如表 13.9 所列。

表 13.9　getnameinfo 函数返回的字符串长度的常值

常　值	说　明	值
NI_MAXHOST	返回的主机字符串的长度(参数*hostlen*)	1 025
NI_MAXSERV	返回的服务字符串的长度(参数*servlen*)	32

表 13.10 列出了可设置的标志(参数*flag*)，它们能改变 getnameinfo 函数的操作。

表 13.10　getnameinfo 函数的标志(*flag*)

标　志	说　明
NI_NUMERICHOST	返回主机地址的数字形式，而非主机名
NI_NUMERICSERV	返回服务地址的数字形式(端口号)，而非名字
NI_DGRAM	服务基于数据报而非基于流
NI_NUMERICSCOPE	对于 IPv6，返回范围 ID 的数字形式，而非名字

DNS 定义了一个用于查询和响应的报文格式，其格式封装如图 13.25 所示。

16 位标志字段被划分为若干子字段：

- QR 是 1 bit 字段，0 表示查询报文，1 表示响应报文。
- opcode 是一个 4 bit 字段，通常值为 0(标准查询)，其他值为 1(反向查询)和 2(服务器状态请求)。
- AA 是 1 bit 字段，表示“授权回答(authoritative answer)”。该名字服务器是授权于该域的，该位在应答的时候才有意义。
- TC 是 1 bit 字段，表示“可截断的(truncated)”，用来指示报文比允许的长度还要长，例如：使用 UDP 时，它表示当应答的总长度超过 512 字节时，只返回

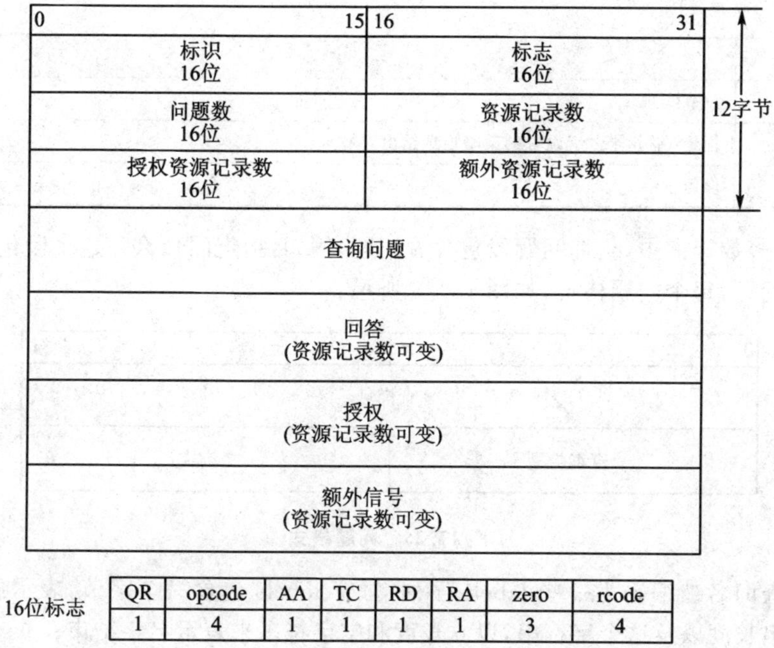

0　　　　　　　　15	16　　　　　　　　31
标识 16位	标志 16位
问题数 16位	资源记录数 16位
授权资源记录数 16位	额外资源记录数 16位
查询问题	
回答 (资源记录数可变)	
授权 (资源记录数可变)	
额外信号 (资源记录数可变)	

（前三行共 12字节）

16位标志

QR	opcode	AA	TC	RD	RA	zero	rcode
1	4	1	1	1	1	3	4

图 13.25　DNS 格式封装

前 512 个字节。

- RD 是 1 bit 字段,表示“期望递归(recursion desired)”。该位能在一个查询中设置,并在响应中返回。这个标志告诉名字服务器必须处理这个查询,也称为一个递归查询。如果该位为 0,且被请求的名字服务器没有一个授权回答,它就返回一个能解答该查询的其他名字服务器列表,这称为迭代查询。在后面的例子中,我们将看到这两种类型查询的例子。
- RA 是 1 bit 字段,表示“可用递归”。如果名字服务器支持递归查询,则在响应中将该位设置为 1。大多数名字服务器都提供递归查询,除了某些根服务器。
- zero 的 3 bit 字段必须为 0。
- rcode 是一个 4 bit 的应答码字段,如表 13.11 所列。

表 13.11　应答码

应答码	说　明
0	没有错误
1	报文格式错误(服务器不能理解请求的错误)
2	服务器失败(因为服务器的原因导致没办法处理这个错误)
3	名字错误(只有对授权域名解析服务器有意义,指出解析的域名不存在)

续表 13.11

应答码	说　明
4	没有实现
5	拒绝(服务器由于设置的策略拒绝给出应答)
6～15	保留值

在大多数查询中,查询问题段包含着问题,例如:指定问什么。这个段包含了"问题数段"问题,每个问题格式,如图 13.26 所示。

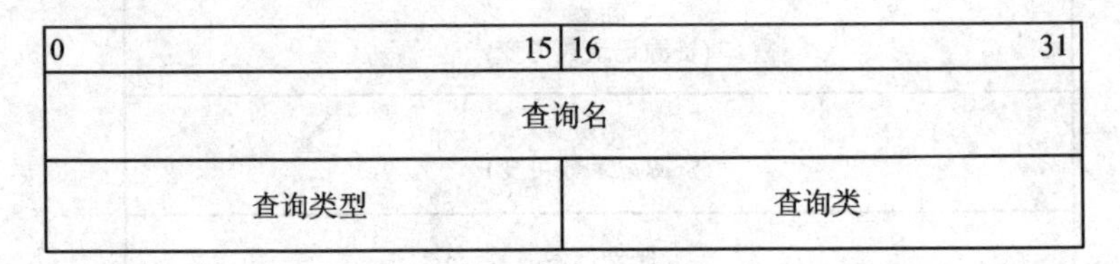

图 13.26　问题格式

- 查询名被编码为一些 labels 序列,每个 labels 包含一个字节,表示后续字符串长度以及这个字符串,以 0 长度和空字符串来表示名字结束;
- 查询类型用 16 bit 表示,取值可以为任何可用的类型值,以及通配符来表示所有的资源记录;
- 查询类用 16 bit 表示,如表 13.12 所列。

表 13.12　查询类

类	说　明
IN	Internet 类
CSNET	CSNET 类
CHAOS	CHAOS 类
HESIOD	指定 MIT Athena Hesiod 类
ANY	以上的通配符

回答、授权以及额外信息段都共用相同的格式:资源记录,其格式如图 13.27 所示。

- 域名是资源记录包含的域名;
- 类型表示 16 bit 的资源记录类型;
- 类表示 16 bit 的资源记录类;
- 生存时间表示资源记录可以缓存的时间,如果为 0,则只能被传输不能被缓存;
- 资源数据长度表示数据长度。

DNS 查询过程如下:

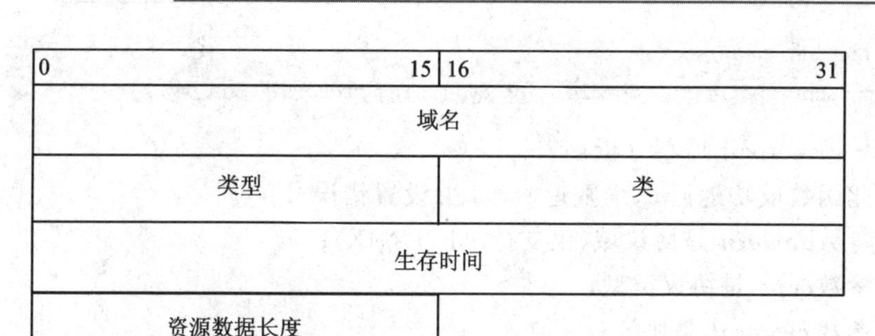

图 13.27 资源记录格式

① 客户机发出域名解析请求,并将该请求发送给本地域名服务器;

② 本地域名服务器收到请求后,先查询本地的缓存,如果有该记录项,则本地域名服务器直接把查询的结果返回;

③ 如果本地的缓存中没有该记录,则本地域名服务器把请求发给根域名服务器;根域名服务器查询自己的缓存,如果没有该记录,则返回相关的下级的域名服务器的地址;

④ 重复步骤③,直到找到正确的记录。

getaddrinfo 函数使用程序:chapter13/getaddrinfo_example。该程序展示了getaddrinfo 函数的使用方法。本程序仅实现与 IPv4 一起工作的那些协议的地址信息,程序将输出限制在 AF_INET 协议族,也即在提示中设置 ai_family 字段为 AF_INET。

13.5 AF_UNIX 域协议

13.5.1 UNIX 域套接字

UNIX 域套接字是一种高级的 IPC 机制,这种形式的 IPC 可以在同一计算机系统上运行的两个进程之间进行通信。虽然因特网域套接字可用于同一目的,但UNIX 域套接字的效率更高。UNIX 域套接字仅仅复制数据,并不执行协议处理,因此,无需添加或者删除网络报头,无需计算校验和,无需产生序列号,无需发送确认报文等。

SylixOS 中的 UNIX 域套接字提供流(SOCK_STREAM)、数据报(SOCK_DGRAM)和连续数据报(SOCK_SEQPACKET)三种接口。UNIX 域数据报服务是可靠的,既不会丢失报文也不会传递出错。UNIX 域套接字就像是套接字和管道的混合,可以使用它们面向网络的域套接字接口或者使用 socketpair 函数来创建一对无命名的、相互连接的 UNIX 域套接字。

```
#include <sys/socket.h>
int  socketpair(int  domain , int type , int protocol , int sv[2]);
```

函数 socketpair 原型分析：

- 此函数成功返回 0,失败返回－1 并设置错误号；
- 参数*domain* 是协议域(仅支持 AF_UNIX)；
- 参数*type* 是协议类型；
- 参数*protocol* 是协议；
- 输出参数*sv*[2]返回文件描述符组。

虽然接口足够通用,但 SylixOS 中此函数仅支持 UNIX 域,一对相互连接的 UNIX 域套接字可以起到全双工管道的作用:两端对读、写开放。

socketpair 函数创建的套接字是无名的,这意味着无关进程不能使用它们。

因特网域套接字可以通过调用 bind 函数将一个地址绑定到一个套接字上,同样可以将一个地址绑定到 UNIX 域套接字上,不同的是,UNIX 域套接字使用的地址有别于因特网套接字。

在 13.2.2 小节中介绍了 UNIX 域套接字的地址结构是 sockaddr_un,该结构的 sun_path 成员包含了一个路径名,当我们将一个地址绑定到一个 UNIX 域套接字时,系统会用该路径名创建一个 S_IFSOCK 类型的文件。

该文件仅用于向客户进程告示套接字名字,该文件无法打开,也不能由应用程序用于通信。

如果我们试图绑定同一地址时,该文件已经存在,那么 bind 请求会失败。当关闭套接字时,并不自动删除该文件,所以必须确保在应用程序退出前,对该文件解除连接操作。

当通信双方位于同一台主机时,使用 UNIX 域套接字的速度通常是 TCP 套接字的两倍。UNIX 域套接字可以用来在同一台主机上的两个进程之间传递描述符。UNIX 域套接字可以向服务器提供客户的凭证,这能提供附加的安全检查。

使用 UNIX 域套接字时,以下是需要注意的地方：

- connect 函数使用的路径名必须是一个绑定在某个已打开的 UNIX 域套接字上的路径名,而且套接字的类型也必须一致。
- UNIX 域流式套接字和 TCP 套接字类似,它们都为进程提供了一个没有记录边界的字节流接口。
- 如果 UNIX 域字节流套接字的 connect 函数调用发现监听套接字的队列已满,会立刻返回一个 ECONNREFUSED 错误码。这和 TCP 不同:如果监听套接字的队列已满,它将忽略到来的 SYN,TCP 连接的发起方会接着发送几次 SYN 重试。
- UNIX 域数据报套接字和 UDP 套接字类似,它们都提供了一个保留记录边界的不可靠数据服务。

- SylixOS UNIX 域套接字实现了 SOCK_SEQPACKET 数据报，这种类型保证了连接性和保留记录边界双向功能。
- 与 UDP 不同的是，在未绑定的 UNIX 域套接字上发送数据报不会给它捆绑一个路径名（在未绑定的 UDP 套接字上发送数据会为该套接字捆绑一个临时的端口），这意味着，数据报的发送者除非绑定一个路径名，否则接收者无法发回应答数据报。同样，与 TCP 和 UDP 不同的是，给 UNIX 域数据报套接字调用 connect 函数不会捆绑一个路径名。

13.5.2　AF_UNIX 实例

13.5.2.1 SOCK_STREAM 类型实例

SOCK_STREAM 类型 UNIX 域套接字通信过程，如 13.23 所示。下面程序使用 UNIX 域套接字实现服务器端与客户端之间的通信，服务器端等待客户端发送字符串 client，当服务器端成功接收到字符串 client 后发送 ACK 回应客户端，客户端打印服务器端的回应结果。

STREAM 类型客户端程序：**chapter13/af_unix_stream_client_example**。

STREAM 类型服务器端程序：**chapter13/af_unix_stream_server_example**。

13.5.2.2 SOCK_DGRAM 类型实例

SOCK_DGRAM 类型 UNIX 域套接字的通信过程，类似于 UDP 的通信过程（见图 13.21）。下面是使用 SOCK_DGRAM 类型实现的服务器端与客户端间的通信实例，同 SOCK_STREAM 类型的功能类似，服务器端被动地接收由客户端发送来的数据，如果服务器端收到字符 q，则代表客户端请求通信终止，这时服务器端终止程序。客户端每隔 1 秒发送一次本地当前时间，发送 5 次后终止通信过程。

DGRAM 类型客户端程序：**chapter13/af_unix_dgram_client_example**。

DGRAM 类型服务器端程序：**chapter13/af_unix_dgram_server_example**。

13.5.2.3 SOCK_SEQPACKET 类型实例

SOCK_SEQPACKET 类型的 UNIX 域套接字是面向连接的成块消息传输，因此通信过程类似于 SOCK_STREAM 类型的套接字。

SEQPACKET 类型客户端程序：**chapter13/af_unix_seqpacket_client_example**。

SEQPACKET 类型服务器端程序：**chapter13/af_unix_seqpacket_server_example**。

13.6　AF_PACKET 链路层通信

目前大多数操作系统都为应用程序提供了访问数据链路层的手段，应用程序访问链路层可以监视链路层上收到的分组，这使得我们可以在普通计算机系统上通过像 tcpdump 这样的程序来监视网络，而无需使用特殊的硬件设备。如果使用网络接口的混杂模式，我们甚至可以侦听本地电缆上的所有分组，而不只是以程序运行所在主机为目的地址的分组。

SylixOS 下读取数据链路层分组需要创建 PACKET 类型的套接字，PACKET 套接字用于在链路层上收发数据帧，这样应用程序可以在用户空间完成链路层之上各层的实现，PACKET 套接字的定义方式与 TCP、UDP、UNIX 定义方式类似：

```
int  sockfd;
sockfd = socket(AF_PACKET, type , protocol );
```

PACKET 套接字的定义需要指定 socket 函数参数 ***domain*** 为 AF_PACKET(PF_PACKET)；参数 ***type*** 支持 SOCK_DGRAM 和 SOCK_RAW 两种；参数 ***protocol*** 包含链路层的协议，部分常用的协议如表 13.13 所列，更多的协议在文件＜net/if_ether.h＞中定义。

表 13.13　链路层协议类型

协　议	说　明	值
ETH_P_IP	IP 类型数据帧	0x0800
ETH_P_ARP	ARP 类型数据帧	0x0806
ETH_P_RARP	RARP 类型数据帧	0x8035
ETH_P_ALL	所有类型的数据帧	0x0003

指定协议 ETH_P_XXX 通知数据链路层将它收到的那些不同类型的帧传递给 PACKET 套接字，如果数据链路支持混杂模式（如以太网），那么需要设置网络设备的混杂模式。首先，通过调用 ioctl 函数（命令 SIOCGIFFLAGS）获得标志，并设置 IFF_PROMISC 标志；然后，再次调用 ioctl 函数（命令 SIOCSIFFLAGS），设置新的标志（包含 IFF_PROMISC 标志）。

参数 ***type*** 支持 SOCK_RAW 类型，这种类型包含了链路层头部信息的原始分组，也就是说，这种类型的套接字在发送的时候需要自己加上一个 ethhdr 结构类型的 MAC 头部，该结构定义见程序清单 13.8。

程序清单 13.8　ethhdr 结构体

```
struct ethhdr {
    u_char          h_dest[ETH_ALEN];          /* destination eth addr    */
    u_char          h_source[ETH_ALEN];        /* source ether addr       */
    u_short         h_proto;                   /* packet type ID field    */
} __attribute__((packed));
```

ethhdr 结构成员含义如下：

- h_dest:以太网的目的 MAC 地址;
- h_source:以太网的源 MAC 地址;
- h_proto:链路层协议类型,如表 13.13 所列。

SOCK_DGRAM 类型已经对链路层头部信息进行了处理,即收到的数据帧已经去掉了以太网头部,应用程序发送此类数据时也无需添加头部信息。

创建好的套接字,可以通过调用 recvfrom 函数和 sendto 函数进行数据的接收和发送。与 UDP 不同的是,PACKET 的地址结构是 sockaddr_ll 类型的结构,该结构定义见程序清单 13.9。

程序清单 13.9 sockaddr_ll 结构体

```
struct sockaddr_ll {
    u_char      sll_len;          /* Total length of sockaddr      */
    u_char      sll_family;       /* AF_PACKET                     */
    u_short     sll_protocol;     /* Physical layer protocol       */
    int         sll_ifindex;      /* Interface number              */
    u_short     sll_hatype;       /* ARP hardware type             */
    u_char      sll_pkttype;      /* packet type                   */
    u_char      sll_halen;        /* Length of address             */
    u_char      sll_addr[8];      /* Physical layer address        */
};
```

sockaddr_ll 结构成员含义如下:

- sll_len:地址结构长度;
- sll_family:协议族(AF_PACKET);
- sll_protocol:链路层协议类型,如表 13.13 所列;
- sll_ifindex:网络接口索引号(如 en1 中的 1);
- sll_hatype:设备协议类型(如以太网为 ARPHRD_ETHER);
- sll_pkttype:分组类型;
- sll_halen:物理地址长度(MAC 地址长度);
- sll_addr:物理地址。

表 13.14 列出了 SylixOS 支持的分组类型,需要注意的是,这些类型只对接收到的分组有意义。

表 13.14 分组类型

分组类型	说 明
PACKET_HOST	目标地址是本地主机的分组
PACKET_BROADCAST	物理层的广播分组
PACKET_MULTICAST	一个分组发送到物理层的多播地址

续表 13.14

分组类型	说　明
PACKET_OTHERHOST	在混杂模式发向其他主机的分组
PACKET_OUTGOING	回环分组

13.6.1　AF_PACKET 实例

AF_PACKET 协议族支持 SOCK_DGRAM 和 SOCK_RAW 类型，前者让内核处理添加或者去除以太网报文头部，而后者则让应用程序对以太网头部具有完全的控制。在 socket 调用过程中，协议类型必须符合头文件＜net/if_ether. h＞中定义的类型之一，一般使用 ETH_P_IP 来处理 IP 的一组协议(TCP、UDP、ICMP 等)。

AF_PACKET 实例程序：**chapter13/af_packet_example** 。

本实例程序提供了 AF_PACKET 读取链路层原始数据(SOCK_RAW)的方法，功能上类似于嗅探(sniffer)技术。首先，程序调用 socket 函数建立套接字(协议域为 AF_PACKET，协议类型为 SOCK_RAW)，因为要处理 IP 层的数据报，因此指定 ***protocol*** 为 ETH_P_IP。随后，程序调用 recvfrom 函数开始接收网络包，当成功接收到网络包后，首先判断是否是一个完整的包(长度不能小于 42)，如果是一个完整的包，则打印其 MAC 地址和网络地址(IP 地址)，否则丢弃该包并且程序退出。

从程序运行结果中可以看到：以太网类型；发送方和接收方的 MAC 地址以及网络地址；protocol 的值等。

13.6.2　AF_PACKET 与 mmap 函数

上面介绍的 PACKET 套接字传输方式是通过缓冲区的形式，并且每捕获一个分组就需要一个函数调用，这样就造成了传输效率的下降。例如，如果想要获得 PACKET 的时间戳，就需要调用两次函数(如 libpcap)。

PACKET MMAP 机制解决了这种传输效率低的问题。PACKET MMAP 机制会在内核空间分配一块内核缓冲区，然后用户通过调用 mmap 函数将此缓冲区映射到用户空间，内核将接收到的分组拷贝到内核缓冲区中，应用程序就可以直接访问缓冲区中的数据。

PACKET MMAP 机制提供了一个映射到用户空间的大小可配置的环形缓冲区，缓冲区的大小通过 tpacket_req 结构中的成员值来获取，此结构体的定义见程序清单 13.10。

程序清单 13.10　tpacket_req 结构体

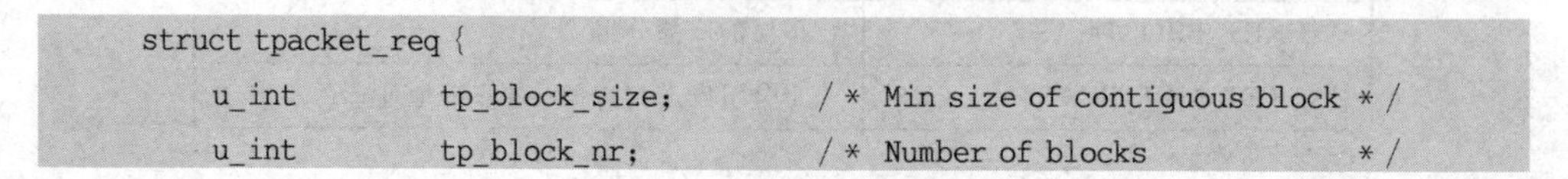

```
struct tpacket_req {
    u_int        tp_block_size;        /* Min size of contiguous block */
    u_int        tp_block_nr;          /* Number of blocks             */
```

```
    u_int       tp_frame_size;          /* Size of frame                */
    u_int       tp_frame_nr;            /* Total number of frames       */
};
```

tpacket_req 结构成员含义如下：

- tp_block_size：块大小；
- tp_block_nr：块数；
- tp_frame_size：帧大小；
- tp_frame_nr：帧数。

这个环形缓冲区由 tp_block_nr 个块组成，每一个块中包含了 tp_block_size/tp_frame_size 个 Frame，其中每个 Frame 必须在同一个块中。块的大小必须是 SylixOS 页对齐的（getpagesize 函数获得的值，SylixOS 默认页大小为 4 KB），Frame 的大小必须是 TPACKET_ALIGNMENT == 16（在<netpacket/packet.h>头文件中定义）个字节对齐。需要注意的是，tp_frame_nr 必须与（tp_block_size /tp_frame_size）×tp_block_nr 相同。在 SylixOS 中所有的块组成了一段连续的物理内存。

图 13.28 所示为 Block 和 Frame 之间的对应关系，以及 Frame 结构。

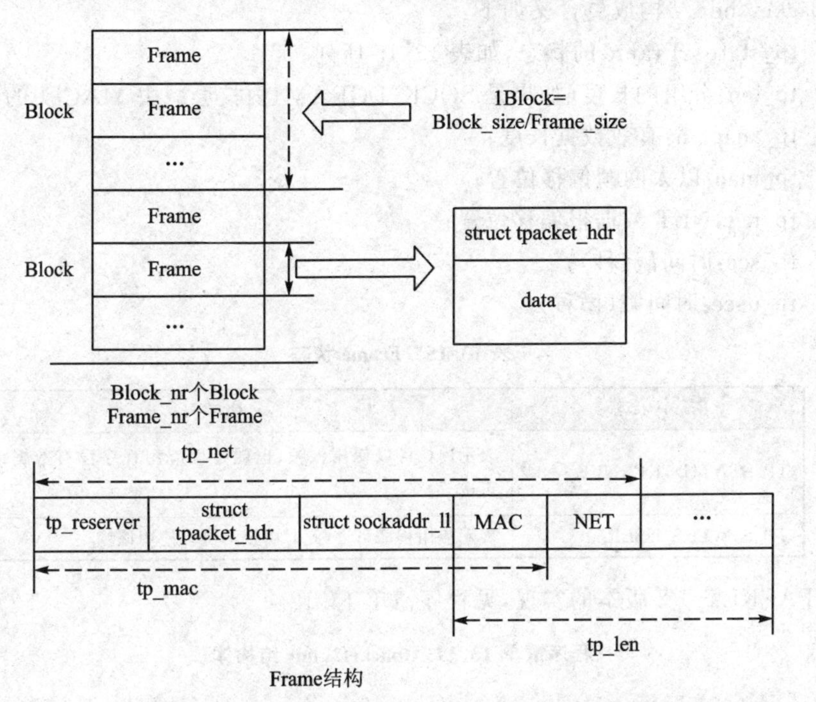

图 13.28　Block 和 Frame 结构

环形缓冲区的每一个 Frame 头部都包含了一个 tpacket_hdr 结构，这个结构存储了一些信息，这种结构分为两种版本的实现，如下所示：

```
enum tpacket_versions {
    TPACKET_V1,
    TPACKET_V2
};
```

TPACKET_V1 版本的实现,见程序清单 13.11。

程序清单 13.11　tpacket_hdr 结构体

```
struct tpacket_hdr {
    volatile u_long         tp_status;
    volatile u_int          tp_len;
    volatile u_int          tp_snaplen;
    volatile u_short        tp_mac;
    volatile u_short        tp_net;
    volatile u_int          tp_sec;
    volatile u_int          tp_usec;
};
```

tpacket_hdr 结构成员含义如下:

- tp_status:Frame 的状态,如表 13.15 所列;
- tp_len:分组的长度(如果是 SOCK_DGRAM,内核会减去 MAC 头的长度);
- tp_snaplen:有效数据长度;
- tp_mac:以太网帧偏移位置;
- tp_net:NET 数据报偏移位置;
- tp_sec:时间戳(秒);
- tp_usec:时间戳(微秒)。

表 13.15　Frame 状态

Frame 状态	说　明
TP_STATUS_KERNEL	表示内核可以使用该帧,也就是说应用程序没有数据可读
TP_STATUS_USER	表示应用程序可读,此时内核不可以使用该帧

TPACKET_V2 版本的实现,见程序清单 13.12。

程序清单 13.12　tpacket2_hdr 结构体

```
struct tpacket2_hdr {
    volatile u_int32_t    tp_status;
    volatile u_int32_t    tp_len;
    volatile u_int32_t    tp_snaplen;
    volatile u_int16_t    tp_mac;
```

```
    volatile u_int16_t      tp_net;
    volatile u_int32_t      tp_sec;
    volatile u_int32_t      tp_nsec;
    volatile u_int16_t      tp_vlan_tci;
    volatile u_int16_t      tp_vlan_tpid;
};
```

tpacket2_hdr 结构成员含义如下：

- tp_status：frame 的状态；
- tp_len：分组的长度（如果是 SOCK_DGRAM 内核会减去 MAC 头的长度）；
- tp_snaplen：有效数据长度；
- tp_mac：以太网帧偏移位置；
- tp_net：NET 数据报偏移位置；
- tp_sec：时间戳（秒）；
- tp_nsec：时间戳（纳秒）；
- tp_vlan_tci：vlan 中两个字节的标签控制信息（TCI）；
- tp_vlan_tpid：vlan 中两个字节的标签协议标识（TPID）。

为了能够正确地使用 mmap 的方式进行 PACKET 通信，需要下面的过程：

- 创建 socket，如下所示：

```
int sockfd;
sockfd = socket(AF_PACKET, type, htons(ETH_P_ALL));
```

- 设置 socket 选项，以建立内核环形缓冲区，***req*** 参数的结构类型为 tpacket_req，如下所示：

```
setsocketopt(sockfd, SOL_PACKET, PACKET_RX_RING, (void *)&req , sizeof(req ));
```

- 应用程序映射和使用缓冲区，如下所示：

```
mmap(0, size, PROT_READ|PROT_WRITE, MAP_SHARED, sockfd, 0);
```

通过上面的过程，即可创建一个基于 MMAP 机制的 PACKET 通信，应该程序可以通过调用 poll 函数等待缓冲区数据可读，当这段缓冲区不再需要的时候，只需调用 close 函数关闭创建的 socket 即可。

AF_PACKET MMAP 实例程序：chapter13/af_packet_mmap_example 。该程序展示了 MMAP 机制的使用方法。

13.7　AF_ROUTE 路由套接字

在 SylixOS 中，路由套接字为开发者提供了增加、删除、修改路由的方法。路由套接字的使用方法与其他协议的使用方法类似，创建完 socket 套接字后，就可以通过相应的 ioctl 命令对路由进行操作。另外，AF_ROUTE 路由套接字还可以实时检查路由变化信息及其网卡变化信息等。使用路由套接字监控路由信息时，调用 read 函数会阻塞，直到路由信息发生改变。路由信息发生改变有多种情况，插拔网线、开启或者关闭接口以及添加或者删除路由等都可以引起路由信息的变动。

AF_ROUTE 路由程序：**chapter13/af_route_example** 。

在 SylixOS Shell 下运行程序，结果显示如下：

```
# ./af_route_example
iSock is 3
rtentry count is 152
here is 1
```

在一个终端执行程序，read 会进入阻塞状态，直到在另一个终端添加路由：

```
#  route add - host 123.123.123.123 mask 255.0.0.0 123.0.0.1 dev en1
```

上个终端才会输出该路由的所有信息：

```
iSock is 3
rtentry count is 152
here is 1
-----------------------------------------------------------------
<RTM_GET> rtm_msglen = 272.
<RTM_GET> rtm_version = 5.
<RTM_GET> rtm_pid = 0.
<RTM_GET> rtm_seq = 0.
<RTM_GET> rtm_errno = 0.
<RTM_GET> rtm_use = 0.
<RTM_GET> rtm_inits = 0.
-----------------------------------------------------------------
<RTM_GET><RTA_DST> net family: AF_INET
<RTM_GET><RTA_DST> net port: 24931
<RTM_GET><RTA_DST> dest addr: 123.123.123.123
-----------------------------------------------------------------
<RTM_GET><RTA_GATEWAY> net family: AF_INET
<RTM_GET><RTA_GATEWAY> net port: 28769
<RTM_GET><RTA_GATEWAY> dest addr: 123.0.0.1
-----------------------------------------------------------------
<RTM_GET><RTA_NETMASK> net family: AF_INET
<RTM_GET><RTA_NETMASK> net port: 29754
<RTM_GET><RTA_NETMASK> dest addr: 255.0.0.0
-----------------------------------------------------------------
```

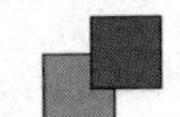

13.8 网络事件侦测

在网络传输的过程中,网络接口可能被增加或者删除,数据在传输过程中,链路可能会突然断开等,以上这些突发情况,通常会对网络造成致命的错误。为了减少这些问题造成的损失,需要应用程序做一些应对的措施,例如,如果链路突然断开,应该等待网络恢复并重传。一些网络协议支持重传机制,但是它们都有一个共同的特点:重传的次数是有限制的。因此应该有一种机制:当网络恢复的时候通知应用程序进行重传,这种机制有以下一些优点:

- 网络断开后不会占用太多的CPU时间(轮询检测网络状态);
- 能够及时地察觉网络的恢复(类似于中断机制);
- 对于应用程序重传是可控的(网络协议不可控)。

SylixOS实现了这种机制,它被称作网络事件侦测。通过操作SylixOS标准I/O设备/dev/netevent来侦测网络事件。这意味着可以像操作普通文件一样来操作此设备,以获得网络的事件通知,应用程序唯一需要了解的是事件的帧格式,如图13.29所示。

一个SylixOS网络事件占用24个字节的空间,这意味着应用程序至少需要24个字节的空间来接收一个网络事件。在这24个字节中,前4个字节存放了事件的类型,需要注意的是,事件类型以大端字节序存放在前4个字节中,事件类型后的4个字节存放了一个网络接口名(如en1),其他空间存放了其他数据。通常应用程序可通过以下形式获得一个网络事件类型(buf是应用程序接收缓冲区)。

```
event = (buf[0] ≪ 24) | (buf[1]  ≫16) |
(buf[2]  ≫8) | (buf[3]);
```

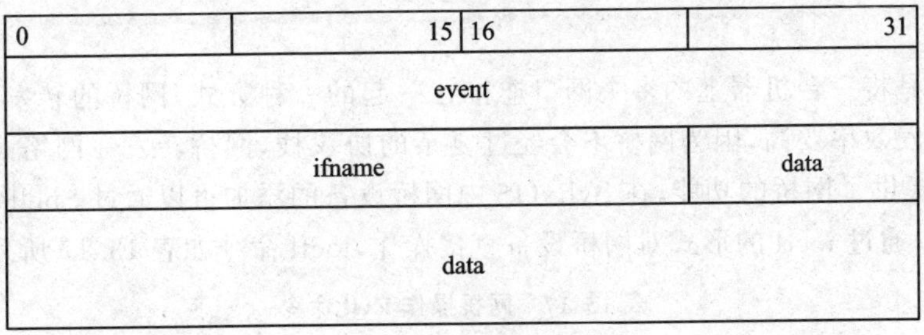

0	15	16	31
event			
ifname			data
data			

图13.29 网络事件帧

SylixOS支持如表13.16所列的网络事件类型。

表 13.16 网络事件类型

网络事件类型	说　明
NET_EVENT_ADD	网卡添加
NET_EVENT_REMOVE	网卡删除
NET_EVENT_UP	网卡使能
NET_EVENT_DOWN	网卡禁能
NET_EVENT_LINK	网卡已连接
NET_EVENT_UNLINK	网卡断开连接
NET_EVENT_ADDR	网卡地址变化
NET_EVENT_AUTH_FAIL	网卡认证失败
NET_EVENT_AUTH_TO	网卡认证超时
NET_EVENT_PPP_DEAD	连接停止
NET_EVENT_PPP_INIT	进入初始化过程
NET_EVENT_PPP_AUTH	进入用户认证
NET_EVENT_PPP_RUN	网络连通
NET_EVENT_PPP_DISCONN	进入连接中断
NET_EVENT_WL_QUAL	网卡无线环境变化(信号强度等)
NET_EVENT_WL_SCAN	无线网卡 AP 扫描结束

侦测网络事件程序:**chapter13/netevent_example**。该程序展示了应用程序如何侦测一个网络事件。在程序的实现中,首先打开设备 NET_EVENT_DEV_PATH 并安装 SIGALRM 信号,2 秒后使网卡禁能,read 函数读取网络事件并返回,最后打印网络接口和事件类型。

13.9 网桥设备

网桥是将一台机器上的多个网口连接在一起的一种方式,网桥的转发效率相比路由的转发效率要高,因为网桥不会经过复杂的协议栈,网桥转发在网络 2 层发生。SylixOS 提供了网桥的功能,在 SylixOS 中网桥设备的添加可以通过 Shell 命令的形式,也可以通过 ioctl 的形式对网桥设备直接操作,ioctl 命令如表 13.17 所列。

表 13.17 网桥操作 ioctl 命令

命令名	简要说明
NETBR_CTL_ADD	增加网桥接口
NETBR_CTL_DELETE	删除网桥接口
NETBR_CTL_ADD_DEV	将指定网络设备加入网桥

续表 13.17

命令名	简要说明
NETBR_CTL_DELETE_DEV	将指定网络设备从网桥删除
NETBR_CTL_ADD_IF	将指定网络接口加入网桥
NETBR_CTL_DELETE_IF	将指定网络接口从网桥删除
NETBR_CTL_CACHE_FLUSH	刷新网桥的 MAC 缓存

13.10　SylixOS 网络工具

13.10.1　npf

13.10.1.1 npf 简介

为了对内部网络提供保护，有必要对通过防火墙的数据包进行检查，例如检查其源地址和目的地址、端口地址、数据包的类型等，根据这些数据来判断这个数据包是否为合法数据包，如果不符合预定义的规则，就不将这个数据包发送到目的计算机中去。由于包过滤技术要求内外通信的数据包必须通过使用这个技术的计算机，才能进行过滤，因而包过滤技术通常用在路由器上。

SylixOS 提供的 npf(net packet filter)工具是一个网络过滤器，该工具提供了以下过滤规则：

- 过滤链路层帧：指定为 MAC 规则，此规则需要提供目的计算机的硬件地址；
- 过滤 IP 数据报：指定为 IP 规则，此规则需要指定一个想要过滤的 IP 地址范围；
- 过滤传输层数据包：指定为 UDP 或 TCP 规则，此规则将过滤某个 IP 地址范围和某个端口号范围的数据包。

表 13.18 所列是 SylixOS 目前支持的网络包过滤规则。

表 13.18　过滤规则

规　则	说　明	值
LWIP_NPF_RULE_MAC	过滤以太网帧	0
LWIP_NPF_RULE_IP	过滤 IP 数据报	1
LWIP_NPF_RULE_UDP	过滤 UDP 数据包	2
LWIP_NPF_RULE_TCP	过滤 TCP 数据包	3

13.10.1.2 npf 函数

下面函数初始化 SylixOS 网络包过滤器。

```
#include <SylixOS.h>
INT   Lw_Inet_NpfInit(VOID);
```

函数 Lw_Inet_NpfInit 原型分析：

- 此函数成功返回 0，失败返回－1 并设置错误号。

下面函数向网络包过滤器增加一个新规则。

```
#include<SylixOS.h>
PVOID  Lw_Inet_NpfRuleAdd(CPCHAR          pcNetifName ,
                          INT             iRule ,
                          UINT8           pucMac[],
                          CPCHAR          pcAddrStart ,
                          CPCHAR          pcAddrEnd ,
                          UINT16          usPortStart ,
                          UINT16          usPortEnd );
```

函数 Lw_Inet_NpfRuleAdd 原型分析：

- 此函数成功返回新规则，失败返回 LW_NULL 并设置错误号；
- 参数*pcNetifName* 是网络接口名；
- 参数*iRule* 是对应的规则，如表 13.18 所列；
- 参数*pucMac* 是禁止通行的 MAC 地址组；
- 参数*pcAddrStart* 是禁止通行的起始 IP 地址；
- 参数*pcAddrEnd* 是禁止通行的终止 IP 地址；
- 参数*usPortStart* 是禁止通行的起始端口号；
- 参数*usPortEnd* 是禁止通行的终止端口号。

参数*pcAddrStart* 和*pcAddrEnd* 用于 UDP、TCP 和 IP 协议的起始和结束 IP 地址；参数*usPortStart* 和*usPortEnd* 用于 UDP 和 TCP 协议的起始和结束端口号；参数*pucMac* 用于 MAC 地址。

下面函数从网络包过滤器删除一个规则。

```
INT Lw_Inet_NpfRuleDel(CPCHAR          pcNetifName ,
                       PVOID           pvRule ,
                       INT             iSeqNum );
```

函数 Lw_Inet_NpfRuleDel 原型分析：

- 此函数成功返回 0，失败返回－1 并设置错误号；
- 参数*pcNetifName* 是网络接口名；
- 参数*pvRule* 是规则句柄（为 NULL 时表示使用规则序列号）；
- 参数*iSeqNum* 是规则序列号。

下面函数可以使网络过滤器绑定到指定的网卡和从指定的网卡解除绑定。

```
#include <SylixOS.h>
INT       Lw_Inet_NpfAttach(CPCHAR     pcNetifName );
INT       Lw_Inet_NpfDetach(CPCHAR     pcNetifName );
```

以上两个函数原型分析：

- 函数成功返回 0，失败返回 −1 并设置错误号；
- 参数 *pcNetifName* 是网络接口名。

下面函数可以获得网络过滤器信息。

```
ULONG     Lw_Inet_NpfDropGet(VOID);
ULONG     Lw_Inet_NpfAllowGet(VOID);
INT       Lw_Inet_NpfShow(INT  iFd );
```

函数 Lw_Inet_NpfShow 原型分析：

- 此函数成功返回 0，失败返回 −1 并设置错误号；
- 参数 *iFd* 是目标文件描述符。

调用 Lw_Inet_NpfDropGet 函数可以获得丢弃的数据包个数（这些包包括规则性过滤的和因缓存不足造成丢弃的）；调用 Lw_Inet_NpfAllowGet 函数可以获得通行的数据包个数；调用 Lw_Inet_NpfShow 函数可以将网络过滤器的详细信息打印到指定的文件中（此文件已通过 open 函数打开）。

13.10.2 netstat 命令

在 SylixOS 中，*netstat* 命令用于显示网络相关信息，如网络连接、路由表、接口状态、多播成员等。命令说明如下：

【命令格式】

```
netstat {[-wtux --A] -i | [hrigs]}
```

【常用选项】

```
-h:显示帮助信息
-r:显示路由表信息
-i:显示接口信息
-g:显示多播组成员信息
-s:显示网络状态信息
-w:显示原始套接字信息
-t:显示 TCP 信息
-u:显示 UDP 信息
-p:显示 PACKET 套接字信息
-x:显示 UNIX 域套接字信息
-l:显示所有 LISTEN 状态的信息
-a:显示所有套接字信息
```

【参数说明】

无

13.10.2.1 输出信息含义

在 SylixOS 中，执行*netstat* 命令后输出如下：

```
# netstat -a
--UNIX--:
TYPE      FLAG STATUS   LCONN SHUTD      NREAD MAX_BUFFER PATH
--PACKET--:
TYPE      FLAG PROTOCOL INDEX MMAP MMAP_SIZE TOTAL     DROP
--TCP LISTEN--:
LOCAL                  REMOTE                 STATUS   RETRANS RCV_WND SND_WND
*:23                    *:*                   listen       0      0       0
*:21                    *:*                   listen       0      0       0
--TCP--:
LOCAL                  REMOTE                  STATUS   RETRANS RCV_WND SND_WND
10.4.120.10:23        10.4.0.30:64525         estab       0     65535   65672
--UDP--:
LOCAL6                                 REMOTE6                               UDPLITE
*:137                                  *:0                                   no
*:161                                  *:0                                   no
```

从输出结果可以看出，分为五部分：UNIX、PACKET、TCP LISTEN、TCP、UDP。

- UNIX 部分：
  - TYPE：UNIX 域套接字类型：stream、seqpacket、dgram；
  - FLAG：I/O 标志，如 NONBLOCK；
  - STATUS：当前状态（仅对于类型为 stream）：none、listen、connect、estab；
  - LCONN：本地 socket 连接数量；
  - SHUTD：当前关闭状态：rw、r、w、no；
  - NREAD：有效数据字节数（单位字节）；
  - MAX_BUFFER：最大接收缓冲区大小；
  - PATH：UNIX 域文件路径名。
- PACKET 部分：
  - TYPE：PACKET 套接字类型：raw、dgram；
  - FLAG：I/O 标志，如 NONBLOCK；
  - PROTOCOL：协议类型，如表 13.5 所列；
  - INDEX：网络接口索引；
  - MMAP：是否进行了 mmap；
  - MMAP_SIZE：映射内存的大小；

  - TOTAL:总网络包数量;
  - DROP:丢弃的网络包数量。
- TCP LISTEN 部分:
  - LOCAL:本地 IP 地址及端口号;
  - REMOTE:远端 IP 地址及端口号;
  - STATUS:TCP 状态,如表 13.19 所列;
  - RETRANS:重传计数;
  - RCV_WND:接收窗口大小;
  - SND_WND:发送窗口大小。
- TCP 部分:
  - LOCAL:本地 IP 地址及端口号;
  - REMOTE:远端 IP 地址及端口号;
  - STATUS:TCP 状态,如表 13.19 所列;
  - RETRANS:重传计数;
  - RCV_WND:接收窗口大小;
  - SND_WND:发送窗口大小。
- UDP 部分:
  - LOCAL6:本地 IP 地址及端口号;
  - REMOTE6:远端 IP 地址及端口号;
  - UDPLITE:是否是 UDPLITE。

表 13.19　TCP 状态

TCP 状态	说　明
CLOSED	初始关闭状态
LISTEN	监听状态,服务器端可以接收连接
SYN_SENT	客户端发送 SYN 报文后进入此状态
SYN_RCVD	服务器端接收到 SYN 报文后进入此状态
ESTABLISHED	连接已经建立
FIN_WAIT_1	主动关闭连接一方发送 FIN 报文进入此状态(一般很难看到)
FIN_WAIT_2	进入 FIN_WAIT_1 状态的一端,当收到另一端的 ACK 后进入此状态
CLOSE_WAIT	另一方请求关闭连接,回应完 ACK 后进入此状态,然后就可以进行关闭本地等操作
CLOSING	发起关闭方发送 FIN 报文,在没有收到 ACK 报文前收到了另一方的 FIN 报文进入此状态(这种情况可能会发生在双方同时请求关闭)
LAST_ACK	被动关闭一方发送完 FIN 报文后,最后等待对方的 ACK 报文进入此状态
TIME_WAIT	FIN_WAIT_1 状态下,收到了对方同时带 FIN 标志和 ACK 标志的报文时进入此状态,而无需进入 FIN_WAIT_2 状态

13.10.2.2 显示网络接口信息

执行下面命令显示网络接口信息。

```
#netstat -i
|RECEIVE                                               |TRANSMIT
FACE MTU RX-BYTES RX-OK RX-ERR RX-DRP RX-OVR TX-BYTES TX-OK TX-ERR TX-DRP TX-
OVR FLAG
en1: 15002031404 25593   0     0     0     1790    27   0    0     0
UBLEth
lo0: 0  648      11      0     0     0     648     11   0    0     0
UL
```

输出信息中显示了系统中存在的所有网络接口及其信息，这些信息包括：网络MTU、接收数据的字节数、成功接收的数据包数、接收的错误数据包数、发送的数据包数、网络接口标志等。SylixOS中支持的网络接口标志如表13.20所列。

表13.20 网络接口标志

标志	说明
U	网络接口Up
B	支持广播(Broadcast)
P	网络接口是点对点链接(Point-to-point)
D	网络接口Dhcp开启
L	网络接口已经链接(Linkup)
Eth	网络接口是以太网设备支持ARP(Etharp)
G	网络接口支持IGMP

13.10.3 ifconfig 工具

ifconfig 是SylixOS中用于显示和配置网络设备的命令，命令说明如下：

【命令格式】

```
ifconfig [netifname] [{inet | netmask | gateway}] [address]
```

【常用选项】

```
inet:指定设置 IPv4 地址
netmask:指定设置子网掩码
gateway:指定设置网关
```

【参数说明】

```
netifname :指定的网络接口名(如 en1)
address:指定的地址(如 192.168.1.33)
```

13.10.3.1 设置 IP 地址

```
# ifconfig en1 inet 192.168.1.33
```

此命令设置网络接口 en1 的 IPv4 地址为 192.168.1.33。

13.10.3.2 设置网关

```
# ifconfig en1 gateway 192.168.1.1
```

此命令设置网络接口 en1 的网关为 192.168.1.1。

13.10.3.3 设置 DNS

```
# ifconfig dns 0 192.168.1.254
```

此命令设置 DNS 0 的地址为 192.168.1.254。

如果*ifconfig* 参数为网络接口,将打印该接口的网络信息,特殊情况,如果*ifconfig* 没有指定任何参数,则将打印系统中所有网络接口的信息。

13.10.4 TFTP

13.10.4.1 TFTP 简介

TFTP(Trivial File Transfer Protocol)即简单文件传送协议,在开始工作时,TFTP 的客户与服务器交换信息,客户发送一个读请求或写请求给服务器。

TFTP 报文的头两个字节表示操作码。对于读请求和写请求,文件名字段说明客户要读或写的位于服务器上的文件,这个文件字段以 0 字节作为结束。模式字段是一个 ASCII 码字符串 netascii 或 octet(可大小写任意组合),同样以 0 字节结束。netascii 表示数据是以成行的 ASCII 码字符组成,以回车字符后跟换行字符(称为 CR、LF 对)作为行结束符。这两个行结束字符在这种格式和本地主机使用的行定界符之间进行转化。octet 则将数据看作 8 bit 一组的字节流。

每个数据分组包含一个块编号字段,它以后要在确认分组中使用。以读一个文件为例,TFTP 客户需要发送一个读请求指明要读的文件名和文件模式。如果这个文件能被这个客户读取,TFTP 服务器就返回一个块编号为 1 的数据分组。TFTP 客户又发送一个块编号为 1 的 ACK。TFTP 服务器随后发送块编号为 2 的数据。TFTP 客户发回块编号为 2 的 ACK。重复这个过程直到这个文件传送完。除了最后一个数据分组可含有不足 512 字节的数据,其他每个数据分组均含有 512 字节的数据。当 TFTP 客户收到一个不足 512 字节的数据分组时,就知道它收到了最后一个数据分组。

在写请求的情况下,TFTP 客户发送写请求指明文件名和模式。如果该文件能被该客户写,TFTP 服务器就返回块编号为 0 的 ACK 包。该客户就将文件的头 512 字节以块编号为 1 发出。服务器则返回块编号为 1 的 ACK。

最后一种 TFTP 报文类型是差错报文,它的操作码为 5。它用于服务器不能处理读请求或写请求的情况。在文件传输过程中的读和写差错也会导致传送这种报文,接着停止传输。差错编号字段给出一个数字的差错码,跟着是一个 ASCII 表示的差错报文字段,可能包含额外的操作系统说明的信息。既然 TFTP 使用不可靠的 UDP,TFTP 就必须处理分组丢失和分组重复。分组丢失可通过发送方的超时与重传机制解决,和许多 UDP 应用程序一样,TFTP 报文中没有检验和,它假定任何数据差错都将被 UDP 的检验和检测到。

整体上来说,TFTP 是一个简单易于实现的协议:每一个数据包大小固定,且每个数据包都有确认机制,可以实现一定程度的可靠性。当然 TFTP 的缺点也很明显:传输效率不高,滑动窗口机制太简单,并且该窗口仅有一个包的大小而且超时机制并不完善。

图 13.30 所示为 5 种 TFTP 报文格式(操作码为 1 和 2 的报文使用相同的格式)。

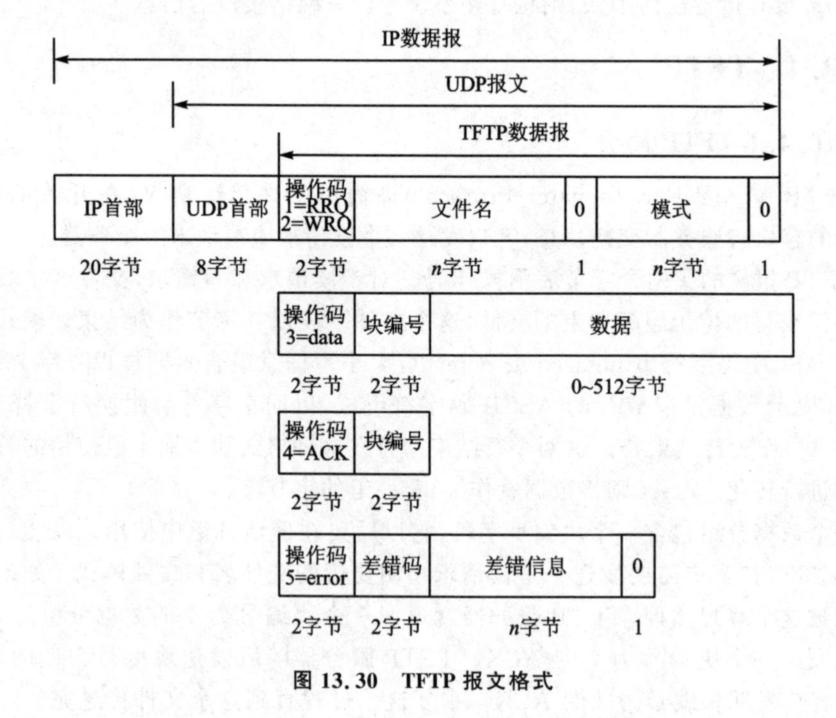

图 13.30 TFTP 报文格式

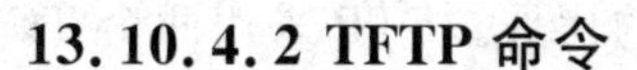

13.10.4.2 TFTP 命令

SylixOS 默认为关闭状态，使用时需要使能 TFTP 服务，即将宏 LW_CFG_NET_TFTP_EN 置为 1，宏定义在＜libsylixos/SylixOS/config/net/net_tools_cfg.h＞文件中。

SylixOS 中使用*tftp* 命令可通过 TFTP 协议实现发送和接收文件，*tftpdpath* 命令可修改 TFTP 服务器的默认路径。

【命令格式】

```
tftpdpath [new path]
```

【常用选项】

```
无
```

【参数说明】

```
new path：新的路径名
```

下面命令设置 tftp 服务器的路径名为/tmp/sylixos。

```
# tftpdpath /tmp/sylixos
```

【命令格式】

```
tftp [-i] [Host] [{get | put}] [Source] [Destination]
```

【常用选项】

```
-i：指定 TFTP 模式为“octet”
get：从 TFTP 服务器获得一个文件
put：向 TFTP 服务器发送一个文件
```

【参数说明】

```
Host：服务器地址
Source：源文件名
Destination：目的文件名(get 一个文件时此参数可为空)
```

下面命令从 IP 为 192.168.1.30 的 TFTP 服务器获得文件 sylixos.log。

```
# tftp -i 192.168.1.30 get sylixos.log
```

13.10.5 FTP

13.10.5.1 FTP 简介

FTP(File Transfer Protocol)是 TCP/IP 协议族中的协议之一，其目的是提供文

件的共享性，也就是说 FTP 完成的是两台计算机之间的拷贝。FTP 采用两个 TCP 连接来传输一个文件。

- 控制连接以通常的客户服务器方式建立。服务器以被动方式打开 FTP 的端口 21，然后等待客户的连接。客户则以主动方式打开 TCP 端口 21，来建立连接。控制连接始终等待客户与服务器之间的通信。该连接将命令从客户传给服务器，并传回服务器的应答。
- 每当一个文件在客户与服务器之间传输时，就创建一个数据连接。

13.10.5.2 FTP 数据表示

FTP 协议规范提供了控制文件传送与存储的多种选择。在以下四个方面中每一个方面都必须作出一个选择。

- 文件类型包括 ASCII 码文件类型、EBCDIC 文件类型、二进制文件类型、本地文件类型(目前 SylixOS 仅支持 ASCII 码文件类型和二进制文件类型)。
  - ASCII 码文件类型，文本文件以 ASCII 码形式在数据连接中传输，这要求发送方将本地文本文件转换成 ASCII 码形式，而接收方则将 ASCII 码再还原成本地文本文件，其中，用 ASCII 码传输的每行都带有一个回车字符，而后是一个换行字符。这意味着收方必须扫描每个字节，查找 CR、LF 对。
  - EBCDIC 文件类型，文本文件传输方式要求两端都是 EBCDIC。
  - 二进制文件类型，数据发送呈现为一个连续的比特流，通常用于传输二进制文件。
  - 本地文件类型，该方式在具有不同字节大小的主机间传输二进制文件。每一字节的比特数由发方规定。对使用 8 bit 字节的系统来说，本地文件以 8 bit 字节传输就等同于二进制文件传输。
- 格式控制，该选项只对 ASCII 码文件类型和 EBCDIC 文件类型有效；
  - 非打印，文件中不能含有垂直格式信息。
  - 远程登录格式控制，文件含有向打印机解释的远程登录垂直格式控制。
  - Fortran 回车控制，每行首字符是 Fortran 格式控制符。
- 结构。
  - 文件结构(默认选择)，文件被认为是一个连续的字节流，不存在内部的文件结构。
  - 记录结构，该结构只用于文本文件(ASCII 或 EBCDIC)。
  - 页结构，每页都带有页号发送，以便收方能随机地存储各页。
- 传输方式，它规定文件在数据连接中如何传输。
  - 流方式，文件以字节流的形式传输。对于文件结构，发送方在文件尾提示关闭数据连接。对于记录结构，有专用的两字节序列码标志记录结束和

文件结束。

- 块方式，文件以一系列块来传输，每块前面都带有一个或多个首部字节。
- 压缩方式，一个简单的全长编码压缩方法，压缩连续出现的相同字节。

SylixOS 中选择如下：

- 类型：ASCII 或二进制；
- 格式：非打印；
- 结构：文件结构；
- 传输方式：流方式。

13.10.5.3 FTP 协议命令

命令和应答在客户和服务器的控制连接上以 ASCII 码形式传送。这就要求在每行结尾都要返回 CR、LF 对（也就是每个命令或每个应答）。

表 13.21 所列是 SylixOS 支持的 FTP 命令。

表 13.21　FTP 命令

FTP 命令	说　明	FTP 命令	说　明
USER	指定远程系统上的用户名	RNFR	文件重命名进程的前一半。需要重命名的文件的旧路径和文件名
PASS	向远程用户发送密码（USER 命令之后使用）	REST	标识出文件内的数据点，将从这个点开始继续传送文件
CWD	把当前目录改为远程文件系统的指定目录	RETR	让服务器给客户传送一份在路径名中指定的文件的副本
CDUP	把当前目录改为远程文件系统的根目录	STOR	让服务器接收一个来自数据连接的文件
PWD	在应答中返回当前工作目录的名称	APPE	让服务器准备接收一个文件并指示它把这些数据附加到指定的文件名，如果指定的文件尚未存在，就创建它
ALLO	发送文件前在服务器上分配 x 个字节	SYST	用于查明服务器上操作系统的类型
PORT	为数据连接指定一个 IP 地址和本地端口	MKD	创建一个在路径名中指定的目录
PASV	告诉服务器在一个非标准端口上收听数据连接	RMD	删除一个在路径名中指定的目录
TYPE	确定数据的传输方式	DELE	删除服务器站点上在路径名中指定的文件
LIST	让服务器给客户发送一份列表	MDTM	更新时间信息
NLST	让服务器给客户发送一份目录列表	SIZE	发送文件大小
NOOP	什么都不做	SITE	提供了某些服务特性

13.10.5.4 FTP 应答

应答都是 ASCII 码形式的 3 位数字，并跟有报文选项。其原因是软件系统需要根据数字代码来决定如何应答，而选项串是面向人工处理的。由于客户通常都要输出数字应答和报文串，一个可交互的用户可以通过阅读报文串（而不必记忆所有数字回答代码的含义）来确定应答的含义。

应答 3 位码中每一位数字都有不同的含义，应答码第 1 位和第 2 位的含义如表 13.22 所列。

表 13.22 应答码第 1 位和第 2 位的含义

应 答	说 明
1yz	肯定预备应答。它仅仅是在发送另一个命令前期待另一个应答时启动
2yz	肯定完成应答。一个新命令可以发送
3yz	肯定中介应答。该命令已被接受，但另一个命令必须被发送
4yz	暂态否定完成应答。请求的动作没有发生，但差错状态是暂时的，所以命令可以过后再发
5yz	永久性否定完成应答。命令不被接受，并且不再重试
x0z	语法错误
x1z	信息
x2z	连接。应答指控制或数据连接
x3z	鉴别和记账。应答用于注册或记账命令
x4z	未指明
x5z	文件系统状态

第 3 位数字给出了差错报文的附加含义。例如，这里是一些典型的应答，都带有一个可能的报文串。

- 125：数据连接已经打开，传输开始；
- 200：就绪命令；
- 214：帮助报文（面向用户）；
- 331：用户名就绪，要求输入口令；
- 425：不能打开数据连接；
- 452：错写文件；
- 500：语法错误（未认可的命令）；
- 501：语法错误（无效参数）；
- 502：未实现的 MODE（方式命令）类型。

13.10.5.5 FTP 连接管理

数据连接有以下三大用途：

- 从客户向服务器发送一个文件；

- 从服务器向客户发送一个文件；
- 从服务器向客户发送文件或目录列表。

FTP 服务器把文件列表从数据连接上发回，而不是控制连接上的多行应答。这就避免了行的有限性对目录大小的限制，而且更易于客户将目录列表以文件形式保存，而不是把列表显示在终端上。

SylixOS 传输方式是流方式，并且文件结尾是关闭数据连接的标志，这意味着对每一个文件传输或目录列表来说，都要建立一个全新的数据连接，过程如下：

- 正由于是客户发出命令要求建立数据连接，所以数据连接是在客户的控制下建立的。
- 客户通常在客户端主机上为所在数据连接端选择一个临时端口号。客户从该端口发布一个被动的打开。
- 客户使用 PORT 命令从控制连接上把端口号发向服务器。
- 服务器在控制连接上接收端口号，并向客户端主机上的端口发布一个主动的打开，服务器的数据连接端使用端口 20。

13.10.5.6 FTP 命令

SylixOS 中使用 ***ftpds*** 命令可以查看链接到 SylixOS 中的所有 ftp 信息，***ftpdpath*** 命令可以修改 FTP 服务器的默认路径。

【命令格式】

```
ftpdpath [new path]
```

【常用选项】

```
无
```

【参数说明】

```
new path:新的路径名
```

下面命令设置 FTP 服务器默认路径名为/sylixos。

```
# ftpdpath /sylixos
```

【命令格式】

```
ftpds
```

【常用选项】

```
无
```

【参数说明】

```
无
```

ftpds 命令显示如下，结果显示建立了一个 192.168.1.30 的 FTP 连接。

```
# ftpds
ftpd show >>
ftpd path: /sylixos
    REMOTE                  TIME                    ALIVE(s)
---------------------------------------------------------------
192.168.1.30    Sat Jan 09 12:01:00 2167            11
total ftp session : 1
```

13.10.6 Telnet

13.10.6.1 Telnet 简介

Telnet 协议是一种简单的远程登录协议，其服务过程可以分为以下三个步骤：

- 本地用户在本地终端上对远程系统进行登录；
- 将本地终端上的键盘输入逐键传到远端；
- 将远端的输出送回本地终端。

在上述过程中，输入/输出均对远端系统的内核透明，远程登录服务本身也对用户透明，这种透明是 Telnet 的重要特点。

Telnet 提供了三种基本的服务：①定义了一个网络虚拟终端(Network Virtual Terminal,NVT)，为远程系统提供了一个标准接口。客户机程序不必详细了解所有可能的远程系统，它们只需要使用标准接口的程序；②包括了一个允许客户机和服务器协商选项的机制，而且还提供了一组标准选项；③对等地处理连接的两端，即连接的双方都可以是程序，尤其是客户端不一定非是用户终端不可，允许任意程序作为客户。

当用户调用 Telnet 时，用户机器上的应用程序作为客户与远程的服务器建立一个 TCP 连接，在此连接上进行通信。此时，客户就从用户键盘接受键盘消息并送到服务器，同时它接收服务器发回的字符并显示在用户屏幕上。

服务器本身并不直接处理从客户传输来的消息，而是将这些消息送给操作系统处理，然后再将返回的数据转交给客户。也就是说，此时的服务器，我们称为“伪终端”(Pseudo Terminal)，它允许像 Telnet 服务器一样的运行程序向操作系统转送字符，并且使得字符似乎是来自本地键盘一样。

为了提供在不同操作系统、不同种类计算机间的互操作性，Telnet 专门提供了一种标准的键盘定义方式，称为网络虚拟终端(NVT)。客户程序把来自用户终端的按键和命令序列转换成 NVT 格式，并发给服务器。远程服务器程序把收到的数据和命令，从 NVT 格式转换为远程系统需要的格式。对于返回的数据，远程服务器将数据从远程机器的格式转换为 NVT 格式，并且本地客户将数据从 NVT 格式转换为

本地机器的格式。

目前 SylixOS 支持 Telnet 服务器，也就是说，可以通过 Telnet 客户端程序连接到 SylixOS 目标系统来管理 SylixOS 设备资源。

13.10.6.2 Telnet 协议命令

表 13.23 所列为 Telnet 协议的常用命令。

表 13.23 Telnet 协议命令

Telnet 命令	说 明	Telnet 命令	说 明
EOF	文件结束符	EL	删除行
SUSP	挂起当前进程	GA	继续进行
ABORT	异常终止进程	SB	子选项开始
EOR	记录结束符	WILL	发送方想激活选项
SE	子选项结束	WONT	发送方想禁止选项
NOP	无操作	DO	发送方想让接收方激活选项
DM	数据标记	DONT	发送方想让接收方禁止选项
BRK	中断	IAC	保留字
IP	中断进程	AYT	对方是否在运行
AO	异常终止输出	EC	转义字符

其中常用的选项协商如下：

- WILL xxx：我想具有 xxx 特性，你是否同意；
- WONT xxx：我不想具有 xxx 特性；
- DO xxx：我同意你可以具有 xxx 特性；
- DONT xxx：我不同意你具有 xxx 特性。

选项协商需要 3 个字节，首先是 IAC，然后是 WILL、DO、WONT 或 DONT，最后一个标识字节用来指明操作的选项，如表 13.24 所列。

表 13.24 选项标识

选项标识	说 明
ECHO(1)	回显
SGA(3)	抑制继续执行
STATUS(5)	状态
TM(6)	定时标记
TTYPE(24)	终端类型
NAWS(31)	窗口大小
TSPEED(32)	端口速度

续表 13.24

选项标识	说　明
LFLOW(33)	远程流式控制
LINEMODE(34)	行方式
ENVIRON(36)	环境变量

选项协商是 Telnet 协议中最复杂的部分，当一方要执行某个选项时需向另一端发送请求，若对方接受该选项，则选项在两端同时起作用，否则两端保持原来的模式。Telnet 的命令格式如图 13.31 所示，IAC 是 Telnet 协议中的保留码，双方用 IAC 确定收到的字节是数据还是命令；Telnet 协议的命令至少包含两个字符（IAC 和命令码）的字节序列；选项协商则有 3 个字节，第 3 个字节为协商的选项，当协商的选项存在子选项时，要进行子选项协商，命令格式如图 13.32 所示。

图 13.31　协商命令格式

IAC	SB	选项码	参数	IAC	SE

图 13.32　子选项协商命令格式

13.10.7　ping

13.10.7.1 ping 简介

ping 命令是用来查看网络上另一个主机系统的网络连接是否正常的工具。*ping* 命令的工作原理是：向网络的另一个主机系统发送 ICMP 报文，如果指定的系统得到了报文，它再把报文传回给发送者。

ICMP 协议是 IP 层的一个组成部分，因此需要使用原始套接字（SOCK_RAW）发送和接收 ICMP 报文，*ping* 命令使用的 ICMP 头格式，如图 13.33 所示。

其中标识部分作为发送方和接收方的约定标号，发送方将此标号发送给接收方，当收到接收方的回复后，发送方通过检测此标号以确定此回复是自己所关心的。序列号记录的是 ping 的计数。

13.10.7.2 ping 命令

在 SylixOS 中可以使用*ping* 命令来检查网络是否连通，命令说明如下：

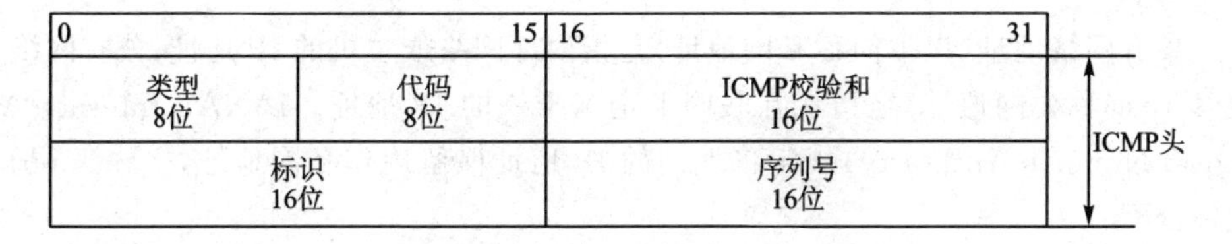

0　　　　　　　　　　　　　　15		16　　　　　　　　　　　　　　31
类型 8位	代码 8位	ICMP校验和 16位
标识 16位		序列号 16位

ICMP头

图 13.33　ping 命令 ICMP 头格式

【命令格式】

```
ping IP/hostname [ - l datalen] [ - n times] [ - i ttl] [ - w timeout]
```

【常用选项】

```
- l:数据长度
- n:次数
- i:TTL 值
- w:超时值
```

【参数说明】

```
IP:目标 IP 地址
hostname:主机名(如 www.sylixos.com)
```

下面命令检查是否连通 www.sylixos.com,显示如下:

```
# ping www.sylixos.com - n 3
Execute a DNS query...
Pinging www.sylixos.com [106.39.47.146]
Pinging 106.39.47.146
Reply from 106.39.47.146: bytes = 32 time = 0ms TTL = 64
Reply from 106.39.47.146: bytes = 32 time = 0ms TTL = 64
Reply from 106.39.47.146: bytes = 32 time = 0ms TTL = 64
Ping statistics for 106.39.47.146:
    Packets: Send = 3, Received = 3, Lost = 0(0% loss),
Approximate round trip times in milli - seconds:
    Minimum = 0ms, Maximum = 0ms, Average = 0ms
```

13.10.8　网络地址转换

13.10.8.1 NAT 简介

NAT 是将 IP 数据报报头中的 IP 地址转换为另一个 IP 地址的过程。在实际应用中,NAT 主要用于实现私有网络访问外部网络的功能。这种通过使用少量的公有 IP 地址映射多数的私有 IP 地址的方式,可以在一定程度上缓解 IP 地址空间枯竭的压力。

私有网络地址(以下简称私网地址)是指内部网络或主机的 IP 地址,公有网络地址(以下简称公网地址)是指在互联网上全球唯一的 IP 地址。IANA(Internet Assigned Number Authority)规定将下列的 IP 地址保留用作私网地址,不在 Internet 上被分配。

- A 类私有地址:10.0.0.0～10.255.255.255;
- B 类私有地址:172.16.0.0～172.31.255.255;
- C 类私有地址:192.168.0.0～192.168.255.255。

如果选择上述三个范围之外的其他网段作为内部网络地址,则当与其他网络互通时有可能造成混乱。

13.10.8.2 NAT 转换机制

路由器中维护着一张地址端口对应表,所有经过路由器并且需要进行地址转换的报文,都会通过这个对应表做相应的修改,进行＜私网地址＋端口＞与＜公网地址＋端口＞之间的转换。转换过程如下所示:

- 内部网络主机向外发送报文时,路由器将报文的源 IP 地址和端口替换为路由器的外部网络地址和端口;
- 当外部的报文进入内部网络时,路由器会查找地址端口对应表,将报文的目的地址和端口进行转换,转换为真正的目的地址。

如图 13.34 所示,内部用户访问外部服务器的流程如下:

- 用户向服务器发送源地址为 1.1.1.1:5000、目的地址为 2.2.2.2:5000 的报文;
- 用户发至服务器的报文,在经过路由器的时候,经过地址转换,报文的源地址由 1.1.1.1:5000 改变为 2.2.2.1:2000;
- 服务器收到用户的报文后,向用户回送报文,报文的源地址为 2.2.2.2:5000,目的地址为 2.2.2.1:2000;
- 服务器发至用户的报文,在经过路由器的时候,经过地址转换,目的地址由 2.2.2.1:2000 改变为 1.1.1.1:5000。

上述的地址转换过程对终端(如图 13.34 中的用户和服务器)来说是透明的。对外部服务器而言,它认为客户的 IP 地址就是 2.2.2.1,而并不知道有 1.1.1.1 这个地址。因此,NAT“隐藏”了私有网络的拓扑。

在内部网络的主机访问外部网络的时候,当内部网络的主机非常多,外部 IP 地址却只有一个时,地址转换可能就会显得效率比较低。解决这个问题需要一个私有网络拥有多个外部地址。

SylixOS NAT 的实现使用地址池的方式来解决上面的问题,地址池就是一些合法 IP 地址(公有网络 IP 地址)的集合。用户可根据自己拥有的合法 IP 地址的多少、

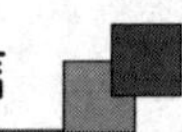

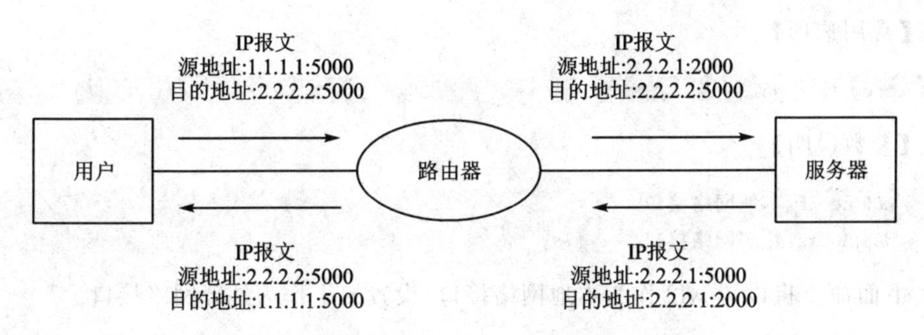

图 13.34 NAT 转换示意图

内部网络主机的多少以及实际应用情况，配置合适的 IP 地址池。当主机从内部网络访问外部网络时，将会从地址池中挑选一个 IP 地址作为转换后的报文源地址。

NAT 地址转换使内部的大量主机可以使用少量公网 IP 地址就可以访问外部网络资源，并且为内部主机提供了“隐私”保护，但是地址转换也存在了以下缺点：

- 涉及 IP 地址的数据报文不能被加密，否则无法对数据报文进行地址转换。在应用层协议中，如果报文中有地址或端口需要转换，则报文不能被加密。例如，不能使用加密的 FTP 连接，否则 FTP 的 port 命令不能被正确转换。
- 网络调试变得更加困难。比如，某一台内部网络的主机试图攻击其他网络，则很难指明究竟是哪一台机器是恶意的，因为主机的 IP 地址被屏蔽了。

13.10.8.3 NAT API

在 SylixOS 中，调用下面函数开始 NAT 转换和停止 NAT 转换。

```
#include <SylixOS.h>
INT  Lw_Inet_NatStart(CPCHAR  pcLocalNetif, CPCHAR  pcApNetif);
INT  Lw_Inet_NatStop(VOID);
```

函数 Lw_Inet_NatStart 原型分析：

- 此函数成功返回 0，失败返回－1 并设置错误号；
- 参数*pcLocalNetif* 是本地内外网络接口；
- 参数*pcApNetif* 是外网网络接口。

13.10.8.4 NAT 命令

在 SylixOS 中可以使用*nats*[①] 命令查看 NAT 信息，使用*nat* 命令可以开始和停止 NAT 网络。命令说明如下：

【命令格式】

```
nat [stop] / {[LAN netif] [WAN netif]}
```

① 此命令不可以在网络终端中使用。

【常用选项】

```
stop:停止 NAT 网络
```

【参数说明】

```
LAN netif:本地网络接口
WAN netif:外部网络接口
```

下面命令将设置 wl2 作为本地网络接口,设置 en1 作为外部网络接口。

```
# nat wl2 en1
```

【命令格式】

```
nats
```

【常用选项】

```
无
```

【参数说明】

```
ip addr:IP 地址
```

nats 命令输出如下:

```
# nats
NAT networking alias setting >>
     ALIAS            LOCAL START       LOCAL END
---------------- ---------------- ----------------
NAT networking direct map setting >>
ASS PORT   LOCAL PORT      LOCAL IP          IP CNT    PROTO
---------- ---------- ------------------------ -------- -------
NAT networking summary >>
    NAT networking off!
    IP Fragment: TCP - Disable UDP - Disable ICMP - Disable
```

使用*natwan* 命令增加一个新的网络接口为 WAN 口;*natlocal* 命令增加一个新的网络接口为 LAN 口;*natmap* 命令可以实现将外网的一个网络端口(port1)映射到内网中的某个网络地址上的一个端口(port2)。使用以上三个命令前,需使用 *nat* 命令开始 NAT 功能。

```
natmap add port1 port2 192.168.1.2 1 tcp
```

以上命令的含义是:将外网的端口 port1 映射到内网地址 192.168.1.2 的端口 port2,映射的协议为 TCP。

注:natmap 支持映射的协议包括:TCP、UDP。

13.10.9 SylixOS 网络路由协议

13.10.9.1 路由原理

IP 路由选择通常是简单的。如果目的主机与源主机直接相连(如点对点链路)或都在一个共享网络上(以太网或令牌环网),那么 IP 数据报就直接送到目的主机上;否则,主机把数据报发往默认的路由器上,由路由器来转发该数据报。大多数的主机都是采用这种简单机制。

在一般的体制中,IP 可以从 TCP、UDP、ICMP 和 IGMP 接收数据报(即在本地生成的数据报)并进行发送,或者从一个网络接口接收数据报(待转发的数据报)并进行发送。IP 层在内存中有一个路由表,当收到一份数据报并进行发送时,它都要对该表搜索一次。当数据报来自某个网络接口时,IP 首先检查目的 IP 地址是否为本机的 IP 地址之一或者 IP 广播地址。如果是,数据报就被送到由 IP 首部协议字段所指定的协议模块进行处理;如果不是,若 IP 层被设置为路由器的功能,就对数据报进行转发,否则数据报被丢弃。

路由表的每一项都包含下面这些信息:

- 下一站(或下一跳)路由器(next - hop router)的 IP 地址,或者有直接连接的网络 IP 地址。下一站路由器是指一个在直接相连网络上的路由器,通过它可以转发数据报。下一站路由器不是最终的目的,但是它可以把传送给它的数据报转发到最终目的。
- 标志。其中一个标志指明目的 IP 地址是网络地址还是主机地址,另一个标志指明下一站路由器是真正的下一站路由器,还是一个直接相连的接口。
- 为数据报的传输指定一个网络接口。
- 网络接口名字(字符串名)。

IP 路由选择是逐跳地(hop-by-hop)进行的。从这个路由表信息可以看出,IP 并不知道到达任何目的地址的完整路径(除了与主机直接相连的目的地址)。所有的 IP 路由选择只为数据报传输提供下一站路由器的 IP 地址。它假定下一站路由器比发送数据报的主机更接近目的地址,而且下一站路由器与该主机是直接相连的。

IP 路由选择主要完成以下功能:

- 搜索路由表,寻找能与目的 IP 地址完全匹配的表目(网络号和主机号都要匹配)。如果找到,则把报文发送给该表目指定的下一站路由器或直接连接的网络接口(取决于标志字段的值)。
- 搜索路由表,寻址能与目的 IP 地址匹配的网络地址。
- 搜索路由表,寻找标为"默认(default)"的表目。如果找到,则把报文发送给该表目指定的下一站路由器。

如果上述均未成功,那么该数据报就不能被传送。如果不能传送的数据报来自本机,那么一般会向生成数据报的应用程序返回一个"主机不可达"或"网络不可达"的错误。

完整主机地址匹配在网络号匹配之前执行。只有当它们都失败后才选择默认路由。默认路由,以及下一站路由器发送的 ICMP 间接报文(如果我们为数据报选择了错误的默认路由)是 IP 路由选择机制中功能强大的特性。

路由匹配总是优先匹配本地主机,如果本地主机匹配失败,则匹配网络地址。

路由标志如表 13.25 所列。

表 13.25 路由标志

路由标志	说 明
U	该路由可以使用
G	路由到一个网关(路由器)。如果没有此标志,说明目的地址是直接连接
H	路由到一个主机,目的地址是一个完整的主机地址。如果没有设置该标志,说明该路由是到一个网络,而目的地址是一个网络地址:一个网络号,或者网络号与子网组合
D	该路由是由重定向报文创建的
M	该路由已被重定向报文修改

标志 G 是非常重要的,因为由它区分了间接路由和直接路由(直接路由不设置该标志)。发往直接路由的分组中,不但具有目的端的 IP 地址,还具有其链路层地址。发往一个间接路由时,IP 地址指明的是最终的目的地址,链路层地址指明的是网关(下一站路由)。

H 标志表明目的地址是一个完整的主机地址,没有设置 H 标志说明目的地址是一个网络地址(主机号部分是 0)。当为某个目的 IP 地址搜索路由表时,主机地址项必须与目的地址完全匹配,而网络地址项只需匹配目的地址的网络号和子网号就可以了。

每当初始化一个接口时,就为接口自动创建一个直接路由。对于点对点链路和环回接口来说,路由是到达主机(例如,设置 H 标志);对于广播接口来说,如以太网,路由是到达网络。

到达主机或网络的路由如果不是直接相连的,那么就必须加入路由表,***route*** 命令描述了如何向路由表填加一条路由条目。

13.10.9.2 路由 API

SylixOS 1.5.6 之后的版本,应用程序可以通过调用标准 I/O 的 ioctl 函数或者 write 函数来操作路由条目。

支持的 ioctl 命令如下:

- SIOCADDRT:添加一条路由信息;
- SIOCDELRT:删除一条路由信息;

- SIOCCHGRT:修改一条路由信息;
- SIOCGETRT:获取一条路由信息;
- SIOCLSTRT:遍历 IPv4 路由信息;
- SIOCLSTRTM:获取整个 IPv4 的路由信息。

ioctl 函数的参数 ***pArg*** 为 rtentry 类型结构体的指针,结构体定义见程序清单 13.13。

程序清单 13.13 rtentry 结构体

```
struct rtentry {
    u_long           rt_pad1;
    struct sockaddr  rt__dst;                          /* 目的地址        */
    struct sockaddr  rt_gateway;                       /* 网络网关        */
    struct sockaddr  rt_genmask;                       /* 子网掩码        */
    char             rt_ifname[IF_NAMESIZE];           /* 网络接口        */
    u_short          rt_flags;
    u_short          rt_refcnt;
    u_long           rt_pad3;
    void             * rt_pad4;
    short            rt_metric;                        /* 度量            */
    void             * rt_dev;                         /* 未使用的设备    */
    u_long           rt_hopcount;                      /* 跳数            */
    u_long           rt_mtu;                           /* 路由的 MTU      */
    u_long           rt_window;
    u_short          rt_irtt;
    u_long           rt_pad5[16]};
```

命令 SIOCLSTRT 相关的结构体见程序清单 13.14。

程序清单 13.14 rtentry_list 结构体

```
struct rtentry_list {
    u_long           rtl_bcnt;        /* rtentrt 缓存区大小   */
    u_long           rtl_num;         /* 缓存区中路由数量     */
    u_long           rtl_total;       /* 所有的路由数量       */
    struct rtentry   * rtl_buf;       /* 路由缓存             */
};
```

命令 SIOCLSTRTM 相关的结构体见程序清单 13.15。

程序清单 13.15 rt_msghdr_list 结构体

```
struct rt_msghdr_list {
    size_t              rtml_bsize;         /* rtml_buf 缓存区大小    */
    size_t              rtml_rsize;         /* 缓存区路由数量         */
    size_t              rtml_tsize;         /* 系统返回所有的路由数量 */
    struct rt_msghdr   *rtml_buf;           /* 路由缓存               */
};
```

ioctl 函数添加路由程序：chapter13/route_ioctl_example 。该程序通过填充路由结构体*rtentry* 里的信息来实现添加路由的操作。首先，用 bzero 函数清空结构体的信息，设置主机路由为 RTF_UP | RTF_HOST，填充目的地址、子网掩码以及网关的协议簇和协议长度；然后，通过 inet_aton 函数将想要的目的地址、子网掩码以及网关信息写入*sin_addr* 中；最后，设置*metric* 和*rt_ifname* 。

使用 AF_INET 生成的套接字，通过 ioctl 函数调用 SIOCADDRT 命令实现对路由的添加。

在 SylixOS Shell 下运行程序，部分结果显示如下：

```
#./route_ioctl_test
#route
IPv4 Route Table:
Destination         Gateway         Genmask            Flags Metric Ref  Use Iface
123.123.123.123     123.0.0.1       255.0.0.0           UH     0     0    0   en1
192.168.1.32        192.168.2.1     255.255.255.0       UH     3     0    0   en1
0.0.0.0             10.4.0.1        0.0.0.0             UG     4     0    0   en1
10.4.120.30         0.0.0.0         255.255.255.255     UH     4     0    0   en1
10.4.0.0            0.0.0.0         255.255.0.0         U      4     0    0   en1
127.0.0.1           0.0.0.0         255.255.255.255     UH     4     0    0   lo0
127.0.0.0           0.0.0.0         255.0.0.0           U      4     0    0   lo0
```

通过*route* 命令查看路由信息，可以看出，想要设置的路由已经添加完成。即目的地址为 192.168.1.32，子网掩码为 255.255.255.0，网关为 192.168.2.1，Metric 为 3，接口为*en*1。

使用 write 函数添加路由需要填充*rt_msghdr* 结构体，首先获得由路由套接字 AF_ROUTE 生成的文件描述符，注意此处必须是 SOCK_RAW 才能沟通底层。填充*rt_msghdr* 结构体时，需要构建*msg* 结构体，结构体的*buf* 数组用来存放想要设置的目的地址、子网掩码以及网关。另外，需要注意的是，设置目的地址、掩码以及网关时，对应的协议簇和长度也需要填充。

填充信息后调用 write 函数来实现路由的添加。

write 函数添加路由程序：chapter13/route_write_example。

在 SylixOS Shell 下运行程序，部分结果显示如下：

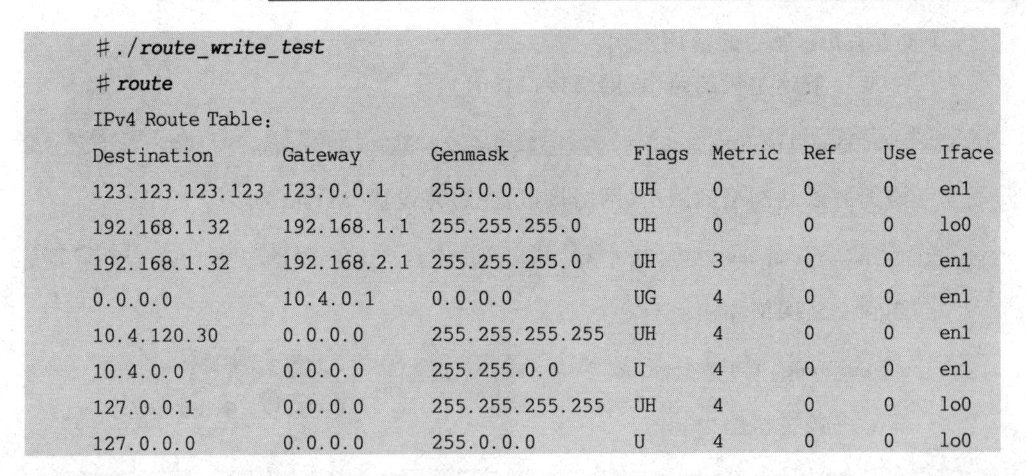

```
#./route_write_test
#route
IPv4 Route Table:
Destination      Gateway       Genmask            Flags  Metric  Ref  Use  Iface
123.123.123.123  123.0.0.1     255.0.0.0          UH     0       0    0    en1
192.168.1.32     192.168.1.1   255.255.255.0      UH     0       0    0    lo0
192.168.1.32     192.168.2.1   255.255.255.0      UH     3       0    0    en1
0.0.0.0          10.4.0.1      0.0.0.0            UG     4       0    0    en1
10.4.120.30      0.0.0.0       255.255.255.255    UH     4       0    0    en1
10.4.0.0         0.0.0.0       255.255.0.0        U      4       0    0    en1
127.0.0.1        0.0.0.0       255.255.255.255    UH     4       0    0    lo0
127.0.0.0        0.0.0.0       255.0.0.0          U      4       0    0    lo0
```

通过*route*命令查看路由信息，可以看出，想要设置的路由已经添加完成。即目的地址为192.168.1.32，子网掩码为255.255.255.0，网关为192.168.2.1，接口为*en*1。由于未设置Metric，默认为0。

13.10.9.3 route命令

在SylixOS中，*route*命令用来处理与网络路由相关的信息，如可以通过指令添加、删除、修改以及获取的一条IPv4或者IPv6路由信息，也可以通过遍历获得IPv4或者IPv6路由所有信息。

【命令格式】

```
route [add|del|chg] [-host|-net|dl|gw] [dest] [netmask] [geteway] {metric} [dev]
```

【常用选项】

```
add:增加路由表条目
del:删除路由表条目
chg:修改路由表条目的metric
-host:主机地址
-net:网络地址
dest :目标地址
netmask:子网掩码
gateway:网关地址
metric:度量
dev:网络设备接口
```

【参数说明】

```
dl:default ,主要对默认路由信息进行操作
gw : gateway ,用法与host相似
```

下面是*route* 命令的使用实例：

- 添加一条到主机的路由(网络接口：en1)：

```
route add - host 192.168.7.40 mask 255.0.0.0 123.0.0.0 dev en1
```

- 添加一条到网络的路由(网络接口：en2)并设置 metric 为 3：

```
route add - net 180.149.132.47 mask 255.0.0.0 12.0.0.0 metric 3 dev en2
```

- 删除一条网络路由：

```
route del - net 180.149.132.47 mask 255.0.0.0
```

- 删除一条主机路由：

```
route del - host192.168.7.40 dev en1
```

- 改变一条主机路由的 metric 为 3：

```
route chg - host 192.168.7.40 mask 255.0.0.0 123.0.0.0 metric 3 dev en1
```

13.11 标准网卡控制接口

SylixOS 支持 POSIX 标准网卡控制函数，通过这些函数可以使应用程序能够方便地修改网络接口的行为，如使网卡激活、使网卡关闭、启用 DHCP 等。

另外，通过网络 ioctl 命令可以获得或者设置网卡的 IP 地址、网卡标志(如启用混杂模式)等。

13.11.1 网络接口 API

```
#include<net/if.h>
int  if_down(const char * ifname );
```

函数 if_down 原型分析：

- 此函数成功返回 0，失败返回 -1 并设置错误号；
- 参数*ifname* 是网络接口名。

调用 if_down 函数可以使指定的网络设备关闭，如果网络接口启用了 DHCP 租约，将同时停用 DHCP 租约。

```
#include<net/if.h>
int  if_up(const char * ifname );
```

函数 if_up 原型分析：

- 此函数成功返回 0，失败返回 -1 并设置错误号；

- 参数*ifname* 是网络接口名。

调用 if_up 函数可以使指定的网络设备激活，如果 DHCP 标志被设置，将同时启用 DHCP 租约。

```
#include <net/if.h>
int  if_isup(const char * ifname );
```

函数 if_isup 原型分析：

- 此函数成功返回 0 或 1(0 代表网卡未使能，1 代表网卡使能)，失败返回 −1 并设置错误号；
- 参数*ifname* 是网络接口名。

调用 if_isup 函数可以检测指定的网络接口是否处于激活状态。

```
#include <net/if.h>
int  if_islink(const char * ifname );
```

函数 if_islink 原型分析：

- 此函数成功返回 0 或 1(0 代表网卡未连接，1 代表网卡连接)，失败返回 −1 并设置错误号；
- 参数*ifname* 是网络接口名。

调用 if_islink 函数可以检测指定的网络接口是否已经连接，需要注意的是，激活的网络接口连接成功后才可以发送网络数据包。

```
#include <net/if.h>
int  if_set_dhcp(const char * ifname , int en );
int  if_get_dhcp(const char * ifname );
```

函数 if_set_dhcp 原型分析：

- 此函数成功返回 0，失败返回 −1 并设置错误号；
- 参数*ifname* 是网络接口名；
- 参数*en* 分两种值：0 代表停用 DHCP 租约，1 代表启用 DHCP 租约。

函数 if_get_dhcp 原型分析：

- 此函数成功获得 DHCP 状态，0 代表停用，1 代表启用，失败返回 −1 并设置错误号；
- 参数*ifname* 是网络接口名。

调用 if_set_dhcp 函数可以使指定的网络接口启用或者停用 DHCP 租约；调用 if_get_dhcp 函数将获得 DHCP 状态。

```
#include <net/if.h>
unsigned  if_nametoindex(const char * ifname );
char      * if_indextoname(unsigned  ifindex , char * ifname );
```

函数 if_nametoindex 原型分析：

- 此函数返回网络接口索引号；
- 参数*ifname* 是网络接口名。

函数 if_indextoname 原型分析：

- 此函数成功返回网络接口名(如 en1)，失败返回 LW_NULL；
- 参数*ifindex* 是网络接口索引；
- 输出参数*ifname* 返回网络接口名。

调用 if_nametoindex 函数将返回网络接口*ifname* 对应的索引号；调用 if_indextoname 函数将获得网络接口名，网络接口名存储在参数*ifname* 所指的缓冲区中，此缓冲区大小至少应该为 IF_NAMESIZE(定义位于<net/if.h>头文件中)。

```
#include <net/if.h>
struct  if_nameindex  *if_nameindex(void);
void  if_freenameindex(struct if_nameindex *ptr);
```

函数 if_nameindex 原型分析：

- 此函数成功返回网络接口结构体数组指针，失败返回 NULL 并设置错误号。

函数 if_freenameindex 原型分析：

- 参数*ptr* 是 if_nameindex 函数返回的指针。

调用 if_nameindex 函数将返回 if_nameindex 结构的数组，此数组包含了所有本地的网络接口，此数组被动态分配，可以通过调用 if_freenameindex 函数来释放这段内存。if_nameindex 结构体的定义见程序清单 13.16。

程序清单 13.16　if_nameindex 结构体

```
struct if_nameindex {
    unsigned       if_index;          /* Numeric index of interface      */
    char           *if_name;          /* Null-terminated name of the     */
                                      /* interface.                      */
......
};
```

if_nameindex 结构成员含义如下：

- if_index：接口索引；
- if_name：以 null 字符结尾的网络接口名，如 en1。

打印网络接口程序：chapter13/print_netinfo_example。该程序可以打印本地所有网络接口。

13.11.2　网络接口 ioctl

传统的 ioctl 函数用于那些普通的但不合适归入其他类别的任何特性的系统接

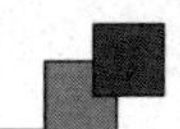

口，但是POSIX去掉了ioctl，POSIX通过一些标准化的包裹函数来代替ioctl，例如：操作串口的函数：tcgetattr函数、tcflush函数等，尽管如此，网络编程还是保留了ioctl操作，以适应具体的操作，例如获得网络接口信息、设置网卡标志等。

通常网络接口程序的第一步是从内核获取系统中配置的所有网络接口，这是通过SIOCGIFCONF命令请求实现的，此命令使用了ifconf结构，ifconf结构又使用了ifreq结构，两种结构体定义见程序清单13.17和程序清单13.18。

程序清单13.17　ifreq结构体

```
struct ifreq {
#define IFHWADDRLEN          6
    union {
        char                      ifrn_name[IFNAMSIZ];
    } ifr_ifrn;
    union {
        struct sockaddr           ifru_addr;
        struct sockaddr           ifru_dstaddr;
        struct sockaddr           ifru_broadaddr;
        struct sockadd            rifru_netmask;
        struct sockadd            rifru_hwaddr;
        short                     ifru_flags;
        int                       ifru_ifindex;
        int                       ifru_mtu;
        int                       ifru_metric;
        int                       ifru_type;
        void                      * ifru_data;
    } ifr_ifru;
};
#define ifr_name                  ifr_ifrn.ifrn_name
#define ifr_addr                  ifr_ifru.ifru_addr
#define ifr_dstaddr               ifr_ifru.ifru_dstaddr
#define ifr_netmask               ifr_ifru.ifru_netmask
#define ifr_broadaddr             ifr_ifru.ifru_broadaddr
#define ifr_hwaddr                ifr_ifru.ifru_hwaddr
#define ifr_flags                 ifr_ifru.ifru_flags
#define ifr_ifindex               ifr_ifru.ifru_ifindex
#define ifr_mtu                   ifr_ifru.ifru_mtu
#define ifr_metric                ifr_ifru.ifru_metric
#define ifr_type                  ifr_ifru.ifru_type
#define ifr_data                  ifr_ifru.ifru_data
```

ifreg 结构成员含义如下：

- ifr_name：网络接口名（例如：en1）；
- ifr_addr：网络接口地址；
- ifr_dstaddr：目的地址；
- ifr_netmask：子网掩码；
- ifr_broadaddr：广播地址；
- ifr_hwaddr：硬件地址；
- ifr_flags：网络接口标志，如表 13.26 所列；
- ifr_ifindex：网络接口索引；
- ifr_mtu：网络 MTU；
- ifr_metric：网络计量；
- ifr_type：网络类型；
- ifr_data：请求数据。

表 13.26　网络接口标志

接口标志	说　明
IFF_UP	网络设备激活
IFF_BROADCAST	网络设备广播地址有效
IFF_POINTOPOINT	网络设备是点对点模式
IFF_RUNNING	网络设备已连接
IFF_MULTICAST	网络设备支持 IGMP 功能
IFF_LOOPBACK	回环设备
IFF_NOARP	网络接口不支持 ARP 协议
IFF_PROMISC	网络设置支持混杂模式

程序清单 13.18　ifconf 结构体

```
struct ifconf {
    int                 ifc_len;                /* size of buffer in bytes    */
    union {
        char            *ifcu_buf;
        struct ifreq    *ifcu_req;
    } ifc_ifcu;
};
#define ifc_buf         ifc_ifcu.ifcu_buf       /* buffer address             */
#define ifc_req         ifc_ifcu.ifcu_req       /* array of structures        */
```

ifconf 结构成员含义如下：

- ifc_len：缓冲区长度；
- ifc_buf：缓冲区指针；
- ifc_req：ifreq 结构体指针。

在调用 ioctl 函数之前分配一个缓冲区和一个 ifconf 结构，然后初始化 ifconf 结构，图 13.35 所示为 ifconf 结构和 ifreq 结构的关系，ioctl 函数的第三个参数指向 ifconf 结构。内核返回的 ifreq 结构将被存放在 ifc_buf 所指向的缓冲区中，并且 ifc_len 被更新以反映缓冲区中存在的实际字节数量。

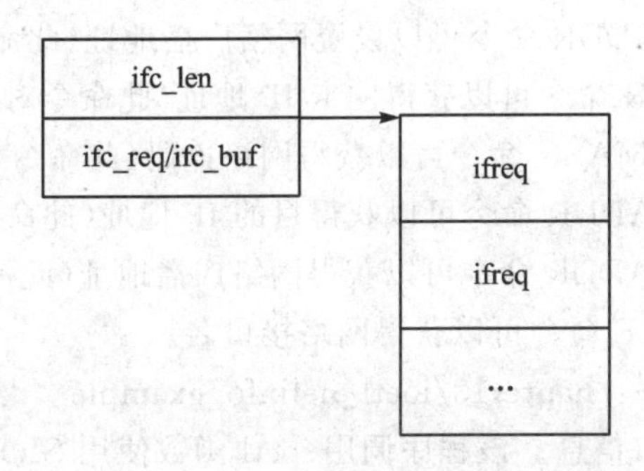

图 13.35 ifconf 结构和 ifreq 结构的关系

13.11.3 网络 ioctl 命令

前面介绍了网络编程中需要通过 ioctl 命令请求的方式来执行不同的操作，在 SylixOS 中包括了以下命令：

- SIOCGIFCONF 命令可以获得本地网络接口列表，需要注意，这些网络接口是 AF_INET 地址族(IPv4)，系统将以 ifconf 结构返回网络接口列表，如果 ifc_len 返回的长度等于原始传入的长度，则需要增加 ifc_buf 缓冲大小。
- SIOCGSIZIFCONF 命令可以获得网络接口列表所需要的缓冲区大小。
- SIOCSIFFLAGS 命令可以设置网络标志，网络标志通过 ifreq 结构的 ifr_flags 成员进行设置。
- SIOCGIFFLAGS 命令可以获得网络标志，网络标志通过 ifreq 结构的 ifr_flags 成员获得。
- SIOCGIFTYPE 命令可以获得网络接口类型，这些类型通常在＜net/if_type.h＞中以 IFT_* 类型定义，例如 IFT_PPP、IFT_LOOP。这些网络类型通过 ifreq 结构的 ifr_type 成员获得。
- SIOCGIFINDEX 命令可以获得网络接口索引值。网络接口索引通过 ifreq 结构的 ifr_ifindex 成员获得。
- SIOCGIFMTU 命令可以获得网络接口 MTU 值。MTU 值通过 ifreq 结构的 ifr_mtu 成员获得(SylixOS 目前并不支持从应用程序设置 MTU 值)。

- SIOCGIFHWADDR 命令可以获得网卡的硬件地址。硬件地址通过 ifreq 结构的 ifr_hwaddr 成员获得，该成员是 sockaddr 结构体类型，该结构体中的 sa_data 成员存放了硬件地址，sa_family 为 ARPHRD_ETHER 类型。
- SIOCSIFHWADDR 命令可以设置网卡的硬件地址，此命令通常需要硬件驱动的支持。
- SIOCSIFADDR 命令可以设置网卡 IP 地址(此命令对 IPv4 有效)。
- SIOCSIFNETMASK 命令可以设置网络掩码(此命令对 IPv4 有效)。
- SIOCSIFDSTADDR 命令可以设置目的 IP 地址(此命令对 IPv4 有效)。
- SIOCSIFBRDADDR 命令可以设置网络广播地址(此命令对 IPv4 有效)。
- SIOCGIFADDR 命令可以获得网卡 IP 地址(此命令对 IPv4 有效)。
- SIOCGIFNETMASK 命令可以获得网络掩码(此命令对 IPv4 有效)。
- SIOCGIFDSTADDR 命令可以获得目的 IP 地址(此命令对 IPv4 有效)。
- SIOCGIFBRDADDR 命令可以获得网络广播地址(此命令对 IPv4 有效)。
- SIOCGIFNAME 命令可以获得网络接口名。

网络接口信息程序：**chapter13/ioctl_netinfo_example** 。该程序展示了通过网络 ioctl 获取本地网络接口信息。该程序调用 ioctl 函数使用 SIOCGIFCONF 命令来获得本地的所有网络接口并打印接口名和 IP 地址。

第14章 文件系统

14.1 文件系统简介

SylixOS 提供了多种标准的文件系统，方便用户使用，这些文件系统是 SylixOS 内建的，如果需要更多的文件系统，如 NTFS，则可以通过内核模块的形式加入。SylixOS 的文件系统实际上是一组虚拟的设备驱动，它提供两组 API 接口，对上符合 I/O 系统标准，对下要求设备驱动符合块设备标准。文件系统在 I/O 系统中的结构，如图 14.1 所示。

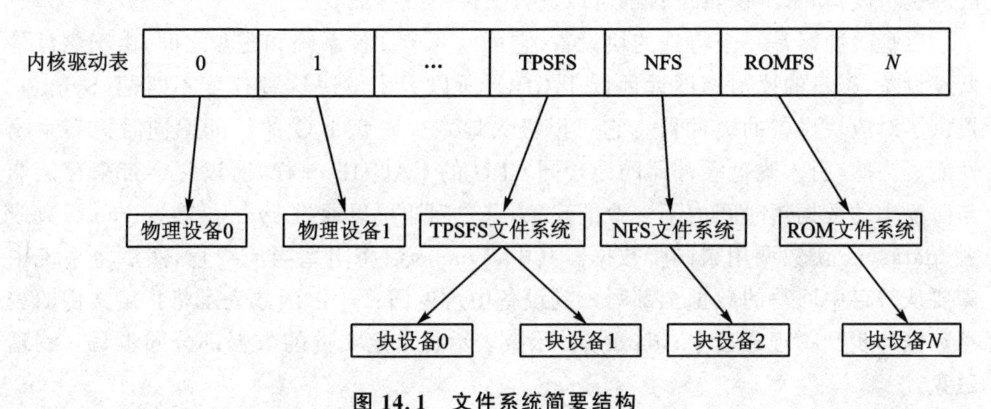

图 14.1 文件系统简要结构

SylixOS 文件系统使用 I/O 系统提供的标准接口进行挂载，然后通过标准 I/O 操作函数进行访问，换句话说，操作一个普通文件与操作一个设备文件没有任何区别。

SylixOS 目前内建的文件系统包括：

- TPSFS 文件系统；
- ROOT 文件系统；

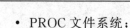

- PROC 文件系统；
- RAMFS 文件系统；
- FAT 文件系统；
- YAFFS 文件系统；
- NFS 文件系统；
- ROMFS 文件系统。

其中 ROMFS 文件系统是只读文件系统，系统的关键性文件都可以放在此文件系统中确保安全。如果通过***mount*** 挂载文件系统时，FAT、NFS、YAFFS 也都可以挂载成只读文件系统。

PROC 文件系统是保存操作系统信息和进程信息的文件系统，这个文件系统对应的文件实体都在操作系统内核中，是内核反馈出来的运行参数和信息，例如每一个进程的进程号都有一个对应的目录，里面存放着进程当前运行的信息，包括：进程对应的可执行文件，进程打开的文件描述符表，进程消耗的内存信息，进程内部的动态链接库信息等。SylixOS 内部所有的设备(包括文件系统)都必须挂载到根文件系统上，根文件系统的设备名称非常特殊，为“/”。所有的设备或者文件绝对路径都是以根符号起始，也就是说，操作系统查询一个设备总是从根文件系统开始的。

SylixOS 还提供了一些方便文件系统使用的组件，包括：磁盘分区检查工具、磁盘缓冲器、磁盘自动挂载工具等。

其中磁盘分区检查工具可以自动地检查一个磁盘的分区情况，并且生成对应分区的逻辑设备，每个逻辑设备都可以进行文件系统挂载。

磁盘缓冲器是一个特殊的块设备，它可以介于文件系统和磁盘之间，由于磁盘是低速设备，磁盘的读写速度远远低于 CPU，所以为了解决这种速度不匹配，SylixOS 提供了对应块设备的缓冲器。它可以极大地减少磁盘 I/O 的访问率同时提高系统性能。当然，引入磁盘缓冲器的原理同 CPU 的 CACHE 一样，所以它会带来存储器与磁盘中的数据短时间内不一致的现象，这个问题可以通过 sync 函数、fsync 函数或者 fdatasync 函数调用来同步数据。其中，sync 函数将阻塞当前线程，然后将系统中需要从缓存中回写的数据全部写入到设备中再返回；fsync 函数表示将指定文件的缓存数据同步到物理磁盘中；fdatasync 函数表示将指定文件的数据部分同步写入物理磁盘。

磁盘自动挂载工具是将很多磁盘工具封装在一起的一个工具集。设备可以通过热插拔事件将物理磁盘块设备交给磁盘自动挂载工具，这个工具首先会为这个磁盘开辟磁盘缓冲，然后会自动进行磁盘分区检查，最后生成对应每个分区的虚拟块设备。这个工具会识别每一个分区的文件系统类型，并装载与之对应的文件系统，这样从用户的角度来说，就可以在操作系统目录中看到对应挂载的文件系统目录了。带有磁盘缓冲器和磁盘分区检查工具的 SylixOS 块设备结构，如图 14.2 所示。

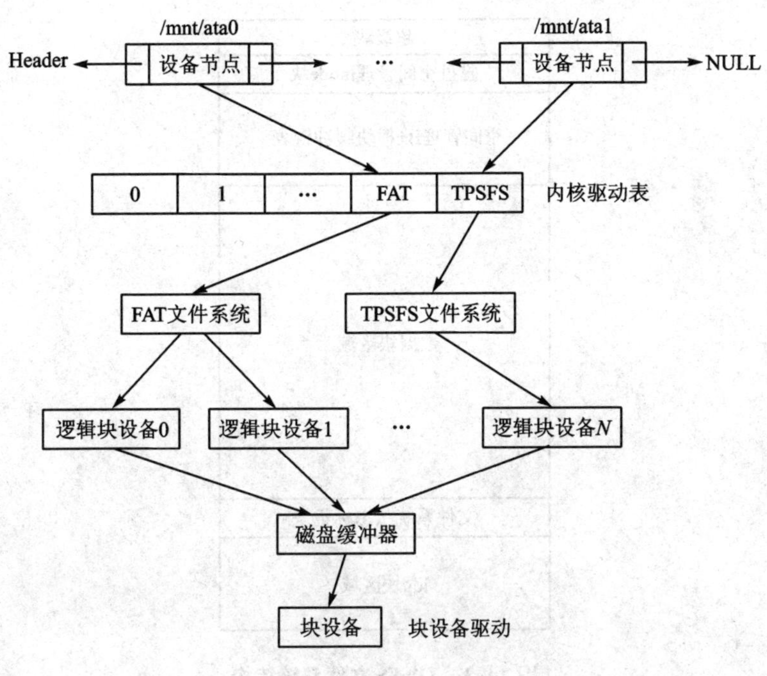

图 14.2　块设备示意图

14.2　TPSFS 掉电安全文件系统

TPSFS(True Power Safe FS)是一款掉电安全的文件系统,该文件系统是 SylixOS 内建文件系统(专利技术),如图 14.3 所示是 TPSFS 的文件系统结构图。TPSFS 是基于事务的 B+树文件系统:对元数据的修改使用事务提交的机制,保证了文件系统的一致性;使用 B+树管理磁盘空间和文件空间,B+树中以不同的键值记录起始块和块数量;使用文件起始块号表示 inode 号,使用空间管理 B+树实现 inode 管理。基于以上原理使得 TPSFS 文件系统具有以下特点:

- 采用 B+树存储文件数据,读写与定位速度快,空间管理效率高;
- 对元数据使用原子操作,掉电安全;
- 64 位文件系统,支持 EP 级别文件长度;
- 大文件(超过 4 GB)处理性能好;
- 支持文件记录锁,可支持大型数据库;
- 支持多块分配机制,这种机制提高了系统性能,而且使得分配器有充足的优化空间;
- 支持子目录可扩展性,这使得在一个目录下可以创建无限多个子目录。

超级块是 TPSFS 的第一个块,其中记录了文件系统的基本信息,如:块大小、块数量、数据块位置、log 块位置等。TPSFS 中每一个数据块都被记录在一个以 inode

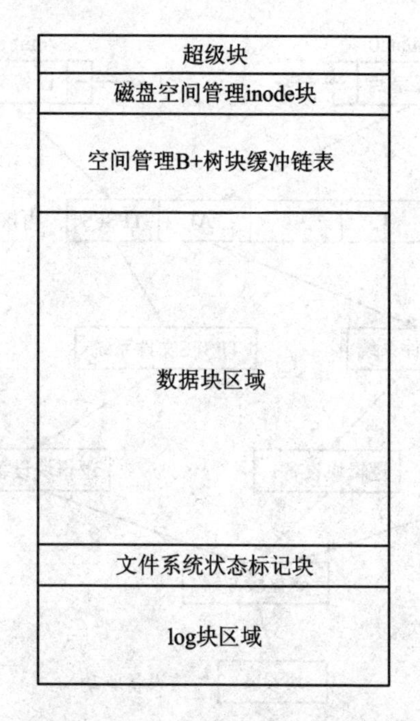

图 14.3　TPSFS 文件系统结构

块为根的 B+树中，结构如图 14.4 所示。

超级块后是空间管理 inode 块，inode 对应的 B+树管理整个磁盘的空闲块，可以理解为将所有空闲块记录到空间管理 inode 形成一个大文件。与普通文件不同的是，空间管理 inode B+树节点的 key 值为磁盘块区间的物理块号，而普通文件 inode B+树节点的 key 值为该块区间在文件中的偏移。

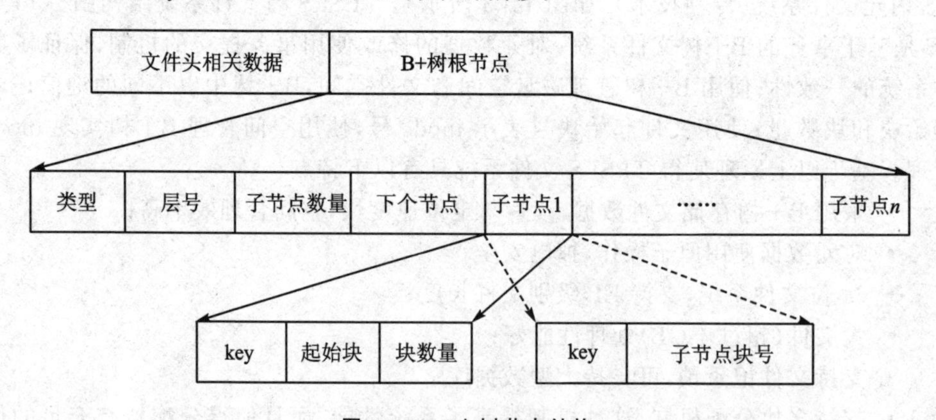

图 14.4　B+树节点结构

由图 14.4 可以看出，每个 B+树节点包含若干子项，子项的值根据节点类型决定，如果是叶子节点，则包含 key、起始块和块数量，用于记录一个物理块区间，如果是非叶子节点，则记录 key 和子节点对应块号。

14.3 FAT文件系统

14.3.1 FAT概述

FAT(File Allocation Table)是与Windows兼容的文件系统,SylixOS中常用的移动存储设备(U盘,SD卡等)常使用FAT文件系统格式进行挂载。

FatFs是一个嵌入式系统设计的通用FAT文件系统模块。FatFs的编写遵循ANSI C,并且完全与磁盘I/O层分开,它独立于硬件架构。

FatFs文件系统主要特点:

- Windows兼容的FAT文件系统;
- 不依赖于平台,易于移植;
- 代码和工作区占用空间非常小;
- 多种配置选项。

14.3.2 FAT命令

在SylixOS中,可以使用*fatugid*命令来查看和设置卷标的默认uid和gid。

【命令格式】

```
fatugid [uid] [gid]
```

【常用选项】

```
无
```

【参数说明】

```
uid:新设置的用户ID
gid:新设置的组ID
```

查看指定卷标的默认uid和gid的示例内容:

```
# fatugid
vfat current uid : 0 gid : 0
```

14.4 NFS网络文件系统

14.4.1 NFS概述

NFS(Network File System)即网络文件系统,它允许网络中的计算机之间通过

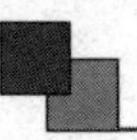

TCP/IP 网络共享资源。在 NFS 的应用中，本地 NFS 的客户端应用可以透明地读写位于远端 NFS 服务器上的文件，就像访问本地文件一样。

NFS 主要特点：

- 本地工作站使用更少的磁盘空间，因为通常的数据可以存放在一台机器上而且可以通过网络访问到；
- 用户不必在每个网络上的机器都有一个相同的目录，相同的目录可以被放在 NFS 服务器上并且在网络上处处可用；
- 诸如软驱、CDROM 之类的存储设备可以在网络上面被其他机器使用，这可以减少整个网络上的可移动介质设备的数量。

在嵌入式设备的开发调试阶段，可以利用该技术在主机上建立基于 NFS 的文件系统，并挂载到嵌入式设备，方便主机与嵌入式设备之间的文件共享。

14.4.2 NFS 基本操作

在 SylixOS 中，可以通过查看/proc/fs/fssup 文件来查看当前系统支持的文件系统类型。

```
#cat /proc/fs/fssup
rootfs procfs ramfs romfs vfat nfs yaffs
```

以 FreeNFS 为例来说明 SylixOS 的 NFS 的挂载操作，运行 FreeNFS 软件并进行参数设置，在软件图标上右击并选择 Settings 选项后会出现如图 14.5 所示的设置界面。

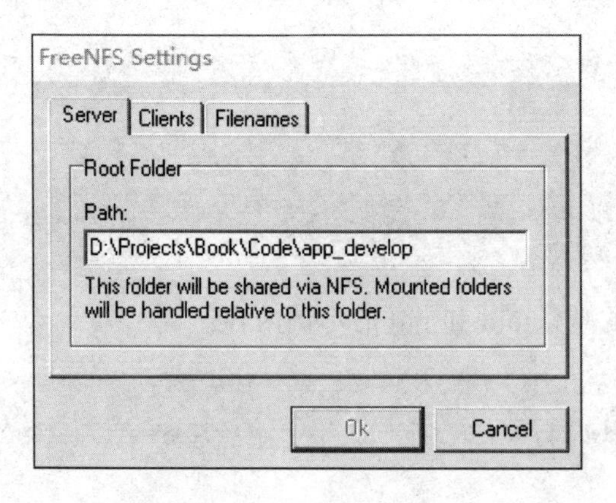

图 14.5　FreeNFS 设置

在 Server 中的 Path 输入框内输入服务器(运行 FreeNFS 的 PC 机)需要共享的路径，Clients 中的 Allowed Host 输入框为空表示所有客户机(运行 SylixOS 的设备)均可以连接到本服务器，Filenames 的 Codepage 表示当前系统的文件名编码格式。

通过*showmount* 命令可以查看当前系统已经挂载的设备。

通过*mount* 命令可以挂载 NFS 文件系统，其中/mnt/nfs 中的 nfs 是动态创建的，不需要用户手动进行创建。

```
# mount -t nfs 192.168.1.15:/ /mnt/nfs
# showmount
AUTO-Mount point show >>
      VOLUME                    BLK NAME
----------------------- ------------------------------------
/media/hdd0          /dev/blk/hdd0:0
Mount point show >>
      VOLUME                    BLK NAME
----------------------- ------------------------------------
/mnt/nfs               192.168.1.15:/
/tmp                   0
# ls /mnt/nfs/
.metadata       app_proc        base_armv4      bsp_micro2440   bsp_mini2440
RemoteSystemsTempFiles
```

通过*umount* 命令可以卸载 NFS 文件系统。

```
# umount /mnt/nfs/
# showmount
AUTO-Mount point show >>
      VOLUME                    BLK NAME
----------------------- ------------------------------------
/media/hdd0               /dev/blk/hdd0:0
Mount point show >>
      VOLUME                    BLK NAME
----------------------- ------------------------------------
/tmp                   0
```

14.5　ROM 文件系统

ROMFS 是一种相对简单、占用空间较少的只读文件系统，具备体积小、可靠性高、读取速度快等优点。同时支持目录，符号链接，设备文件。

ROMFS 是一种只读的文件系统，它使用顺序存储方式，所有数据，包括目录、链接等都按目录树的顺序存放，相对其他大型文件系统而言，ROMFS 非常节省空间。通常 ROMFS 在嵌入式设备中作为根文件系统或者用于保存 bootloader 以便引导系统启动。

ROMFS 使用顺序存储方式，所有数据都是顺序存放的。因此 ROMFS 中的数据一旦确定就无法修改，这是 ROMFS 只能是一种只读文件系统的原因，它的数据存储方式决定了无法对 ROMFS 进行写操作。由于采用了顺序存放策略，ROMFS 中每个文件的数据都能连续存放，读取过程中只需要一次寻址操作，进而就可以读入整块数据，因此 ROMFS 中读取数据效率很高。

SylixOS 提供了 ROMFS 的支持，通过 Shell 终端可以像挂载其他文件系统一样挂载 ROM 文件系统，SylixOS 支持两种挂载 ROMFS 的方法：一是可以挂载/dev/blk 下面的符合 ROMFS 格式的块设备，这样可以在应用层面通过 I/O 函数进行读操作（注意不可以进行写操作）；二是可以挂载一个符合 ROMFS 的镜像文件，需要借助其他工具制作一个 ROMFS 镜像（如 genromfs）。下面是 ROMFS 挂载镜像文件的过程：

- 编译 genromfs 工具（此工具来源于网络）；
- 通过 genromfs 执行下面命令生成镜像文件：

```
#./genromfs -f romfile.img
```

- 挂载文件系统：

```
#mount -t romfs ./romfile.img /mnt/rom1
```

- 通过*showmount* 命令查看文件系统挂载情况。

执行上面的步骤后，就将一个符合 ROMFS 的镜像文件挂载成了 ROM 文件系统。

14.6 RAM 文件系统

RAMFS 将一部分固定大小的内存当作分区来使用。它并非一个实际的文件系统，而是一种将实际的文件系统装入内存的机制。将一些经常被访问而又不会更改的文件放在内存中，可以明显地提高系统的性能，而且在设备的调试初期，其他 Flash 类型的文件系统还未能正常工作时，使用内存型文件系统可以方便设备的调试。

通过*mount* 命令可以挂载 RAMFS，其中/mnt/ram 中的 ram 是动态创建的，不需要用户手动进行创建。

14.7 ROOT 文件系统

ROOTFS（根文件系统）是内核启动时挂载的第一个文件系统，因此根文件系统包括了 SylixOS 启动时所必须的目录和关键性的文件，例如内核启动时所必需的 etc 目录，以及系统命令 bin 目录等，任何包括这些 SylixOS 启动所必须的文件都可以成为根文件系统。

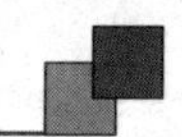

SylixOS 的 ROOTFS 属于虚拟类型的根文件系统，因为此文件系统并不存在于具体的物理磁盘中，而是系统启动后动态创建的，并将此系统保存于内存中。

ROOTFS 的目录结构，如表 14.1 所列。

表 14.1　根文件系统目录结构

根文件系统	典型符号链接	功　能
/tmp	/yaffs2/n1/tmp	存放临时文件
/var	/yaffs2/n1/var	存放可变的数据
/root	/yaffs2/n1/root	根用户的目录
/home	/yaffs2/n1/home	普通用户的目录
/apps	/yaffs2/n1/apps	存放应用程序
/sbin	/yaffs2/n1/sbin	系统级的可执行程序
/bin	/yaffs2/n1/bin	普通的可执行程序
/usr	/yaffs2/n1/usr	存放共享数据
/lib	/yaffs2/n1/lib	存放共享库和内核模块
/qt	/yaffs2/n1/qt	存放 Qt 相关文件
/ftk	/yaffs2/n1/ftk	存放 FTK 相关文件
/etc	/yaffs2/n0/etc	存放常用配置文件
/boot	/yaffs2/n0/boot	存放加载器所需的文件
/usb	无	USB 挂载根节点
/yaffs2	无	YAFFS 文件系统分区
/proc	无	PROC 文件系统根节点
/media	无	移动设备挂载根节点
/mnt	无	卷标挂载根节点
/dev	无	设备挂载根节点

14.8　PROC 文件系统

为了方便访问内核信息，SylixOS 提供了一个 PROC 虚拟文件系统，该文件系统存在于/proc 目录，包含了各种用于展示内核信息的文件，并且允许进程通过常规文件 I/O 系统调用来方便地读取，有时还可以修改这些信息。之所以将/proc 文件系统称为虚拟文件系统，是因为其包含的文件和子目录并未存储于磁盘上，而是由内核在进程访问此类信息时动态创建而成。

/proc 目录下的文件及目录说明如表 14.2 所列。

表 14.2 /proc 目录下文件及目录

文件/目录	描述(进程属性)
1	进程 ID 为 1 的进程信息目录
ksymbol	内核符号表文件
posix	POSIX 子系统信息目录
net	网络子系统信息目录
power	电源管理子系统信息目录
fs	文件系统子系统信息目录
version	当前系统运行的内核版本号信息文件
kernel	内核子系统信息目录
cpuinfo	处理器相关信息文件
bspmem	每个物理存储器设备(RAM 或 ROM)在系统内存中的映射信息文件
self	辅助性信息目录
yaffs	YAFFS 文件系统信息文件

通常使用脚本来访问/proc 目录下的文件，也可以从程序中使用常规 I/O 系统调用来访问/proc 目录下的文件。但是在访问这些文件时，有以下限制：

- /proc 目录下的一些文件是只读的，即这些文件仅用于显示内核信息，但无法对其进行修改。/proc/pid 目录下的大多数文件就属于此类型。
- /proc 目录下一些文件仅能由文件拥有者(或超级用户所属进程)读取。
- 除了/proc/pid 子目录中的文件，/proc 目录的其他文件大多属于 root 用户，并且仅有 root 用户能够修改那些可修改的文件。

14.8.1 /proc/pid 进程相关信息

在终端中输入*ps* 命令可以查看当前进程信息，其中 PID 为 0 的进程为系统内核进程。对于系统中的每个进程，内核都提供了相应的目录，命名为/proc/pid，其中 pid 为进程 ID。在此目录中的各个文件或子目录包含了进程的相关信息。

/proc/pid 目录下的文件说明如表 14.3 所列。

表 14.3 /proc/pid 目录下的文件描述

文 件	描述(进程属性)
ioenv	进程 I/O 环境文件
filedesc	文件描述符信息文件
modules	动态链接库情况文件
mem	内存信息文件
cmdline	命令行文件，以\0 分隔命令行文件
exe	可执行文件的符号链接

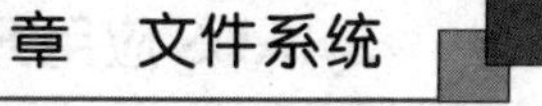

14.8.2 /proc/ksymbol 内核符号表

内核符号表文件示例内容：

```
# cat /proc/ksymbol
        SYMBOL NAME                            ADDR     TYPE
--------------------------------------- -------- --------
viShellInit                                    3000c888 RX
aodv_netif                                     3149e6b4 RW
_cppRtUninit                                   302afcec RX
_IosFileSet                                    302935b4 RX
_epollFindEvent                                3028efb8 RX
__blockIoDevDelete                             302631dc RX
__pxnameGet                                    3023db10 RX
mq_timedreceive                                3023cc90 RX
API_INetNpfDetach                              30221e90 RX
snmp_set_sysname                               301da42c RX
igmp_joingroup                                 301c6d6c RX
vprocIoFileDescGet                             30178130 RX
API_MonitorUploadCreate                        3016e528 RX
API_MonitorNet6UploadCreate                    3016d490 RX
```

14.8.3 /proc/posix POSIX 子系统信息

POSIX 子系统中包含命名信息文件 pnamed，POSIX 命名信息可以通过*cat* 命令来查看 pnamed 的内容，其中 TYPE 表示类型(SEM 表示信号类型，MQ 表示消息队列)，OPEN 表示使用计数，NAME 表示对象名。

14.8.4 /proc/net 网络子系统

/proc/net 网络子系统各目录文件说明如表 14.4 所列。

表 14.4 /proc/net 网络子系统目录文件描述

目录/文件	描述(进程属性)
netfilter	网络过滤规则文件
wireless	无线网络配置文件
ppp	PPP 拨号文件
packet	AF_PACKET 信息文件
arp	ARP 信息文件

续表 14.4

目录/文件	描述(进程属性)
if_inet6	IPv6 网络接口文件
dev	网络接口设备信息文件
unix	AF_UNIX 信息文件
tcpip_stat	TCP/IP 状态信息文件
route	路由表信息文件
igmp6	IPv6 IGMP 信息文件
igmp	IGMP 信息文件
raw6	IPv6 原始数据信息文件
raw	原始数据信息文件
udplite6	IPv6 UDP 简要信息文件
udplite	UDP 简要信息文件
udp6	IPv6 UDP 信息文件
udp	UDP 信息文件
tcp6	IPv6 TCP 信息文件
tcp	TCP 信息文件
mesh-adhoc	Mesh 自组网信息目录

14.8.5 /proc/power 电源管理子系统

/proc/power 目录下文件说明如表 14.5 所列。

表 14.5 /proc/power 目录下文件描述

文 件	描述(进程属性)
pminfo	当前系统信息文件
devices	使能电源管理的设备文件
adapter	适配器信息文件

14.8.6 /proc/fs 文件系统子系统

/proc/fs 目录下文件说明如表 14.6 所列。

表 14.6 /proc/fs 目录下文件描述

目录/文件	描述(进程属性)
fssup	文件系统支持信息文件
procfs	PROC 文件系统信息目录
rootfs	ROOT 文件系统信息目录

14.8.7　/proc/version 内核版本信息

内核版本信息文件示例内容：

```
# cd /proc
# cat version
SylixOS kernel version: 1.2.1 NeZha(a) BSP version 5.1.2 for GEMINI
(compile time : Jan15 2016 11:44:33)
GCC:4.9.3
```

内核版本信息包含了 SylixOS 内核版本信息、BSP 版本信息、SylixOS 内核编译时间、编译器版本信息。

14.8.8　/proc/kernel 内核信息

/proc/kernel 目录下文件说明如表 14.7 所列。

表 14.7　/proc/kernel 目录下文件描述

文　件	描述(进程属性)
affinity	多核亲和度信息文件
objects	内核对象信息文件
tick	系统时钟节拍信息文件

14.8.9　/proc/cpuinfo 处理器信息

cpuinfo 文件示例内容：

```
# cd /proc
# cat cpuinfo
CPU            : SAMSUNG S3C2440A (ARM920T 405/101MHz NonFPU)
CPU Family     : ARM(R) 32 - Bits
CPU Endian     : Little - endian
CPU Cores      : 1
CPU Active     : 1
PWR Level      : Top level
CACHE          : 32KBytes L1 - Cache (D - 16K/I - 16K)
PACKET         : Mini2440 Packet
BogoMIPS   0   : 426.600
```

具体参数含义如下：

- CPU:处理器类型及关键性参数；
- CPU Family:处理器架构类型及字长；

- CPU Endian：大端小端类型；
- CPU Cores：处理器核心数；
- CPU Active：当前激活的处理器数；
- PWR Level：当前电源能级；
- CACHE：高速缓存信息；
- PACKET：板级支持包类型；
- BogoMIPS 0：SylixOS 中衡量计算器运行速度的一种尺度（每秒百万次）。

14.8.10 /proc/bspmem 内存映射信息

bspmem 文件示例内容：

```
#cd /proc
#cat bspmem
ROM SIZE: 0x00200000 Bytes (0x00000000 - 0x001fffff)
RAM SIZE: 0x04000000 Bytes (0x30000000 - 0x33ffffff)
use "mems" "zones" "virtuals"... can print memory usage factor.
```

14.8.11 /proc/self 辅助性信息

self 目录示例内容：

```
#cd /proc/self/
#ls
auxv
```

14.8.12 /proc/yaffs YAFFS 分区信息

yaffs 文件示例内容：

```
#cd /proc
#cat yaffs
Device : "/n1"
startBlock......... 129
endBlock........... 1023
totalBytesPerChunk. 2048
chunkGroupBits..... 0
chunkGroupSize..... 1
……
```

14.9 YAFFS 文件系统

YAFFS(Yet Another Flash File System)是一个专门为 NAND Flash 存储器设

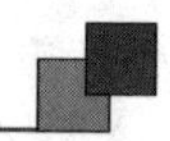

计的嵌入式日志型文件系统，适用于大容量的存储设备，并且是在 GPL 协议下发布，可在其网站免费获得源代码。

YAFFS 是基于日志的文件系统，提供磨损平衡和掉电恢复的健壮性。它还为大容量的 Flash 芯片做了很好的调整，针对启动时间和 RAM 的使用做了优化，它适用于大容量的存储设备。

14.9.1 NAND Flash 与 NOR Flash 的区别

NOR Flash 是 Intel 公司于 1988 年开发出的 NOR Flash 技术。NOR Flash 的特点是芯片内执行(eXecute In Place，XIP)，这样应用程序可以直接在 NOR Flash 闪存内运行，不必再把代码读到系统 RAM 中。NOR Flash 的传输效率很高，在 1～4 MB 的小容量时具有很高的成本效益，但是很低的写入和擦除速度大大影响了它的性能。

NAND Flash 结构是东芝公司在 1989 年发布的，其内部采用非线性宏单元模式，因此为固态大容量内存的实现提供了廉价有效的解决方案。NAND Flash 存储器具有容量大、写入和擦除速度快等优点，适用于大量数据的存储，因而在业界得到了越来越广泛的应用。

两种 Flash 具有相同的存储单元，工作原理也一样，为了缩短存取时间，并不对每个单元进行单独的存取操作，而是对一定数量的存储取单元进行集体操作。NAND Flash 各存储单元之间是串联的，而 NOR Flash 各存储单元之间是并联的，为了对全部的存储单元进行有效管理，必须对存储单元进行统一编址。

NAND Flash 的全部存储单元分为若干个块，每个块又分为若干个页，每个页是 512 字节或 2 048 字节，就是 512 或 2 048 个 8 位数，即每个页有 512 或 2 048 条位线，每条位线下有 8 个存储单元，那么每页存储的数据正好跟硬盘的一个扇区存储的数据相同，这是设计时为了方便与磁盘进行数据交换而特意安排的，每个块就类似硬盘的簇，容量不同，块的数量不同，组成块的页的数量也不同。在读取数据时，当字线和位线锁定某个晶体管时，该晶体管的控制极不加偏置电压，其他的 7 个都加上偏置电压而导通，如果这个晶体管的浮栅中有电荷就会导通使位线为低电平，读出的数就是 0，反之就是 1。NOR Flash 的每个存储单元以并联的方式连接到位线，方便对每一位进行随机存取，并且具有专用的地址线，可以实现一次性的直接寻址，缩短了 NOR Flash 对处理器指令的执行时间。

在 NAND Flash 闪存中每个块的最大擦写次数是一百万次，而 NOR Flash 的擦写次数是十万次。典型的 NAND Flash 块尺寸是 NOR Flash 器件的 1/8。

14.9.2 NAND Flash 存储结构

Page：页单元，为基础操作(读操作或写操作或坏块标记)的寻址单元，包括通用区和扩展区，通用区主要用于存储数据，扩展区主要用于存储标记性信息；

Block：块单元，为擦除操作的寻址单元；

OOB：存在于扩展区，其中包括 ECC、坏块标记、YAFFS 标记等，通常每 512 字节对应 16 字节的 OOB 区，每 2 048 字节对应 64 字节的 OOB 区。

下面介绍 NAND Flash 的物理存储单元的阵列组织结构，以 SAMSUNG 公司 K9F4G08 的 NAND Flash 为例，K9F4G08 物理存储单元阵列结构示意图，如图 14.6 所示。

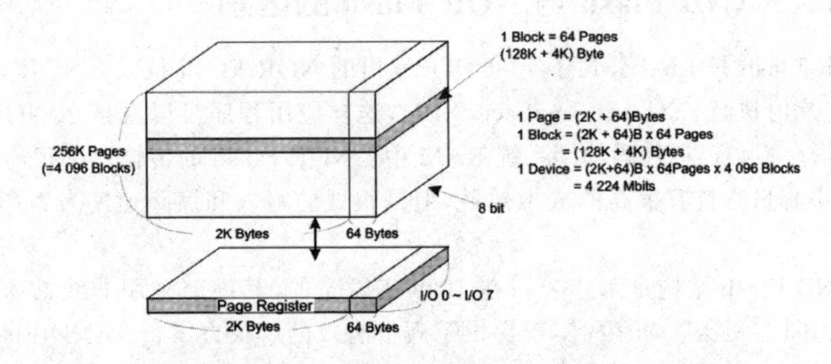

图 14.6　K9F4G08 存储阵列示意图

一个 NAND Flash 设备（Device）由很多个块（Block）组成，块的大小一般是 128 KB、256 KB、512 KB，此处是 128 KB。每个块里面又包含了很多页(Page)。

14.9.3　YAFFS 专用术语

YAFFS2 模式下的 YAFFS 标记：

- 4 字节 32 bit 的数据块 ID；
- 4 字节 32 bit 的对象 ID；
- 2 字节本数据块内数据字节数量；
- 4 字节本块的序列号；
- 3 字节标记区的 ECC；
- 12 字节数据区的 ECC(每 256 Byte 数据产生 3 Byte 的 ECC)。

Chunk：YAFFS 的寻址单元，通常与 Page 大小一致；

Object：YAFFS 对象，通常包括文件、路径、链接、设备等。

14.9.4　MTD 简介

MTD(Memory Technology Device)即内存技术设备，为了使新加入的存储设备的驱动更加简单，MTD 子系统为存储器操作提供了一个抽象层，此子系统为驱动程序与上层系统提供通用接口，可以确保操作所有的存储器（NAND，OneNAND，NOR，AG - AND，具有 ECC 功能的 NOR 等）使用相同的 API，硬件驱动程序不需要关心具体的数据存储格式，只需要提供基础性的操作，如读操作、写操作和擦除操

作等。

MTD既不属于字符设备也不属于块设备，MTD与块设备的对比，如表14.8所列。

表14.8 块设备与MTD的对比

块设备	MTD
由扇区组成	由可擦除的块组成
扇区尺寸较小(512或1 024 Byte)	可擦除扇区尺寸较大(128 KB)
读扇区和写扇区	读块、写块和擦除块
坏的扇区被硬件隐藏或重新映射	坏块不能被隐藏且需要软件处理
扇区的读写次数没有限制	块的擦除次数有限制

SylixOS中MTD子系统源码位于“libsylixos/SylixOS/fs/mtd”，其中主要使用了MTD子系统的MTD原始设备层，Flash硬件驱动层包括了NOR Flash驱动以及NAND Flash驱动，其中NAND Flash驱动源码则位于BSP包中的“SylixOS/driver/mtd/nand”。

14.9.5 YAFFS分区

在SylixOS中，YAFFS文件系统通常有两个分区：/yaffs2/n0和/yaffs2/n1。其中，n0为boot区，主要存放设备固件及一些常用配置文件；n1为comm区，主要存放通用文件。

YAFFS文件系统示例目录结构：

```
#cd yaffs2/
#ls
n1                n0
#ll n0
drwxr-xr--  root       root       Mon Jul 27 14:12:39 2015        boot/
drwxr-xr--  root       root       Mon Jul 27 14:14:58 2015        etc/
drw-rw-rw-  root       root       Tue Aug 04 10:55:20 2015        lost+found/
      total items : 3
#ll n1
drwxr-xr--  root       root       Thu Jul 30 10:03:41 2015        qt/
drwxr-xr--  root       root       Thu Jul 30 10:03:41 2015        lib/
drwxr-xr--  root       root       Thu Jul 30 10:03:41 2015        usr/
drwxr-xr--  root       root       Thu Jul 30 10:03:41 2015        bin/
drwxr-xr--  root       root       Thu Jul 30 10:03:41 2015        tmp/
drwxr-xr--  root       root       Thu Jul 30 10:03:41 2015        sbin/
drwxr-xr--  root       root       Thu Jul 30 10:03:41 2015        apps/
drwxr-xr--  root       root       Thu Jul 30 10:03:41 2015        home/
```

```
drwxr-xr--  root    root    Thu Jul 30 10:03:41 2015         root/
drwxr-xr--  root    root    Thu Jul 30 10:03:41 2015         var/
drw-rw-rw-  root    root    Tue Aug 04 10:55:20 2015         lost+found/
      total items : 12
```

n0 分区示例目录结构说明：

- boot:引导加载器所需文件目录；
- etc:配置文件(passwd,group,shadow,startup.sh 等)目录。

n1 分区示例目录结构说明：

- qt:Qt 跨平台 C++图形用户界面目录；
- lib:动态库及内核模块目录；
- usr:用户目录,存放用户级的文件；
- bin:系统启动时需要的执行文件及可执行程序目录；
- tmp:临时文件目录,系统启动后的临时文件存放在/var/tmp；
- sbin:可执行程序的目录；
- apps:应用程序目录；
- home:普通用户的个人文件目录；
- root:系统核心文件目录；
- var:系统执行过程中经常变化的文件目录。

14.9.6 YAFFS 命令

在 SylixOS 中,可以使用*yaffscmd* 命令来操作 YAFFS 文件系统。

【命令格式】

```
yaffscmd volname [{bad | info | markbad | erase}]
```

【常用选项】

```
无
```

【参数说明】

```
volname:卷标名,在 SylixOS 系统中当前使用 n0 或 n1
bad:坏块信息
info:参数信息
markbad:标记坏块
erase:存储器擦除
```

以下是*yaffscmd* 命令查询参数信息的输出结果：

```
# yaffscmd n1 info
Device : "/n1"
startBlock......... 129
endBlock........... 1023
totalBytesPerChunk. 2048
……
```

以下是*yaffscmd* 命令标记坏块的输出结果：

```
# yaffscmd n1 markbad aa
yaffs: marking block 170 bad
mark the block 0xaa is a bad ok.
```

以下是*yaffscmd* 命令查看坏块信息的输出结果：

```
[root@sylixos_station:/]# yaffscmd n1 bad
block 0xaa is bad block.
```

以下是*yaffscmd* 命令擦除存储器的输出结果：

```
# yaffscmd n1 erase
yaffs volume erase ok.
```

14.10 文件系统命令

① 在 SylixOS 中，可以使用*cd* 命令来切换当前目录。

【命令格式】

```
cd path
```

【常用选项】

```
无
```

【参数说明】

```
path:路径名
```

② 在 SylixOS 中，可以使用*ch* 命令来改变目录。

【命令格式】

```
ch dir
```

【常用选项】

```
无
```

【参数说明】

```
dir:路径名
```

③ 在 SylixOS 中,可以使用*pwd* 命令来查看当前目录。

【命令格式】

```
pwd
```

【常用选项】

```
无
```

【参数说明】

```
无
```

④ 在 SylixOS 中,可以使用*df* 命令来查看指定目录的文件系统信息,默认为当前目录。

【命令格式】

```
df volume name
```

【常用选项】

```
无
```

【参数说明】

```
volume name:路径名
```

⑤ 在 SylixOS 中,可以使用*tmpname* 命令来获得一个可以创建的临时文件名。

【命令格式】

```
tmpname
```

【常用选项】

```
无
```

【参数说明】

```
无
```

⑥ 在 SylixOS 中,可以使用*mkdir* 命令来创建一个目录。

【命令格式】

```
mkdir   directory
```

【常用选项】

```
无
```

【参数说明】

```
directory:目录名
```

⑦ 在 SylixOS 中,可以使用*mkfifo* 命令来创建一个命名管道。

注:只能在根文件系统设备下创建。

【命令格式】

```
mkfifo [fifo name]
```

【常用选项】

```
无
```

【参数说明】

```
[fifo name]:命名管道名
```

⑧ 在 SylixOS 中,可以使用*rmdir* 命令来删除一个空目录。

【命令格式】

```
rmdir directory
```

【常用选项】

```
无
```

【参数说明】

```
directory:目录名
```

⑨ 在 SylixOS 中,可以使用*rm* 命令来删除一个文件。

【命令格式】

```
rm file name
```

【常用选项】

```
无
```

【参数说明】

```
file name:文件名
```

⑩ 在 SylixOS 中,可以使用*mv* 命令来移动或重命名一个文件。

【命令格式】

```
mv SRC file name, DST file name
```

【常用选项】

无

【参数说明】

SRC file name:源文件名
DST file name:目的文件名

⑪ 在 SylixOS 中,可以使用*cat* 命令来查看一个文件的内容。

【命令格式】

cat file name

【常用选项】

无

【参数说明】

file name:文件名

⑫ 在 SylixOS 中,可以使用*cp* 命令来拷贝一个文件。

【命令格式】

cp scr file name dst file name

【常用选项】

无

【参数说明】

scr file name:源文件名
dst file name:目的文件名

⑬ 在 SylixOS 中,可以使用*cmp* 命令来比较两个文件是否相同。

【命令格式】

cmp [file one] [file two]

【常用选项】

无。

【参数说明】

[file one]:文件 1 的文件名
[file two]:文件 2 的文件名

⑭ 在 SylixOS 中,可以使用*touch* 命令来创建一个文件。

【命令格式】

```
touch [-amc] file name
```

【常用选项】

```
-a:只改变访问时间
-m:只改变修改时间
-c:不创建文件
```

【参数说明】

```
file name:文件名
```

⑮ 在 SylixOS 中,可以使用*ls* 命令来列出指定目录下的文件,默认为当前目录。

【命令格式】

```
ls [path name]
```

【常用选项】

```
无
```

【参数说明】

```
path name:目录名
```

⑯ 在 SylixOS 中,可以使用*ll* 命令来列出指定目录下的文件详细信息,默认为当前目录。

【命令格式】

```
ll [path name]
```

【常用选项】

```
无
```

【参数说明】

```
path name:目录名
```

⑰ 在 SylixOS 中,可以使用*dsize* 命令来计算一个指定目录包含的所有文件的大小。

【命令格式】

```
dsize [path name]
```

【常用选项】

```
无
```

【参数说明】

```
path name:目录名
```

⑱ 在 SylixOS 中,可以使用*chmod* 命令来设置目录或文件的权限位。

【命令格式】

```
chmod newmode filename
```

【常用选项】

```
无
```

【参数说明】

```
newmode:新权限位,使用绝对值模式
filename:文件或目录名
```

⑲ 在 SylixOS 中,可以使用*mkfs* 命令来格式化指定磁盘。

【命令格式】

```
mkfs media name
```

【常用选项】

```
无
```

【参数说明】

```
media name:磁盘名
```

⑳ 在 SylixOS 中,可以使用*shfile* 命令执行指定的 Shell 脚本文件。

【命令格式】

```
shfile shell file
```

【常用选项】

```
无
```

【参数说明】

```
shell file:脚本
```

㉑ 在 SylixOS 中,可以使用*mount* 命令挂载一个卷。

【命令格式】

```
mount [-t fstype] [-o option] [blk dev] [mount path]
```

【常用选项】

```
-t:文件系统类型,如 ramfs,romfs,nfs 等
-o:文件系统类型,ro 为只读类型,rw 为读写类型
```

【参数说明】

```
[blk dev]:块设备
[mount path]:挂载路径
```

㉒ 在 SylixOS 中,可以使用*umount* 命令卸载一个卷。

【命令格式】

```
umount [mount path]
```

【常用选项】

```
无
```

【参数说明】

```
[mount path]:设备路径
```

㉓ 在 SylixOS 中,可以使用*showmount* 命令查看系统中所有已经挂载的卷。

【命令格式】

```
showmount
```

【常用选项】

```
无
```

【参数说明】

```
无
```

㉔ 在 SylixOS 中,可以使用*ln* 命令创建符号链接文件。

【命令格式】

```
ln [-s | -f] [actualpath] [sympath]
```

【常用选项】

```
-s:软链接(符号链接)
-f:强制执行
```

【参数说明】

```
[actualpath]:实际路径
[sympath]:符号链接路径
```

㉕ 在 SylixOS 中,可以使用*dosfslabel* 命令查看或设置 fat 文件系统卷标。

【命令格式】

```
dosfslabel [[vol newlabel] [vol]]
```

【常用选项】

无

【参数说明】

[vol newlabel]:卷名
[vol]:卷标

第 15 章 日志系统

15.1 SylixOS 日志系统

为了能够实时记录系统发生的各种事件，SylixOS 加入了日志管理功能，用户通过分析日志文件可以及时发现和处理系统运行过程中的问题。

在实际的应用中，日志根据具体情况分为不同的等级，SylixOS 日志等级与 Linux 日志等级兼容，SylixOS 提供以下宏来表示不同的日志等级：

- KERN_EMERG：会导致主机系统不可用的情况；
- KERN_ALERT：必须马上采取措施解决的问题；
- KERN_CRIT：比较严重的情况；
- KERN_ERR：运行出现错误；
- KERN_WARNING：可能会影响系统功能的事件；
- KERN_NOTICE：不会影响系统但值得注意；
- KERN_INFO：一般信息；
- KERN_DEBUG：程序或系统调试信息等。

日志等级从上到下依次变低，通常对于系统来说，如果发现等级 KERN_EMERG 的日志，则代表发生了严重的问题导致系统不可以再运行。在 SylixOS 驱动的开发中，等级 KERN_DEBUG 通常被用于一些调试信息的打印，等级 KERN_ERR 用来打印一些错误信息，等级 KERN_INFO 用来打印一些普通信息。

调用下面函数可以打印日志信息。

```
#include <SylixOS.h>
INT     logPrintk(CPCHAR     pcFormat , ...);
```

函数 logPrintk 原型分析：

- 此函数成功返回打印长度,失败返回－1 并设置错误号;
- 参数*pcFormat* 是日志打印格式字符串;
- 参数... 是可变参数,可以传递更多的参数。

此函数通常用于驱动开发中的日志打印,功能等价于 printk 函数,因此为了提高程序的兼容性,通常使用 printk 函数来代替 logPrintk 函数。

注:实际上 SylixOS 中 printk 是对 logPrintk 函数的宏定义。

调用 logPrintk 函数会将日志信息打印到终端中,这在只有少量日志信息的情况下无疑是一种有效的查看方法,但是当日志信息大量增加时,这种方法将是低效的甚至是不可取的。为了解决这种效率问题,通常需要将日志信息打印到一个指定文件中,以方便后续的分析。

下面函数用来设置日志文件的文件描述符。

```
#include <SylixOS.h>
INT    logFdSet(INT   iWidth , fd_set   * pfdsetLog );
INT    logFdGet(INT  * piWidth , fd_set   * pfdsetLog );
```

函数 logFdSet 原型分析:

- 此函数成功返回 0,失败返回－1 并设置错误号;
- 参数*iWidth* 是文件描述符宽度;
- 参数*pfdsetLog* 是关心的文件描述符集。

logFdSet 函数将新的文件描述符集设置为日志系统的文件描述符集,logFdGet 函数可以获得日志系统先前的文件描述符信息。需要注意的是,为了不破坏日志系统当前的文件描述符集,通常需要按下面的方式使用这两个函数:

```
logFdGet (&iWidth, &fdset);
FD_SET (iNewFd, &fdset);
logFdSet (iNewWidth, &fdset);
```

当设置完文件描述符后,就可以调用下面的函数进行日志的打印。

```
INT  logMsg(CPCHAR        pcFormat ,PVOID        pvArg0,
            PVOID         pvArg1,   PVOID        pvArg2,
            PVOID         pvArg3,   PVOID        pvArg4,
            PVOID         pvArg5,   PVOID        pvArg6,
            PVOID         pvArg7,   PVOID        pvArg8,
            PVOID         pvArg9,   BOOL         bIsNeedHeader );
```

函数 logMsg 原型分析:

- 此函数成功返回 0,失败返回－1 并设置错误号;
- 参数*pcFormat* 是字符打印格式;
- 参数*pvArg*0～*pvArg*9 是打印参数;

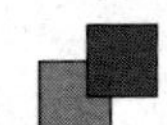

- 参数*bIsNeedHeader* 表示是否打印日志头信息。

尽管 SylixOS 向应用层提供了这些打印日志函数，但通常被用于内核空间（如驱动程序开发的 printk 函数），实际上，在应用层 POSIX 已经提供了打印日志的方法，SylixOS 对 POSIX 日志系统提供了支持。

15.2　POSIX 日志系统

当没有控制终端时，我们不能将错误信息简单地写到标准错误上，也不希望将错误信息写到指定文件中，所以需要有一种集中记录错误信息的方法。syslog 可以将错误信息写到终端，也可以写到指定文件中，并且可以发送给指定主机。

syslog 是一种工业标准的协议，可用来记录设备的日志。在路由器、交换机等网络设备中，系统日志记录系统中任何时间发生的事件，用户可以通过查看系统记录，随时掌握系统状况。操作系统通过系统守护进程或者系统线程记录系统事件和应用程序事件，通过适当的配置，我们还可以实现和运行 syslog 协议的机器间通信，通过分析这些网络行为日志，藉以追踪掌握与设备和网络有关的状况。

syslog 协议提供了一种传递方式，允许一个设备通过网络把事件信息传递给事件信息接收者（也称作日志服务器）。由于每个进程、应用程序和操作系统都或多或少地被独立完成，在 syslog 信息内容中会有一些不一致的地方，因此协议中并没有任何关于信息格式或内容的规范。这个协议就是简单地被设计用来传递事件信息。事实上，syslog 信息的传递可以在接收器没有被配置甚至没有接收器的情况下开始。反过来，在没有被清晰配置或者定义的情况下，接收器也可以接收到信息。

几乎所有的网络设备都可以通过 syslog 协议将日志信息通过 UDP 协议传送到远端服务器，远端接收日志服务器必须通过 syslog 守护进程来监听 UDP 端口(514)，并根据 syslog. conf 中的配置来处理本机和接收访问系统的日志信息，把指定的事件写入特定档案中，供后台数据库管理和响应之用。也就是说，可以让任何产生的事件都记录到一台或多台服务器上，以便后台数据库可以以离线的方法分析事件。

设备必须通过一些规则来配置，以便显示或者传递事件信息。将日志信息发送到 syslog 接收者的过程一般需要完成以下几个工作：

- 决定哪个信息要被发送；
- 要被发送的级别；
- 定义远程的接收者。

被传输的 syslog 信息的格式主要由三部分组成，分别是 PRI、HEADER、MSG。数据包的长度小于 1 024 个字节，PRI 部分必须有 3、4 或 5 个字符，以＜开头，然后是一个数字，并以＞结尾，中间的数字被称为优先级（Priority），由 facility 和 severity 两个值构成。

表 15.1 所列是 facility 名字及对应的说明。

表 15.1 facility 参数

facility	说　明
LOG_AUTO	认证相关的日志
LOG_KERN	内核相关的日志
LOG_MAIL	邮件相关的日志
LOG_DAEMON	守护进程相关的日志
LOG_USER	用户相关的日志
LOG_SYSLOG	syslog 本身相关的日志
LOG_LPR	打印相关的日志
LOG_NEWS	新闻相关的日志
LOG_UUCP	UNIX to UNIX cp 相关的日志
LOG_CRON	任务计划相关的日志
LOG_AUTHPRIV	权限、授权相关的日志
LOG_FTP	FTP 相关的日志
LOG_LOCAL0～LOG_LOCAL7	用户自定义使用

每个信息优先级都包含一个十进制 Severity 参数，描述了各 Severity 等级信息，如表 15.2 所列。

表 15.2 Severity 信息

等级名	说　明
LOG_EMERG	导致系统不可用
LOG_ALERT	必须马上处理的信息
LOG_CRIT	比较严重的信息
LOG_ERR	错误信息
LOG_WARNING	可能影响系统功能，警告事件
LOG_NOTICE	不影响正常功能，需要注意的信息
LOG_INFO	一般信息
LOG_DEBUG	程序或系统的调试信息

注：Priority（优先级）＝ facility ｜ Severity 值。

标题（HEADER）部分由称为 TIMESTAMP 和 HOSTNAME 的两个域组成，PRI 结尾处的＞会紧跟着一个 TIMESTAMP，任何一个 TIMESTAMP 或者 HOSTNAME 域后面都必须包含一个空格字符。HOSTNAME 包含主机的名称，若无主机名或无法识别则显示 IP 地址。如果一个主机有多个 IP 地址，它通常会使用传递信息的那个 IP 地址。TIMESTAMP 是本机时间，采用的格式是“MMM dd hh:mm:ss”表示月日时分秒。

MSG 部分是 syslog 数据包剩下的部分，通常包含了产生信息进程的额外信息，以及信息的文本部分。MSG 部分有两个域，分别是 TAG 域和 CONTENT 域，TAG 域的值是产生信息的程序或者进程的名字，CONTENT 包含了这个信息的详细内容。传统上来说，这个域的格式较为自由，并且给出一些时间的具体信息。TAG 是一个只允许有字母和数字的字符串，长度不超过 32 个字符，任何一个非字母或非数字字符都将会终止 TAG 域，并且被假设是 CONTENT 域的开始。

SylixOS 会检查环境变量 SYSLOGD_HOST，如果是有效的 syslog 服务器，例如 SYSLOGD_HOST="192.168.0.1:514"，则会将信息发送给 syslog 服务器；如果需要重新确定服务器，则需要首先设置环境变量，然后调用 closelog，这样系统在发送下一条信息时，将会重新确定服务器。

调用下面函数可以连接到一个日志服务器。

```
#include <syslog.h>
void    openlog(const char *ident, int logopt, int facility);
void    syslog(int priority, const char *message, ...);
```

函数 openlog 原型分析：

- 参数*ident* 是每条消息的前缀；
- 参数*logopt* 是选项标志，如表 15.3 所列；
- 参数*facility* 是能力参数，如表 15.1 所列。

函数 syslog 原型分析：

- 参数*priority* 是日志优先级，如表 15.2 所列；
- 参数*message* 是日志消息；
- 参数... 是可变参数，可以传递更多信息。

表 15.3 选项标志

选项标志	说 明
LOG_PID	每条消息包含进程 ID
LOG_CONS	如果发送中终端显示
LOG_ODELAY	打开连接时延时
LOG_NDELAY	打开连接时不延时
LOG_NOWAIT	不等待子进程
LOG_PERROR	同时打印到标准错误

当不需要向日志服务器发送消息时，可调用 closelog 函数将连接断开。

```
#include <syslog.h>
void    closelog(void);
```

每一个发送日志进程都有一个日志优先级掩码，它决定了哪些日志可以由 syslog 发送,哪些不能被发送,调用 setlogmask 函数可以改变该优先级掩码并返回先前的优先级掩码。

```
#include <syslog.h>
int    setlogmask(int maskpri);
```

函数 setlogmask 原型分析:

- 此函数返回先前的掩码值;
- 参数*maskpri* 是新的掩码值。

上述函数调用都存在对全局变量的操作,因此在多线程环境下是非线程安全的,为了解决这个问题,syslog 增加了 syslog_data 结构,该结构定义见程序清单 15.1。

程序清单 15.1 syslog_data 结构

```
struct syslog_data {
    int                 log_file;
    int                 connected;
    int                 opened;
    int                 log_stat;
    const char          * log_tag;
    int                 log_fac;
    int                 log_mask;
};
```

syslog_data 结构成员含义如下:

- log_file:套接字;
- connected:建立了连接;
- opened:打开标志;
- log_stat:选项标志;
- log_tag:TAG 域值;
- log_fac:facility 值;
- log_mask:优先级掩码。

下面是 syslog 可重入版本函数:

```
#include <syslog.h>
int     setlogmask_r(int  maskpri , struct syslog_data * data );
void    syslog_r(int  priority , struct syslog_data * data ,
                 const char * message , ...);
```

函数 setlogmask_r 原型分析:

- 此函数成功返回先前的掩码,失败返回-1 并设置错误号;
- 参数*maskpri* 是新的掩码;

- 输出参数*data* 是 syslog_data 结构指针。

函数 syslog_r 原型分析：

- 参数*priority* 是 Severity 优先级值，如表 15.2 所列；
- 参数*data* 是 syslog_data 结构指针，需要应用程序填写相应的值；
- 参数*message* 是发送的日志消息。

下列程序展示了 syslog 的使用方法，syslog 接收端程序通过创建 UNIX 域套接字进行通信，syslog 默认的 UNIX 域套接字文件名为/dev/log；syslog 日志发送程序中，openlog 函数的选项标志 LOG_CONS 为了调试输出，设置该标志后，syslog 发送的消息将在终端显示。

syslog 接收端程序：**chapter15/syslog_recv_example** 。

syslog 发送端程序：**chapter15/syslog_send_example** 。

第16章 多用户管理

16.1 POSIX 用户管理简介

用户和用户组是 SylixOS 管理的一个重要部分，也是系统安全的基础。在 SylixOS 中，所有的文件、程序都属于一个特定的用户，每个文件和程序都具有一定的访问权限，用于限制不同用户的访问行为，SylixOS 按照一定的原则把用户划分为用户组。SylixOS 支持多用户管理，并且符合 UNIX 多用户管理标准。

16.1.1 用 户

用户通常是通过 UID(用户标识符)来表示的，它代表一种权限的组合。对用户和用户组进行管理是系统管理员的一项重要工作。UID 在 SylixOS 内部唯一地标识某个具体的用户。而对于用户来说，记住 UID 并不是一件非常容易的事情，这是因为 UID 实际上是一个整数值。为了解决这个问题，在 SylixOS 中还有一个与用户关系非常密切的概念，即登录名。登录名是系统管理员在创建用户时为用户指定的一个字符串，通常情况下，登录名都有明确的涵义。为了安全起见，每个登录名通常都拥有与之相对应的密码，用户可以通过登录名与密码登录到 SylixOS 中。如果登录名或者密码不正确，SylixOS 会拒绝用户的登录。

例如，用户 root 拥有其用户名 root 以及密码。root 可以通过 Telnet 连接到 SylixOS，输入用户名 root 和密码 root，就可以登录到 SylixOS 中。

在 SylixOS 中，普通用户的操作会受到某些限制。例如，不能访问其他用户的主目录，也不能访问未经授权的文件或者目录。当从一个标准用户切换到另外一个用户的执行环境时，必须知道该用户的密码。

在 SylixOS 中，可以使用*user* 命令来查看所有的用户信息。

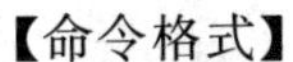

【命令格式】

```
user [genpass]
```

【常用选项】

```
无
```

【参数说明】

```
[genpass]:是否生成加密后的密码信息
```

以下是*user* 命令的输出结果:

```
# user
login: root
password:
USER           ENABLE     UID      GID
-------------- ------ ----- -----
root           yes        0        0
sylixos        yes        1        1
apps           yes        2        2
hanhui         yes        2000     2
tty            no         3        3
anonymous      no         4        4
```

16.1.2　用户组

用户组是一组功能相同或者相近的用户的集合。为某些用户创建一个单独的用户组,可以方便这些用户的管理。例如,通过用户组来统一地为组中的用户授权。此外,还可以通过组来表明用户的身份。

与用户类似,在 SylixOS 内部,为每个用户组分配一个组标识符,简称为 GID。GID 是一个无符号的整数值,可以在系统内部唯一地标识一个用户组。除此之外,组还拥有一个组名和一个用户列表,组名与用户的登录名一样,也是有明确含义的字符串,用户列表中含有了属于该组的所有用户的清单。

在 SylixOS 中,可以使用*group* 命令来查看所有的组信息。

【命令格式】

```
group
```

【常用选项】

```
无
```

【参数说明】

```
无
```

以下是*group* 命令的输出结果：

```
# group
login: root
password:
GROUP            GID              USERs
-------------- ----- -----------------------------------
root             0                root
sylixos          1                sylixos
apps             2                apps, hanhui, sylixos
tty              3                tty
anonymous        4                anonymous
```

在 SylixOS 中，使用*who* 命令，可以查看当前已登录的用户。

【命令格式】

```
who
```

【常用选项】

```
无
```

【参数说明】

```
无
```

以下是*who* 命令的输出结果：

```
# who
user:root terminal:/dev/ttyS0 uid:0 gid:0 euid:0 egid:0
```

16.2 POSIX 权限管理

当文件被创建时，系统会为创建此文件的用户及用户所在的私有组文件添加属主和属组信息，并设置其默认访问权限。属主在 Linux 系统中通常称为文件所有者。文件属主可以对文件执行一切操作，包括读取、修改和删除等。

注：在 SylixOS 中，root 用户拥有最高权限，因此可以读取、修改和删除系统中的任何文件。

在 SylixOS 中可以使用*ll* 命令查看文件详细信息。

【命令格式】

```
ll [path name]
```

【常用选项】

```
无
```

【参数说明】

```
[path name]:路径名
```

默认情况下,系统会分给用户所在的组成员一些权限(以属组权限的方式体现),如果用户是多个组的成员,那么系统会使用用户文件/etc/passwd 中保存的组(即私有组)。

16.2.1　文件权限及表示方法

SylixOS 中的传统文件权限虽然只有读、写和执行 3 类,但这 3 类权限对于文件和目录而言意义却不同。

对于文件而言:

- 读:允许读取文件内容、查看、复制文件等;
- 写:允许写入内容、编辑、追加、删除文件等;
- 执行:如果该文件是可执行脚本、二进制代码文件或程序,此权限用于控制用户能否执行该文件。

对于目录而言:

- 读:允许用户查看目录中的文件列表,如*ls* 等。
- 写:允许用户在目录中创建和删除文件。删除目录中文件时,还应该具备相应的文件写权限。
- 执行:允许用户使用*cd* 命令进入目录。

虽然用户可能无法进入目录或查看目录中的文件列表,但如果目录中的文件权限允许,用户仍然可以使用输入全路径的方法操作文件。

符号模式的权限表示方法:读:r,写:w,执行:x。

绝对模式的权限表示方法:读:4,写:2,执行:1。

16.2.2　文件权限管理命令 chmod

文件权限管理由文件的属主或 root 用户执行,*chmod* [①]命令可以更改文件的权限信息。

【命令格式】

```
chmod newmode filename
```

【常用选项】

---

① *chmod* 目前不支持符号模式设置权限。

无

【参数说明】

```
newmode:是权限表达式,权限表达式使用绝对模式
filename:文件名
```

以下是*chmod* 命令的执行结果:

```
# cd tmp/
# ls
.qt_soundserver-0                    qtembedded-0
# mkdiruser
# ls
user            .qt_soundserver-0                  qtembedded-0
# ll
drwxr-xr--  root     root    Tue Jun 16 22:19:38 2015          user/
-rw-------root       root    Tue Jun 16 20:22:18 2015      0 B, .qt_soundserver-0
drwx------root       root    Tue Jun 16 20:23:26 2015          qtembedded-0/
      total items : 3
# chmod 070 user/
# ll
dr--rwx---root       root    Tue Jun 16 22:19:38 2015          user/
-rw-------root       root    Tue Jun 16 20:22:18 2015      0 B, .qt_soundserver-0
drwx------root       root    Tue Jun 16 20:23:26 2015          qtembedded-0/
      total items : 3
```

16.3 /etc 目录下用户管理相关文件

ls 命令可以查看目录中文件信息。

【命令格式】

```
ls [path name]
```

【常用选项】

无

【参数说明】

```
[path name]:路径名
```

SylixOS 中用户账号信息是由/etc/passwd 和/etc/shadow 文件共同维护的,用户组信息由/etc/group 文件维护。在这两个文件中,每个用户都有一个相应的记录。当利用控制台等终端注册,按照系统提示输入用户名和密码后,系统会根据用户提供

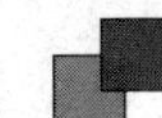

的用户名检查/etc/passwd文件，然后根据用户提供的密码，利用同一加密算法加密后再与/etc/shadow文件中的密码字段进行比较，同时检查其他诸如密码有效期等字段。如果通过了验证码，按照/etc/passwd文件指定的主目录和命令解释程序，用户即可进入自己的主目录。

除了用户名和密码外，每个用户的用户ID、用户组ID、主目录和命令解释程序等相关信息分别存放在/etc/passwd和/etc/shadow文件中。

16.3.1　/etc/passwd 文件

/etc/passwd文件包含了SylixOS中除密码之外的主要用户信息，每个用户信息占用一行，每一行由7个字段组成，字段之间以"："作为分隔符。/etc/passwd文件的格式定义如下：

```
username:password:uid:gid:comment: login info:home_dir:login_shell
```

- username：用户名，由2个以上字符组成，在SylixOS中用户名是唯一的。
- password：这个字段原为用户密码，但是密码现已移至/etc/shadow文件中。因此如果用户设有密码，这个字段将包含一个小写字母x，加密后的密码存储在/etc/shadow文件中；如果这个字段为"!!"，表示相应的用户无密码，无法正常注册到系统；如果这个字段内容不是以上两种情况，则表示相应的用户为禁止状态。
- uid：用户ID（用户标识），用户ID是系统分配给每个用户的唯一数字标识，是系统识别每个用户的主要手段。当系统需要了解用户信息（如账号字段的内容）时，通常均以用户ID作为索引，检索/etc/passwd文件。用户ID是一个32位的无符号整数，其中0～99保留为系统用户使用，自定义的普通用户ID应位于100～60 000范围内。考虑到与其他系统的兼容性，SylixOS建议使用16位无符号整数的最大值65 535作为用户ID的上限。
- gid：用户组ID（用户组标识），SylixOS中的每个用户均应属于某个用户组，每个用户组除组名之外，也有一个相应的用户组ID。同样，ID号0～99保留为系统用户使用。
- comment：注释，通常包含用户全名、用户职能等用户信息。
- login info：登录信息。
- home_dir：用户主目录（全路径名）。用户主目录是分配给用户的一个子目录，供用户存储个人文件使用，也是用户注册后的起始工作目录。通常，SylixOS采用/home/username形式的用户主目录结构，其中username为注册的用户名。
- login_shell：指定用户注册后调用的Shell（命令解释程序）。

这些字段包含在＜pwd.h＞中定义的passwd结构中，用户口令对应关系如

表 16.1 所列。

表 16.1 用户口令对应关系

功能描述	struct passwd 成员	/etc/passwd 字段
用户名	pw_name	username
用户密码	pw_passwd	password
用户 ID	pw_uid	uid
用户组 ID	pw_gid	gid
注释	pw_comment	comment
登录信息	pw_gecos	login info
用户主目录	pw_dir	home_dir
登录执行 Shell	pw_shell	login_shell

SylixOS 中/etc/passwd 文件初始内容如下：

```
# cat passwd
root:x:0:0:root::/root:/bin/sh
sylixos:x:1:1:developer::/home/sylixos:/bin/sh
apps:x:2:2:application::/home/apps:/bin/sh
tty:!:3:3:tty owner::/home/tty:/bin/false
anonymous:!:4:4:anonymous user::/home/anonymous:/bin/false
```

16.3.2 /etc/shadow 文件

/etc/shadow 是一个限制普通用户访问的系统文件，其中存有加密形式的密码以及其他相关的信息。与/etc/passwd 文件相对应，/etc/shadow 文件中的每个用户密码信息占用一行，每行由 9 个字段组成，其中以“:”作为分隔符。其文件格式定义如下：

```
username:password:lastchanged:mindays:maxdays:warn:inactive:expire:reserve
```

- username:用户名，参见/etc/passwd 文件相应部分。
- password:加密形式的密码(crypt_safe 函数生成)。如果这个字段为“!!”，则表示相应的用户没有设置密码。
- lastchanged:从 1970 年 1 月 1 日开始算起，直至最后一次修改密码之日的天数。
- mindays:保持密码稳定不变的最小天数，仅当超过此限，才能修改密码。这个字段必须大于等于 0，才能启用密码有效期检查。
- maxdays:保持密码有效的最大天数。超过此限，系统将会强制提醒用户更换密码。

- warn：指定在密码有效期到期之前需要提前多少天向用户发出警告信息。
- inactive：指定在密码有效期到期之后一直不能访问系统，但仍保证其账号信息有效的最多天数，超过此限将禁用此用户的账号。
- expire：指定用户账号有效期的截止日期。到期后，账号将自动失效，用户无法再注册到系统。
- reserve：保留字段。

这些字段包含在< shadow.h>中定义的 spwd 结构中，用户阴影口令对应关系如表 16.2 所列。

表 16.2 用户阴影口令对应关系

功能描述	struct spwd 成员	/etc/shadow 字段
用户名	sp_namp	username
加密形式的密码	sp_pwdp	password
上次更改密码以来的天数	sp_lstchg	lastchanged
至少经过多少天后允许更改	sp_min	mindays
要求更改剩余天数	sp_max	maxdays
到期警告天数	sp_warn	warn
账户不活动之前剩余天数	sp_inact	inactive
账户到期天数	sp_expire	expire
保留	sp_flag	reserve

16.3.3 /etc/group 文件

/etc/group 文件包含用户组信息，每个用户组信息占用一行，每一行由 3 个字段组成，字段之间以“:”作为分隔符。/etc/group 文件的格式定义如下：

```
username:password:gid:members
```

- username：用户名，由 2 个以上字符组成，在 SylixOS 中用户名是唯一的。
- password：这个字段原为用户密码，但是密码现已移至/etc/shadow 文件中。因此，如果用户设有密码，这个字段将包含一个小写字母 x，加密后的密码存储在/etc/shadow 文件中；如果这个字段为“!!”，表示相应的用户无密码，无法正常地注册到系统；如果这个字段内容不是以上两种情况，则表示相应的用户为禁止状态。
- gid：用户组 ID(用户组标识)，SylixOS 中的每个用户均应属于某个用户组，每个用户组除组名之外，也有一个相应的用户组 ID。同样，ID 号 0～99 保留为系统用户使用。
- members：此用户组的用户成员。

这些字段包含在< grp.h>中定义的 group 结构中,用户组对应关系如表 16.3 所列。

表 16.3　用户组对应关系

功能描述	struct group 成员	/etc/group 字段
用户名	gr_name	usernam
用户密码	gr_passwd	password
用户组 ID	gr_gid	gid
用户组成员	gr_mem	members

16.4　POSIX 用户操作

16.4.1　用户口令操作

SylixOS 定义了两个获得口令文件项的函数,在用户给出用户名或用户 ID 后,使用以下两个函数可以查询用户信息。

```
#include <pwd.h>
struct  passwd * getpwuid(uid_t  uid );
int     getpwuid_r(uid_t  uid , struct passwd * pwd , char * buffer ,
                   size_t  bufsize ,struct passwd * * result );
```

函数 getpwuid_r 原型分析:

- 此函数成功返回 0,失败返回−1 并设置错误号;
- 参数*uid* 是用户 ID;
- 输出参数*pwd* 返回用户信息;
- 参数*buffer* 是缓冲区;
- 参数*bufsize* 是缓冲区大小;
- 输出参数*result* 返回用户信息指针。

getpwuid_r 函数将搜索用户数据库文件/etc/passwd,以获得与参数*uid* 匹配的用户信息,用户信息将被存储在*buffer* 指向的缓冲区中,并更新*pwd* 结构体。如果发现一个匹配的用户,则会将 *pwd* 指针存放到*result* 中返回,否则*result* 返回 NULL。

需要注意的是,getpwuid 是非可重入的,因此该函数是非线程安全的。

```
struct passwd * getpwnam(const char * name );
int     getpwnam_r(const char * name , struct passwd * pwd ,
                   char * buffer , size_t bufsize , struct passwd * * result );
```

函数 getpwnam_r 原型分析:

- 此函数成功返回 0，失败返回 −1 并设置错误号；
- 参数*name* 是用户名；
- 输出参数*pwd* 返回用户信息；
- 参数*buffer* 是缓冲区；
- 参数*bufsize* 是缓冲区大小；
- 输出参数*result* 返回用户信息指针。

getpwnam_r 函数功能类似于 getpwuid_r 函数，不同的是，参数*name* 是需要匹配的用户名而非用户 ID(getpwuid_r 是匹配用户 ID)。getpwnam 函数是非可重入的。

如果要查看的只是用户名和用户 ID，调用上述两个函数可以满足要求，但是有些程序要查看整个口令文件，需要调用以下三个函数实现此目的。

```
#include <pwd.h>
struct passwd * getpwent(void);
void   setpwent(void);
void   endpwent(void);
```

调用 getpwent 函数时，它返回口令文件中的下一个记录项，同上述两个函数一样，它返回一个由它填写好的 passwd 结构指针。第一次调用该函数时，将打开它使用的各个文件且每次调用此函数时都将重写 passwd 结构。需要注意的是，使用该函数对口令文件中各个记录项的顺序并无要求。

setpwent 函数可以将 getpwent 函数的读写地址指回口令文件开头(通常称为反绕)，endpwent 函数则关闭这些文件。在使用 getpwent 查看完口令文件后，一定要调用 endpwent 关闭这些文件。getpwent 只知道什么时间应该打开它所使用的文件(第一次调用时)，但是它并不知道何时应该关闭这些文件。

在程序开始时调用 setpwent 是自我保护性的措施，以防止调用者在此之前已经调用了 getpwent 函数打开了文件，反绕有关文件使它定位到文件开始的位置。

16.4.2　用户阴影口令操作

与访问口令文件的一组函数类似，有另一组函数用于访问阴影口令文件。

```
#include <shadow.h>
void setspent(void);
void endspent(void);
struct spwd * getspent(void);
struct spwd * getspnam(const char * name );
int getspent_r(struct spwd * result_buf , char * buffer ,
        size_t buflen , struct spwd * * result );
int getspnam_r(const char * name , struct spwd * result_buf ,
        char * buffer , size_t buflen ,struct spwd * * result );
```

函数 getspent_r 原型分析：

- 此函数成功返回 0，失败返回 −1 并设置错误号；
- 输出参数 ***result_buf*** 返回 spwd 结构内容；
- 参数 ***buffer*** 是缓冲区；
- 参数 ***buflen*** 是缓冲区大小；
- 输出参数 ***result*** 返回结果。

函数 getspnam_r 原型分析：

- 此函数成功返回 0，失败返回 −1 并设置错误号；
- 参数 ***name*** 是用户名；
- 参数 ***result_buf*** 返回 spwd 结构内容；
- 参数 ***buffer*** 是缓冲区；
- 参数 ***buflen*** 是缓冲区大小；
- 输出参数 ***result*** 返回结果。

SylixOS 中 spwd 结构体的实现见程序清单 16.1。

程序清单 16.1 spwd 结构体

```
struct spwd {
    char        *sp_namp;       /* user login name                  */
    char        *sp_pwdp;       /* encrypted password               */
    long        sp_lstchg;      /* last password change             */
    int         sp_min;         /* days until change allowed.       */
    int         sp_max;         /* days before change required      */
    int         sp_warn;        /* days warning for expiration      */
    int         sp_inact;       /* days before account inactive     */
    int         sp_expire;      /* date when account expires        */
    int         sp_flag;        /* reserved for future use          */
};
```

注：getspent_r 和 getspnam_r 函数是可重入的。

16.4.3 用户组操作

与访问口令文件的一组函数类似，有另一组函数用于访问用户组文件。

```
#include <grp.h>
struct group *getgrgid(gid_t gid);
struct group *getgrnam(const char *name);
struct group *getgrent(void);
void    setgrent(void);
void    endgrent(void);
int     getgrnam_r(const char *name, struct group *grp,
char    *buffer, size_t  bufsize, struct group **result);
int     getgrgid_r(gid_t  gid, struct group *grp,
                 char *buffer, size_t  bufsize, struct group **result);
```

函数 getgrnam_r 原型分析：

- 此函数成功返回 0，失败返回 -1 并设置错误号；
- 参数*name* 是组名；
- 输出参数*grp* 返回结构体 group 内容；
- 参数*buffer* 是缓冲区；
- 参数*bufsize* 是缓冲区大小；
- 输出参数*result* 返回结果。

函数 getgrgid_r 原型分析：

- 此函数成功返回 0，失败返回 -1 并设置错误号；
- 参数*gid* 是组 ID；
- 输出参数*grp* 返回结构体 group 内容；
- 参数*buffer* 是缓冲区；
- 参数*bufsize* 是缓冲区大小；
- 输出参数*result* 返回结果。

SylixOS 中 group 结构体的实现见程序清单 16.2。

程序清单 16.2　group 结构体

```
struct group {
    char        *gr_name;           /* group name         */
    char        *gr_passwd;         /* group password     */
    gid_t       gr_gid;             /* group id           */
    char        **gr_mem;           /* group members      */
};
```

注：getgrnam_r 和 getgrgid_r 函数是可重入的。

16.4.4　用户附加组操作

组成员不仅可以属于口令文件记录项中组 ID 所对应的组，也可以属于 NGROUPS_MAX（通常为 16）个另外的组。文件访问权限的检查，不仅检查进程的有效组 ID，还要检查附加组 ID。使用附加组 ID 的优点是不必再显式地更改组，一个用户可能会参加多个项目，因此也有必要同时属于多个组。

为了获取和设置附加组 ID，SylixOS 提供以下三个函数：

```
#include <grp.h>
int    setgroups(int   groupsun , const gid_t grlist[]);
int    getgroups(int   groupsize , gid_t grlist[]);
int    initgroups(const char * name , gid_t basegid );
```

函数 setgroups 原型分析：

- 此函数成功返回 0,失败返回－1 并设置错误号;
- 参数*groupsun* 是组的数量;
- 参数*grlist*[]是存放用户组的数组指针。

函数 getgroups 原型分析:

- 此函数返回实际存储到*grlist* 数组的 gid 个数;
- 参数*groupsize* 是数组*grlist*[]大小;
- 输出参数*grlist*[]存储用户组。

函数 initgroups 原型分析:

- 此函数成功返回 0,失败返回－1 并设置错误号;
- 参数*name* 是组成员名;
- 参数*basegid* 是组 ID。

setgroups 函数将*groupsun* 个附加组 ID 填写到数组*grlist* 中,该数组中存放的元素最多为 NGROUPS_MAX 个;getgroups 函数获得当前进程用户 ID 所属的添加组 ID,当*groupsize* 为 0 或者*grlist* 为 NULL 时,函数返回附加组个数;initgroups 函数读取文件/etc/group 并将存在的用户*name* 的组 ID 添加到进程的附加组中。

16.5 多用户管理数据库

16.5.1 用户操作

在 SylixOS 中调用 user_db_uadd 函数可以创建一个新的账户,该函数创建账户需要访问/etc/passwd 文件和/etc/shadow 文件,因此添加新的账户需要/etc 目录下存在这两个文件。

```
#include <userdb.h>
int  user_db_uadd(const char  *user ,const char *passwd ,
                  int  enable ,uid_t uid , gid_t  gid ,
                  const char *comment ,const char  *home );
```

函数 user_db_uadd 原型分析:

- 此函数成功返回 0,失败返回－1 并设置错误号;
- 参数*user* 是用户名;
- 参数*passwd* 是用户密码;
- 参数*enable* 表示是否使能用户;
- 参数*uid* 是用户 ID;
- 参数*gid* 是用户组 ID;
- 参数*comment* 是注释信息;
- 参数*home* 是用户主目录。

需要注意的是,调用 user_db_uadd 函数只能在存在的用户组中创建新的账户,如果指定的组 ID 不存在,则创建新账户将失败。

调用 user_db_umod 函数可以修改一个存在账户的使能状态、注释和用户主目录。

```
#include <userdb.h>
int  user_db_umod(const char  *user, int enable,
                  const char *comment, const char  *home);
```

函数 user_db_umod 原型分析:

- 此函数成功返回 0,失败返回 -1 并设置错误号;
- 参数*user* 是用户名;
- 参数*enable* 表示是否使能用户;
- 参数*comment* 是注释信息;
- 参数*home* 是用户主目录。

调用 user_db_uget 函数可以获得指定账户的信息,如下描述:

```
#include <userdb.h>
int  user_db_uget(const char  *user, int *enable,
                  uid_t  *uid, gid_t *gid,
                  char   *comment, size_t sz_com,
                  char   *home, size_t sz_home);
```

函数 user_db_uget 原型分析:

- 此函数成功返回 0,失败返回 -1 并设置错误号;
- 参数*user* 是用户名;
- 输出参数*enable* 表示是否使能用户;
- 输出参数*uid* 是用户 ID;
- 输出参数*gid* 是用户组 ID;
- 输出参数*comment* 返回注释信息;
- 参数*sz_com* 是注释缓冲区大小;
- 输出参数*home* 返回用户主目录;
- 参数*sz_home* 是用户主目录缓冲区大小。

调用 user_db_udel 函数可以删除一个存在的账户。

```
#include <userdb.h>
int  user_db_udel(const char  *user);
```

函数 user_db_udel 原型分析:

- 此函数成功返回 0,失败返回 -1 并设置错误号;
- 参数*user* 是用户名。

16.5.2 组操作

下面函数提供了 SylixOS 中用户组的操作方法，user_db_gadd 函数向 SylixOS 中添加一个新的用户组，user_db_gget 函数可以获得指定用户组*group* 的组 ID，user_db_gdel 函数将删除一个指定的组*group* 。

```
#include <userdb.h>
int  user_db_gadd(const char  *group , gid_t  gid );
int  user_db_gget(const char  *group , gid_t *gid );
int  user_db_gdel(const char  *group );
```

以上三个函数原型分析：

- 函数成功时返回 0，失败时返回－1 并设置错误号；
- 参数*group* 是组名；
- 参数*gid* 是组 ID，user_db_gget 函数的*gid* 参数用来存放返回的组 ID。

16.5.3 密码操作

```
#include <userdb.h>
int  user_db_pmod(const char  *user ,
                  const char  *passwd_old ,
                  const char  *passwd_new );
```

函数 user_db_pmod 原型分析：

- 此函数成功返回 0，失败返回－1 并设置错误号；
- 参数*user* 是用户名；
- 参数*passwd_old* 是先前的密码；
- 参数*passwd_new* 是新的密码。

调用 user_db_pmod 函数可以修改指定用户的密码，特殊地，如果参数*passwd_new* 为 NULL，则清除用户密码。

16.5.4 用户 Shell 命令

在 UNIX 系统中，root 账号具有“至高无上”的权利，也就是说，具有了 root 权限的账户可以做任何事情，甚至将系统破坏。同样 SylixOS 也具有类似的权限管理机制，具有了 SylixOS root 权限的账户可以做 SylixOS 中的任何事情（例如：删除其他账户或者底层的工作）。因此用户管理要求一般用户的操作权限低于 root 用户的权限，下面是 SylixOS 中添加用户、修改用户、删除用户的 Shell 命令。

· ***uadd***[①] 命令:可以向 SylixOS 中添加新用户

【命令格式】

```
uadd name password enable[0 / 1] uid gid comment homedir
```

【常用选项】

```
无
```

【参数说明】

```
name:创建的账户名
password:新账户密码
enable:是否使能新账户(0 不使能,1 使能)
uid:新账户 ID
gid:新账户组 ID
comment:注释信息
homedir:新账户主目录(如/home/flags)
```

下面命令向 SylixOS 中添加新账户 flags:

```
# uadd flags 123456 1 10 2 a_new_user /home/flags
```

上面命令显示:新账户是 flags,账户密码是 123456,使能这个账户(1),账户 ID 是 10,组 ID 是 2,账户的主目录是/home/flags,注释标注这是一个新的账户。

· ***umod*** 命令:可以修改一个存在的账户

【命令格式】

```
umod name enable[0 / 1] comment homedir
```

【常用选项】

```
无
```

【参数说明】

```
name:账户名
enable:是否使能账户(0 不使能,1 使能)
comment:注释信息
homedir:账户主目录
```

下面是如何修改一个账户的信息,命令显示将账户 flags 的状态置为禁止,置为禁止状态的账户将不具有操作 SylixOS 的权限。

```
# umod flags 0 a_mod_user /home/flags
```

① 添加新用户的组号必须是 SylixOS 中已经存在的组,这一点需要特别注意。

• *udel* 命令:可以删除一个存在的账户

【命令格式】

```
udel    name
```

【常用选项】

```
无
```

【参数说明】

```
name:账户名
```

• *gadd* 命令:添加一个新的用户组到 SylixOS

【命令格式】

```
gadd    group_name gid
```

【常用选项】

```
无
```

【参数说明】

```
group_name:用户组名
gid:用户组 ID
```

下面命令向 SylixOS 中添加一个组 ID 为 11 的新组 grp:

```
# gadd grp 11
```

• *gdel* 命令:删除一个存在的组

需要注意的是,被删除的组必须是一个不存在用户的组(即空组)。

【命令格式】

```
gdel group_name
```

【常用选项】

```
无
```

【参数说明】

```
group_name:用户组名
```

下面命令删除组 grp:

```
# gdel grp
```

• *pmod* 命令:可以修改指定用户的密码

【命令格式】

```
pmod name old_password new_password
```

【常用选项】

```
无
```

【参数说明】

```
name:用户名
old_password:先前密码
new_password:新密码
```

下面命令修改用户 flags 的密码 123456 为 abcd：

```
# pmod flags 123456 abcd
```

第17章 动态装载

17.1 动态链接原理

动态链接的基本思想是把程序按照模块拆分成各个相对独立的部分，在程序运行时才将它们链接在一起形成一个完整的程序。

17.1.1 ELF文件格式

ELF(Executable and Linking Format)文件是由编译器和链接器生成的，用于保存二进制程序和数据，以方便处理器加载执行的文件格式。最初是由UNIX系统实验室(UNIX System Laboratories, USL)开发并发布作为应用程序二进制接口(Application Binary Interface, ABI)的一部分。

ELF文件格式分为三种：

- 可重定位文件(Relocatable File)，包含可以与其他目标文件链接来创建可执行文件或者共享目标文件的代码和数据。
- 可执行文件(Executable File)，包含可以执行的一个程序，此文件规定了exec函数如何创建一个程序的进程映像。
- 共享目标文件(Shared Object File)，包含可以在两种上下文中链接的代码和数据。首先，链接器可以将它和其他可重定位文件一起处理，生成另外一个目标文件；其次，动态链接器(Dynamic Linker)可以将它与某个可执行文件以及其他共享目标一起组合，创建进程映像。

17.1.2 SylixOS中的ELF文件

SylixOS中的ELF文件有以下几种：

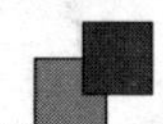

- **内核模块文件**(.ko 结尾):由源文件编译得到的目标文件链接生成,属于"可重定位文件";
- **可执行文件**:由编译得到的目标文件链接生成,是一种位置无关的"共享目标文件",应用程序文件必须指定程序入口(通常为 main 函数);
- **动态链接库文件**(.so 结尾):由编译得到的目标文件链接生成,是一种位置无关的"共享目标文件",但是没有程序入口;
- **静态链接库文件**(.a 结尾):根据编译得到的目标文件使用归档命令(ar)生成,用于程序链接。

SylixOS 应用程序源码编写完成后,首先要使用 gcc - c 将源文件编译成中间目标文件,再根据实际情况链接成内核模块、应用程序或库文件,其流程如图 17.1 所示。

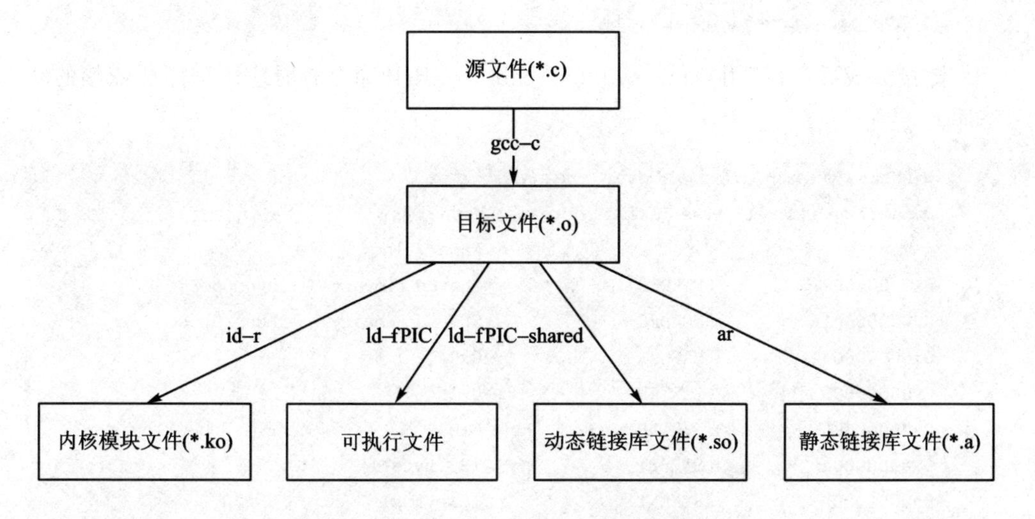

图 17.1　SylixOS ELF 文件生成流程

17.1.3　SylixOS 动态加载器功能

SylixOS 动态加载器具备以下功能:

- 支持内核模块、位置无关的可执行程序以及动态库的加载;
- 支持加载应用程序时自动加载应用程序所依赖的库文件并且自动解决依赖关系;
- 支持程序运行过程中通过操作系统接口手动加载;
- 支持 C++全局对象自动构建、析构等操作并且支持 C++异常处理。

17.2 动态库自动装载

17.2.1 链接动态库

自动装载动态库是在程序运行前自动装载所依赖的库文件，而具体依赖于哪些库文件在链接时决定。例如，运行下面的链接命令可以将 libvpmpdm.so、libsubfun.so、libm.a、libgcc.a 链接到 app 可执行程序。链接器会根据具体条件加载动态库或静态库，本例中的 libm.a 和 libgcc.a 为编译器自带的静态库。

```
    arm-sylixos-eabi-g++ -mcpu=cortex-a8 -nostdlib -fPIC -shared -o app
app.o
    -lvpmpdm -lsubfun -lm -lgcc
```

链接完成后，可使用 arm-sylixos-eabi-readelf 命令查看应用程序所依赖的动态库。

```
windows>①arm-sylixos-eabi-readelf -d app
Dynamic section at offset 0x2cc contains 12 entries:
  Tag                 Type                 Name/Value
0x00000001          (NEEDED)             Shared library: [libvpmpdm.so]
0x00000001          (NEEDED)             Shared library: [libsubfun.so]
0x00000004          (HASH)               0x94
0x00000005          (STRTAB)             0x1d4
0x00000006          (SYMTAB)             0xe4
0x0000000a          (STRSZ)              133(bytes)
0x0000000b          (SYMENT)             16(bytes)
0x00000003          (PLTGOT)             0x8354
0x00000002          (PLTRELSZ)           8(bytes)
0x00000014          (PLTREL)             REL
0x00000017          (JMPREL)             0x25c
0x00000000          (NULL)               0x0
```

17.2.2 下载动态库

使用 RealEvo-IDE② 可下载动态库到 SylixOS，在下载之前，需确定动态库文件在 SylixOS 中的路径。SylixOS 中应用程序动态库的搜索路径依次如下：

- Shell 当前目录；

---

① 本书中用 windows>表示在 Windows 环境下操作的命令。

② RealEvo-IDE 是 SylixOS 集成开发环境，详细使用说明可参考《RealEvo-IDE 使用手册》。

- LD_LIBRARY_PATH 环境变量中包含的搜索路径；
- PATH 环境中包含的搜索路径。

以上环境变量中的路径以冒号(:)进行分隔，可使用*env* 命令查看 SylixOS 环境变量，如下所示：

```
# env
variable show >>
      VARIABLE              REF                        VALUE
------------------------ ----------------------------------------------------------
TERMCAP                            /etc/termcap
TERM                               vt100
PATH_LOCALE                        /usr/share/locale
LC_ALL
LANG                               C
LD_LIBRARY_PATH                    /usr/lib:/lib:/usr/local/lib
PATH                               /usr/bin:/bin:/usr/pkg/sbin:/usr/local/bin
NFS_CLIENT_PROTO                   udp
NFS_CLIENT_AUTH                    AUTH_UNIX
SYSLOGD_HOST                       0.0.0.0:514
FIO_FLOAT                          1
SO_MEM_PAGES                       8192
TSLIB_CALIBFILE                    /etc/pointercal
TSLIB_TSDEVICE                     /dev/input/touch0
MOUSE                              /dev/input/mouse0:/dev/input/touch0
KEYBOARD                           /dev/input/keyboard0
TZ                                 CST-8:00:00
TMPDIR                             /tmp/
LICENSE                            SylixOS license: BSD/GPL.
VERSION                            1.2.1
SYSTEM                             SylixOS kernel version: 1.2.1 NeZha(a)
```

17.2.3　内核模块装载

内核模块不依附任何应用程序，所以无法在启动应用时自动装载。如果要实现内核模块的自动装载，可以在 SylixOS 启动脚本中使用装载命令实现。

SylixOS 内核模块装载器不能解决内核模块之间的依赖关系，需自行决定模块的加载顺序。SylixOS 不会自动搜索某个路径，需在加载命令中指定，通常 SylixOS 的内核模块被保存在/lib/modules 目录或其子目录中。内核模块的装载方法见 17.4.2 小节。

17.3 POSIX 动态链接库 API

17.3.1 动态库常用 API

17.3.1.1 加载动态库

```
#include <dlfcn.h>
void   *dlopen(const char *pcFile , int  iMode );
```

函数 dlopen 原型分析：

- 此函数成功时返回模块句柄，失败时返回 NULL 并设置错误号；
- 参数 *pcFile* 是动态库文件名；
- 参数 *iMode* 以掩码形式表示库的加载属性。

调用 dlopen 函数将按指定的 *iMode* 打开一个动态库。SylixOS 加载器会检测 *pcFile* 是否为路径，如果是则加载该路径对应的文件，否则在动态库文件搜索路径中查找名称为 *pcFile* 的文件，动态库文件搜索路径见 17.2.2 小节。

SylixOS 打开动态库模式包括 RTLD_GLOBAL 和 RTLD_LOCAL。其中，RTLD_GLOBAL 表示模块为全局模块，需要注意的是，只有全局模块能导出符号到内核符号表；RTLD_LOCAL 表示局部模块。

17.3.1.2 查找符号

```
#include <dlfcn.h>
void   *dlsym(void   *pvHandle , const char *pcName );
```

函数 dlsym 原型分析：

- 此函数成功时返回符号地址或者 NULL，失败时返回 NULL 并设置错误号；
- 参数 *pvHandle* 是模块句柄，由 dlopen 函数返回；
- 参数 *pcName* 是被查找的符号名称。

调用 dlsym 函数将从 *pvHandle* 动态库文件中返回 *pcName* 代表的函数地址，如果 *pcName* 不存在，则返回 NULL，因此不应该从返回值来判断 dlsym 函数是否成功，可以通过调用 dlerror 函数获得错误信息。

17.3.1.3 卸载动态库

```
#include <dlfcn.h>
int   dlclose(void   *pvHandle );
```

函数 dlclose 原型分析：

- 此函数成功返回 0，失败返回 −1 并设置错误号；

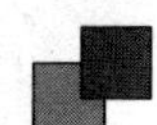

- 参数*pvHandle* 为模块句柄，由 dlopen 函数返回。

调用 dlclose 函数将减少*pvHandle* 动态库的引用计数，如果引用计数减到零并且没有符号被引用，则卸载该动态库。

17.3.1.4 获取错误信息

```
#include <dlfcn.h>
char   *dlerror(void);
```

函数 dlerror 原型分析：

- 返回带有错误信息的字符串。

调用 dlerror 函数将返回调用 dlopen 函数、dlsym 函数和 dlclose 函数的错误信息，如果没有错误，则返回 NULL。

下列程序展示了加载动态库的方法。

加载动态库示例的 app 源码程序：**chapter17/dload_app_example**。

动态链接库源码程序：**chapter17/dload_example**。

17.3.2　其他 API

下面函数可获取比指定地址小的且离指定地址最近的符号信息。

```
#include <dlfcn.h>
int   dladdr(void * pvAddr , Dl_info * pdlinfo );
```

函数 dladdr 原型分析：

- 此函数成功返回大于 0 的值，失败返回 0 并设置错误号；
- 参数*pvAddr* 为符号地址；
- 输出参数*pdlinfo* 返回符号信息。

调用 dladdr 函数将返回*pvAddr* 地址的信息，该信息由 Dl_info 结构体类型返回，结构体定义见程序清单 17.1。

程序清单 17.1　Dl_info 结构体

```
typedef struct {
    const char                 *dli_fname;
    void                       *dli_fbase;
    const char                 *dli_sname;
    void                       *dli_saddr;
} Dl_info;
```

Dl_info 结构成员含义如下：

- dli_fname：表示模块文件路径；
- dli_fbase：表示模块的加载地址；

• dli_sname：表示符号名称；
• dli_saddr：表示符号地址。

dladdr 函数一般用于错误定位时的程序栈信息打印。

栈回溯程序：chapter17/backtrace_example 。该程序展示了如何利用 dladdr 函数进行栈回溯。

17.4 动态链接库 Shell 命令

17.4.1 查看动态链接库

运行*modules* 命令可以查看 SylixOS 已经加载的所有模块信息，包括内核模块、可执行程序以及动态库。

【命令格式】

```
modules
```

【常用选项】

```
无
```

【参数说明】

```
无
```

如果只需要查看 SylixOS 加载的内核模块信息，可以使用*lsmod* 命令。

【命令格式】

```
lsmod
```

【常用选项】

```
无
```

【参数说明】

```
无
```

17.4.2 装载内核模块

使用*modulereg* 命令可以装载内核模块。

【命令格式】

```
modulereg [kernel module file *.ko]
```

【常用选项】

```
无
```

【参数说明】

```
kernel module file *.ko:内核模块
```

通过*modulereg* 命令可以注册 xinput.ko 模块。

```
# modulereg /lib/modules/xinput.ko
module /lib/modules/xinput.ko register ok, handle : 0x30c64ae8
```

同样,SylixOS 中也可以使用*insmod* 命令插入一个内核模块。

17.4.3　卸载内核模块

使用*moduleunreg* 命令可以卸载内核模块。注意*moduleunreg* 命令的参数是模块句柄,所以在卸载之前需使用*modules* 或*lsmod* 命令获取模块句柄。

【命令格式】

```
moduleunreg [kernel module handle]
```

【常用选项】

```
无
```

【参数说明】

```
kernel module handle:内核模块句柄
```

下面是卸载模块的过程。

```
# lsmod
            NAME             HANDLE    TYPE   GLB    BASE     SIZE    SYMCNT
------------------------------ -------- ------ --- -------- -------- --------
VPROCESS: kernel              pid:     0 TOTAL MEMORY: 49152
+ xsiipc.ko                   30c5dfa8 KERNEL YES c00e9000     633c       14
+ xinput.ko                   30c64ae8 KERNEL YES c210e000     21d0        1

total modules : 2
# moduleunreg 30c64ae8
module /lib/modules/xinput.ko unregister ok.
```

同样,SylixOS 中也可以使用*rmmod* 命令卸载一个内核模块。

例如:*rmmod* xinput.ko 将卸载内核模块 xinput.ko。

第 18 章
电源管理

18.1 SylixOS 电源管理

SylixOS 电源管理分为两大部分:CPU 功耗管理和外设功耗管理。

CPU 功耗管理分为三种模式:

- **正常运行模式**(Running):CPU 正常执行指令;
- **省电模式**(PowerSaving):所有具有电源管理功能的设备进入省电模式,同时 CPU 主频降低;
- **休眠模式**(Sleep):系统休眠所有具有电源管理功能的设备进入 Suspend 状态,系统如果需要通过指定事件唤醒休眠,则从复位向量处恢复,此时需要 bootloader 或者 BIOS 程序的配合。

在 SMP 多核中,可以动态调整运行的 CPU 核的个数。

外设功耗管理分为四个状态:

- **正常运行状态**:设备被打开,并使能相应设备的电源和时钟,开始工作;
- **设备关闭状态**:设备被关闭,驱动程序请求电源管理适配器断开设备电源与时钟,停止工作;
- **省电模式状态**:系统进入省电模式,请求外设进入省电模式;
- **设备空闲状态**:设备功耗管理单元具有看门狗功能,一旦空闲时间超过设置,系统会将设备变为空闲状态。

图 18.1 所示是 SylixOS 中电源管理基本结构图。

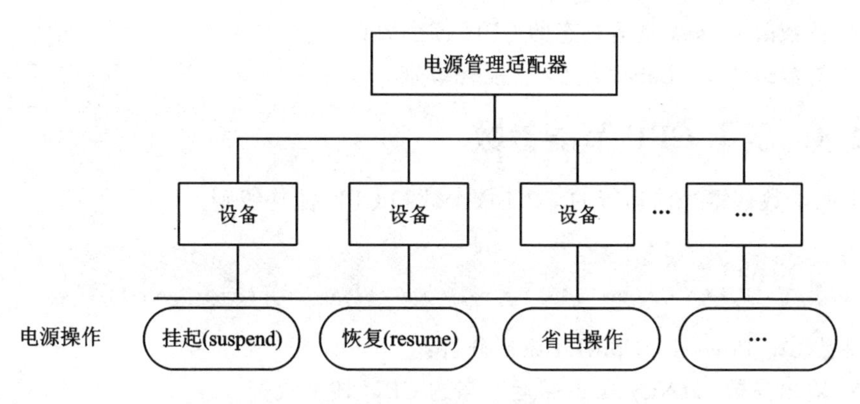

图 18.1 电源管理结构图

18.2 电源管理 API

18.2.1 系统休眠[①]

下面函数控制所有支持休眠功能的外设进入休眠状态。

```
#include <SylixOS.h>
VOID  Lw_PowerM_Suspend(VOID);
```

18.2.2 系统唤醒

下面函数控制所有支持休眠功能的外设从休眠状态恢复正常状态。

```
#include <SylixOS.h>
VOID  Lw_PowerM_Resume(VOID);
```

18.2.3 设置 CPU 节能参数

下面函数设置多核系统中运行的 CPU 核数目以及能耗级别,系统根据参数关闭或打开 CPU 核,同时设置 CPU 能耗级别,不同的能耗级别,CPU 以不同的主频运行,进入节能模式时降低主频,反之则升高主频。本函数还会将 CPU 参数的改变通知到所有支持电源管理的外设。

```
#include <SylixOS.h>
VOID  Lw_PowerM_CpuSet(ULONG  ulNCpus , UINT  uiPowerLevel );
```

函数 Lw_PowerM_CpuSet 原型分析:

① 如果一个外设需要支持休眠功能,该外设驱动必须实现相应的电源管理接口。

- 参数*ulNCpus* 是运行态的 CPU 核个数；
- 参数*uiPowerLevel* 是 CPU 能耗级别。

18.2.4 获取 CPU 节能参数

下面函数获得当前运行的 CPU 核个数和 CPU 能耗级别。

```
#include <SylixOS.h>
VOID  Lw_PowerM_CpuGet(ULONG  *pulNCpus , UINT  *puiPowerLevel );
```

函数 Lw_PowerM_CpuGet 原型分析：

- 输出参数*pulNCpus* 返回运行态的 CPU 核个数；
- 输出参数*puiPowerLevel* 返回 CPU 能耗级别。

需要注意的是，如果*pulNCpus* 和*puiPowerLevel* 为 NULL，该函数什么也不做。

18.2.5 系统进入省电模式

调用下面函数使系统进入省电模式。控制所有支持电源管理的设备进入省电模式，同时设置运行的 CPU 核数目以及能耗级别。

```
#include <SylixOS.h>
VOID  Lw_PowerM_SavingEnter(ULONG  ulNCpus , UINT  uiPowerLevel );
```

函数 Lw_PowerM_SavingEnter 原型分析：

- 参数*ulNCpus* 是运行态的 CPU 核个数；
- 参数*uiPowerLevel* 是 CPU 能耗级别。

18.2.6 系统退出省电模式

下面函数控制系统退出省电模式。控制所有支持电源管理的设备退出省电模式，同时设置运行的 CPU 核数目以及能耗级别。

```
#include <SylixOS.h>
VOID  Lw_PowerM_SavingExit(ULONG  ulNCpus , UINT  uiPowerLevel );
```

函数 Lw_PowerM_SavingExit 原型分析：

- 参数*ulNCpus* 是运行态的 CPU 核个数；
- 参数*uiPowerLevel* 是 CPU 能耗级别。

附录A

标准头文件

A.1 C标准头文件

表A.1 C标准头文件

头文件名	说　明
<assert. h>	验证程序断言
<ctype. h>	字符类型
<errno. h>	出错码
<inttypes. h>	整型格式转换
<limits. h>	实现常量
<locale. h>	局部类别
<setjmp. h>	非局部跳转
<signal. h>	信号
<stdarg. h>	可变参数表
<stdint. h>	整型
<stdio. h>	标准I/O库
<stdlib. h>	实用程序库函数
<string. h>	字符串操作
<time. h>	时间和日期
<wchar. h>	扩展的多字节和宽字符支持
<wctype. h>	宽字符分类和映射支持

A.2 POSIX 标准头文件

表 A.2 POSIX 标准头文件

头文件名	说　明	头文件名	说　明
<dirent.h>	目录项	<dlfcn.h>	动态链接库操作函数
<fcntl.h>	文件控制	<fmtmsg.h>	消息显示结构
<fnmatch.h>	文件名匹配类型	<ftw.h>	文件树漫游
<grp.h>	组文件	<iconv.h>	代码集转换实用程序
<netdb.h>	网络数据库操作	<langinfo.h>	语言信息常量
<pwd.h>	口令文件	<libgen.h>	模式匹配函数定义
<regex.h>	正则表达式	<monetary.h>	货币类型
<tar.h>	TAR 归档值	<ndbm.h>	数据库操作
<termios.h>	终端 I/O	<nl_types.h>	消息类别
<unistd.h>	符合常量	<poll.h>	轮询函数
<arpa/inet.h>	Internet 定义	<search.h>	搜索表
<netinet/in.h>	Internet 地址族	<strings.h>	字符串操作
<netinet/tcp.h>	传输控制协议定义	<syslog.h>	系统出错日志记录
<sys/mman.h>	内存管理声明	<ulimit.h>	用户限制
<sys/select.h>	select 函数	<utmpx.h>	用户账户数据库
<sys/socket.h>	套接字接口	<sys/ipc.h>	IPC 机制
<sys/stat.h>	文件状态	<sys/msg.h>	消息队列
<sys/times.h>	进程时间	<sys/resource.h>	资源操作
<sys/ types.h>	基本系统数据类型	<sys/sem.h>	信号量
<sys/un.h>	UNIX 域套接字定义	<sys/shm.h>	共享内存
<sys/utsname.h>	系统名	<sys/statvfs.h>	文件系统信息
<sys/wait.h>	进程控制	<sys/time.h>	时间类型
<cpio.h>	cpio 归档值	<sys/timeb.h>	附加的日期和时间定义
<sys/uio.h>	矢量 I/O 操作	<aio.h>	异步 I/O
<mqueue.h>	消息队列	<pthread.h>	线程
<sched.h>	执行调度	<semaphore.h>	信号量
<spawn.h>	实时 spawn 接口	<stropts.h>	XSI STREAMS 接口
<trace.h>	时间跟踪	<sched_rms.h>①	RMS 调度

① POSIX 标准并没有定义这部分，这是 SylixOS 对 POSIX 的扩展。

附录 B

SylixOS 错误代码

B.1 POSIX 错误代码

表 B.1 POSIX 错误号

错误号	说 明	错误号	说 明
EPERM	Not owner	EEXIST	File exists
ENOENT	No such file or directory	EXDEV	Cross - device link
ESRCH	No such process	ENODEV	No such device
EINTR	Interrupted system call	ENOTDIR	Not a directory
EIO	I/O error	EISDIR	Is a directory
ENXIO	No such device or address	EINVAL	Invalid argument or format
E2BIG	Arg list too long or over flow	ENFILE	File table overflow
ENOEXEC	Exec format error	EMFILE	Too many open files
EBADF	Bad file number	ENOTTY	Not a typewriter
ECHILD	No children	ENAME-TOOLONG	File name too long
EAGAIN	No more processes or operation would block	EFBIG	File too large
ENOMEM	Not enough core	ENOSPC	No space left on device
EACCES	Permission denied or can not access	ESPIPE	Illegal seek
EFAULT	Bad address	EROFS	Read - only file system
ENOTEMPTY	Directory not empty	EMLINK	Too many links

续表 B.1

错误号	说　明	错误号	说　明
EBUSY	Mount device busy	EPIPE	Broken pipe
EDEADLK	Resource deadlock avoided	ENOLCK	No locks available
ENOTSUP	Unsupported value	EMSGSIZE	Message size
EDOM	Argument too large	ERANGE	Result too large
ECANCELED	Operation canceled	EWRPROTECT	Write protect
EFORMAT	Invalid format	ENOSR	Insufficient memory
ENOSTR	STREAMS device required	EPROTO	Generic STREAMS error
EBADMSG	Invalid STREAMS message	ENODATA	Missing expected message data
ETIME	STREAMS timeout occurred	ENOMSG	Unexpected message type

B.2　IPC/网络错误代码

表 B.2　IPC/网络错误号

错误号	说　明	错误号	说　明
EDESTADDRREQ	Destination address required	ETOOMANYREFS	Too many references: can't splice
EPROTOTYPE	Protocol wrong type for socket	ETIMEDOUT	Connection timed out
ENOPROTOOPT	Protocol not available	ECONNREFUSED	Connection refused
EPROTONOSUPPORT	Protocol not supported	ENETDOWN	Network is down
ESOCKTNOSUPPORT	Socket type not supported	ETXTBSY	Text file busy
EOPNOTSUPP	Operation not supported on socket	ELOOP	Too many levels of symbolic links
EPFNOSUPPORT	Protocol family not supported	EHOSTUNREACH	Host unreachable
EAFNOSUPPORT	Addr family not supported	ENOTBLK	Block device required
EADDRINUSE	Address already in use	EHOSTDOWN	Host is down
EADDRNOTAVAIL	Can't assign requested address	EINPROGRESS	Operation now in progress
ENOTSOCK	Socket operation on non-socket	EALREADY	Operation already in progress
ENETUNREACH	Network unreachable	ENOSYS	Function not implemented

续表 B.2

错误号	说　明	错误号	说　明
ENETRESET	Network dropped connection on reset	ESHUTDOWN	Can't send after socket shutdown
ECONNABORTED	Software caused connection abort	ENOTCONN	Socket is not connected
ECONNRESET	Connection reset by peer	EISCONN	Socket is already connected
ENOBUFS	No buffer space available		

B.3　SylixOS 内核错误代码

表 B.3　内核错误号

错误号	说　明
ERROR_NONE	没有错误(0)
PX_ERROR	出错(－1)
ERROR_KERNEL_PNAME_NULL	Invalid name
ERROR_KERNEL_PNAME_TOO_LONG	Name too long
ERROR_KERNEL_HANDLE_NULL	Invalid handle
ERROR_KERNEL_IN_ISR	Kernel in interrupt service mode
ERROR_KERNEL_RUNNING	Kernel is running
ERROR_KERNEL_NOT_RUNNING	Kernel is not running
ERROR_KERNEL_OBJECT_NULL	Invalid object
ERROR_KERNEL_LOW_MEMORY	Kernel not enough memory
ERROR_KERNEL_BUFFER_NULL	Invalid buffer
ERROR_KERNEL_OPTION	Unsupported option
ERROR_KERNEL_VECTOR_NULL	Invalid vector
ERROR_KERNEL_HOOK_NULL	Invalid hook
ERROR_KERNEL_OPT_NULL	Invalid option
ERROR_KERNEL_MEMORY	Invalid address
ERROR_KERNEL_LOCK	Kernel locked
ERROR_KERNEL_CPU_NULL	Invalid CPU
ERROR_KERNEL_HOOK_FULL	Hook table full
ERROR_KERNEL_KEY_CONFLICT	Key conflict
ERROR_DPMA_NULL	Invalid DPMA

续表 B.3

错误号	说　明
ERROR_DPMA_FULL	DPMA full
ERROR_DPMA_OVERFLOW	DPMA overflow
ERROR_LOADER_FORMAT	Invalid format
ERROR_LOADER_ARCH	Invalid architectural
ERROR_LOADER_RELOCATE	Reloacate error
ERROR_LOADER_EXPORT_SYM	Can not export symbol(s)
ERROR_LOADER_NO_MODULE	Can not find module
ERROR_LOADER_CREATE	Can not create module
ERROR_LOADER_NO_INIT	Can not find initial routien
ERROR_LOADER_NO_ENTRY	Can not find entry routien
ERROR_LOADER_PARAM_NULL	Invalid parameter(s)
ERROR_LOADER_UNEXPECTED	Unexpected error
ERROR_LOADER_NO_SYMBOL	Can not find symbol
ERROR_LOADER_VERSION	Module version not fix to current os
ERROR_HOTPLUG_POLL_NODE_NULL	No hotplug node
ERROR_HOTPLUG_MESSAGE_NULL	No hotplug message
ERROR_SIGNAL_SIGQUEUE_NODES_NULL	Not enough sigqueue node
ERROR_EXCE_LOST	Exception message lost
ERROR_LOG_LOST	Log message lost
ERROR_LOG_FMT	Invalid log format
ERROR_LOG_FDSET_NULL	Invalid fd set
ERROR_SYSTEM_HOOK_NULL	Invalid hook
ERROR_SYSTEM_LOW_MEMORY	System not enough memory
ERROR_RMS_FULL	RMS full
ERROR_RMS_NULL	Invalid RMS
ERROR_RMS_TICK	RMS tick
ERROR_RMS_WAS_CHANGED	RMS was changed
ERROR_RMS_STATUS	RMS status
ERROR_INTER_LEVEL_NULL	Invalid interrupt level
ERROR_TIME_NULL	Invalid time
ERROR_EVENT_MAX_COUNTER_NULL	Invalid event max counter
ERROR_EVENT_INIT_COUNTER	Invalid event counter
ERROR_EVENT_NULL	Invalid event

续表 B.3

错误号	说　明
ERROR_EVENT_FULL	Event full
ERROR_EVENT_TYPE	Event type
ERROR_EVENT_WAS_DELETED	Event was delete
ERROR_EVENT_NOT_OWN	Event not own
ERROR_EVENTSET_NULL	Invalid eventset
ERROR_EVENTSET_FULL	Eventset full
ERROR_EVENTSET_TYPE	Eventset type
ERROR_EVENTSET_WAIT_TYPE	Eventset wait type
ERROR_EVENTSET_WAS_DELETED	Eventset was delete
ERROR_EVENTSET_OPTION	Eventset option
ERROR_POWERM_NODE	Invalid PowerM node
ERROR_POWERM_TIME	Invalid PowerM time
ERROR_POWERM_FUNCTION	Invalid PowerM function
ERROR_POWERM_NULL	Invalid PowerM
ERROR_POWERM_FULL	PowerM full
ERROR_POWERM_STATUS	PowerM status

B.4　线程错误代码

表 B.4　线程错误号

错误号	说　明
ERROR_THREAD_STACKSIZE_LACK	Not enough stack
ERROR_THREAD_STACK_NULL	Invalid stack
ERROR_THREAD_FP_STACK_NULL	Invalid FP stack
ERROR_THREAD_ATTR_NULL	Invalid attribute
ERROR_THREAD_PRIORITY_WRONG	Invalid priority
ERROR_THREAD_WAIT_TIMEOUT	Wait timed out
ERROR_THREAD_NULL	Invalid thread
ERROR_THREAD_FULL	Thread full
ERROR_THREAD_NOT_INIT	Thread not initialized
ERROR_THREAD_NOT_SUSPEND	Thread not suspend
ERROR_THREAD_VAR_FULL	Thread var full

续表 B.4

错误号	说 明
ERROR_THERAD_VAR_NULL	Invalid thread var
ERROR_THREAD_VAR_NOT_EXIST	Thread var not exist
ERROR_THREAD_NOT_READY	Thread not ready
ERROR_THREAD_IN_SAFE	Thread in safe mode
ERROR_THREAD_OTHER_DELETE	Thread has been delete by other
ERROR_THREAD_JOIN_SELF	Thread join self
ERROR_THREAD_DETACHED	Thread detached
ERROR_THREAD_JOIN	Thread join
ERROR_THREAD_NOT_SLEEP	Thread not sleep
ERROR_THREAD_NOTEPAD_INDEX	Invalid notepad index
ERROR_THREAD_OPTION	Invalid option
ERROR_THREAD_RESTART_SELF	Thread restart self
ERROR_THREAD_DELETE_SELF	Thread delete self
ERROR_THREAD_NEED_SIGNAL_SPT	Thread need signal support
ERROR_THREAD_DISCANCEL	Thread discancel
ERROR_THREADPOOL_NULL	Invalid threadpool
ERROR_THREADPOOL_FULL	Threadpool full
ERROR_THREADPOOL_MAX_COUNTER	Invalid threadpool Max counter

B.5 消息队列错误代码

表 B.5 消息队列错误号

错误号	说 明
ERROR_MSGQUEUE_MAX_COUNTER_NULL	Invalid MQ max counter
ERROR_MSGQUEUE_MAX_LEN_NULL	Invalid MQ max length
ERROR_MSGQUEUE_FULL	MQ full
ERROR_MSGQUEUE_NULL	Invalid MQ
ERROR_MSGQUEUE_TYPE	MQ type
ERROR_MSGQUEUE_WAS_DELETED	MQ was delete
ERROR_MSGQUEUE_MSG_NULL	Invalid MQ message
ERROR_MSGQUEUE_MSG_LEN	Invalid MQ message length
ERROR_MSGQUEUE_OPTION	MQ option

B.6 TIMER错误代码

表 B.6 TIMER错误号

错误号	说 明
ERROR_TIMER_FULL	Timer full
ERROR_TIMER_NULL	Invalid timer
ERROR_TIMER_CALLBACK_NULL	Invalid timer callback
ERROR_TIMER_ISR	In timer interrupt service
ERROR_TIMER_TIME	Invalid time
ERROR_TIMER_OPTION	Timer option
ERROR_RTC_NULL	Invalid RTC
ERROR_RTC_TIMEZONE	Invalid timezone

B.7 内存操作错误代码

表 B.7 内存错误号

错误号	说 明
ERROR_PARTITION_FULL	Partition full
ERROR_PARTITION_NULL	Invalid partition
ERROR_PARTITION_BLOCK_COUNTER	Invalid partition block counter
ERROR_PARTITION_BLOCK_SIZE	Invalid partition block size
ERROR_PARTITION_BLOCK_USED	Partition used
ERROR_REGION_FULL	Region full
ERROR_REGION_NULL	Invalid region
ERROR_REGION_SIZE	Invalid region size
ERROR_REGION_USED	Pegion used
ERROR_REGION_ALIGN	Miss align
ERROR_VMM_LOW_PHYSICAL_PAGE	Not enough physical page
ERROR_VMM_LOW_LEVEL	Low level error
ERROR_VMM_PHYSICAL_PAGE	Physical page error
ERROR_VMM_VIRTUAL_PAGE	Virtual page error
ERROR_VMM_PHYSICAL_ADDR	Invalid physical address

续表 B.7

错误号	说　明
ERROR_VMM_VIRTUAL_ADDR	Invalid virtual address
ERROR_VMM_ALIGN	Miss page align
ERROR_VMM_PAGE_INVAL	Invalid page
ERROR_VMM_LOW_PAGE	Low page
ERROR_DMA_CHANNEL_INVALID	Invalid DMA channel
ERROR_DMA_TRANSMSG_INVALID	Invalid DMA Transmessage
ERROR_DMA_DATA_TOO_LARGE	Data too large
ERROR_DMA_NO_FREE_NODE	No free DMA node
ERROR_DMA_MAX_NODE	Max DMA node in queue

B.8　I/O 系统错误代码

表 B.8　I/O 错误号

错误号	说　明
ERROR_IOS_DRIVER_GLUT	Driver full
ERROR_IOS_FILE_OPERATIONS_NULL	Invalid file operations
ERROR_IOS_FILE_READ_PROTECTED	Read protected
ERROR_IOS_FILE_SYMLINK	symbol link
ERROR_IO_NO_DRIVER	No driver
ERROR_IO_BUFFER_ERROR	Buffer incorrect
ERROR_IO_VOLUME_ERROR	Volume incorrect
ERROR_IO_SELECT_UNSUPPORT_IN_DRIVER	Driver unsupport select
ERROR_IO_SELECT_CONTEXT	Invalid select context
ERROR_IO_SELECT_WIDTH	Invalid width
ERROR_IO_SELECT_FDSET_NULL	Invalid fd set

B.9　Shell 操作错误代码

表 B.9　Shell 错误号

错误号	说　明
ERROR_TSHELL_EPARAM	Invalid shell parameter(s)
ERROR_TSHELL_OVERLAP	Keyword overlap
ERROR_TSHELL_EKEYWORD	Invalid keyword
ERROR_TSHELL_EVAR	Invalid variable
ERROR_TSHELL_CANNT_OVERWRITE	Can not over write
ERROR_TSHELL_ENOUSER	Invalid user name
ERROR_TSHELL_EUSER	No user
ERROR_TSHELL_ELEVEL	Insufficient permissions
ERROR_TSHELL_CMDNOTFUND	Can not find command

B.10　其他类型错误代码

表 B.10　其他错误号

错误号	说　明	错误号	说　明
EIDRM	Identifier removed	ELNRNG	Link number out of range
ECHRNG	Channel number out of range	EUNATCH	Protocol driver not attached
EL2NSYNC	Level 2 not synchronized	ENOCSI	No CSI structure available
EL2NSYNC	Level 2 not synchronized	EL2HLT	Level 2 halted
EL3HLT	Level 3 halted	EBADE	Invalid exchange
EL3RST	Level 3 reset	EBADR	Invalid request descriptor
EXFULL	Exchange full	ENOANO	No anode
EBADRQC	Invalid request code	EBADSLT	Invalid slot
EBFONT	Bad font file format	ENONET	Machine is not on the network
ENOPKG	Package not installed	EREMOTE	Object is remote
ENOLINK	Link has been severed	EADV	Advertise error
ESRMNT	Srmount error	ECOMM	Communication error on send
EMULTIHOP	Multihop attempted	EDOTDOT	RFS specific error
EUCLEAN	Structure needs cleaning	ENOTUNIQ	Name not unique on network
EBADFD	File descriptor in bad state	EREMCHG	Remote address changed
ELIBACC	Can not access a needed shared library	ELIBBAD	Accessing a corrupted shared library
ELIBSCN	. lib section in a. out corrupted	ELIBMAX	Attempting to link in too many shared libraries
ELIBEXEC	Cannot exec a shared library directly	ERESTART	Interrupted system call should be restarted
ESTRPIPE	Streams pipe error	EUSERS	Too many users
ESTALE	Stale NFS file handle	ENOTNAM	Not a XENIX named type file
ENAVAIL	No XENIX semaphores available	EISNAM	Is a named type file
EREMOTEIO	Remote I/O error	EDQUOT	Quota exceeded
ENOMEDIUM	No medium found	EMEDIUMTYPE	Wrong medium type
EILSEQ	I11egal byte sequence		

附录 C

不允许在中断中调用的 API

表 C.1　不允许在中断中调用的 API

API 类型	API	说　明
线程管理	Lw_Thread_Create pthread_create	创建一个线程
	Lw_Thread_Init	初始化一个 SylixOS 线程
	Lw_Thread_Self	获取当前线程句柄
	Lw_Thread_Exit pthread_exit exit	线程退出
	Lw_Thread_Delete	线程删除
	Lw_Thread_ForceDelete pthread_cancelforce	线程强制删除
	Lw_Thread_Restart	线程重启
	Lw_Thread_RestartEx	线程删除
	Lw_Thread_TestCancel pthread_testcancel	设置线程取消点
	Lw_Thread_Start	线程启动
	Lw_Thread_StartEx	线程启动
	Lw_Thread_Activate	线程激活
	Lw_Thread_Join pthread_join	线程合并
	Lw_Thread_Detach Lw_Thread_DetachEx pthread_detach	线程分离
	Lw_Thread_SetName	设置线程名字

续表 C.1

API 类型	API	说 明
线程管理	Lw_Thread_GetName pthread_getname	获取线程名字
	Lw_Thread_Lock pthread_lock	锁调度
	Lw_Thread_Unlock pthread_unlock	解锁调度
	Lw_Thread_SetPriority pthread_setschedprio	设置线程优先级
	Lw_Thread_Yield pthread_yield	使当前线程让出 CPU
	Lw_Thread_Cond_Init pthread_cond_init	初始化条件变量
	Lw_Thread_Cond_Destroy pthread_cond_destroy	销毁条件变量
	Lw_Thread_Cond_Wait pthread_cond_wait pthread_cond_timedwait pthread_cond_reltimedwait_np	等待一个条件变量
	pthread_cond_show	获得条件变量信息并显示
协程	Lw_Coroutine_Create	创建一个 SylixOS 协程
	Lw_Coroutine_Delete	删除一个 SylixOS 协程
	Lw_Coroutine_Exit	SylixOS 协程退出
	Lw_Coroutine_Yield	使当前 SylixOS 协程让出 CPU
	Lw_Coroutine_Resume	恢复一个 SylixOS 协程
信号量	Lw_Semaphore_Wait Lw_Semaphore_Get Lw_Semaphore_Take	等待一个 SylixOS 信号量
	Lw_Semaphore_PostBPend	以原子的方式释放并等待一个 SylixOS 信号量(二进制类型)
	Lw_Semaphore_PostCPend	以原子的方式释放并等待一个 SylixOS 信号量(计数类型)
	Lw_SemaphoreC_Create	创建一个计数类型 SylixOS 信号量
	Lw_SemaphoreC_Delete	删除一个计数类型 SylixOS 信号量
	Lw_SemaphoreC_Wait Lw_SemaphoreC_Get Lw_SemaphoreC_Take	等待一个 SylixOS 信号量(计数类型)
	Lw_SemaphoreC_GetName	获取 SylixOS 信号量名字(计数类型)
	Lw_SemaphoreB_Create	创建一个二进制类型 SylixOS 信号量
	Lw_SemaphoreB_Delete	删除一个二进制类型 SylixOS 信号量

续表 C.1

API 类型	API	说 明
信号量	Lw_SemaphoreB_Wait Lw_SemaphoreB_Get Lw_SemaphoreB_Take	等待一个 SylixOS 信号量(二进制类型)
	Lw_SemaphoreB_GetName	获取 SylixOS 信号量名字(二进制类型)
	Lw_SemaphoreM_Create	创建一个互斥类型 SylixOS 信号量
	Lw_SemaphoreM_Delete	删除一个互斥类型 SylixOS 信号量
	Lw_SemaphoreM_Wait Lw_SemaphoreM_Get Lw_SemaphoreM_Take	等待一个 SylixOS 信号量(互斥类型)
	Lw_SemaphoreM_GetName	获取 SylixOS 信号量名字(互斥类型)
	Lw_SemaphoreRW_Create	创建一个读写类型 SylixOS 信号量
	Lw_SemaphoreRW_Delete	删除一个读写类型 SylixOS 信号量
	Lw_SemaphoreRW_RWait Lw_SemaphoreRW_RGet Lw_SemaphoreRW_RTake	等待一个 SylixOS 读写信号量(读类型)
	Lw_SemaphoreRW_WWait Lw_SemaphoreRW_WGet Lw_SemaphoreRW_WTake	等待一个 SylixOS 读写信号量(写类型)
消息队列	Lw_MsgQueue_Create	创建一个 SylixOS 消息队列
	Lw_MsgQueue_Delete	删除一个 SylixOS 消息队列
	Lw_MsgQueue_Receive Lw_MsgQueue_ReceiveEx Lw_MsgQueue_TryReceive	从消息队列中接收一条消息
	Lw_MsgQueue_Send2 Lw_MsgQueue_SendEx Lw_MsgQueue_SendEx2	向消息队列中发送一条消息
	Lw_MsgQueue_GetName	获取指定消息队列的名字
事件集	Lw_Event_Create	创建一个事件集对象
	Lw_Event_Delete	删除一个事件集对象
	Lw_Event_Wait Lw_Event_Get Lw_Event_Take Lw_Event_WaitEx Lw_Event_GetEx Lw_Event_TakeEx	等待一个事件满足条件
	Lw_Event_GetName	获取事件集的名字

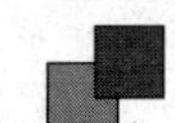

续表 C.1

API类型	API	说 明
Vutex	Lw_Vutex_Pend Lw_Vutex_Wait Lw_Vutex_PendEx Lw_Vutex_WaitEx	等待一个 vutex 满足条件
时间管理	Lw_Time_Sleep Lw_Time_SleepEx pthread_delay	睡眠指定的 TICK 时间
	Lw_Time_SSleep Lw_Time_SDelay	睡眠指定的秒数
	Lw_Time_MSleep Lw_Time_MDelay	睡眠指定的毫秒数
RMS调度	Lw_Rms_Create	创建一个 SylixOS RMS 调度器
	Lw_Rms_Delete Lw_Rms_DeleteEx	删除一个 SylixOS RMS 调度器
	Lw_Rms_Period	启动 SylixOS RMS 调度器
	Lw_Rms_Status Lw_Rms_Info	获取 SylixOS RMS 状态
	Lw_Rms_GetName	获取 SylixOS RMS 名字
定长内存分区池	Lw_Partition_Create	创建定长内存分区池
	Lw_Partition_Delete Lw_Partition_DeleteEx	删除定长内存分区池
	Lw_Partition_GetName	获取内存分区池的名字
可变内存分区	Lw_Region_Create	创建一个可变内存分区
	Lw_Region_Delete Lw_Region_DeleteEx	删除一个可变内存分区
	Lw_Region_Get Lw_Region_Take Lw_Region_Allocate	从可变内存分区中分配一块内存
	Lw_Region_GetAlign Lw_Region_TakeAlign Lw_Region_AllocateAlign	以对齐的方式从可变内存分区中分配一块内存
	Lw_Region_Reget Lw_Region_Retake Lw_Region_Realloc	从可变内存分区中重新分配一块内存
	Lw_Region_Put Lw_Region_Give Lw_Region_Free	将指定的内存块释放回可变内存分区中
	Lw_Region_GetName	获取可变内存分区的名字

续表 C.1

API 类型	API	说　明
POSIX key	pthread_key_create	创建 POSIX key
	pthread_key_delete	删除 POSIX key
	pthread_setspecific	设置 POSIX key 值
	pthread_getspecific	获取 POSIX key 值
POSIX mutex	pthread_mutex_init	创建 POSIX mutex 锁
	pthread_mutex_destroy	销毁 POSIX mutex 锁
	pthread_mutex_lock pthread_mutex_trylock pthread_mutex_timedlock pthread_mutex_reltimedlock_np	POSIX mutex 加锁
POSIX 读写锁	pthread_rwlock_init	创建 POSIX 读写锁
	pthread_rwlock_destroy	销毁 POSIX 读写锁
	pthread_rwlock_rdlock pthread_rwlock_tryrdlock pthread_rwlock_timedrdlock pthread_rwlock_reltimedrdlock_np	POSIX 读写锁加读锁
	pthread_rwlock_wrlock pthread_rwlock_trywrlock pthread_rwlock_timedwrlock pthread_rwlock_reltimedwrlock_np	POSIX 读写锁加写锁
线程屏障	pthread_barrier_init	创建 POSIX 线程屏障
	pthread_barrier_destroy	销毁 POSIX 线程屏障
	pthread_barrier_wait	等待 POSIX 线程屏障
文件 I/O	open	打开文件
	write	写文件
	read	读文件
	ioctl	文件配置
	select、pselect、poll	I/O 多路复用
	unlink	删除文件
	mkdir	创建目录
	opendir	打开目录
	readdir	读目录
	closedir	关闭目录
	stat、fstat	查看文件状态

续表 C.1

API 类型	API	说　明
信号	sigprocmask	改变当前线程的信号量掩码
	siggetmask	获取当前线程的信号掩码
	sigblock	将新的掩码集加到当前线程的屏蔽掩码集
	pause	等待一个信号的到来
	sigsuspend	等待指定掩码集中信号的到来
	sigwait、sigwaitinfo、sigtimedwait	等待 sigset 内信号的到来,以串行的方式从信号队列中取出信号进行处理,信号将不再被执行
定时器	timer_create	创建定时器
	timer_delete	删除定时器

参考文献

[1] 谢希仁. 计算机网络[M]. 7 版. 北京:电子工业出版社,2017.

[2] 杜春雷. ARM 体系结构与编程[M]. 北京: 清华大学出版社,2003.

[3] Michael Kerrisk. Linux/UNIX 系统编程手册[M]. 孙剑,许从年,董健,等译. 北京:人民邮电出版社,2014.

[4] Kevin R, Fall W, Richard Stevens. TCP/IP 详解卷 1:协议[M]. 吴英,张玉,许昱玮,译. 北京:机械工业出版社,2011.

[5] Gary R, Wright W, Richard Stevens. TCP/IP 详解卷 2:实现[M]. 陆雪莹,蒋慧,译. 北京:机械工业出版社,2011.

[6] Randal E Bryant , David O'Hallaron. 深入理解计算机系统[M]. 龚奕利,贺莲,译. 3 版. 北京:机械工业出版社,2016.

[7] William Stallings. 操作系统——精髓与设计原理[M]. 陈向群,陈渝,译. 7 版. 北京:电子工业出版社,2012.

[8] Richard Stevens W, Rago Stephen A. UNIX 环境高级编程[M]. 3 版. 戚正伟,张亚英,尤晋元,译. 北京:人民邮电出版社,2014.

[9] Richard Stevens W, Bill Fenner, Rudoff Andrew M. UNIX Network Programming Volume 1:The Sockets Networking API[M]. 3rd ed. Boston,MA:Addison-Wesley Professional Computing Series, 2003.